#실력향상
#고득점

# 내신전략
# 고등 지구과학 I

Chunjae
Makes
Chunjae

▼

# [ 내신전략 ] 고등 지구과학 I

| | |
|---|---|
| **저자** | 김진성, 정재훈, 조미선, 황은수 |
| **편집개발** | 김은숙, 신재웅, 이선아, 박락원 |
| **디자인총괄** | 김희정 |
| **표지디자인** | 윤순미, 심지영 |
| **내지디자인** | 박희춘, 이혜미 |
| **제작** | 황성진, 조규영 |

| | |
|---|---|
| **발행일** | 2022년 10월 17일 초판  2022년 10월 17일 1쇄 |
| **발행인** | (주)천재교육 |
| **주소** | 서울시 금천구 가산로9길 54 |
| **신고번호** | 제2001-000018호 |
| **고객센터** | 1577-0902 |
| **교재 내용문의** | (02)3282-8739 |

중간고사 기말고사
고득점을 예약하자!

시험적중
# 내신전략
고등 **지구과학Ⅰ**

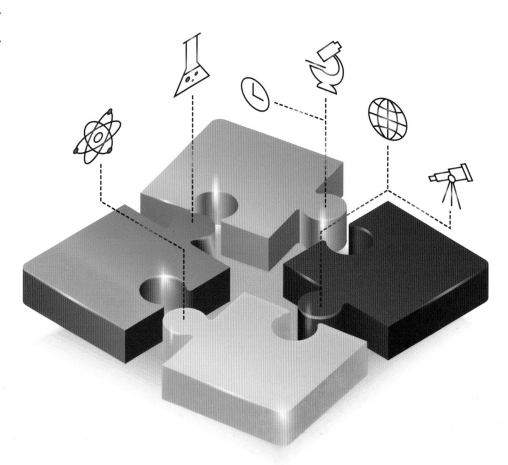

천재교육

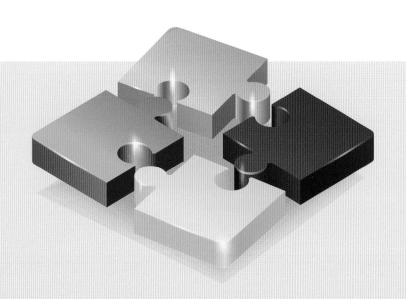

★ 고등 6종 지구과학Ⅰ 교과서
필수 학습 내용 반영!

중간고사 기말고사
고득점을 예약하자!

시험적중
# 내신전략
고등 **지구과학Ⅰ**

**BOOK 1**

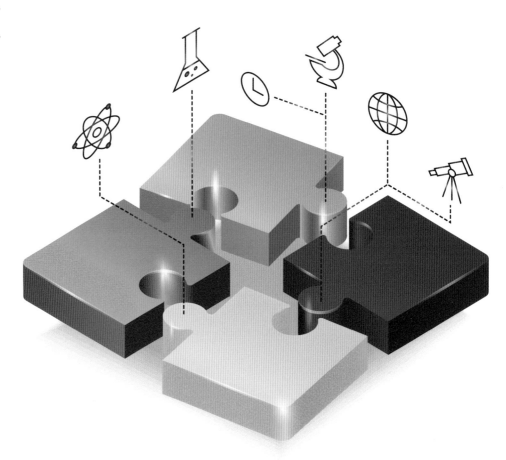

천재교육

언제나 만점이고 싶은 친구들

# Welcome!

숨 돌릴 틈 없이 찾아오는 시험과 평가,
성적과 입시 그리고 미래에 대한 걱정.
중·고등학교에서 보내는 6년이란 시간은
때때로 힘들고, 버겁게 느껴지곤 해요.

그런데 여러분, 그거 아세요?
지금 이 시기가 노력의 대가를
가장 잘 확인할 수 있는 시간이라는 걸요.

안 돼, 못하겠어, 해도 안 될 텐데~
어렵게 생각하지 말아요. 천재교육이 있잖아요.
첫 시작의 두려움을 첫 마무리의 뿌듯함으로 바꿔 줄게요.

펜을 쥐고 이 책을 펼친 순간
여러분 앞에 무한한 가능성의 길이 열렸어요.

우리와 함께 꽃길을 향해 걸어가 볼까요?

시험적중
# 내신전략

고등 지구과학 I

**BOOK 1**

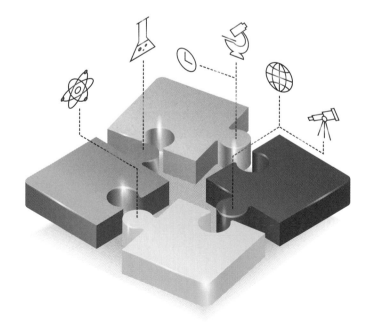

# 이 책의 구성과 활용

BOOK 1
(1주, 2주)

BOOK 2
(1주, 2주)

BOOK 3
(정답과 해설)

1주 4일, 2+2주의 체계적 학습 계획에 따라 지구과학Ⅰ의 기초를 다질 수 있어요.

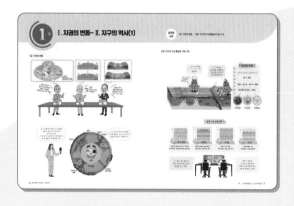

## 주 도입

이번 주에 배울 내용이 무엇인지 안내하는 부분입니다. 재미있는 삽화를 보며 한 주에 공부할 내용을 미리 떠올려 확인해 볼 수 있습니다.

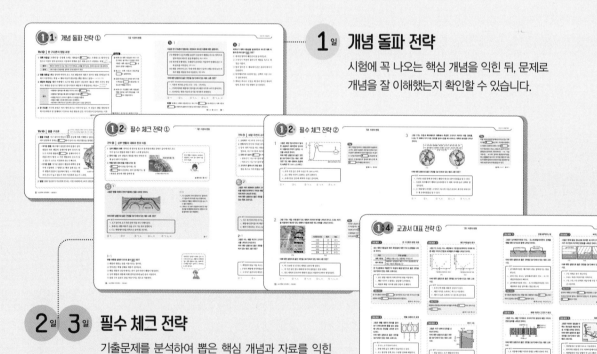

## 1일 개념 돌파 전략

시험에 꼭 나오는 핵심 개념을 익힌 뒤, 문제로 개념을 잘 이해했는지 확인할 수 있습니다.

## 2일 3일 필수 체크 전략

기출문제를 분석하여 뽑은 핵심 개념과 자료를 익힌 뒤, 개념을 문제에 적용하는 과정을 체계적으로 익힐 수 있습니다.

## 4일 교과서 대표 전략

학교 기출문제로 자주 나오는 대표 유형의 문제를 풀어볼 수 있습니다. 개념 가이드를 통해 핵심 개념을 잘 이해했는지 확인할 수 있습니다.

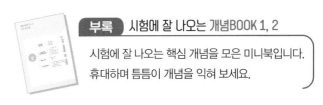
**다양한 유형의 문제로 한 주를 마무리하고, 권 마무리 학습으로 시험을 대비하세요.**

## 주 마무리 학습

### 누구나 합격 전략

누구나 쉽게 풀 수 있는 쉬운 문제로 학습
자신감을 높일 수 있습니다.

### 창의·융합·코딩 전략

융복합적 사고력과 문제 해결력을 길러 주는
문제로 창의력을 기를 수 있습니다.

## 권 마무리 학습

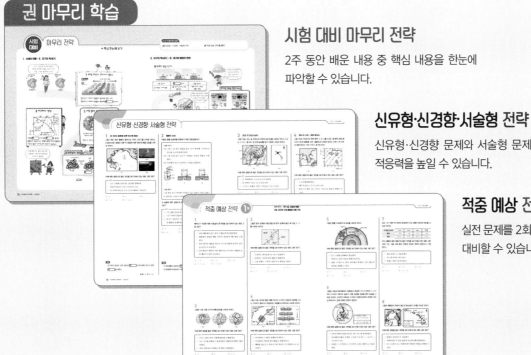

### 시험 대비 마무리 전략

2주 동안 배운 내용 중 핵심 내용을 한눈에
파악할 수 있습니다.

### 신유형·신경향·서술형 전략

신유형·신경향 문제와 서술형 문제에 대한
적응력을 높일 수 있습니다.

### 적중 예상 전략

실전 문제를 2회로 구성하여 실제 시험에
대비할 수 있습니다.

# 이 책의 차례

# Ⅰ. 지권의 변동~ Ⅱ. 지구의 역사(1)

## 1강 지권의 변동

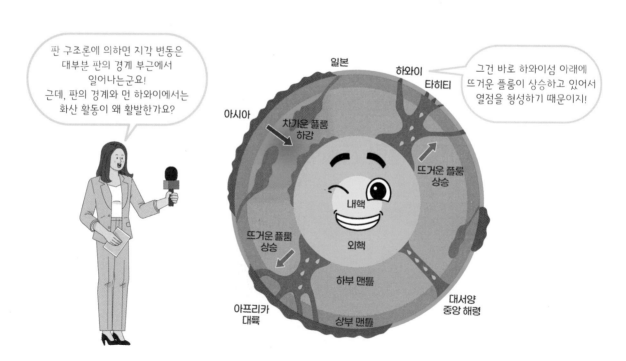

## **2강** 지구의 구성 물질과 지질 구조

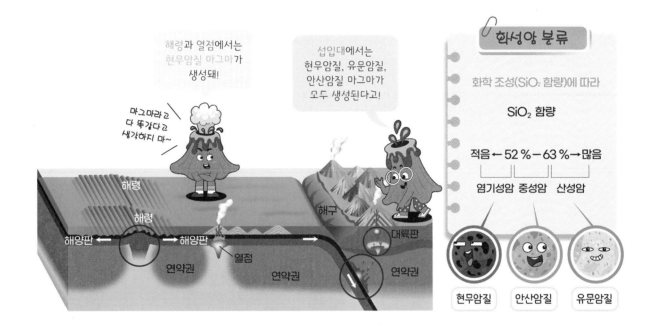

퇴적 구조 관제 센터

**점이 층리**

위로 갈수록 입자 크기가 작아짐
퇴적 환경 : 대륙대, 심해저, 깊은 호수

**사층리**

물이나 바람의 흐름 방향
퇴적 환경 : 하천이나 사막

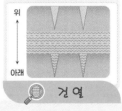

**건열**

표면의 V자 모양
퇴적 환경 : 건조 기후 지역

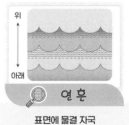

**연흔**

표면에 물결 자국
퇴적 환경 : 수심이 얕은 곳

난~ 퇴적 구조 전문가!
퇴적 구조로 퇴적 당시의
환경을 알 수 있어~

내가 더 전문가!
난 퇴적 구조를 보면
지층의 상하 관계와 역전
여부도 파악할 수 있어!

## 1주 1일 개념 돌파 전략 ①

### 개념 ❶ | 판 구조론의 정립 과정

**1. 대륙 이동설** 고생대 말~중생대 초에는 대륙들이 ❶[____]라는 초대륙으로 합쳐져 있었으나 이것이 점차 분리되고 이동하여 현재와 같은 대륙 분포가 되었다는 학설 <sup>1912년 베게너가 주장</sup>

| 증거 | 해안선 모양의 유사성, 지질 구조의 연속성, 고생물 화석 분포, 빙하의 분포와 이동 방향 등 |
|---|---|
| 한계 | 대륙 이동의 원동력을 설득력 있게 설명하지 못함 |

**2. 맨틀 대류설** 맨틀 상부와 하부의 온도 차로 맨틀에서 대류가 일어나 맨틀 위에 놓인 대륙이 이동한다는 학설 ➡ 대륙 이동의 원동력을 맨틀 대류로 설명 ─ 1928년 홈스 주장

**3. 해양저 확장설** 해령 아래에서 고온의 맨틀 물질이 상승하여 새로운 해양 지각이 생성되고, 해령을 중심으로 양쪽으로 멀어지면서 해양저가 확장된다는 학설 ─ 1962년 헤스와 디츠가 주장

| 증거 | • 해령에서 멀어질수록 해양 지각의 나이가 ❷[____]진다. <br> • 해령에서 멀어질수록 해저 퇴적물의 두께가 ❸[____]진다. <br> • 해령을 축으로 고지자기 줄무늬가 대칭을 이룬다. <br> • 해령과 해령 사이에 변환 단층이 존재한다. <br> • 해구에서 대륙 쪽으로 갈수록 진원의 깊이가 점점 깊어진다. |
|---|---|

**4. 판 구조론** 지구의 표면은 여러 개의 판으로 이루어져 있고, 이 판들이 맨틀 대류에 의해 이동하면서 판 경계에서 지진이나 화산 활동과 같은 지각 변동이 일어난다는 이론

🔲 ❶ 판게아 ❷ 많아 ❸ 두꺼워

### 개념 ❷ | 플룸 구조론

─ 지각에서 맨틀과 외핵의 경계부로 하강하거나 맨틀과 외핵의 경계에서 지각으로 상승하는 물질과 에너지의 흐름

**1. 플룸 구조론** 지구 내부의 변동이 플룸 운동에 의해 지배받고 있다는 이론 ➡ 판 구조론에서 설명하지 못하는 ❶[____]에서 일어나는 화산 활동을 설명할 수 있다.

- **차가운 플룸** 해구에서 섭입한 판의 물질이 상부 맨틀과 하부 맨틀의 경계부에 쌓여 있다가 밀도가 커지면 맨틀과 ❷[____]의 경계부까지 가라앉으면서 형성 ➡ 주변 맨틀보다 온도가 낮고 밀도가 크므로 지진파의 속도가 빠르다.
- **뜨거운 플룸** 차가운 플룸이 맨틀과 외핵의 경계부에 도달하면 그 영향으로 핵과 접해 있는 하부 맨틀의 물질이 상승하여 형성 ➡ 주변 맨틀보다 온도가 높고 밀도가 작아 지진파의 속도가 느리다.

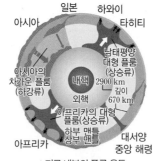

▲지구 내부의 플룸 운동

**2. 열점** 플룸 상승류가 지표면과 만나는 지점 아래에 마그마가 생성되는 곳 📍 하와이

🔲 ❶ 판 내부 ❷ 외핵

## ❶-1

**다음은 판 구조론이 정립되는 과정에서 제시된 이론에 대한 설명이다.**

> (가) 해령에서 고온의 맨틀 물질이 상승하여 해령을 축으로 양쪽으로 멀어지면서 해저가 점점 확장된다. 해양저 확장설
>
> (나) 과거에 판게아라는 초대륙이 분리되고 이동하여 현재와 같은 수륙 분포를 이루었다. 대륙 이동설
>
> (다) 맨틀 상하부의 온도 차에 의해 대류가 일어나 맨틀 위에 놓인 대륙이 맨틀 대류를 따라 이동한다. 맨틀 대류설

**이에 대한 설명으로 옳은 것만을 〈보기〉에서 있는 대로 고른 것은?**

> • 보기 •
> ㄱ. 이론이 제시된 순서는 (나) - (다) - (가)이다.
> ㄴ. (가)에 의하면 해령에서 멀어질수록 해양 지각의 나이가 많아진다.
> ㄷ. (나)에서는 대륙 이동의 증거를 제시하지 못하였다.

① ㄱ  ② ㄴ  ③ ㄱ, ㄴ  ④ ㄴ, ㄷ  ⑤ ㄱ, ㄴ, ㄷ

**풀이** 베게너는 대륙이 이동하였다는 여러 가지 ❶      를 제시하였으나 대륙 이동의 ❷      을 명확하게 설명하지 못해 당시에 인정받지 못했다.

❶ 증거 ❷ 원동력  **답** ③

## ❶-2

**베게너가 대륙 이동설을 발표하면서 제시한 대륙 이동의 증거로 옳지 않은 것은?**

① 대서양 양쪽의 해안선이 잘 들어맞는다.

② 고지자기 역전의 줄무늬가 해령을 축으로 대칭을 이룬다.

③ 멀리 떨어진 두 대륙에서 같은 종류의 화석이 산출된다.

④ 북아메리카와 유럽에 있는 산맥의 지질 구조가 연속적이다.

⑤ 대륙을 하나로 모았을 때 멀리 떨어진 대륙의 빙하 흔석과 이동 방향이 살 설명된다.

## ❷-1

**그림 (가)는 상부 맨틀에서만 대류가 일어나는 경우를, (나)는 맨틀 전체에서 대류가 일어나는 경우를 나타낸 것이다.**

**이에 대한 설명으로 옳은 것만을 〈보기〉에서 있는 대로 고른 것은?**

> • 보기 •
> ㄱ. (가)는 열점의 생성 원인을 설명할 수 있다.
> ㄴ. (나)는 맨틀과 핵의 경계에서 지각으로 올라오는 물질과 에너지의 이동을 설명할 수 있다.
> ㄷ. 하와이 열도의 형성은 (나)를 이용하여 설명할 수 있다.

① ㄱ  ② ㄴ  ③ ㄱ, ㄷ  ④ ㄴ, ㄷ  ⑤ ㄱ, ㄴ, ㄷ

**풀이** 하와이 열도는 맨틀과 외핵의 경계에서 ❶      하는 뜨거운 플룸에서 형성된 화산섬이 ❷      의 이동을 따라 이동해서 형성되었다.

❶ 상승 ❷ 판  **답** ④

## ❷-2

**그림은 플룸 구조론을 모식적으로 나타낸 것이다.**

**이에 대한 설명으로 옳은 것만을 〈보기〉에서 있는 대로 고른 것은?**

> • 보기 •
> ㄱ. A는 차가운 플룸, B는 뜨거운 플룸이다.
> ㄴ. A가 맨틀과 외핵의 경계에 도달하면 그 영향으로 B가 형성된다.
> ㄷ. B를 통해 판의 내부에서 발생하는 화산 활동의 원인을 설명할 수 있다.

① ㄱ  ② ㄴ  ③ ㄱ, ㄴ
④ ㄱ, ㄷ  ⑤ ㄱ, ㄴ, ㄷ

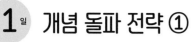

## 개념 돌파 전략 ①

### 개념 ❸ | 마그마와 화성암

**1. 마그마** 지구 내부에서 지각이나 맨틀 물질이 부분 용융되어 생성된 물질로, 화학 조성 ($SiO_2$ 함량)에 따라 분류한다.

| 구분 | 현무암질 마그마 | 안산암질 마그마 | 유문암질 마그마 |
|---|---|---|---|
| $SiO_2$ 함량 | 52 % 이하 | 52~63 % | 63 % 이상 |
| 온도 | 높다 ◄─────────────────► 낮다 | | |
| 점성 | 작다 ◄─────────────────► 크다 | | |
| 유동성 | 크다 ◄─────────────────► 작다 | | |
| 화산체 경사 | 완만하다 ◄─────────────► 급하다 | | |
| 화산의 형태 | 용암 대지, 순상 화산 | 성층 화산 | 종상 화산 |

① **마그마의 생성 조건** 지하 내부 온도 상승, 압력 감소, 물의 공급 등에 의해 암석의 용융점이 지하의 온도보다 ❶[    ]아지면 마그마가 생성된다.

② **마그마의 생성 장소와 종류**
- 해령 하부, 열점: 맨틀 상승류나 플룸 상승류를 따라 고온의 맨틀 물질이 상승하면 ❷[    ] 감소로 현무암질 마그마가 생성된다.
- 섭입대: 해양 지각이 섭입하면 해저 퇴적물과 해양 지각의 함수 광물에서 빠져나온 물의 공급으로 맨틀의 용융점이 낮아져 현무암질 마그마 생성 ➜ 섭입대에서 생성된 현무암질 마그마가 상승하여 대륙 지각 하부를 녹여 ❸[    ] 마그마 생성 ➜ 유문암질 마그마와 현무암질 마그마의 혼합으로 안산암질 마그마 생성

**2. 화성암** 마그마가 냉각되어 만들어진 암석으로, 화학 조성과 조직에 따라 분류

| 조직에<br>따른 분류 | 화학 조성에 따른 분류<br>특징 $SiO_2$ 함량<br>냉각 색<br>조직 밀도<br>속도 | | 염기성암 | 중성암 | 산성암 |
|---|---|---|---|---|---|
| | 특징 $SiO_2$ 함량 | | 적다 ◄─ 52 % ─ 63 % ─► 많다 | | |
| | 색 | | 어둡다 ◄─────────────► 밝다 | | |
| | 밀도 | | 크다 ◄─────────────► 작다 | | |
| 화산암 | 세립질 | 빠르다 | 현무암 | 안산암 | 유문암 |
| 심성암 | 조립질 | 느리다 | 반려암 | 섬록암 | 화강암 |

**답** ❶ 낮 ❷ 압력 ❸ 유문암질

### 개념 ❹ | 퇴적암 퇴적물이 쌓이고 다져져서 굳어진 암석

**1. 생성 과정** 풍화 작용 ➜ 침식·운반·퇴적 작용 ➜ 속성(다짐, 교결) 작용 ➜ 퇴적암
퇴적물이 쌓인 후 퇴적암이 되기까지의 모든 과정으로 다짐 작용과 교결 작용이 있다.

퇴적물 입자 사이의 간격을 메우고 입자들을 서로 붙여 주는 작용

퇴적물 입자 사이의 간격이 좁아지는 작용

**2. 종류**

| 구분 | 생성 원인 | 종류 |
|---|---|---|
| 쇄설성<br>퇴적암 | 암석이 풍화·침식 작용을 받아 생긴 ❶[    ] 퇴적물이나 화산 쇄설물이 쌓여 생성 | 역암, 사암, 셰일,<br>응회암 |
| 화학적<br>퇴적암 | 호수나 바다 등에서 물에 녹아 있던 물질이 ❷[    ]으로 침전되거나 물이 증발하고 남은 잔류물이 침전되어 생성 | 석회암, 처트,<br>암염 |
| 유기적<br>퇴적암 | 동식물이나 미생물의 유해가 쌓여 생성 | 석회암, 처트,<br>석탄 |

**답** ❶ 쇄설성 ❷ 화학적

## ❸-1

그림은 마그마의 생성 장소 A, B, C를 나타
낸 것이다.
이에 대한 설명으로 옳은 것만을 〈보기〉에서
있는 대로 고른 것은?

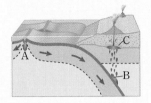

─ 해양 지각에 포함되어 있는
함수 광물에서 방출된 물

• 보기 •
ㄱ. A에서는 압력 감소로 현무암질 마그마가 생성된다.
ㄴ. B에서는 물 공급으로 안산암질 마그마가 생성된다.
ㄷ. C에서는 B에서 상승한 마그마의 영향으로 대륙 지각의 하부가
녹아서 유문암질 마그마가 생성된다.

① ㄱ    ② ㄱ, ㄴ    ③ ㄱ, ㄷ    ④ ㄴ, ㄷ    ⑤ ㄱ, ㄴ, ㄷ

**풀이** 해령 하부(A)에서 고온의 맨틀 물질이 상승하면 압력 감소로 맨틀 물질이 부분 용융
되어 ❶ [      ] 마그마가 생성된다. 섭입대(B)에서는 해양 지각의 함수 광물에서 빠져나온
물이 연약권 속으로 들어가 맨틀의 ❷ [      ]을 낮춰 현무암질 마그마가 생성되며, 이 현무
암질 마그마가 상승하여 대륙 지각의 하부를 부분 용융하면 유문암질 마그마가 생성된다. 그
리고 이 유문암질 마그마와 현무암질 마그마가 섞여 ❸ [      ] 마그마가 생성된다.

❶ 현무암질  ❷ 용융점  ❸ 안산암질    **답** ③

## ❸-2

그림은 SiO₂ 함량과 마그마의 냉각 속도에 따라 화성
암을 분류한 것이다.

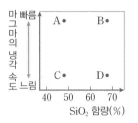

이에 대한 설명으로 옳은 것만을 〈보기〉에서 있는 대
로 고른 것은?

• 보기 •
ㄱ. A는 B보다 밝은색을 띤다.
ㄴ. A는 C보다 구성 광물의 크기가 작다.
ㄷ. 화강암의 특징은 C와 D 중 D에 가깝다.

① ㄱ    ② ㄴ    ③ ㄱ, ㄴ
④ ㄴ, ㄷ    ⑤ ㄱ, ㄴ, ㄷ

## ❹-1

그림은 퇴적암이 생성되는 과정을 나타낸 것이다.

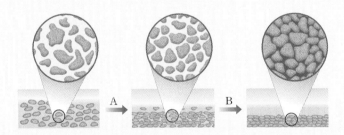

이에 대한 설명으로 옳은 것만을 〈보기〉에서 있는 대로 고른 것은?

• 보기 •
ㄱ. A 과정은 교결 작용으로 입자 사이의 간격이 치밀해진다. 다짐 작용
ㄴ. B 과정에서 규질 물질, 석회 물질, 산화 철 등이 침전된다. 교결 작용
ㄷ. A와 B의 전 과정을 속성 작용이라고 한다. 공극
                                        교결 물질

① ㄱ    ② ㄷ    ③ ㄱ, ㄴ    ④ ㄴ, ㄷ    ⑤ ㄱ, ㄴ, ㄷ

**풀이** 그림은 퇴적물이 퇴적암으로 되는 전 과정으로 속성 작용이라고 한다. 속성 작용 중
퇴적물 사이의 물(지하수)이 빠져나가고 입자들 사이의 공극이 줄어들면서 치밀하고 단단하
게 되는 A의 과정을 ❶ [      ]이라 하고, 퇴적물 속의 수분이나 지하수에 녹아 있던 탄산
칼슘이나 규산염 물질, 철분 등이 침전되어 퇴적물 입자들을 붙여주는 B의 과정을
❷ [      ]이라고 한다.

❶ 다짐(압축) 작용  ❷ 교결 작용    **답** ④

## ❹-2

그림은 서로 다른 퇴적암이 생성되는 과정을 나타낸
것이다.

이에 대한 설명으로 옳지 않은 것은?

① 석탄은 A 과정에 의해 생성된다.
② 암염은 B 과정에 의해 생성된다.
③ 처트는 C 과정에 의해 생성된다.
④ 석회암은 A나 B 과정에 의해 생성된다.
⑤ C 과정에 의해서 생성된 퇴적암은 입자의 크
기와 종류에 따라 분류된다.

**1강 지권의 변동**

**바탕 문제**

그림은 암석권(판)의 구조를 나타낸 것이다.

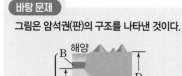

❶ A~E 중 암석권(판)에 해당하는 구간은?

❷ A~E 중 부분 용융 상태이므로 유동성이 있어 맨틀의 대류가 일어나는 구간은?

답 ❶D ❷E

---

**1** 판 구조론이 정립되기까지 등장한 학설이나 이론을 순서대로 나열한 것이다.

| 대륙 이동설 | ⇒ | A | ⇒ | 해양저 확장설 | ⇒ | 판 구조론 |
|---|---|---|---|---|---|---|
| (가) | | (나) | | (다) | | (라) |

이에 대한 설명으로 옳지 않은 것은?

① A는 홈스의 맨틀 대류설이다.

② (가)에서는 대륙 이동의 원동력을 맨틀 대류로 설명하였다.

③ 고지자기 분포가 해령을 기준으로 대칭을 이루는 것은 (다)의 증거이다.

④ (다)는 음향 측심법 같은 해저 탐사 기술의 발전으로 더욱 지지되었다.

⑤ (라)에 의하면 대륙의 이동은 연약권에서의 대류 운동에 의해 암석권의 조각인 판이 이동하는 것이다.

---

**바탕 문제**

그림은 해령이 어긋난 모습을 나타낸 것이다.

❶ A와 B 중 지진이 활발한 곳은?

❷ B와 C 중 화산 활동이 활발한 곳은?

❸ D와 E 중 해양 지각의 나이가 많은 곳은?

답 ❶B ❷C ❸E

---

**2** 그림은 어느 판 경계 부근에서 판의 이동 방향을 나타낸 것이다.
이에 대한 설명으로 옳은 것만을 〈보기〉에서 있는 대로 고른 것은?

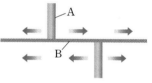

┌─ 보기 ─────────────────────────┐
ㄱ. 해양 지각의 나이는 A보다 B가 많다.

ㄴ. 화산 활동은 A보다 B에서 활발하다.

ㄷ. B의 존재는 해양저 확장설의 증거가 된다.
└──────────────────────────────┘

① ㄱ    ② ㄱ, ㄴ    ③ ㄱ, ㄷ    ④ ㄴ, ㄷ    ⑤ ㄱ, ㄴ, ㄷ

---

**바탕 문제**

그림은 하와이 열도를 이루는 섬들의 위치와 암석의 나이를 나타낸 것이다.

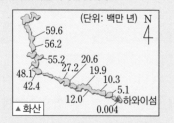

➡ 현재 화산 활동은 ❶[   ] 위에 위치한 하와이섬에서만 일어난다.

➡ 하와이섬은 앞으로 태평양판을 따라 ❷[   ] 쪽으로 이동하고 그 자리에는 새로운 화산섬이 생성될 것으로 예상된다.

답 ❶ 열점 ❷ 북서

---

**3** 그림은 하와이섬 부근의 지진파 속도 단층 영상을 나타낸 것이다.
이에 대한 설명으로 옳은 것만을 〈보기〉에서 있는 대로 고른 것은?

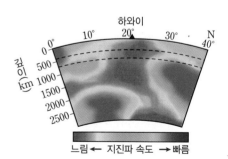

┌─ 보기 ─────────────────────────┐
ㄱ. 하와이섬 아래에는 열점이 있다.

ㄴ. 붉은색 영역은 플룸 상승류에 해당한다.

ㄷ. 하와이섬의 위치는 판이 이동해도 변하지 않는다.
└──────────────────────────────┘

① ㄱ    ② ㄱ, ㄴ    ③ ㄱ, ㄷ    ④ ㄴ, ㄷ    ⑤ ㄱ, ㄴ, ㄷ

## 2강 지구의 구성 물질과 지질 구조

**바탕 문제**

현무암질 마그마와 유문암질 마그마의 성질을
>, =, <로 비교하시오.

❶ 온도: 현무암질 [　　] 유문암질

❷ 점성: 현무암질 [　　] 유문암질

❸ 유동성: 현무암질 [　　] 유문암질

❹ 화산체 경사: 현무암질 [　　] 유문암질

답 ❶ > ❷ < ❸ > ❹ <

**4** 그림은 서로 다른 두 마그마 A, B의 온도와 점성을 나타낸 것이다.
이에 대한 설명으로 옳은 것만을 〈보기〉에서 있는 대로 고른 것은?

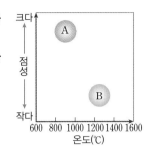

● 보기 ●

ㄱ. 유동성은 A가 B보다 작다.

ㄴ. $SiO_2$ 함량은 A가 B보다 많다.

ㄷ. A는 B보다 경사가 급한 화산체를 형성한다.

① ㄱ　　② ㄴ　　③ ㄱ, ㄷ　　④ ㄴ, ㄷ　　⑤ ㄱ, ㄴ, ㄷ

**바탕 문제**

마그마가 생성되는 장소들이다. 각 위치에서 생성되는 마그마의 종류를 쓰시오.

❶ 해령 하부 ·········· (　　)

❷ 열점 ··············· (　　)

❸ 섭입대 부근 ········ (　　)

답 ❶ 현무암질 마그마
❷ 현무암질 마그마
❸ 현무암질 마그마, 안산암질 마그마, 유문암질 마그마

**5** 그림은 서로 다른 장소에서 생성되는 마그마 A, B, C의 위치를 나타낸 것이다.

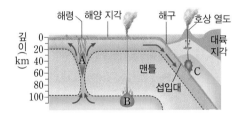

마그마의 주요 생성 원인에 대한 설명으로 옳은 것만을 〈보기〉에서 있는 대로 고른 것은?

● 보기 ●

ㄱ. 마그마 A는 압력 감소에 의해 생성된다.

ㄴ. 마그마 B는 온도 상승에 의해 생성된다.

ㄷ. 마그마 C는 물 공급에 의해 생성된다.

① ㄱ　　② ㄷ　　③ ㄱ, ㄴ　　④ ㄱ, ㄷ　　⑤ ㄴ, ㄷ

**바탕 문제**

❶ 암석이 풍화·침식 작용을 받아 생긴 퇴적물이 쌓여 굳어진 퇴적암을 무엇이라고 하는지 쓰시오.

❷ ❶번 답에 해당하는 퇴적암의 종류로 옳은 것은?

① 암염　② 석탄　③ 처트
④ 응회암　⑤ 석회암

답 ❶ 쇄설성 퇴적암 ❷ ④

**6** 그림은 퇴적암을 쇄설성, 유기적, 화학적 퇴적암으로 분류하고, 그 예를 나타낸 것이다.
이에 대한 설명으로 옳은 것만을 〈보기〉에서 있는 대로 고른 것은?

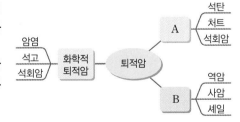

● 보기 ●

ㄱ. A는 유기적 퇴적암이다.

ㄴ. 응회암은 A의 한 종류이다.

ㄷ. B는 구성 입자의 크기로 분류한 것이다.

① ㄱ　　② ㄴ　　③ ㄱ, ㄷ　　④ ㄴ, ㄷ　　⑤ ㄱ, ㄴ, ㄷ

### 전략 ① │ 상부 맨틀의 대류와 판의 이동

1. **상부 맨틀의 대류** 연약권 내 방사성 원소의 붕괴열과 맨틀 상하부 깊이에 따른 온도 차이 등으로 맨틀의 대류가 매우 느리게 일어난다.

2. **판의 이동** 상부 맨틀의 대류를 따라 연약권 위에 놓인 판이 이동한다.

3. **맨틀 대류 외에 판을 이동시키는 힘**
   - ⦁ ❶ ⬚ 에서 판을 밀어내는 힘
   - ⦁ ❷ ⬚ 에서 섭입하는 판이 잡아당기는 힘
   - ⦁ 해저면 경사에 의한 중력의 힘

섭입하는 판이 잡아당기는 힘　판을 밀어내는 힘

대륙　해구

맨틀　해령

맨틀 대류

맨틀 대류　대륙

▲ 판을 이동시키는 힘

판은 맨틀이 대류하는 과정에서 발생하는 여러 힘이 함께 작용하여 이동해.

답 ❶ 해령 ❷ 해구

---

**필수 예제 1**

그림은 맨틀 대류와 판에 작용하는 힘을 나타낸 것이다.

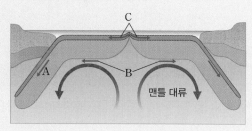

C

A　B

맨틀 대류

이에 대한 설명으로 옳은 것만을 〈보기〉에서 있는 대로 고른 것은?

┌─ 보기 ─────────────────────────
ㄱ. A가 클수록 A가 속한 판의 이동 속도가 빨라진다.
ㄴ. B에서는 맨틀 대류가 판을 싣고 가는 힘이 발생한다.
ㄷ. C는 해령에서 판을 양쪽으로 밀어내는 힘이다.
└──────────────────────────────

① ㄱ　② ㄷ　③ ㄱ, ㄴ　④ ㄴ, ㄷ　⑤ ㄱ, ㄴ, ㄷ

**풀이**

ㄱ. A는 섭입하는 판이 잡아당기는 힘이므로 A가 클수록 판의 이동 속도가 빨라진다.

ㄴ. B에서는 맨틀이 대류하면서 판을 싣고 가는 힘이 작용한다.

ㄷ. C에서는 마그마가 분출하여 새로운 판을 생성할 때 해령에서 멀어지는 방향으로 판을 밀어내는 힘이 작용한다.

답 ⑤

---

## 1-1

맨틀 대류를 설명한 것으로 옳지 <u>않은</u> 것은?

① 맨틀의 대류는 판을 이동시키는 힘이다.
② 연약권은 액체 상태로 대류가 일어난다.
③ 맨틀 대류의 상승부에서는 판이 갈라지면서 해령이 형성된다.
④ 상부 맨틀의 대류에 의해 연약권 위에 놓인 판이 이동한다.
⑤ 플룸 구조 운동도 판을 이동시키는 힘으로 작용한다.

연약권은 암석권 아래의 깊이 약 100~400 km 부분으로 맨틀 물질이 부분 용융되어 있는 상태이므로 맨틀 대류가 일어나 그 위에 있는 판이 움직여.

## 전략 ❷ | 해령 주변의 고지자기 줄무늬

1. **고지자기** 마그마가 식어서 굳을 때나 퇴적물이 쌓일 때 기록된 과거의 지구 자기장
2. **잔류 자기** 암석에 기록된 과거 지구 자기장의 방향
① 암석 내의 자성을 띠는 광물은 암석이 굳기 전에 당시의 지구 자기장 방향으로 배열되며, 지구 자기장의 세기와 방향이 변해도 잔류 자기의 방향은 변하지 않는다.
② **잔류 자기 분석** ❶[　　　]의 역전 현상을 알 수 있다.
 • 정자극기: 지구 자기장의 방향이 현재와 같은 시기
 • 역자극기: 지구 자기장의 방향이 현재와 반대 방향인 시기
③ **고지자기 줄무늬의 대칭 분포** 지구 자기 역전의 줄무늬는 해령과 거의 나란하며, 해령을 축으로 거의 대칭을 이룬다. → ❷[　　　]의 증거

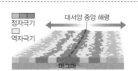
고지자기 역전의 줄무늬는 해령을 축으로 대칭으로 나타나.

답 ❶ 지구 자기 ❷ 해양저 확장설

### 필수예제 2

그림은 여러 해저에서 관측한 고지자기의 분포를 해령으로부터의 거리와 해양 지각의 나이에 따라 나타낸 것이다.
이에 대한 설명으로 옳은 것만을 〈보기〉에서 있는 대로 고르시오.

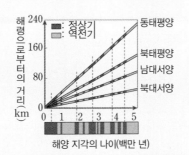

• 보기 •
ㄱ. 지구 자기장의 역전 주기는 일정하다.
ㄴ. 해령에서 멀어질수록 해양 지각의 연령은 많아진다.
ㄷ. 해저가 확장하는 속도는 동태평양에서 가장 빠르다.

**풀이**
ㄱ. 지구 자기장은 정상기와 역전기를 반복하지만 일정한 시간 간격으로 일어나지는 않는다.
ㄴ. 해양 지각은 해령에서 생성되어 양쪽으로 확장되므로 해령에서 멀어질수록 해양 지각의 연령은 많아진다.
ㄷ. 해양 지각의 이동 속도는 그래프의 기울기로 알 수 있다. 문제의 그래프에서 네 지역 중 동태평양의 기울기가 가장 크다. 따라서 해저가 확장하는 속도는 동태평양에서 가장 빠르다

답 ㄴ, ㄷ

### 2-1

그림은 어느 해령 부근의 고지자기 줄무늬를 나타낸 모식도이다.
이에 대한 설명으로 옳은 것만을 〈보기〉에서 있는 대로 고른 것은?

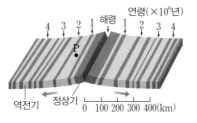

해령을 기준으로 양쪽으로 같은 거리에서는 동일한 지구 자기장의 방향이 관측돼.

• 보기 •
ㄱ. 해양판의 평균 이동 속도는 약 100 cm/년이다.
ㄴ. P점이 해령에 위치하였을 때 지자기는 역전기이다.
ㄷ. 고지자기 줄무늬의 대칭은 해양저 확장설의 증거가 된다.

① ㄱ　　② ㄴ　　③ ㄱ, ㄷ　　④ ㄴ, ㄷ　　⑤ ㄱ, ㄴ, ㄷ

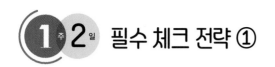

## 전략 ❸ | 고지자기와 대륙의 이동

─ 지구 표면의 한 지점의 수평면 위에서 진북과 자북이 이루는 각

1. **대륙 이동의 복원** 암석의 나이와 암석에 기록된 고지자기 편각과 복각을 측정하면 시간에 따른 대륙의 이동 경로를 복원할 수 있다.

─ 나침반의 자침이 수평면과 이루는 각

2. **인도 대륙의 이동** 암석에 남아 있는 고지자기 ❶ 을 측정한 결과 인도 대륙은 지질 시대 동안 대체로 북쪽 방향으로 이동하였다.

3. **대륙 분포의 변화** 지질 시대 동안 대륙들은 하나로 모여서 ❷ 을 형성하고 다시 분리되었다가 모이는 과정을 되풀이하였다.

> 암석에 기록된 고지자기 편각을 측정하면 그 암석이 생성될 때의 지자기 북극 방향을 알 수 있고, 고지자기 복각을 측정하면 암석이 생성될 당시의 위도를 알 수 있어.

로디니아 이전에도 초대륙이 있었다.

▲ 12억 년 전　　▲ 2억 4천만 년 전　　▲ 1억 4천만 년 전　　▲ 현재

답 ❶ 복각 ❷ 초대륙

### 필수 예제 3

그림은 지구 자기장의 자기력선 모습과 복각을 나타낸 것이다. 이에 대한 설명으로 옳지 <u>않은</u> 것은?

① 복각은 나침반의 자침이 수평면과 이루는 각이다.

② A에서의 복각은 +30°이다.

③ B에서 나침반의 자침은 수평면과 평행하다.

④ 복각의 절댓값은 자기 적도에서 고위도로 갈수록 작아진다.

⑤ 고지자기 복각으로 과거 대륙의 위도를 추정할 수 있다.

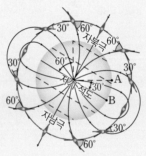

**풀이**

복각은 나침반의 자침이 수평면과 이루는 각으로, 자기 적도에서 고위도로 갈수록 절댓값이 커진다. 암석에 기록된 고지자기 복각을 측정하면 암석이 생성될 당시의 위도를 알 수 있다. 고지자기 복각이 +90°이면 암석의 생성 당시 위치는 자북극이었다.

답 ④

### 3-1

그림은 지질 시대 동안 대륙 분포의 변화를 나타낸 것이다.

(가)　　　　(나)　　　　(다)

이에 대한 설명으로 옳지 <u>않은</u> 것은?

① (가)는 대륙이 하나로 뭉친 초대륙이다.

② (나)는 고생대 말에 판게아가 형성된 모습이다.

③ (나) 시기 이후 대륙이 분리되기 시작하였다.

④ 지질 시대 동안 초대륙은 여러 번 있었다.

⑤ (다) 시기 이후 인도 대륙에서 생성되는 암석의 고지자기 복각의 크기는 계속 커졌다.

> 남반구에 있던 인도 대륙이 북상하여 유라시아 대륙과 충돌하면서 히말라야산맥이 형성되었다는 사실과 복각의 절댓값이 자기 적도에서 자북극으로 갈수록 커진다는 것에 유의해서 문제를 풀어 봐.

## 전략 ❹ | 열점과 하와이 열도의 생성

1. **열점** 플룸 상승류가 지표면과 만나는 지점 아래에 마그마가 생성되는 곳 ➡ 맨틀이 대류하여 판이 이동해도 **❶** 의 위치는 변하지 않는다.

2. **하와이 열도의 생성 원리**

① 하와이섬에서 북서쪽으로 열도가 형성되어 있다.

② 화산 활동은 현재 열점 위에 위치한 **❷** 에서 일어나며, 하와이섬에서 북서쪽으로 갈수록 화산을 구성하는 암석의 나이가 많다. ➡ 열점에서 형성된 화산섬들이 태평양판의 이동으로 열점을 벗어나 일렬로 배열되었기 때문

③ 하와이섬은 앞으로 태평양판을 따라 북서쪽으로 이동하고, 하와이섬이 있던 자리에는 새로운 화산섬이 생성된다.

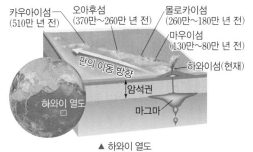

▲ 하와이 열도

圄 ❶ 열점 ❷ 하와이섬

---

 **필수예제 4**

그림은 태평양에서 열점의 활동으로 형성된 하와이 열도의 위치와 각 섬에서 측정한 암석의 절대 연령을 나타낸 것이다.

이에 대한 설명으로 옳은 것만을 〈보기〉에서 있는 대로 고른 것은?

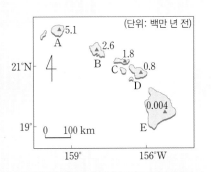

**풀이**

ㄱ. 열점은 가장 최근에 형성된 화산섬 근처에 위치한다. 따라서 현재 열점은 E보다 남동쪽에 위치한다.

ㄴ. 태평양판은 북서쪽으로 이동하였다.

ㄷ. 하와이 열도는 상승하는 뜨거운 플룸에 의해 형성되었으며, 열점은 현재 하와이섬에 위치한다.

• 보기 •

ㄱ. 현재 열점은 A보다 북서쪽에 위치한다.

ㄴ. 약 5백만 년 전부터 현재까지 태평양판은 북서쪽으로 이동하고 있다.

ㄷ. 하와이 열도를 형성한 마그마는 뜨거운 플룸의 활동으로 생성되었다.

① ㄱ    ② ㄷ    ③ ㄱ, ㄴ    ④ ㄴ, ㄷ    ⑤ ㄱ, ㄴ, ㄷ

圄 ④

---

## 4-1

그림은 북아메리카판에 위치한 열점의 활동으로 형성된 화산암체의 연령을 나타낸 것이다.

이에 대한 설명으로 옳은 것만을 〈보기〉에서 있는 대로 고른 것은?

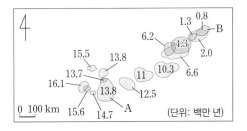

화산암체의 배열 방향과 연령을 보면 판의 이동 방향을 알 수 있어.

• 보기 •

ㄱ. 화산암체의 연령으로 보아 A보다 B가 열점에서의 거리가 가깝다.

ㄴ. 최근 약 1380만 년 동안 북아메리카판은 남서쪽으로 이동하였다.

ㄷ. 화산암체 B는 위치가 고정되어 있으며, 판이 움직여도 이동하지 않는다.

① ㄱ    ② ㄷ    ③ ㄱ, ㄴ    ④ ㄴ, ㄷ    ⑤ ㄱ, ㄴ, ㄷ

## 1주 2일 필수 체크 전략 ②

**1** 그림은 해양 탐사선에서 발사한 초음파가 해저면에 반사되어 되돌아오기까지 걸리는 시간을 나타낸 것이다.
이에 대한 설명으로 옳은 것만을 〈보기〉에서 있는 대로 고른 것은? (단, 해수 중에서 초음파의 속력은 약 1500 m/s이다.)

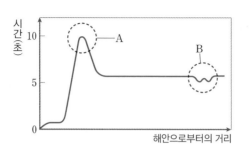

**Tip**

해저 지형을 탐사하는 방법을 음향 측심법이라고 한다. 음향 측심법은 해양 탐사선에서 발사한 음파가 해저에 반사되어 되돌아오는 데 걸리는 시간을 측정하여 **❶** 을 측정하는 방법이다. 이 탐사법으로 열곡과 해저 산맥, 즉 **❷** 의 존재를 알게 되었다.

🔒 **❶** 수심 **❷** 해령

**• 보기 •**

ㄱ. A의 가장 깊은 곳의 수심은 약 7500 m이다.

ㄴ. A는 해양 지각이 소멸하는 판의 경계이다.

ㄷ. A에서 B로 갈수록 해저의 수심은 깊어진다.

① ㄱ     ② ㄴ     ③ ㄱ, ㄴ     ④ ㄱ, ㄷ     ⑤ ㄴ, ㄷ

**2** 그림 (가)는 지질 시대 동안 인도 대륙의 위치와 복각을 나타낸 것이고, (나)는 복각을 이용하여 계산한 인도 대륙의 이동에 따른 위도 변화를 나타낸 것이다.

(가)

| 시기(만 년 전) | 복각 | 위도 |
|---|---|---|
| 7100 | −49° | 30°S |
| 5500 | −21° | 11°S |
| 3800 | 6° | 3°N |
| 1000 | 30° | 16°N |
| 현재 | 36° | 20°N |

(나)

**Tip**

복각은 나침반의 자침이 수평면과 이루는 각으로 자성을 띠는 광물의 복각을 측정하면 암석이 생성될 당시의 **❶** 를 알 수 있다. 복각의 절댓값은 자기 적도에서 자북극 또는 자남극으로 갈수록 **❷** .

🔒 **❶** 위도 **❷** 커진다

이에 대한 설명으로 옳은 것만을 〈보기〉에서 있는 대로 고른 것은?

**• 보기 •**

ㄱ. 약 7100만 년 전 인도 대륙은 남반구에 있었다.

ㄴ. 이 기간 동안 인도 대륙의 복각의 절댓값은 점점 커졌다.

ㄷ. 인도 대륙과 유라시아 대륙의 충돌로 히말라야산맥이 형성되었다.

① ㄱ     ② ㄱ, ㄴ     ③ ㄱ, ㄷ     ④ ㄴ, ㄷ     ⑤ ㄱ, ㄴ, ㄷ

**3** 그림 (가)는 유럽과 북아메리카 대륙에서 측정한 고지자기 북극의 이동 경로를, (나)는 두 대륙의 자극 이동 경로를 일치시켰을 때 나타나는 대륙의 분포를 나타낸 것이다.

── 유라시아 대륙에서 측정한 고지자기 북극의 이동 경로
── 북아메리카 대륙에서 측정한 고지자기 북극의 이동 경로
(단위: 억 년 전)

(가)　　　　　(나)

이에 대한 설명으로 옳은 것만을 〈보기〉에서 있는 대로 고른 것은?

• 보기 •

ㄱ. (가)와 (나)를 통해 과거에 두 대륙이 하나로 붙어 있었음을 알 수 있다.

ㄴ. 유럽과 북아메리카 대륙이 분리되면서 두 대륙 사이에 습곡 산맥이 생성되었다.

ㄷ. 두 대륙에서 측정한 고지자기 북극의 이동으로부터 과거에 자북극이 두 개 존재하였음을 알 수 있다.

① ㄱ　　② ㄴ　　③ ㄱ, ㄷ　　④ ㄴ, ㄷ　　⑤ ㄱ, ㄴ, ㄷ

**4** 그림 (가)는 지구 내부의 플룸 구조 모식도이고, (나)는 판의 경계와 열점의 분포를 나타낸 것이다. (가)의 ㉠~㉣은 플룸이 상승하거나 하강하는 곳이고, 이들의 위치는 각각 (나)의 A~D 중 하나이다.

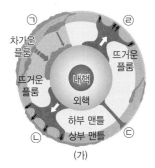

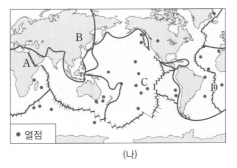

(가)　　　　　(나)

이에 대한 설명으로 옳지 <u>않은</u> 것은?

① ㉠은 B에 해당한다.

② ㉢에는 판의 발산형 경계가 발달해 있다.

③ 열점은 대부분 판의 경계를 따라 분포한다.

④ 열점은 뜨거운 플룸이 상승하는 곳에 생성된다.

⑤ C에서 분출하는 마그마는 압력 감소로 생성된다.

## 전략 ❶ | 마그마가 생성되는 경우

1. **온도 상승** 대륙 지각 하부에서 ❶□□□가 상 승하여 물이 포함된 화강암의 용융점에 도달 하면 부분 용융이 일어난다.

2. **압력 감소** 맨틀 물질이 상승하여 ❷□□이 감소하면 맨틀의 용융점이 낮아져 부분 용융 이 일어난다.

3. **물 공급** 맨틀에 물이 공급되면 맨틀의 용융점 이 낮아져 부분 용융이 일어난다.

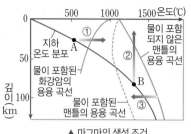

▲ 마그마의 생성 조건

> 마그마의 생성되려면 마그 마가 생성되는 장소의 온도 가 그곳에 존재하는 암석의 용융점보다 높아야 해.

답 ❶ 온도 ❷ 압력

### 필수 예제 **1**

그림은 지구 내부의 깊이에 따른 온도 변화와 암석의 용융 곡선을 나타낸 것이다.
이에 대한 설명으로 옳은 것만을 〈보기〉에서 있는 대로 고르시오.

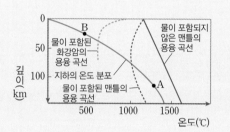

**풀이**

ㄱ. 깊이에 따른 온도 증가율은 B가 A보다 크다. (동일한 깊이를 들어간다면 B의 온 도 상승률이 A보다 더 크다.)

ㄴ. 물이 포함된 화강암은 압력이 높을수록(깊 이가 깊어질수록) 용융점이 낮아진다.

ㄷ. 물이 포함된 맨틀은 물이 포함되지 않은 맨틀보다 용융점이 낮아지기 때문에 마그 마가 쉽게 생성될 수 있다.

> **보기**
>
> ㄱ. 깊이에 따른 지구 내부의 온도 증가율은 A보다 B에서 크다.
>
> ㄴ. 물이 포함된 화강암은 압력이 높을수록 용융점이 높아진다.
>
> ㄷ. 물이 포함된 맨틀은 물이 포함되지 않은 맨틀보다 마그마가 쉽게 생성될 수 있다.

답 ㄱ, ㄷ

### 1-1

그림 (가)는 마그마가 생성되는 장소를, (나)는 마그마의 생성 조건을 나타낸 것이다.

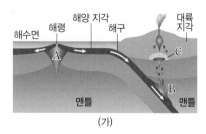

(가)

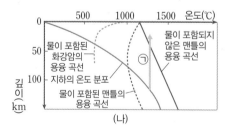

(나)

> 섭입대에서 분출되는 마그마는 대부분 현무암질 마그마와 유 문암질 마그마가 섞여 만들어 진 안산암질 마그마야.

이에 대한 설명으로 옳은 것만을 〈보기〉에서 있는 대로 고르시오.

> **보기**
>
> ㄱ. A에서는 주로 현무암질 마그마가 생성된다.
>
> ㄴ. B에서 생성되는 마그마는 C에서 생성되는 마그마보다 $SiO_2$ 함량이 많다.
>
> ㄷ. A, B, C 중 ㉠의 과정에 의해 마그마가 생성되는 위치는 A이다.

## 전략 ❷ | 우리나라 주요 화성암 지형과 퇴적 지형

| 암석 | 구분 | 지역과 특징 |
|---|---|---|
| 화성암 | 화산암 지형 | 제주도, 울릉도, 독도, 백두산, 한탄강 일대 → 대부분 신생대에 현무암질 마그마가 분출하여 형성된 현무암으로 이루어져 있으며, 용암이 급격히 냉각되면서 수축하여 ❶ 가 형성됨 |
| | 심성암 지형 | 북한산 인수봉, 설악산 울산바위 → 대부분 중생대에 유문암질 마그마가 관입하여 형성된 화강암으로 이루어져 있으며, 화강암이 지표에 노출되면서 압력 감소로 ❷ 가 형성됨 |
| 퇴적암 | 고생대 지형 | 강원도 태백시 구문소 → 주로 석회암, 셰일로 이루어져 있으며, 삼엽충, 완족류 등의 화석과 연흔, 건열 등의 퇴적 구조가 나타남 |
| | 중생대 지형 | 전라북도 부안군 채석강 → 역암과 사암으로 이루어져 있으며, 층리가 발달함 |
| | 신생대 지형 | 제주도 수월봉 → 신생대 화산 활동으로 분출된 화산재가 두껍게 쌓여 굳어진 응회암으로 이루어져 있으며, 층리가 발달함 |

중생대 퇴적암 지형에는 공룡 발자국 화석과 연흔, 건열 등의 퇴적 구조가 특징인 고성군 덕명리 해안과 역암층과 타포니가 특징인 전라북도 진안군 마이산도 있어.

답 ❶ 주상 절리 ❷ 판상 절리

### 필수예제 2

그림 (가)는 제주도, (나)는 북한산에서 볼 수 있는 지형을 나타낸 것이다. 이에 대한 설명으로 옳은 것만을 〈보기〉에서 있는 대로 고른 것은?

(가)

(나)

• 보기 •
ㄱ. (가)는 (나)보다 조립질 암석이다.
ㄴ. 암석의 나이는 (가)가 (나)보다 적다.
ㄷ. (가)의 절리는 압력 감소로 형성되었다.

① ㄱ  ② ㄴ  ③ ㄱ, ㄷ  ④ ㄴ, ㄷ  ⑤ ㄱ, ㄴ, ㄷ

풀이
ㄱ. 제주도 중문 대포 해안의 주상 절리는 어두운색의 세립질 현무암으로 이루어져 있고, 북한산 인수봉은 밝은색의 조립질 화강암으로 이루어져 있다.
ㄴ. 제주도에 넓게 분포한 현무암은 신생대에 형성되었고, 북한산을 이루는 주요 암석은 중생대에 형성되었다.
ㄷ. (가)에서 보이는 지질 구조는 주상 절리로 용암이 빠르게 냉각되는 과정에서 수축하여 만들어진다.

답 ②

### 2-1

그림 (가)는 전북 진안에 위치한 마이산의 전경이고, 그림 (나)는 마이산을 이루고 있는 암석의 사진이다. 이에 대한 설명으로 옳은 것만을 〈보기〉에서 있는 대로 고른 것은?

(가)

(나)

마이산은 대표적인 역암 지형이고, 풍화·침식 작용으로 만들어진 타포니가 특징이야.

• 보기 •
ㄱ. 마이산은 종상 화산이다.
ㄴ. 마이산은 주로 사암으로 이루어져 있다.
ㄷ. (나)와 같은 구조는 풍화, 침식 작용으로 형성되었다.

① ㄱ  ② ㄷ  ③ ㄱ, ㄴ  ④ ㄴ, ㄷ  ⑤ ㄱ, ㄴ, ㄷ

**전략 ❸ | 퇴적 구조의 종류와 특징**

| 점이 층리 |
|---|
| 수심이 깊은 곳에서 다양한 크기의 퇴적물이 한꺼번에 퇴적될 때 큰 입자가 먼저 가라앉고, 작은 입자는 천천히 가라앉아 한 지층 내에서 위로 갈수록 입자 크기가 ❶ [    ] 구조 |

| 사층리 |
|---|
| 물이 흐르거나 바람이 부는 환경에서 퇴적물이 기울어진 상태로 쌓인 구조 —— 과거 물이 흘렀던 방향이나 바람이 불었던 방향을 알 수 있음 |

| 연흔 |
|---|
| 수심이 얕은 물밑에서 퇴적물이 퇴적될 때 물결의 영향을 받아 물결 모양의 흔적이 지층에 남아 있는 구조 |

| 건열 |
|---|
| 진흙과 같이 입자가 작은 퇴적물이 ❷ [    ]한 기후 환경에 노출되어 퇴적물 표면이 V자 모양으로 갈라진 구조 |

| 구분 | 점이 층리 | 사층리 | 연흔 | 건열 |
|---|---|---|---|---|
| 정상층 | | | | |
| 역전층 | | | | |

> 퇴적 구조를 통해 퇴적 당시의 환경이나 지층의 상하 관계 및 역전 여부를 알 수 있어.

답 ❶ 작아지는 ❷ 건조

**필수 예제 3**

그림은 퇴적 구조를 나타낸 것이다.
이에 대한 설명으로 옳은 것만을 〈보기〉에서 있는 대로 고른 것은?

 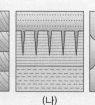 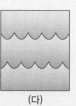
(가)        (나)        (다)

● 보기 ●
ㄱ. (가)에서 퇴적 당시 퇴적물이 공급된 방향을 알 수 있다.
ㄴ. (다)는 연흔으로 얕은 물밑 환경에서 잘 형성된다.
ㄷ. (가), (나), (다)로부터 지층의 역전 여부를 판단할 수 있다.

① ㄱ        ② ㄷ        ③ ㄱ, ㄴ        ④ ㄴ, ㄷ        ⑤ ㄱ, ㄴ, ㄷ

**풀이**
ㄱ. (가)는 층리가 평행하지 않고 기울어져 있는 사층리로 위쪽으로 갈수록 경사가 크다. 이를 통해 과거 물이 흘렀던 방향이나 바람이 불었던 방향을 알 수 있다.
ㄴ. (다)는 얕은 물밑에서 물결의 영향을 받아 생성된 연흔으로 뾰족한 부분이 상부를 향하고 있다.
ㄷ. (나)는 건조한 환경에서 퇴적물이 대기에 노출되어 갈라져 생성된 건열이다. (가), (나), (다)는 지층의 상하 구조가 다른 모습이기 때문에 모두 지층의 상하 판단(역전 여부의 판단)에 이용될 수 있다.

답 ⑤

**3-1**

그림은 어느 지역의 지질 단면과 퇴적 구조를 나타낸 것이다.
이에 대한 설명으로 옳은 것만을 〈보기〉에서 있는 대로 고른 것은? (단, 이 지질 단면에서 퇴적은 중단된 적이 없었고, 과거에 물이 흘렀다.)

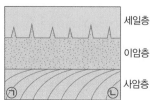
셰일층
이암층
㉠        ㉡        사암층

> 퇴적 구조를 보면 퇴적 당시에 물이 흘렀는지, 아니면 건조했는지 알 수 있지.

● 보기 ●
ㄱ. 이암층은 사암층보다 나중에 퇴적되었다.
ㄴ. 이 지역은 과거에 건조한 시기가 있었다.
ㄷ. 사암층이 형성될 당시 물은 ㉠에서 ㉡으로 흘렀을 것이다.

① ㄱ        ② ㄷ        ③ ㄱ, ㄴ        ④ ㄴ, ㄷ        ⑤ ㄱ, ㄴ, ㄷ

## 전략 ④ | 지질 구조

| 습곡 | 암석이 지하 깊은 곳에서 **❶** 을 받아 휘어진 지질 구조<br>**종류** 정습곡, 경사 습곡, 횡와 습곡 — 지층의 역전 현상이 나타남 |
|---|---|
| 단층 | 암석이 끊어진 면을 따라 상대적으로 이동하여 서로 어긋나 있는 지질 구조<br>**종류** 정단층(장력), 역단층(횡압력), 주향 이동 단층(수평 이동) |
| 절리 | 암석에 생긴 틈이나 균열 **종류** 주상 절리(냉각·수축), 판상 절리(압력 감소) |
| 관입 | 지하에서 마그마가 지층 사이를 뚫고 들어가 화성암으로 굳어진 지질 구조 |
| 포획 | 마그마가 관입할 때 주위의 암석 조각이 떨어져 나와 마그마에 포함되어 굳은 구조 |
| 부정합 | • 상하 지층 사이에 큰 시간 차이가 있는 불연속적인 두 지층의 관계<br>• 형성 과정: 퇴적 → **❷** → 풍화·침식 → 침강 및 퇴적 |

└ 기저 역암 형성
└ 융기와 침강 사이 기간에 새로운 지층의 퇴적이 일어나지 않기 때문

지질 구조는 그림이나 사진에서 지층이 변형된 모양을 찾고, 명칭, 작용한 힘, 방향 등을 묻는 문제가 자주 출제 돼

**답 ❶** 횡압력 **❷** 융기

---

**필수예제 ④**

그림 (가), (나)는 서로 다른 단층을 나타낸 것이다. 이에 대한 설명으로 옳은 것만을 〈보기〉에서 있는 대로 고른 것은?

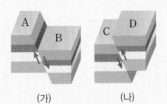
(가)  (나)

• 보기 •
ㄱ. A, D는 상반에 해당한다.
ㄴ. (가)는 장력을 받아 형성된다.
ㄷ. (나)는 판의 수렴형 경계에서 잘 형성된다.

**풀이**
ㄱ. 경사진 단층면의 위쪽에 있는 암반을 상반이라고 한다. (가)에서는 B, (나)에서는 D가 상반이다.
ㄴ. (가)는 정단층으로 장력이 작용하여 상대적으로 상반이 아래로 이동하였다.
ㄷ. (나)는 역단층으로 횡압력이 작용하여 상대적으로 상반이 위로 이동하였다. 역단층이나 습곡은 판이 충돌하는 경계에서 잘 형성된다.

① ㄱ    ② ㄴ    ③ ㄱ, ㄷ    ④ ㄴ, ㄷ    ⑤ ㄱ, ㄴ, ㄷ

**답 ④**

---

## 4-1

그림 (가)~(라)는 여러 가지 지질 구조를 나타낸 것이다.

(가)

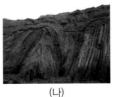
(나)

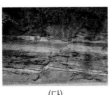
(다)

이에 대한 설명으로 옳은 것만을 〈보기〉에서 있는 대로 고른 것은?

• 보기 •
ㄱ. (가)는 열곡대에서 잘 형성된다.
ㄴ. (나)는 퇴적이 중단된 시기가 있었다.
ㄷ. (가), (나), (다) 모두 횡압력을 받아 형성되었다.

지질 구조의 모양을 보고 지층이 어느 방향으로 힘을 받았는지 알 수 있어.

① ㄱ    ② ㄴ    ③ ㄱ, ㄴ    ④ ㄴ, ㄷ    ⑤ ㄱ, ㄴ, ㄷ

## 1주 3일 필수 체크 전략 ②

**1** 그림 (가), (나)는 성질이 다른 두 종류의 마그마에 의해 형성된 화산체의 모양을 나타낸 것이다.

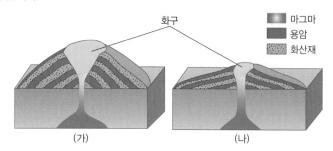

화구

■ 마그마
■ 용암
▦ 화산재

(가)　　　　(나)

이에 대한 설명으로 옳은 것만을 〈보기〉에서 있는 대로 고른 것은?

● 보기 ●
ㄱ. 마그마의 $SiO_2$ 함량은 (가)<(나)이다.
ㄴ. 마그마의 점성은 (가)>(나)이다.
ㄷ. 화산체를 만든 마그마의 온도는 (가)<(나)이다.

① ㄱ　　② ㄱ, ㄴ　　③ ㄱ, ㄷ　　④ ㄴ, ㄷ　　⑤ ㄱ, ㄴ, ㄷ

**Tip**
마그마(용암)는 $SiO_2$ 함량에 따라 현무암질 마그마, 안산암질 마그마, 유문암질 마그마로 구분한다. $SiO_2$ 함량은 ❶⬚ 마그마>안산암질 마그마>❷⬚ 마그마 순이다.

답 ❶ 유문암질 ❷ 현무암질

**2** 그림 (가), (나)는 각각 설악산 울산바위와 제주도 용두암을 나타낸 것이다.

(가)　　　　　　(나)

이에 대한 설명으로 옳은 것만을 〈보기〉에서 있는 대로 고른 것은?

● 보기 ●
ㄱ. (가)는 (나)보다 조립질 암석이다.
ㄴ. (가)는 (나)보다 $SiO_2$ 함량이 적다.
ㄷ. (가)는 (나)보다 생성 깊이가 깊다.

① ㄱ　　② ㄱ, ㄴ　　③ ㄱ, ㄷ　　④ ㄴ, ㄷ　　⑤ ㄱ, ㄴ, ㄷ

**Tip**
설악산의 울산바위는 마그마가 지하 깊은 곳에서 천천히 굳어진 ❶⬚으로 이루어져 있고, 제주도 용두암은 마그마가 지표 근처에서 빠르게 식어 굳어진 ❷⬚으로 이루어져 있다.

답 ❶ 화강암 ❷ 현무암

**3** 그림 (가)와 (나)는 생성 과정이 다른 두 지질 구조를 나타낸 것이다.

 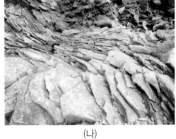

(가)                    (나)

이에 대한 설명으로 옳은 것만을 〈보기〉에서 있는 대로 고른 것은?

┌─ • 보기 •─────────────────────────────┐
ㄱ. (가)는 용암이 급격히 냉각·수축하는 과정에서 형성된다.
ㄴ. (나)는 암석이 융기하는 과정에서 압력 감소로 형성된다.
ㄷ. (가)는 화산암에서, (나)는 심성암에서 주로 관찰된다.
└───────────────────────────────────┘

① ㄱ     ② ㄱ, ㄴ     ③ ㄱ, ㄷ     ④ ㄴ, ㄷ     ⑤ ㄱ, ㄴ, ㄷ

**Tip**

주상 절리는 용암의 급격한 **❶** 으로 형성되고, 판상 절리는 심성암이 융기하는 과정에서 **❷** 의 감소로 형성된다.

답 ❶ 냉각·수축 ❷ 압력

**4** 다음은 퇴적암에서 관찰되는 여러 가지 퇴적 구조이다.

  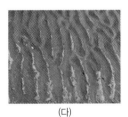

(가)           (나)           (다)

이에 대한 설명으로 옳은 것만을 〈보기〉에서 있는 대로 고른 것은?

┌─ • 보기 •─────────────────────────────┐
ㄱ. (가)는 퇴적물이 공급된 방향을 알려준다.
ㄴ. (나)는 형성 과정에서 수면 위로 노출된 적이 있다.
ㄷ. (가)와 (나)는 지층의 단면을, (다)는 층리면을 관찰한 모습이다.
└───────────────────────────────────┘

① ㄱ     ② ㄱ, ㄴ     ③ ㄱ, ㄷ     ④ ㄴ, ㄷ     ⑤ ㄱ, ㄴ, ㄷ

**Tip**

연흔은 퇴적층 표면에 **❶** 모양의 흔적이 남아 있는 퇴적 구조이며, **❷** 은 수면 위로 노출되어 건조되면서 갈라진 틈이 발달해 있는 퇴적 구조이고, **❸** 는 과거 물이 흘렀던 방향이나 바람이 불었던 방향을 알려주는 퇴적 구조이다.

답 ❶ 물결 ❷ 건열 ❸ 사층리

---

**대표 예제 ①**  판 구조론의 정립 과정

표는 대륙 이동설과 해저 확장설에 대한 주요 논쟁점을 나타낸 것이다.

| 구분 | 주요 논쟁점 |
|---|---|
| 대륙 이동설 | 대륙을 이동시키는 원동력은 무엇인가? |
| 해저 확장설 | 해령에서 끊임없이 해양 지각이 생성된다면 해저는 무한히 확장되는가? |

판 구조론에서 적용한 두 학설의 해결 방안으로 옳은 것만을 〈보기〉에서 있는 대로 고르시오.

• 보기 •
ㄱ. 판은 맨틀 대류에 의해 연약권 위를 이동한다.
ㄴ. 해양 지각이 소멸되는 섭입대가 존재한다.
ㄷ. 해령과 해령 사이에 변환 단층이 존재한다.

**개념 가이드**

판 구조론에 의하면 ❶ [    ]은 암석권의 크고 작은 조각으로 맨틀 대류에 의한 ❷ [    ]의 움직임에 따라 이동한다.

답 ❶ 판 ❷ 연약권

---

**대표 예제 ②**  맨틀 대류와 판 경계

그림은 맨틀 대류의 원리를 알아보기 위해 냄비에 물을 넣고 끓일 때 나타나는 현상을 나타낸 모식도이다.
이에 대한 설명으로 옳은 것만을 〈보기〉에서 있는 대로 고르시오.

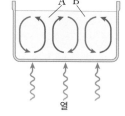

• 보기 •
ㄱ. 온도는 A가 B보다 낮다.
ㄴ. B에 의해 습곡 산맥이 만들어질 수 있다.
ㄷ. A는 발산형 경계, B는 수렴형 경계에 해당한다.

**개념 가이드**

맨틀 대류가 상승하는 곳은 ❶ [    ] 경계, 맨틀 대류가 하강하는 곳은 ❷ [    ] 경계가 형성된다.

답 ❶ 발산형 ❷ 수렴형

---

**대표 예제 ③**  해저 확장설의 증거

그림 (가), (나)는 어느 해양에서 기준점으로부터의 거리에 따른 해양 지각의 연령과 퇴적물의 두께를 나타낸 것이다.

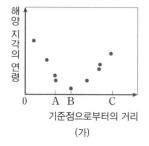 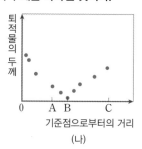

이에 대한 설명으로 옳은 것만을 〈보기〉에서 있는 대로 고르시오.

• 보기 •
ㄱ. B 부근에 맨틀 대류의 상승부가 있다.
ㄴ. 해양 지각은 A에서 C 쪽으로 이동한다.
ㄷ. 해저 수심은 A에서 C로 갈수록 깊어진다.

**개념 가이드**

해령에서 멀어질수록 해저 퇴적물의 두께는 ❶ [    ]지며, 해저 수심은 ❷ [    ]진다.

답 ❶ 두꺼워 ❷ 깊어

---

**대표 예제 ④**  판의 구조

그림은 지구 내부의 단면을 나타낸 것이다.
이에 대한 설명으로 옳은 것만을 〈보기〉에서 있는 대로 고르시오.

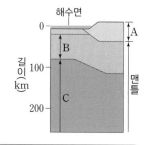

• 보기 •
ㄱ. 평균 밀도는 A가 맨틀보다 작다.
ㄴ. B에서 맨틀의 대류가 발생한다.
ㄷ. 암석권은 A+B+C 전체를 포함한다.

**개념 가이드**

판 아래에 위치한 ❶ [    ]은 부분 용융 상태이며, 이곳에서의 맨틀 대류를 따라 ❷ [    ]이 이동한다.

답 ❶ 연약권 ❷ 판

## 대표 예제 **5** 판을 움직이는 힘

그림은 남아메리카판과 인도-오스트레일리아판의 경계를 맨틀 대류 모식도와 함께 나타낸 것이다.

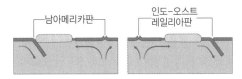

이에 대한 설명으로 옳은 것만을 〈보기〉에서 있는 대로 고르시오.

**• 보기 •**
ㄱ. 남아메리카판은 해구에서 판을 잡아당기는 힘을 받는다.
ㄴ. 판의 이동 속도는 남아메리카판이 인도-오스트레일리아판보다 빠르다.
ㄷ. 남아메리카판과 인도-오스트레일리아판은 모두 해령에서 판을 밀어내는 힘을 받는다.

**개념 가이드**
판 이동의 원동력으로는 맨틀 대류, 해령에서 판을 ❶ 힘, 해구에서 섭입하는 판이 ❷ 힘 등이 있다.

답 ❶ 밀어내는 ❷ 잡아당기는

## 대표 예제 **7** 복각과 지자기 변화

그림은 현재 동일 경도상에 위치한 세 지역 (가), (나), (다)의 지구 자기장의 자기력선 분포를 나타낸 것이다.

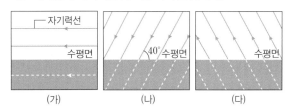

이에 대한 설명으로 옳은 것만을 〈보기〉에서 있는 대로 고르시오.

**• 보기 •**
ㄱ. (가) 지역은 자기 적도이다.
ㄴ. (나)는 북반구에 위치한 지역이다.
ㄷ. (가), (나), (다) 중에서 자남극에 가장 가까운 지역은 (다)이다.

**개념 가이드**
암석에 기록된 고지자기 ❶ 을 측정하면 그 암석이 생성될 당시 지리상 북극과 얼마나 떨어져 있었는지, 즉 암석이 생성될 당시의 ❷ 를 알 수 있다.

답 ❶ 복각 ❷ 위도

## 대표 예제 **6** 해령 주변의 고지자기 분포

그림은 어느 해양 지각에서 고지자기의 분포와 해양 지각의 연령 일부를 나타낸 것이다.

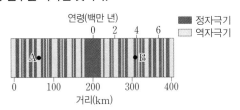

이에 대한 설명으로 옳은 것만을 〈보기〉에서 있는 대로 고르시오.

**• 보기 •**
ㄱ. A 지점에서 해양 지각의 연령은 4백만 년보다 적다.
ㄴ. B 지점에서 측정한 고지자기 방향은 현재 지구 자기장의 방향과 같다.
ㄷ. 해령에서의 거리는 A 지점이 B 지점보다 멀다.

**개념 가이드**
고지자기 방향이 현재와 같은 시기를 ❶ , 지자기 방향이 현재와 반대인 시기를 ❷ 라고 한다.

답 ❶ 정자극기 ❷ 역자극기

## 대표 예제 **8** 열점과 판의 이동

그림은 하와이 열도를 이루는 화산섬과 해산의 형성 시기를 나타낸 것이다. 이에 대한 설명으로 옳은 것만을 〈보기〉에서 있는 대로 고르시오.

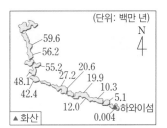

**• 보기 •**
ㄱ. 태평양판은 일정한 속도로 이동하였다.
ㄴ. 현재 화산 활동은 주로 하와이섬에서 일어난다.
ㄷ. 태평양판의 이동 방향이 약 4천 3백만 년 전에 서북서 방향에서 북북서 방향으로 바뀌었다.

**개념 가이드**
(태평양판의 이동 속도)=(두 화산 사이의 ❶ )÷(두 화산의 ❷ )으로 구한다.

답 ❶ 거리 ❷ 연령

## 대표 예제 **9** — 마그마와 화성암

그림은 현무암질 마그마와 유문암질 마그마를 각각 A와 B로 나타낸 것이다.

이에 대한 설명으로 옳은 것만을 〈보기〉에서 있는 대로 고르시오.

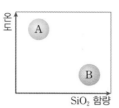

**• 보기 •**
- ㄱ. A가 지표에서 빠르게 식으면 반려암이 형성된다.
- ㄴ. B가 지하 깊은 곳에서 천천히 식으면 화강암이 형성된다.
- ㄷ. A와 B 중 대륙 지각에서 기원하는 마그마는 B이다.

### 개념 가이드

현무암질 마그마가 지표에서 굳으면 **❶** , 지하 깊은 곳에서 굳으면 반려암이 생성된다. 유문암질 마그마가 지표에서 굳으면 **❷** , 지하 깊은 곳에서 굳으면 화강암이 생성된다.

**답 ❶ 현무암 ❷ 유문암**

## 대표 예제 **10** — 마그마의 생성 환경

그림 (가)는 마그마가 생성되는 지역 A~D를, (나)는 마그마가 생성되는 과정 중 하나를 나타낸 것이다.

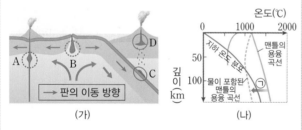

(가)  (나)

이에 대한 설명으로 옳은 것만을 〈보기〉에서 있는 대로 고르시오.

**• 보기 •**
- ㄱ. A의 하부에서는 뜨거운 플룸이 상승한다.
- ㄴ. (가)의 B에서는 ㉠ 과정에 의해 마그마가 생성된다.
- ㄷ. A~D 중 생성되는 마그마의 $SiO_2$ 함량(%)은 C가 가장 높다.

### 개념 가이드

해령 하부와 열점에서는 고온의 맨틀 물질이 상승하면서 압력 감소로 **❶** 마그마가 생성되고, 섭입대에서는 함수 광물에서 맨틀로 물이 공급되면서 **❷** 마그마가 생성된다.

**답 ❶ 현무암질 ❷ 현무암질**

## 대표 예제 **11** — 마그마의 화학 조성

그림은 마그마 A와 B의 화학 조성을 나타낸 것이다.

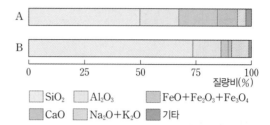

A와 B는 현무암질 마그마와 유문암질 마그마 중 하나일 때 A와 B에 대한 설명으로 옳은 것만을 〈보기〉에서 있는 대로 고르시오.

**• 보기 •**
- ㄱ. A는 유문암질 마그마이다.
- ㄴ. 화산 가스의 함량은 A보다 B가 높다.
- ㄷ. 유색 광물은 A보다 B에서 많이 정출된다.

### 개념 가이드

유문암질 마그마는 현무암질 마그마보다 점성은 **❶** , 유동성은 **❷** .

**답 ❶ 크고 ❷ 작다**

## 대표 예제 **12** — 화성암과 지형

그림 (가)는 화성암의 생성 위치를 나타낸 것이고, (나)는 북한산 인수봉의 모습을 나타낸 것이다.

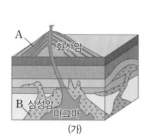 

(가)  (나)

이에 대한 설명으로 옳은 것만을 〈보기〉에서 있는 대로 고르시오.

**• 보기 •**
- ㄱ. 마그마의 냉각 속도는 A보다 B가 느리다.
- ㄴ. (나)의 암석은 A에서 생성되었다.
- ㄷ. (나)는 현무암질 마그마가 냉각되어 형성되었다.

### 개념 가이드

북한산은 약 1억 8천만 년 전~1억 6천만 년 전인 **❶** 에 지하 깊은 곳에서 유문암질 마그마가 냉각되어 형성되었다. 산 정상 부근에는 **❶** 감소로 인해 형성된 판상 절리를 관찰할 수 있다.

**답 ❶ 중생대 ❷ 압력**

**대표 예제 13**                      퇴적암이 만들어지는 과정

그림은 퇴적암이 만들어지는 과정을 나타낸 것이다.

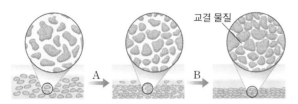

이에 대한 설명으로 옳은 것만을 〈보기〉에서 있는 대로 고르시오.

• 보기 •
ㄱ. A 과정을 통해 공극이 감소한다.
ㄴ. B 과정에서 교결 물질이 입자들을 붙게 하여 굳어지게 한다.
ㄷ. 유기적 퇴적암의 생성 과정은 위와 같은 과정을 거치지 않는다.

**개념 가이드**

퇴적물이 물리, 화학, 생화학적 변화를 받아 퇴적암이 되기까지의 모든 과정을 속성 작용이라고 하며, ❶ [ ] 작용(압축 작용)과 ❷ [ ] 작용이 있다.

🅰 ❶ 다짐 ❷ 교결

---

**대표 예제 14**                              지질 구조

그림은 각각 다른 지질 구조를 나타낸 것이다.

  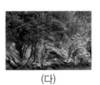
    (가)          (나)          (다)

이에 대한 설명으로 옳은 것만을 〈보기〉에서 있는 대로 고르시오.

• 보기 •
ㄱ. (가)는 판의 수렴형 경계에서 잘 형성된다.
ㄴ. (나)는 지표 근처에서 횡압력에 의해 형성된다.
ㄷ. (가)는 (다)보다 대체로 더 깊은 곳에서 생성된다.

**개념 가이드**

습곡은 지하 ❶ [ ] 곳에서 형성되며, 단층은 ❷ [ ] 근처에서 형성된다.

🅰 ❶ 깊은 ❷ 지표

---

**대표 예제 15**                              퇴적 구조

그림은 어느 지역의 지질 단면도를 나타낸 것이다.

지층 A, B, C에 대한 설명으로 옳지 <u>않은</u> 것은?

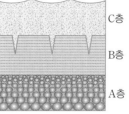
C층
B층
A층

① A에서는 점이 층리가 나타난다.
② A는 B보다 수심이 깊은 곳에서 잘 형성된다.
③ B는 형성 과정 중 수면 위로 노출된 적이 있다.
④ C층의 퇴적 구조를 통해 퇴적 당시 물이 흐른 방향을 알 수 있다.
⑤ 이 지역의 지층은 역전되지 않았다.

**개념 가이드**

퇴적 구조를 통해 퇴적 당시의 ❶ [ ] 이나 지층의 상하 관계 및 ❷ [ ] 여부를 알 수 있다.

🅰 ❶ 환경 ❷ 역전

---

**대표 예제 16**                         우리나라 퇴적암 지형

그림 (가)는 제주도 수월봉의 응회암을, (나)는 전라북도 부안군의 채석강을 나타낸 것이다.

       (가)                (나)

이에 대한 설명으로 옳은 것만을 〈보기〉에서 있는 대로 고르시오.

• 보기 •
ㄱ. (가)는 용암이 흘러 생성되었다.
ㄴ. (가)는 (나)보다 나중에 형성되었다.
ㄷ. (가)와 (나) 모두 층리가 발달해 있다.

**개념 가이드**

제주도 수월봉은 신생대 화산 활동으로 화산재가 쌓여 형성된 ❶ [ ] 층으로 이루어져 있으며, 전라북도 부안군 채석강은 ❷ [ ] 호수에서 쇄설성 퇴적물이 쌓여 형성된 지형으로, 주로 역암과 사암층으로 이루어져 있다.

🅰 ❶ 응회암 ❷ 중생대

**1강 지권의 변동**

## 1

그림은 대륙 이동을 뒷받침할 수 있는 자료를 나타낸 것이다.

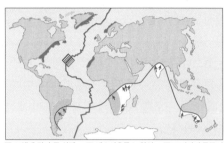

■ 고생대 말 습곡 산맥   ▨ 메소사우루스 화석   ▥ 고지자기 줄무늬
□ 고생대 말 빙하 퇴적층   ⋙ 고생대 말 빙하 이동 흔적

이에 대한 설명으로 옳은 것만을 〈보기〉에서 있는 대로 고르시오.

• 보기 •
ㄱ. 모두 베게너가 제시한 증거들이다.
ㄴ. 메소사우루스는 고생대에 번성하였다.
ㄷ. 고생대 말에는 적도 부근까지 빙하가 존재하였다.
ㄹ. 고생대 말 습곡 산맥은 판게아 형성과 관련이 있다.

**Tip**
베게너는 대륙 이동의 증거로 해안선 모양의 유사성, 고생물 화석 분포의 연속성, **❶** 구조의 연속성, 과거 **❷** 의 흔적 등을 제시하였다.

답 ❶ 지질 ❷ 빙하

## 2

그림은 플룸과 판의 운동을 모식적으로 나타낸 것이다.

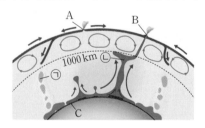

이에 대한 설명으로 옳은 것만을 〈보기〉에서 있는 대로 고르시오.

• 보기 •
ㄱ. A와 B는 판의 발산 경계이다.
ㄴ. C는 맨틀과 외핵의 경계이다.
ㄷ. 지진파의 속도는 ㉠ 지점이 ㉡ 지점보다 빠르다.

**Tip**
A는 해령, B는 해구에 해당하며, ㉠은 하강하는 **❶** 플룸, ㉡은 상승하는 **❷** 플룸이다.

답 ❶ 차가운 ❷ 뜨거운

## 3

그림 (가)는 유럽과 북아메리카 대륙에서 측정한 고지자기 북극의 이동 경로를 나타낸 것이고, (나)는 두 대륙의 자극 이동 경로를 일치시켰을 때 나타나는 대륙의 분포를 나타낸 것이다.

(단위: 억 년 전)

이에 대한 설명으로 옳은 것만을 〈보기〉에서 있는 대로 고르시오.

• 보기 •
ㄱ. 과거에는 두 개의 자기 북극이 존재하였다.
ㄴ. 북아메리카 대륙에서 측정한 복각의 크기는 1억 년 전이 3억 년 전보다 크다.
ㄷ. (가)와 (나)를 통해 대륙이 이동했음을 알 수 있다.

**Tip**
그림에서 **❶** 와(과) 유럽의 위치가 고정되어 있고 자극이 **❷** 한 것처럼 보이지만, 이는 자극의 실제 위치가 변한 것이 아니라 대륙의 이동으로 자극의 위치가 변한 것처럼 나타나는 현상이다.

답 ❶ 북아메리카 ❷ 이동

## 4

그림은 뜨거운 플룸이 상승하는 모습을 나타낸 것이다.
이에 대한 설명으로 옳은 것만을 〈보기〉에서 있는 대로 고르시오.

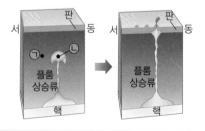

• 보기 •
ㄱ. 판은 서쪽으로 이동하였다.
ㄴ. 밀도는 ㉠ 지점이 ㉡ 지점보다 크다.
ㄷ. 뜨거운 플룸은 내핵에서부터 상승한다.

**Tip**
플룸 상승류가 있는 곳은 주변 맨틀보다 온도가 ❶ ( 높 , 낮 )으므로 지진파의 전파 속도가 ❷ ( 느리 , 빠르 )다.

답 ❶ 높 ❷ 느리

## 2강 지구의 구성 물질과 지질 구조

# 5

그림은 마그마가 생성되는 장소를 나타낸 것이다.

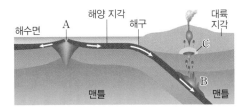

이에 대한 설명으로 옳은 것만을 〈보기〉에서 있는 대로 고르시오.

• 보기 •
ㄱ. A에서는 온도 상승으로 마그마가 생성된다.
ㄴ. B에서는 함수 광물에서 빠져나온 물이 맨틀로 공급되어
마그마가 생성된다.
ㄷ. C에서 지표로 분출되는 마그마는 주로 현무암질 마그마
이다.

**Tip**

섭입대에서는 판이 섭입할 때 각섬석, 운모와 같은 **❶** 광물에
서 물이 방출되어 용융점이 **❷** 하여 마그마가 생성된다.

답 ❶ 함수 ❷ 하강

# 6

그림은 두 종류의 절리를 나타낸 것이다.

(가)                    (나)

이에 대한 설명으로 옳은 것만을 〈보기〉에서 있는 대로 고르시오.

• 보기 •
ㄱ. 암석이 생성될 당시의 깊이는 (가)가 (나)보다 깊다.
ㄴ. (가)는 (나)보다 구성 입자의 크기가 크다.
ㄷ. (가)는 온도 변화, (나)는 압력 변화에 의해 형성된다.

**Tip**

판상 절리는 **❶** 에서 주로 나타나고, 주상 절리는 **❷**
에서 주로 나타난다.

답 ❶ 심성암 ❷ 화산암

# 7

그림은 퇴적암이 생성되는 과정을 나타낸 것이다.

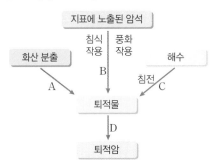

이에 대한 설명으로 옳은 것만을 〈보기〉에서 있는 대로 고르시오.

• 보기 •
ㄱ. 응회암은 A → D 과정을 거쳐 생성된다.
ㄴ. A나 B 과정을 거친 퇴적암은 유기적 퇴적암이다.
ㄷ. D 과정에서 속성 작용이 일어난다.

**Tip**

화학적 퇴적암은 호수나 바다 등에서 물에 녹아 있던 물질이 화학적으
로 **❶** 하거나 물이 증발하고 남은 잔류물이 퇴적되어 생성되며,
**❷** 퇴적암은 암석이 풍화·침식 작용을 받아 생긴 쇄설성 퇴적
물이나 화산 쇄설물이 쌓여 생성된다.

답 ❶ 침전 ❷ 쇄설성

# 8

그림 (가)는 퇴적 환경을, (나)는 지층의 퇴적 구조를 나타낸 것이다.

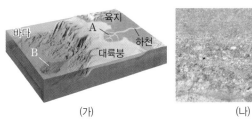

(가)                    (나)

이에 대한 설명으로 옳은 것만을 〈보기〉에서 있는 대로 고르시오.

• 보기 •
ㄱ. A는 삼각주로 육상 환경에 해당한다.
ㄴ. B는 대륙대로 해양 환경에 해당한다.
ㄷ. (나)는 A보다 B에서 주로 형성된다.

**Tip**

퇴적 환경은 크게 육상 환경, 연안 환경, 해양 환경으로 구분할 수 있다.
**❶** 환경에는 선상지, 하천, 호수, 사막 등이 있으며, 연안 환경
에는 삼각주, 해빈, 석호, 사주 등이 있고, **❷** 환경에는 대륙붕,
대륙 사면, 대륙대, 심해저 등이 있다.

답 ❶ 육상 ❷ 해양

# 누구나 합격 전략

**1강** 지권의 변동

## 1

그림 (가)와 (나)는 판 구조론이 정립되는 과정에서 제시된 대표적인 증거들을 나타낸 것이다.

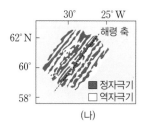

(가)                    (나)

이에 대한 설명으로 옳은 것만을 〈보기〉에서 있는 대로 고른 것은?

> • 보기 •
> ㄱ. (가)는 (나)보다 나중에 제시되었다.
> ㄴ. (나)는 해양저 확장설의 증거로 제시되었다.
> ㄷ. (가)의 두 대륙 사이 해저에는 (나)와 같은 고지자기 줄무늬의 대칭적인 형태가 나타난다.

① ㄱ             ② ㄷ             ③ ㄱ, ㄴ
④ ㄴ, ㄷ         ⑤ ㄱ, ㄴ, ㄷ

## 2

그림은 북아메리카 지역 일부와 그 주변 지역에 분포하는 판의 경계 A, B, C를 나타낸 것이다. 이에 대한 설명으로 옳은 것만을 〈보기〉에서 있는 대로 고른 것은?

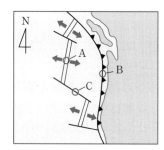

> • 보기 •
> ㄱ. A에서는 주로 현무암질 마그마가 분출한다.
> ㄴ. B에서는 주로 역단층과 습곡이 형성된다.
> ㄷ. C는 해양 지각이 확장하고 있다는 증거가 될 수 있다.

① ㄱ             ② ㄴ             ③ ㄱ, ㄴ
④ ㄴ, ㄷ         ⑤ ㄱ, ㄴ, ㄷ

## 3

그림은 어느 해령 주변의 고지자기 분포를 나타낸 것이다.

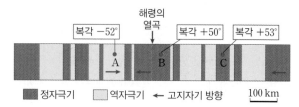

이에 대한 설명으로 옳은 것만을 〈보기〉에서 있는 대로 고른 것은? (단, 진북의 위치는 변하지 않았다.)

> • 보기 •
> ㄱ. 이 해령의 열곡은 북반구에 위치한다.
> ㄴ. A 지점은 B 지점보다 저위도에서 생성되었다.
> ㄷ. A 지점은 북쪽, C 지점은 남쪽으로 이동하고 있다.

① ㄱ             ② ㄱ, ㄴ          ③ ㄱ, ㄷ
④ ㄴ, ㄷ         ⑤ ㄱ, ㄴ, ㄷ

## 4

그림은 지진파의 속도 분포로 알아낸 지구 내부의 플룸 구조와 지점 A, B, C를 나타낸 것이다.
이에 대한 설명으로 옳은 것만을 〈보기〉에서 있는 대로 고른 것은?

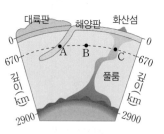

> • 보기 •
> ㄱ. 지구 내부의 온도는 A<B<C이다.
> ㄴ. 지진파의 속도는 A>B>C이다.
> ㄷ. C 위의 화산섬은 열점에서 현무암질 마그마가 분출하여 생성된 것으로 위치가 고정되어 있다.

① ㄱ             ② ㄴ             ③ ㄱ, ㄴ
④ ㄴ, ㄷ         ⑤ ㄱ, ㄴ, ㄷ

## 2강 지구의 구성 물질과 지질 구조

## 5

표는 화성암을 $SiO_2$ 함량과 조직에 따라 분류한 것이다.

| 조직 ＼ $SiO_2$ 함량 | ←    52 % | —    63 % | → |
|---|---|---|---|
| 세립질 | – | – | B |
| 조립질 | A | – | – |

이에 대한 설명으로 옳은 것만을 〈보기〉에서 있는 대로 고른 것은?

> **● 보기 ●**
>
> ㄱ. A는 유문암이다.
> ㄴ. A가 B보다 암석의 색이 더 밝다.
> ㄷ. A는 B보다 지하 깊은 곳에서 생성된다.

① ㄱ        ② ㄴ        ③ ㄷ
④ ㄱ, ㄴ        ⑤ ㄱ, ㄷ

## 6

그림은 화강암과 현무암과 용융 곡선과 지하의 온도 분포를 나타낸 것이다.

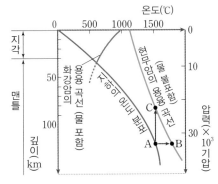

이에 대한 설명으로 옳은 것만을 〈보기〉에서 있는 대로 고른 것은?

> **● 보기 ●**
>
> ㄱ. 물을 포함한 화강암은 압력이 커질수록 용융점이 높아 진다.
> ㄴ. 해령에서 마그마는 A → B 과정으로 생성된다.
> ㄷ. 열점에서 마그마는 A → C 과정으로 생성된다.

① ㄱ        ② ㄴ        ③ ㄷ
④ ㄱ, ㄴ        ⑤ ㄱ, ㄷ

## 7

표는 퇴적암을 분류한 것이다.

| 구분 | 퇴적물 | 퇴적암 |
|---|---|---|
| 쇄설성 퇴적암 | 자갈, 모래, 점토 | B |
| | 모래, 점토 | 사암 |
| | 점토 | 셰일 |
| | A | 응회암 |
| 화학적 퇴적암 | 탄산 칼슘 | C |
| | 염화 나트륨 | 암염 |
| 유기적 퇴적암 | 식물체 | 석탄 |
| | 석회질 생물체 | D |

이에 대한 설명으로 옳은 것만을 〈보기〉에서 있는 대로 고른 것은?

> **● 보기 ●**
>
> ㄱ. A는 화산재이다.
> ㄴ. 쇄설성 퇴적암 중 입자 크기는 B가 가장 크다.
> ㄷ. C와 D는 처트이다.

① ㄱ        ② ㄱ, ㄴ        ③ ㄱ, ㄷ
④ ㄴ, ㄷ        ⑤ ㄱ, ㄴ, ㄷ

## 8

그림 (가)~(라)는 여러 가지 퇴적 구조를 나타낸 것이다.

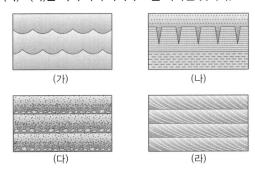

이에 대한 설명으로 옳은 것만을 〈보기〉에서 있는 대로 고른 것은?

> **● 보기 ●**
>
> ㄱ. (가)는 수심이 얕은 물밑에서 형성된다.
> ㄴ. (나)는 건조한 환경에 노출된 적이 있다.
> ㄷ. (다)는 입자의 크기에 따른 퇴적 속도 차이로 형성된다.
> ㄹ. (라)는 수평으로 퇴적된 지층이 외부의 힘으로 층리가 기울어진 퇴적 구조이다.

① ㄱ, ㄴ        ② ㄱ, ㄷ        ③ ㄴ, ㄷ
④ ㄱ, ㄴ, ㄷ        ⑤ ㄴ, ㄷ, ㄹ

# 창의·융합·코딩 전략

**1강 지권의 변동**

## 1

표는 서로 다른 판의 경계인 A, B 해역에서 직선 구간을 따라 일정한 간격으로 음향 측심을 한 자료이다.

| A 해역 탐사 지점 | 1 | 2 | 3 | 4 | 5 | 6 | 7 | 8 | 9 | 10 |
|---|---|---|---|---|---|---|---|---|---|---|
| 음파의 왕복 시간(초) | 7.1 | 7.9 | 6.7 | 6.4 | 5 | 10 | 6 | 7.6 | 7.7 | 7.1 |

| B 해역 탐사 지점 | 1 | 2 | 3 | 4 | 5 | 6 | 7 | 8 | 9 | 10 |
|---|---|---|---|---|---|---|---|---|---|---|
| 음파의 왕복 시간(초) | 5.4 | 5.6 | 5 | 4.8 | 4.6 | 4.3 | 4.5 | 5 | 5.4 | 5.5 |

그림은 A, B 해역의 음향 측심 자료를 바탕으로 구한 수심을 그래프로 나타낸 것이다. (단, 해양에서 음파의 속력은 1500 m/s이다.)

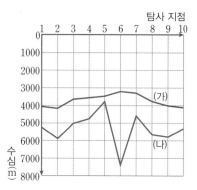

이에 대한 설명으로 옳은 것만을 〈보기〉에서 있는 대로 고른 것은?

> • 보기 •
> ㄱ. A 해역 6 지점의 수심은 약 7500 m이다.
> ㄴ. 그래프에서 (가)는 A 해역의 그래프이다.
> ㄷ. A 해역에는 해령, B 해역에는 해구가 발달한다.

① ㄱ      ② ㄷ      ③ ㄱ, ㄴ
④ ㄱ, ㄷ      ⑤ ㄱ, ㄴ, ㄷ

> **Tip**
> 음향 측심법은 해수면에서 발사한 음파가 해저면에 반사되어 되돌아오는 데 걸리는 시간을 측정하여 **❶** [　　] 을 알아내는 탐사법으로 수심 측정을 통해 해저의 기복을 조사하여 **❷** [　　] 의 모습을 알아낸다.

🔲 **❶** 수심 **❷** 해저 지형

## 2

그림 (가)는 지구 둘레의 자기력선의 분포와 위도가 같은 네 지점 a~d의 위치를 나타낸 것이고, (나)는 네 지점에서 채취한 해저면의 현무암질 암석 시료의 자화 방향을 연직 단면에 나타낸 것이다(단, 해령으로부터 b, c 지점까지의 거리는 같으며, a, d 지점까지의 거리도 같다.).

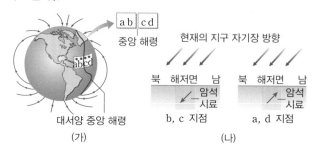

이에 대한 설명으로 옳은 것만을 〈보기〉에서 있는 대로 고른 것은?

> • 보기 •
> ㄱ. a 지점과 b 지점의 암석이 형성될 당시 자북극의 위치가 달랐다.
> ㄴ. a, d 지점은 b, c 지점보다 수심이 얕고 암석의 연령이 젊다.
> ㄷ. 고지자기의 역전대는 해령을 중심으로 거의 대칭적으로 나타난다.

① ㄱ      ② ㄴ      ③ ㄱ, ㄷ
④ ㄴ, ㄷ      ⑤ ㄱ, ㄴ, ㄷ

> **Tip**
> 마그마가 식어서 굳을 때나 퇴적물이 쌓일 때 기록된 과거의 지구 자기장을 **❶** [　　] 라고 하며, 암석에 기록된 과거 지구 자기장의 방향을 **❷** [　　] 라고 한다. 암석 내의 자성을 띠는 광물들은 암석이 굳기 전에 당시의 지구 자기장 방향으로 배열되며, 지구 자기장의 세기와 방향이 변해도 잔류 자기의 방향은 생성 당시의 방향 그대로 남아 있다. 따라서 여러 대륙의 자북극 이동 경로를 통해 과거의 대륙 분포를 추정할 수 있다.

🔲 **❶** 고지자기 **❷** 잔류 자기

# 3

서로 다른 두 해령 부근의 고지자기 분포를 나타낸 모식도를 보고 학생들이 나눈 대화를 나타낸 것이다.

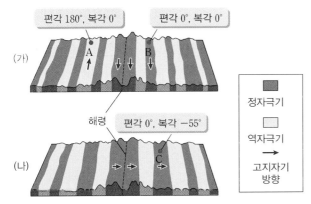

제시한 내용이 옳은 학생만을 있는 대로 고른 것은?

① 희진     ② 호영     ③ 희진, 호영
④ 희진, 유선     ⑤ 호영, 유선

**Tip**

섭입대에서는 지진이 발생하는 깊이가 해구에서 대륙 쪽으로 갈수록 점차 **①**   . 섭입대 주변에서 지진이 발생하는 깊이는 해양저 확장설에서 해양 지각의 **②**   을(를) 설명하는 증거이다.

🔑 **①** 깊어진다 **②** 소멸

# 4

그림은 7100만 년 전부터 현재까지 인도 대륙의 위치 변화를 나타낸 것이다.

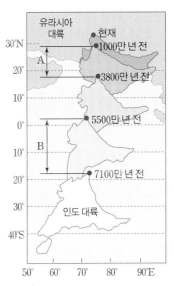

이에 대한 설명으로 옳은 것은?

① 인도 대륙의 평균 이동 속도는 A 시기가 B 시기보다 빠르다.

② 3800만 년 전 이후로 현재까지 인도 대륙의 고지자기 복각은 증가하였다.

③ 5500만 년 전부터 인도 대륙은 남반구 고위도 방향으로 이동하였다.

④ 7100만 년 전부터 현재까지 인도 대륙에서 생성된 암석들의 복각은 동일하다.

⑤ 1000만 년 전에 인도 대륙과 유라시아 대륙 사이에는 발산형 경계가 존재하였다.

**Tip**

인도 대륙은 7100만 년 전에는 **①**   에 위치하였고, 이후 서서히 북쪽으로 이동하였다. 계속 북상하다 유라시아 대륙과 충돌하였고 이로 인해 대규모 습곡 산맥인 **②**   산맥이 만들어졌다.

🔑 **①** 남반구 **②** 히말라야

# 5

그림 (가)는 마그마가 생성되는 장소 ㉠~㉣을 나타낸 것이고, (나)는 지하의 온도 분포와 깊이에 따른 암석의 용융 곡선을 나타낸 것이다.

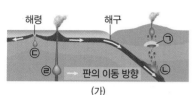

(가)

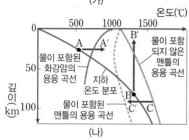

(나)

마그마의 생성 장소와 생성 과정을 옳게 짝 지은 것은?

| | A → A′ | B → B′ | C → C′ |
|---|---|---|---|
| ① | ㉠ | ㉡ | ㉢ |
| ② | ㉠ | ㉢ | ㉡ |
| ③ | ㉡ | ㉢ | ㉠ |
| ④ | ㉡ | ㉣ | ㉢ |
| ⑤ | ㉢ | ㉣ | ㉡ |

# 6

그림은 화성암 A, B, C를 세 가지 기준에 따라 상대적인 위치를 나타낸 것이다. A, B, C는 각각 반려암, 현무암, 유문암 중 하나이다.

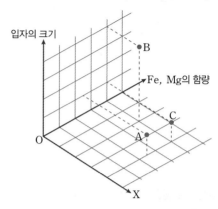

이에 대한 설명으로 옳은 것만을 〈보기〉에서 있는 대로 고른 것은?

┌─ 보기 ─────────────────────────┐

ㄱ. A는 현무암이다.

ㄴ. B는 C보다 깊은 곳에서 생성되었다.

ㄷ. X의 물리량으로 적합한 것은 마그마의 냉각 속도이다.

└────────────────────────────┘

① ㄱ      ② ㄴ      ③ ㄱ, ㄷ
④ ㄴ, ㄷ      ⑤ ㄱ, ㄴ, ㄷ

## 7

그림은 퇴적암 중 역암, 석탄, 암염을 구분하는 과정을 순서도로 나타낸 것이다.

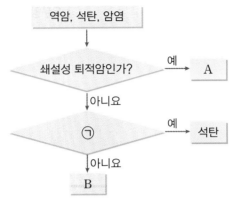

이에 대한 설명으로 옳은 것만을 〈보기〉에서 있는 대로 고른 것은?

---
• 보기 •

ㄱ. A는 역암이다.

ㄴ. ㉠의 질문으로 '유기적 퇴적암인가?'가 들어갈 수 있다.

ㄷ. B는 주로 석회 물질이 침전되어 생성된다.

---

① ㄱ      ② ㄷ      ③ ㄱ, ㄴ

④ ㄴ, ㄷ      ⑤ ㄱ, ㄴ, ㄷ

**Tip**

퇴적암은 생성 원인에 따라 쇄설성 퇴적암, **❶**[ ] 퇴적암, 유기적 퇴적암으로 분류한다. 쇄설성 퇴적암은 구성 입자의 크기로 분류되며, 자갈 크기의 입자는 역암, 모래 크기의 입자는 **❷**[ ], 점토 크기의 입자는 셰일이 된다.

답 ❶ 화학적 ❷ 사암

## 8

그림은 지질 구조 A, B, C를 특징에 따라 분류하는 과정을 나타낸 것이다.

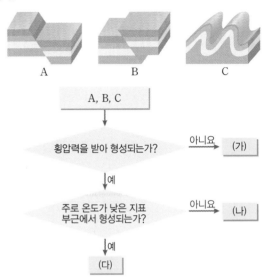

이에 대한 설명으로 옳은 것만을 〈보기〉에서 있는 대로 고른 것은?

---
• 보기 •

ㄱ. (가)는 하반에 대해 상반이 위로 이동한 B이다.

ㄴ. (나)는 C이며, 지질 구조 명칭은 경사 습곡이다.

ㄷ. 열곡대에서는 (다)보다 (가)가 잘 형성된다.

---

① ㄱ      ② ㄱ, ㄴ      ③ ㄱ, ㄷ

④ ㄴ, ㄷ      ⑤ ㄱ, ㄴ, ㄷ

**Tip**

동아프리카 열곡대는 판과 판이 서로 멀어지는 **❶**[ ] 경계이다.

발산형 경계는 **❷**[ ]을 받아 정단층이 잘 발달한다.

답 ❶ 발산형 ❷ 장력

**3강** 지질 시대와 환경

지사학의 5대 법칙을 내가 알려줄게! 꾸욱~

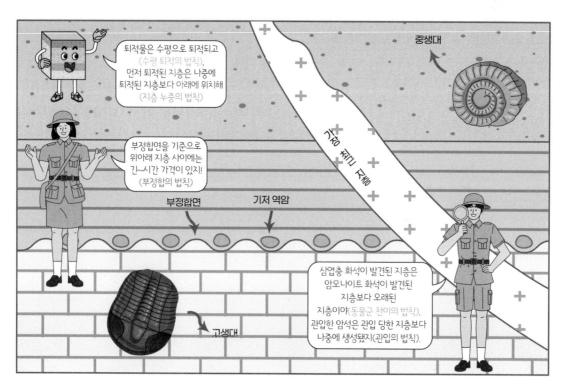

중생대

퇴적물은 수평으로 퇴적되고 (수평 퇴적의 법칙), 먼저 퇴적된 지층은 나중에 퇴적된 지층보다 아래에 위치해 (지층 누중의 법칙)

부정합면을 기준으로 위아래 지층 사이에는 긴~시간 간격이 있지! (부정합의 법칙)

부정합면

기저 역암

가장 젊은 지체

삼엽충 화석이 발견된 지층은 암모나이트 화석이 발견된 지층보다 오래된 지층이야 (동물군 천이의 법칙). 관입한 암석은 관입 당한 지층보다 나중에 생성됐지 (관입의 법칙).

고생대

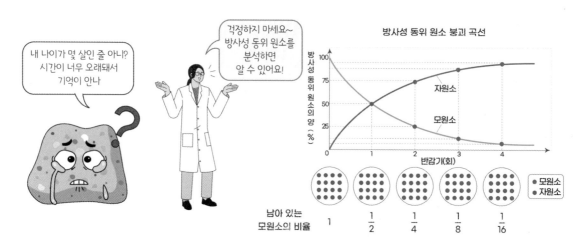

내 나이가 몇 살인 줄 아니? 시간이 너무 오래돼서 기억이 안나

걱정하지 마세요~ 방사성 동위 원소를 분석하면 알 수 있어요!

**방사성 동위 원소 붕괴 곡선**

방사성 동위 원소의 양 (%)

100
75
50
25
0

자원소

모원소

반감기(회)

● 모원소
● 자원소

남아 있는 모원소의 비율

$1$    $\frac{1}{2}$    $\frac{1}{4}$    $\frac{1}{8}$    $\frac{1}{16}$

## **4강** 대기의 운동과 해양의 변화

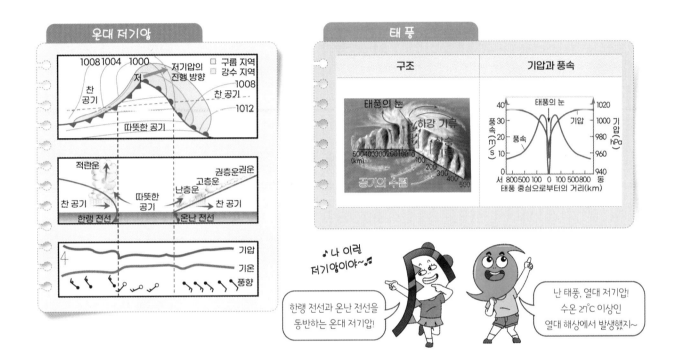

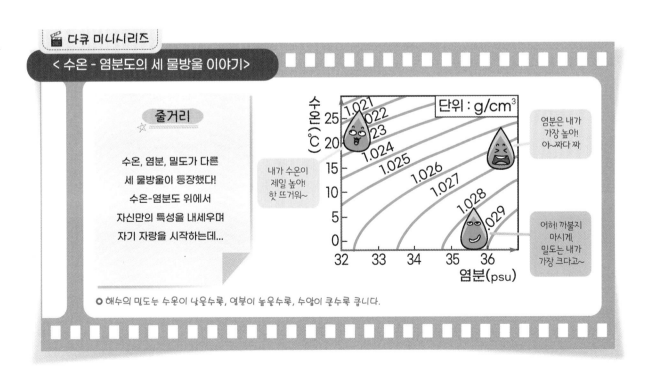

❶ 해수의 밀도는 수온이 낮을수록, 염분이 높을수록, 수압이 클수록 큽니다.

### 개념 ❶ | 지사 해석 방법과 지층의 연령

**1. 지사학의 법칙**

| | |
|---|---|
| 수평 퇴적의 법칙 | 퇴적물은 수평면과 나란하게 쌓인다는 법칙 지층이 기울어져 있으면 지각 변동을 받은 것임 |
| 지층 누중의 법칙 | 지층이 역전되지 않았다면 아래에 있는 지층이 먼저 쌓였다는 법칙 |
| 동물군 천이의 법칙 | 오래된 지층에서 새로운 지층으로 갈수록 더 진화된 화석이 발견된다는 법칙 |
| 관입의 법칙 | 관입한 암석은 관입당한 지층보다 나중에 생성되었다는 법칙 |
| 부정합의 법칙 | 부정합면을 경계로 상하 두 지층 사이에는 큰 시간 간격이 있다는 법칙 |

**2. 지층의 연령**

① **상대 연령** 지층이나 암석의 생성 시기 및 지질학적 사건의 선후 관계를 나타낸 것
→ ❶ [    ] 이용, 암석 또는 화석에 의한 지층의 대비

② **절대 연령** 지층이나 암석의 정확한 생성 시기를 수치로 나타낸 것 → 방사성 동위 원소의 ❷ [    ] 이용

답 ❶ 지사학의 법칙 ❷ 반감기

**Quiz**

❶ 지층이 지각 변동으로 역전되지 않았다면, 위쪽 지층은 아래쪽 지층보다 [    ] 퇴적되었다.

❷ 지사학의 법칙을 이용하여 지층이나 암석의 생성 시기를 상대적인 선후 관계로 나타낸 것을 [    ] 연령이라고 한다.

❸ 방사성 동위 원소가 붕괴하여 모원소의 양이 처음 양의 절반으로 줄어드는 데 걸리는 시간을 [    ] 라고 한다.

❹ 절대 연령은 [    ]에 반감기 경과 횟수를 곱하여 구한다.

답 ❶ 나중에 ❷ 상대 ❸ 반감기 ❹ 반감기

### 개념 ❷ | 지질 시대의 환경과 생물

**1. 표준 화석과 시상 화석**

① **표준 화석** 지층의 생성 시기를 알 수 있는 화석으로, 생존 기간은 짧고, 분포 면적은 넓어야 한다. 예 삼엽충, 암모나이트, 화폐석 등

② **시상 화석** 과거의 기후나 퇴적 환경을 알 수 있는 화석으로, 생존 기간이 길고 환경 변화에 민감하여 분포 면적이 좁아야 한다. 예 산호, 고사리 등
　따뜻하고 습한 육지
　따뜻하고 수심이 얕은 바다

**2. 지질 시대의 환경과 생물계의 변화**

| | | |
|---|---|---|
| 선캄브리아 시대 | 환경 | 오존층이 형성되지 않아 지표까지 ❶ [    ]이 도달 |
| | 생물 | 최초의 해양 생물 출현, 남세균 출현, 최초의 다세포 생물 출현 |
| 고생대 | 환경 | • 오존층 형성으로 자외선 차단 → ❷ [    ] 생물 등장<br>• 말기에 초대륙 판게아 형성, 빙하기 → 생물 대멸종 |
| | 생물 | 해양 무척추동물(삼엽충), 완족류, 필석, 양서류, 양치식물 번성 |
| 중생대 | 환경 | 초기에 판게아가 분리되면서 다양한 생물 서식지 형성 |
| | 생물 | 파충류(공룡), 암모나이트, 겉씨식물 번성 |
| 신생대 | 환경 | 현재와 비슷한 수륙 분포 형성, ❸ [    ]산맥 형성 |
| | 생물 | 포유류(매머드), 화폐석, 속씨식물 번성 |

**3. 생물의 대멸종** 급격한 환경 변화에 의한 생물들의 대규모 멸종 → 지질 시대 동안 총 다섯 번의 대멸종이 있었으며, 고생대 페름기 말에 가장 많이 멸종하였다.

답 ❶ 자외선 ❷ 육상 ❸ 히말라야

**Quiz**

❶ 지층이 생성된 시기를 알려주는 화석은 ( 표준 화석, 시상 화석 )이다.

❷ 오존층 형성으로 자외선이 차단되어 육상 생물이 등장한 시대는 [    ]이다.

❸ 중생대에 번성한 동물은 ( 파충류, 포유류 )이고, 번성한 식물은 ( 겉씨식물, 속씨식물 )이다.

답 ❶ 표준 화석 ❷ 고생대 ❸ 파충류, 겉씨식물

## ❶-1

그림 (가)는 퇴적암 A~D와 화성암 P가 존재하는 어느 지역의 지질 단면을, (나)는 방사성 동위 원소 X의 붕괴 곡선을 나타낸 것이다(단, 화성암 P에 포함된 방사성 동위 원소 X의 양은 처음 양의 25 %이다.).

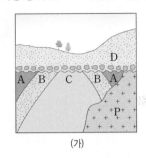 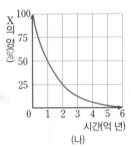

(가)          (나)

이에 대한 설명으로 옳은 것만을 〈보기〉에서 있는 대로 고른 것은? (단, 지층의 역전은 없었다.)

┌─ 보기 ─
ㄱ. 가장 오래된 암석은 A이다.
ㄴ. C와 D는 부정합 관계이다.
ㄷ. B가 생성된 시기는 2억 년보다 오래되었다.
└─

① ㄱ        ② ㄷ        ③ ㄱ, ㄴ        ④ ㄴ, ㄷ        ⑤ ㄱ, ㄴ, ㄷ

**풀이** C와 D 사이에는 기저 역암이 존재하므로 C와 D는 ❶ [      ] 관계이다. 암석의 생성 순서는 C → B → A → P → D이다. X의 반감기는 1억 년이고, P는 반감기가 2회 지났으므로 절대 연령이 ❷ [      ]이다.

❶ 부정합  ❷ 2억 년   **답** ④

## ❶-2

표는 어느 암석에 포함된 두 방사성 동위 원소 X, Y의 반감기를 나타낸 것이다.

| 방사성 동위 원소 | X | Y |
|---|---|---|
| 반감기 | 3억 년 | 1억 년 |

이 암석의 나이가 3억 년이라면 암석 속에 들어 있는 방사성 동위 원소 X와 Y의 모원소 : 자원소의 비는? (단, 자원소는 모두 모원소의 붕괴로부터 생성되었다.)

|  | X | Y |  | X | Y |
|---|---|---|---|---|---|
| ① | 1:1 | 1:3 | ② | 1:1 | 1:7 |
| ③ | 1:3 | 1:1 | ④ | 1:3 | 1:7 |
| ⑤ | 1:7 | 1:3 | | | |

## ❷-1

그림은 지질 시대의 화석을 나타낸 것이다.
이에 대한 설명으로 옳은 것만을 〈보기〉에서 있는 대로 고른 것은?

(가)          (나)

┌─ 보기 ─
ㄱ. (가)가 번성한 시대에 겉씨식물이 번성하였다.
ㄴ. (나) 시대에 대기 중 오존층이 형성되었다.
ㄷ. 고사리는 (나) 시대를 대표하는 화석이다.
└─

① ㄱ        ② ㄷ        ③ ㄱ, ㄴ        ④ ㄴ, ㄷ        ⑤ ㄱ, ㄴ, ㄷ

**풀이** (가)는 ❶ [      ]의 표준 화석인 공룡 화석이고, (나)는 ❷ [      ]의 표준 화석인 삼엽충 화석이다. 고생대에는 오존층이 형성되었고, 양치식물이 번성하였다. 고사리는 시상 화석이다.

❶ 중생대  ❷ 고생대   **답** ③

## ❷-2

그림은 A, B 두 생물의 생존 기간과 분포 면적을 나타낸 것이다.

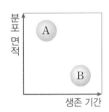

A, B에 해당하는 생물의 화석의 예를 옳게 짝 지은 것은?

|  | A | B |
|---|---|---|
| ① | 고사리 | 암모나이트 |
| ② | 삼엽충 | 산호 |
| ③ | 산호 | 고사리 |
| ④ | 암모나이트 | 갑주어 |
| ⑤ | 공룡 | 삼엽충 |

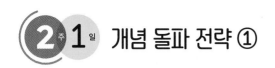 
**개념 ❸** | 온대 저기압과 태풍

**1. 온대 저기압** 중위도 온대 지방에서 발생하는 **❶** 을 동반하는 저기압

| 위치 | 풍향(북반구) | 특징 |
|---|---|---|
| 온난 전선 앞쪽 | 남동풍 | 층운형 구름, 지속적인 비 |
| 온난 전선과 한랭 전선 사이 | **❷** | 대체로 맑음, 기온 약간 높음 |
| 한랭 전선 뒤쪽 | 북서풍 | 적운형 구름, 소나기성 비 |

**2. 태풍** 중심 부근 최대 풍속이 17 m/s 이상인 열대 저기압

① **태풍의 이동 경로** 저위도에서는 무역풍의 영향으로 북서쪽으로 진행하고, 북위 30° 부근을 지나면서 **❸** 의 영향으로 북동쪽으로 진행한다.

② **태풍의 눈** 약한 하강 기류가 나타나 날씨가 맑고 바람이 약하다.

③ **기압과 풍속** 기압은 태풍의 중심부로 갈수록 감소하여 태풍의 눈에서 최저가 되고, 풍속은 태풍의 중심부에 가까울수록 증가하다가 태풍의 눈에서 급격하게 감소한다.

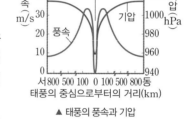
▲ 태풍의 풍속과 기압

④ **위험 반원과 안전 반원** 태풍 진행 방향의 오른쪽 ┌위험 반원
반원은 태풍의 이동 방향과 저기압성 바람의 방향이 같아 풍속이 강하고, 왼쪽 반원은 ┌안전 반원
태풍의 이동 방향과 저기압성 바람의 방향이 반대여서 상대적으로 풍속이 약하다.

답 ❶ 전선 ❷ 남서풍 ❸ 편서풍

**Quiz**

❶ 온대 저기압은 북반구에서는 남동쪽에 온난 전선, 남서쪽에 한랭 전선을 동반하고, □ 의 영향으로 동쪽으로 이동한다.

❷ 한랭 전선이 통과하면 기온은 하강하고, 기압은 □ 한다.

❸ 태풍 진행 방향의 오른쪽 지역은 □ 반원이다.

❹ 태풍의 중심으로 하강 기류가 나타나며 날씨가 맑고 바람이 약한 지역을 □ 이라고 한다.

답 ❶ 편서풍 ❷ 상승 ❸ 위험 ❹ 태풍의 눈

**개념 ❹** | 해수의 성질

**1. 해수의 온도**

| 표층 수온 분포 | | • 위도가 높아질수록 대체로 수온이 낮아진다.<br>• 대양의 가장자리에서는 한류 또는 난류의 영향을 받는다. |
|---|---|---|
| 연직 수온 분포 | 혼합층 | • 바람에 의한 혼합으로 수심에 따라 수온이 일정한 층<br>• 바람이 강한 해역일수록 **❶** 발달한다. |
| | 수온 약층 | 수심이 깊어질수록 수온이 급격하게 낮아져 매우 안정한 층 |
| | 심해층 | 위도와 계절에 관계없이 수온이 낮고, 수심에 따라 수온이 거의 일정한 층 |

**2. 해수의 염분** 표층 염분은 대체로 **❷** 값과 비례하며, 위도 30° 부근에서 가장 높고 적도에서는 낮다.

**3. 해수의 밀도** 수온이 낮을수록, 염분이 **❸** 을수록, 수압이 클수록 크다.

**4. 해수의 용존 기체**

① **용존 산소량** 표층에서는 **❹** 과 대기로부터의 산소 공급에 의해 가장 많고, 수심이 깊어질수록 급격히 감소하다가 심해에서는 극지방에서 침강한 찬 해수에 의해 약간 증가한다.

② **용존 이산화 탄소량** 표층에서는 광합성에 의해 적고 수심이 깊어질수록 증가한다.

답 ❶ 두껍게 ❷ (증발량−강수량) ❸ 높 ❹ 광합성

**Quiz**

❶ (증발량−강수량) 값이 ( 클, 작을 )수록 대체로 표층 염분이 높다.

❷ 수온이 ( 낮, 높 )을수록, 염분이 ( 낮, 높 )을수록 밀도가 크다.

❸ 용존 산소량은 □ 에서 가장 많고, 깊이가 깊어질수록 감소하다가 심해에서는 극지방에서 침강한 찬 해수에 의해 약간 증가한다.

❹ 해수의 수온과 염분에 따른 밀도 변화를 나타낸 그래프를 □ 라고 한다.

답 ❶ 클 ❷ 낮, 높 ❸ 표층 ❹ 수온−염분도

## ❸-1

그림은 태풍의 진로 부근에 위치한 어느 관측소에서 태풍이 통과하는 동안 관측한 기상 요소의 변화를 나타낸 것이다.

태풍이 통과하는 동안 이 관측소에서의 기상 변화에 대한 해석으로 옳은 것만을 〈보기〉에서 있는 대로 고르시오.

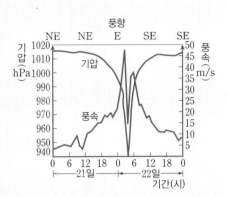

• 보기 •
ㄱ. 풍향은 시계 반대 방향으로 변했다.
ㄴ. 관측소는 태풍의 위험 반원에 속해 있었다.
ㄷ. 이 기간 중 태풍의 중심이 관측소에 가장 근접했던 시각은 22일 새벽 4시경이다.

**풀이** 태풍이 통과하는 동안 풍향이 북동풍(NE) → 동풍(E) → 남동풍(SE)으로 ❶_____ 방향으로 변했으므로 태풍이 관측소의 왼쪽 지역을 통과했다. 따라서 이 관측소는 태풍의 ❷_____에 속해 있었다. 이 기간 중 관측소에서 태풍의 중심이 가장 가까웠던 때는 기압이 가장 낮은 22일 새벽 4시경이다.

❶ 시계 ❷ 위험 반원 **답** ㄴ, ㄷ

## ❸-2

그림은 북반구에서 북상하는 어느 태풍의 동서 방향 단면을 나타낸 것이다.

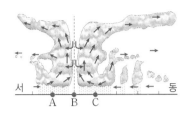

이에 대한 설명으로 옳은 것만을 〈보기〉에서 있는 대로 고른 것은?

• 보기 •
ㄱ. A에서는 서풍 계열의 바람이 분다.
ㄴ. B에서는 풍속이 최대로 나타난다.
ㄷ. C는 안전 반원에 속한다.

① ㄱ          ② ㄷ          ③ ㄱ, ㄴ
④ ㄴ, ㄷ          ⑤ ㄱ, ㄴ, ㄷ

## ❹-1

그림 (가)와 (나)는 우리나라 동해에서 여름철(8월)과 겨울철(2월)의 깊이에 따른 수온과 용존 산소량을 나타낸 것이다.

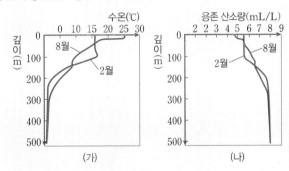

이에 대한 설명으로 옳은 것만을 〈보기〉에서 있는 대로 고르시오.

• 보기 •
ㄱ. 수온 약층은 겨울보다 여름에 더 두껍게 발달한다.
ㄴ. 해수 표층에서는 수온이 높을수록 용존 산소량이 많아진다.
ㄷ. 수심 300 m 이하는 여름과 겨울의 용존 산소량이 거의 같다.

**풀이** 주어진 자료에서 여름철에는 깊이 약 10 m 지점부터 300 m 지점까지 ❶_____이 나타난다. 수온이 높으면 기체의 용해도가 ❷_____하므로 용존 산소량이 감소한다.

❶ 수온 약층 ❷ 감소 **답** ㄱ, ㄷ

## ❹-2

그림은 우리나라의 어느 해역에서 서로 다른 시기에 측정한 연직 수온 분포를 나타낸 것이다.

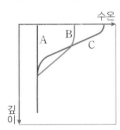

이에 대한 설명으로 옳은 것만을 〈보기〉에서 있는 대로 고른 것은?

• 보기 •
ㄱ. 수온 약층은 A 시기에 가장 뚜렷하다.
ㄴ. 바람은 B 시기보다 C 시기에 강하다.
ㄷ. 수심에 따른 수온의 변화는 C 시기에 가장 크다.

① ㄱ          ② ㄷ          ③ ㄱ, ㄴ
④ ㄴ, ㄷ          ⑤ ㄱ, ㄴ, ㄷ

# 개념 돌파 전략 ②

**3강** 지질 시대와 환경

**바탕 문제**

어느 지역에서 발견된 화강암 속에 반감기가 5000만 년인 방사성 동위 원소 X가 처음 양의 25 % 포함되어 있었다면 이 암석의 절대 연령은?

답 1억 년

---

**1** 그림은 서로 다른 방사성 동위 원소 A, B, C의 붕괴 곡선을 나타낸 것이다. 이에 대한 설명으로 옳은 것만을 〈보기〉에서 있는 대로 고른 것은?

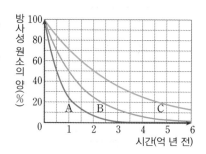

• 보기 •

ㄱ. 반감기는 B가 A의 2배이다.

ㄴ. C가 두 번의 반감기를 지나는 데 걸리는 시간은 4억 년이다.

ㄷ. A, B, C의 반감기가 차이가 나는 이유는 암석 생성 당시의 온도와 압력의 차이 때문이다.

① ㄱ     ② ㄷ     ③ ㄱ, ㄴ     ④ ㄴ, ㄷ     ⑤ ㄱ, ㄴ, ㄷ

---

**바탕 문제**

그림은 어느 지역의 지질 단면도를 나타낸 것이다.

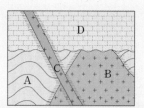

A~D의 생성 순서를 먼저 생성된 것부터 순서대로 쓰시오.

답 A→B→D→C

---

**2** 그림은 어느 지역의 지질 단면도이다. 화성암 A와 C에 포함된 방사성 동위 원소 X의 양은 각각 처음 양의 25 %, 50 %이고, X의 반감기는 1억 년이다. 이에 대한 설명으로 옳은 것만을 〈보기〉에서 있는 대로 고른 것은?

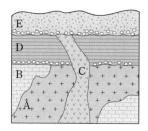

• 보기 •

ㄱ. 지층과 암석은 A → B → C → D → E 순으로 생성되었다.

ㄴ. A에는 방사성 동위 원소 X보다 X의 자원소 양이 더 많다.

ㄷ. D에서는 삼엽충 화석이 산출될 수 있다.

① ㄱ     ② ㄴ     ③ ㄷ     ④ ㄱ, ㄴ     ⑤ ㄱ, ㄷ

---

**바탕 문제**

그림은 어느 지역의 지층에서 관찰되는 화석을 나타낸 것이다.

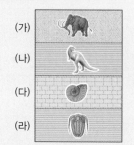

지층 (가)~(라)가 생성된 지질 시대를 각각 쓰시오.

답 (가) 신생대, (나) 중생대, (다) 중생대, (라) 고생대

---

**3** 그림은 어느 지질 시대에 번성한 생물의 화석이다. 이에 대한 설명으로 옳은 것만을 〈보기〉에서 있는 대로 고른 것은?

• 보기 •

ㄱ. 이 지질 시대에는 양치식물이 번성하였다.

ㄴ. 두 생물 모두 중생대 말에 멸종하였다.

ㄷ. 이 지질 시대에는 기후가 온난하여 빙하기가 없었다.

① ㄱ     ② ㄷ     ③ ㄱ, ㄴ     ④ ㄴ, ㄷ     ⑤ ㄱ, ㄴ, ㄷ

## 4강 대기의 운동과 해양의 변화

바탕 문제

그림은 온대 저기압을 나타낸 것이다.

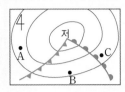

A~C 지역에서 부는 바람의 방향을 각각 쓰시오.

🖹 A: 북서풍, B: 남서풍, C: 남동풍

**4** 그림은 북반구 중위도에 발달한 온대 저기압을 나타낸 것이다.
이에 대한 설명으로 옳은 것만을 〈보기〉에서 있는 대로 고르시오.

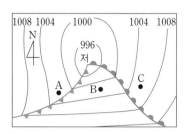

• 보기 •

ㄱ. A 지역은 B 지역보다 기온이 높다.

ㄴ. B 지역은 C 지역보다 기압이 높다.

ㄷ. C 지역은 온대 저기압이 통과하는 동안 바람이 시계 방향으로 변한다.

바탕 문제

그림은 태풍 주변의 기압과 풍속의 관계를 나타낸 것이다.

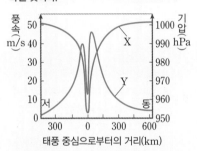

그래프의 X와 Y는 각각 무엇을 나타내는지 쓰시오.

🖹 X: 기압, Y: 풍속

**5** 그림은 북반구에서 북상하는 태풍의 풍속을 나타낸 것이다.
A~C 지점에 대한 해석으로 옳은 것만을 〈보기〉에서 있는 대로 고르시오.

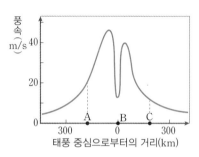

• 보기 •

ㄱ. 위험 반원에 속하는 지점은 A이다.

ㄴ. 적란운이 가장 두꺼운 지점은 B이다.

ㄷ. 기압이 가장 낮은 지점은 C이다.

바탕 문제

그림은 서로 다른 해역에서의 연평균 증발량과 강수량을 나타낸 것이다

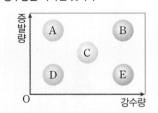

증발량과 강수량만을 고려할 때, A~E 중 표층 염분이 가장 높을 것으로 예상되는 해역은?

🖹 A

**6** 그림은 위도에 따른 표층 해수의 온도, 염분, 밀도의 분포를 나타낸 것이다.

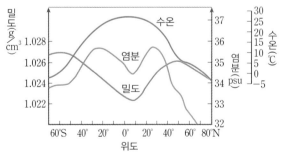

이에 대한 설명으로 옳은 것만을 〈보기〉에서 있는 대로 고른 것은?

• 보기 •

ㄱ. (증발량－강수량) 값은 적도에서 가장 크다.

ㄴ. 해수의 밀도는 염분보다 수온의 영향을 크게 받는다.

ㄷ. 적도 해역은 염분이 낮고 수온이 높아서 밀도가 작다.

① ㄱ     ② ㄷ     ③ ㄱ, ㄴ     ④ ㄴ, ㄷ     ⑤ ㄱ, ㄴ, ㄷ

## 전략 ❶ | 지사학의 법칙을 이용한 상대 연령 측정

1. **지층 누중의 법칙** 지층이 ❶[　　　]되지 않았다면 E → D → C 순으로 생성되었다.

2. **관입의 법칙** 화성암 F, 지층 E, D, C보다 화성암 B가 ❷[　　　] 생성되었다.

3. ❸[　　　]의 법칙 화성암 F가 지층 E보다 훨씬 먼저 생성되었고, 지층 A는 지층 C와 화성암 B보다 훨씬 나중에 생성되었다.

4. **동물군 천이의 법칙** 이 지층에서는 발견되는 화석이 없으므로 동물군 천이의 법칙은 적용할 수 없다.

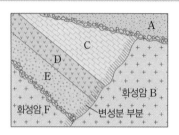

지사학의 법칙을 적용하면 이 지역에서는 '화성암 F → 부정합 → E → D → C → 화성암 B 관입 → 부정합 → A 퇴적' 순으로 지질학적 사건이 일어났어.

답 ❶ 역전 ❷ 나중에 ❸ 부정합

### 필수 예제 ❶

그림은 어느 지역의 지질 단면을 나타낸 것이다. 이에 대한 설명으로 옳은 것만을 〈보기〉에서 있는 대로 고르시오. (단, 지층은 역전되지 않았다.)

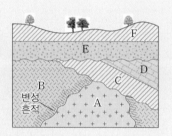

**풀이**

ㄱ. A와 C의 생성 순서를 결정할 때는 부정합의 법칙에 의해 A가 관입한 뒤 오랜 시간이 흐른 후에 C가 퇴적되었다.

ㄴ. 부정합면이 두 군데 있고, 한 번 더 융기를 거쳐 육지가 드러났으므로 이 지층에서는 최소한 3회의 융기 과정이 있었다.

ㄷ. 지층(암석)의 생성 순서는 B → A → C → D → E → F이다. 따라서 가장 오래된 암석은 B이다.

**• 보기 •**

ㄱ. A와 C의 생성 순서를 결정할 때는 지층 누중 법칙이 적용된다.

ㄴ. 이 지층에서는 최소한 3회의 융기 과정이 있었다.

ㄷ. 가장 오래된 암석은 B이다.

답 ㄴ, ㄷ

## 1-1

그림은 어느 지역의 지질 단면을 나타낸 것이다. 이에 대한 설명으로 옳은 것만을 〈보기〉에서 있는 대로 고른 것은?

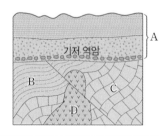

기저 역암은 부정합면 바로 아래 지층이 융기 후 침식 받아 생긴 것이므로, 부정합면 바로 아래 접해 있는 암석의 나이와 같아.

**• 보기 •**

ㄱ. 이 지역은 횡압력을 받은 적이 있다.

ㄴ. 지층과 암석의 생성 순서는 C → B → D → A이다.

ㄷ. 기저 역암의 나이는 화성암 D의 나이보다 적다.

① ㄱ　　　② ㄴ　　　③ ㄱ, ㄴ　　　④ ㄴ, ㄷ　　　⑤ ㄱ, ㄴ, ㄷ

## 전략 ❷ | 방사성 동위 원소의 반감기를 이용한 절대 연령 측정

1. **절대 연령** 지층이나 암석의 형성 시기를 절대적 수치로 나타낸 것
2. **절대 연령의 측정** 방사성 동위 원소의 반감기와 광물에 포함된 모원소와 자원소의 비율을 조사하면 광물이나 암석의 절대 연령을 알 수 있다.

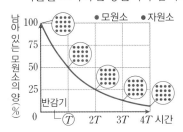

① 모원소: 원래의 방사성 동위 원소
② 자원소: 모원소가 붕괴하여 새로 생성된 원소
③ 반감기: 방사성 동위 원소가 붕괴하여 모원소의 양이 처음의 **❶**[    ]으로 줄어드는 데 걸리는 시간
④ 절대 연령: **❷**[    ]×반감기 경과 횟수

> 방사성 동위 원소란 외부의 온도나 압력 조건에 관계없이 항상 일정한 비율로 붕괴하여 안정한 상태로 변하는 원소야.

답 ❶ 절반 ❷ 반감기

---

### 필수예제 2

그림은 시간에 따른 어느 방사성 동위 원소(모원소)와 자원소의 비를 나타낸 것이다. X와 Y는 각각 모원소와 자원소 중 하나이다.
이에 대한 설명으로 옳은 것만을 〈보기〉에서 있는 대로 고르시오.

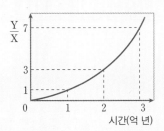

• 보기 •
ㄱ. X는 모원소, Y는 자원소이다.
ㄴ. 이 방사성 동위 원소의 반감기는 1억 년이다.
ㄷ. 단위 시간당 생성되는 자원소의 양은 점점 증가한다.

> 풀이
> ㄱ. $\dfrac{Y}{X}$ 값이 점차 증가하므로, X는 모원소이고 Y는 자원소이다.
> ㄴ. 반감기는 $\dfrac{Y}{X}$ 값이 1인 1억 년이다.
> ㄷ. 0~1억 년 동안 생성된 자원소의 양이 50 %, 1억 년~2억 년 동안 생성된 자원소의 양이 25 %, 2억 년~3억 년 동안 생성된 자원소의 양이 12.5 %이므로 단위 시간당 생성되는 자원소의 양은 점점 감소한다.
>
> 답 ㄱ, ㄴ

---

## 2-1

그림 (가)는 어느 지역의 지질 단면도를, (나)는 방사성 동위 원소 X의 붕괴 곡선을 나타낸 것이다. (가)의 화성암 P와 Q에 포함된 방사성 동위 원소 X의 양은 각각 처음 양의 $\dfrac{1}{2}$과 $\dfrac{1}{4}$이다.

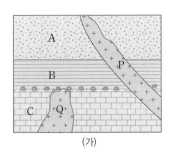
(가)

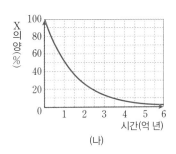
(나)

> 부정합은 먼저 퇴적된 지층이 융기와 침식 기간 동안 퇴적이 중단된 후 그 위에 새로운 지층이 퇴적될 때 생겨. 따라서 부정합면을 경계로 상하 지층 사이에는 긴 퇴적 시간 간격이 있어.

이에 대한 설명으로 옳은 것만을 〈보기〉에서 있는 대로 고르시오.

• 보기 •
ㄱ. 지층과 암석의 생성 순서는 C → Q → B → A → P 순이다.
ㄴ. 지층 A는 3억 년 전과 2억 년 전 사이에 퇴적되었다.
ㄷ. 지층 B와 C 사이에 퇴적이 중단된 시기가 있었다.

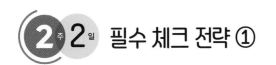
**전략 ③** | 고기후 연구 방법

**1. 산소 동위 원소비의 연구** 빙하를 구성하는 물 분자, 유공충과 같은 화석, 석회 동굴의 석순 등에 포함된 산소 동위 원소비 ($\frac{^{18}O}{^{16}O}$)를 연구하여 과거의 기후를 알 수 있다.

**2. 빙하 코어 연구** 기온이 높은 시기에는 활엽수의 꽃가루가 많아지고, 기온이 낮은 시기에는 침엽수의 꽃가루가 많아짐
① **빙하 코어에 포함된 꽃가루 화석 분석** 식물의 종류나 당시 번성했던 식물을 통해 과거의 기온을 알 수 있다.
② **빙하 코어에 포함된 공기 방울 분석** 빙하가 형성된 당시의 대기 조성을 알 수 있다.

**3. 생물체 연구**
① **나무의 나이테 연구** 나이테의 폭과 밀도를 조사하여 과거의 ❶[ 기온 ]과 강수량의 변화를 알 수 있다. ➡ 온난하고 강수량이 많아지면 나무의 생장이 활발해져 나무의 나이테 폭이 ❷[ 넓어진다 ].
② **산호 성장률 연구** 산호를 연구하면 과거의 수온을 알 수 있다. ➡ 산호는 수온이 높을수록 성장 속도가 빠르다.

> 온난한 시기에는 $^{18}O$와 $^{16}O$의 증발이 모두 활발하지만, 한랭한 시기에는 상대적으로 무거운 $^{18}O$의 증발량이 상대적으로 감소하여 대기 중의 산소 동위 원소비($\frac{^{18}O}{^{16}O}$)는 작아지고, 해수 중의 산소 동위 원소비는 높아져.

**탑 ❶** 기온 **❷** 넓어진다

**필수 예제 3**

그림은 과거의 기후를 연구하는 데 사용하는 자료들이다.
이에 대한 설명으로 옳은 것만을 〈보기〉에서 있는 대로 고르시오.

| (가) | (나) | (다) |
|---|---|---|
| 빙하 코어 | 나무의 나이테 | 산호 화석 |

**보기**
ㄱ. (가) 내부의 기포를 분석하여 과거 대기의 조성을 알 수 있다.
ㄴ. (나)가 조밀한 시기는 온난 다습한 기후였음을 알 수 있다.
ㄷ. (다)가 발견되는 지층은 퇴적될 당시 따뜻하고 얕은 바다였을 것이다.

**풀이**
ㄱ. 빙하 코어의 내부 기포를 분석하면 빙하가 생성될 당시의 대기 조성을 알 수 있다.
ㄴ. 한랭 건조한 시기에는 나무가 제대로 자라지 못하므로 나이테의 간격이 좁아진다.
ㄷ. 산호는 주로 따뜻하고 수심이 얕은 바다에서 서식한다.

**탑** ㄱ, ㄷ

**3-1**

그림은 지질 시대에 따른 해양 생물 화석의 산소 동위 원소비($\frac{^{18}O}{^{16}O}$)를 나타낸 것이다.
이에 대한 설명으로 옳은 것만을 〈보기〉에서 있는 대로 고르시오.

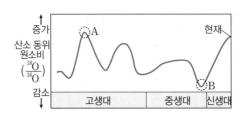

**보기**
ㄱ. A 시기가 B 시기보다 온난했다.
ㄴ. 빙하 면적은 A 시기가 B 시기보다 넓었다.
ㄷ. 빙하의 산소 동위 원소비는 A 시기가 B 시기보다 낮다.

> 기온이 높을 때는 대기 중의 수증기 및 빙하의 산소 동위 원소비가 높아지고, 해양 생물의 산소 동위 원소비는 낮아져.

## 전략 ④ 지질 시대의 환경과 생물

| 구분 | 환경과 생물계의 변화 | 표준 화석 |
|---|---|---|
| 선캄브리아 시대 | • 오존층 형성 이전 시기로 생물의 서식지가 바다로 제한됨<br>• 남세균의 광합성으로 대기 중 산소 농도 증가, 후기에 다세포 생물 출현 | 스트로마톨라이트, 에디아카라 동물군 |
| 고생대 | • 오존층의 형성으로 ❶_____ 생물 등장<br>• 무척추동물, 어류, 양서류, ❷_____ 식물 번성<br>• 말기에 빙하기, 판게아 형성, 생물의 대규모 멸종 | 삼엽충, 완족류, 필석, 갑주어, 방추충 |
| 중생대 | • 빙하기 없는 온난한 기후가 지속<br>• 판게아의 분리로 대서양과 인도양 형성<br>• 파충류, ❸_____ 식물 번성 | 암모나이트, 공룡, 시조새 |
| 신생대 | • 초기 온난, 후기는 빙하기와 간빙기의 반복<br>• 오늘날과 비슷한 수륙 분포 형성, ❹_____ 산맥 형성<br>• 포유류, 조류, 속씨식물 번성, 인류의 조상 출현 | 화폐석, 매머드 |

선캄브리아 시대는 오존층이 형성되지 않아 생물의 서식지가 바다로 제한되었어. 고생대 들어 오존층이 형성되어 자외선이 차단됨으로써 비로소 육상 생물이 등장할 수 있었지.

답 ❶ 육상 ❷ 양치 ❸ 겉씨 ❹ 히말라야

### 필수 예제 ④

그림은 약 46억 년 전부터 시작된 지구의 역사를 선캄브리아 시대, 고생대, 중생대, 신생대로 구분하여 각 시대의 상대적인 길이를 순서 없이 나타낸 것이다.
이에 대한 설명으로 옳은 것만을 〈보기〉에서 있는 대로 고르시오.

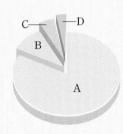

• 보기 •
ㄱ. A 시기에는 오존층이 형성되었다.
ㄴ. B 시기는 겉씨식물, C 시기는 속씨식물이 번성하였다.
ㄷ. D 시기에는 포유류와 조류가 번성하였다.

**풀이**

그림에서 각 지질 시대의 상대적 길이로 보아 A는 선캄브리아 시대, B는 고생대, C는 중생대, D는 신생대이다.
ㄱ. A 시기는 오존층이 형성되지 않아 대부분의 생물이 바다에 서식하였다.
ㄴ. 양치식물은 고생대, 겉씨식물은 중생대, 속씨식물은 신생대에 번성하였다.
ㄷ. 신생대에는 포유류와 조류가 번성하였다.

답 ㄷ

### 4-1

그림은 현생 누대 동안 번성한 주요 동물계를 나타낸 것이다.

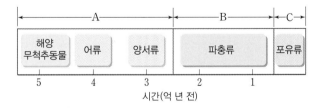

이에 대한 설명으로 옳은 것만을 〈보기〉에서 있는 대로 고른 것은?

• 보기 •
ㄱ. A 시기에 삼엽충과 양치식물이 번성하였다.
ㄴ. 판게아가 형성된 시기는 B 시기 말이다.
ㄷ. A와 B 사이에 가장 큰 규모의 생물 대멸종이 일어났다.

지질 시대 동안 총 다섯 번의 생물 대멸종이 있었어. 가장 큰 규모의 대멸종은 고생대 페름기 말에 일어났던 대멸종이야.

① ㄱ          ② ㄴ          ③ ㄱ, ㄷ          ④ ㄴ, ㄷ          ⑤ ㄱ, ㄴ, ㄷ

# 2주 2일 필수 체크 전략 ②

**1** 그림은 어느 지역의 지질 단면도를 나타낸 것이다.

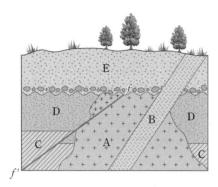

이에 대한 설명으로 옳은 것만을 〈보기〉에서 있는 대로 고른 것은?

- 보기 -
ㄱ. 지층과 암석의 생성 순서는 A → C → D → E → B이다.
ㄴ. A에서는 B의 암석이 포획암으로 나타날 수 있다.
ㄷ. 단층 f−f′은 화성암 A가 관입한 후에 형성되었다.

① ㄱ      ② ㄷ      ③ ㄱ, ㄴ      ④ ㄴ, ㄷ      ⑤ ㄱ, ㄴ, ㄷ

> **Tip**
>
> 마그마가 주변의 지층이나 암석을 뚫고 들어가서 식어 굳어진 암석을 ❶ ☐☐☐ 이라고 하며, 마그마가 관입할 때 주위의 암석이나 지층의 일부가 떨어져 나와 마그마와 함께 굳은 것을 ❷ ☐☐☐ 이라고 한다.
>
> 閏 ❶ 관입암 ❷ 포획암

**2** 그림은 비교적 가까운 세 지역 A, B, C의 지질 단면을 나타낸 것이다.

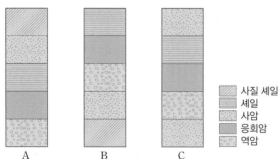

A      B      C

▨ 사질 셰일
▧ 셰일
▨ 사암
▨ 응회암
▨ 역암

이에 대한 설명으로 옳은 것만을 〈보기〉에서 있는 대로 고른 것은? (단, 지층의 역전은 없었다.)

- 보기 -
ㄱ. A와 B 지역의 사암층은 같은 시기에 퇴적되었다.
ㄴ. 가장 오래된 지층이 나타나는 지역은 B이다.
ㄷ. 건층으로 가장 적합한 지층은 응회암층이다.

① ㄱ      ② ㄷ      ③ ㄱ, ㄴ      ④ ㄴ, ㄷ      ⑤ ㄱ, ㄴ, ㄷ

> **Tip**
>
> 비교적 짧은 시간에 넓은 지역에서 동시에 퇴적되어 지층 대비의 기준이 되는 지층을 ❶ ☐☐☐ 이라고 하는데, 화산 활동으로 생성된 응회암층이나 육상 식물이 번성한 지역에서 형성되는 ❷ ☐☐☐ 이 적합하다.
>
> 閏 ❶ 건층 ❷ 석탄층

**3** 그림 (가)는 어느 지역의 지질 단면을, (나)는 방사성 동위 원소 X의 붕괴 곡선을 나타낸 것이다. 화성암 P, Q에 들어 있는 방사성 동위 원소 X의 함량비는 각각 처음 양의 25 %, 50 %이다.

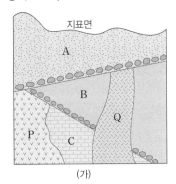
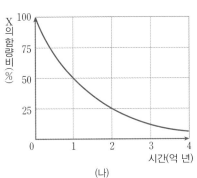

(가)　　　　　(나)

이에 대한 설명으로 옳은 것만을 〈보기〉에서 있는 대로 고른 것은? (단, 화성암에서 방사성 동위 원소 X 및 X의 붕괴 생성물의 출입은 없었다.)

> • 보기 •
> ㄱ. 지층과 암석의 생성 순서는 C → P → B → Q → A이다.
> ㄴ. 화성암 Q는 중생대에 관입하였다.
> ㄷ. 지층 B에서는 화폐석 화석이 산출될 수 있다.

① ㄱ ② ㄷ ③ ㄱ, ㄴ ④ ㄴ, ㄷ ⑤ ㄱ, ㄴ, ㄷ

**Tip**
방사성 동위 원소가 붕괴하여 모원소의 양이 처음 양의 절반으로 줄어드는 데 걸리는 시간을 반감기라고 하는데, 이 시간 동안 **❶**　　가 줄어든 만큼 **❷**　　의 양은 증가한다.

답 ❶ 모원소 ❷ 자원소

**4** 그림은 지질 시대의 평균 기온 변화와 생물계의 번성 순서를 나타낸 것이다.

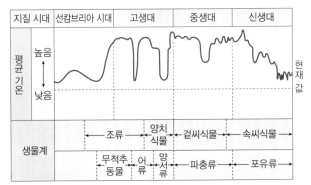

이에 대한 설명으로 옳은 것만을 〈보기〉에서 있는 대로 고른 것은?

> • 보기 •
> ㄱ. 오존층은 양서류가 번성하기 이전에 형성되었다.
> ㄴ. 겉씨식물이 번성한 시대는 현재보다 한랭하였다.
> ㄷ. 신생대 말기에는 빙하기와 간빙기가 반복되었다.

① ㄱ ② ㄷ ③ ㄱ, ㄷ ④ ㄴ, ㄷ ⑤ ㄱ, ㄴ, ㄷ

**Tip**
지질 시대는 생물체가 없거나 화석이 거의 발견되지 않는 **❶**　　(시생 누대, 원생 누대)와 화석이 풍부하게 산출되는 **❷**　　로 구분한다.

답 ❶ 선캄브리아 시대 ❷ 현생 누대

### 전략 ❶ | 기상 위성 영상 해석

| | | |
|---|---|---|
| 가시 영상 |  | • 구름이 반사하는 태양 복사 에너지 중 가시광선 영역의 에너지를 나타낸다.<br>• 구름이 두꺼울수록 햇빛을 더 많이 반사하므로 두꺼운 구름은 밝고, 얇은 구름은 흐리게 나타난다.<br>• 햇빛이 있는 ❶☐☐☐에만 관측이 가능하다. |
| 적외 영상 | | • 구름이 방출하는 적외선 영역의 에너지를 나타낸다.<br>• 온도가 낮을수록 더 밝게 표시되므로 고도가 높은 구름은 ❷☐☐☐, 고도가 낮은 구름은 ❸☐☐☐ 나타난다.<br>• 낮과 밤에 관계없이 24시간 관측이 가능하다. |

적외 영상은 물체의 온도를 탐지하여 영상으로 나타내므로 밤에도 영상 자료를 얻을 수 있지만 가시 영상은 물체가 반사한 햇빛을 탐지하여 영상으로 나타내므로 햇빛이 없는 밤에는 영상 자료를 얻을 수 없어.

답 ❶ 낮 ❷ 밝게 ❸ 흐리게

### 필수 예제 1

그림은 우리나라 주변의 구름 분포를 가시 영상으로 촬영한 것이다.

이에 대한 설명으로 옳은 것은?

① 낮과 밤에 관계없이 촬영할 수 있다.

② 강수량을 예측할 수 있다.

③ A에는 저기압이 위치한다.

④ 구름의 두께는 B보다 C가 두껍다.

⑤ 지표에서 상승 기류는 C보다 A에서 활발하다.

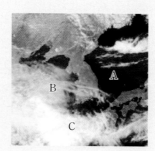

**풀이**

① 가시 영상은 햇빛이 있는 낮에만 촬영이 가능하다.

② 강수량은 레이더 영상으로 파악한다.

③ A는 구름이 없는 맑은 지역이므로 고기압이 위치할 가능성이 높다.

④ 가시 영상에서는 두꺼운 구름일수록 햇빛을 더 많이 반사하여 밝게 나타난다.

⑤ 두꺼운 구름이 존재하는 C가 A보다 상승 기류가 활발하다.

답 ④

### 1-1

그림은 같은 시각에 가시광선과 적외선으로 관측한 기상 위성 영상을 나타낸 것이다.

이에 대한 설명으로 옳은 것만을 〈보기〉에서 있는 대로 고른 것은?

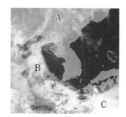
가시 영상

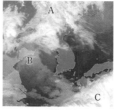
적외 영상

가시 영상은 구름에 의해 반사된 햇빛의 강약에 의해 나타나는 영상이므로 구름이 두꺼울수록 짙은 흰색으로 보여.

● 보기 ●

ㄱ. A는 얇고 높은 구름이다.

ㄴ. 구름 상부의 고도는 A가 B보다 높다.

ㄷ. 강수 가능성은 A가 C보다 높다.

① ㄱ      ② ㄷ      ③ ㄱ, ㄴ      ④ ㄴ, ㄷ      ⑤ ㄱ, ㄴ, ㄷ

## 전략 ❷ | 위험 반원과 안전 반원

| | | |
|---|---|---|
| **위험 반원** | • 태풍 진행 방향의 오른쪽 지역<br>• 태풍의 진행 방향이 태풍 내 바람 방향과 같아 풍속이 상대적으로 강하다.<br>• 풍향이 **❶** 방향으로 변한다. | 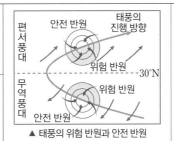 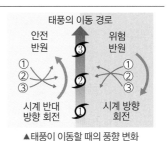 |
| **안전 반원** | • 태풍 진행 방향의 왼쪽 지역<br>• 태풍의 진행 방향이 태풍 내 바람 방향과 반대여서 풍속이 상대적으로 약하다.<br>• 풍향이 **❷** 방향으로 변한다. | ▲ 태풍의 위험 반원과 안전 반원　　▲ 태풍이 이동할 때의 풍향 변화 |

🖪 ❶ 시계 ❷ 시계 반대

 **필수 예제 2**

그림 (가)는 어느 태풍의 이동 경로를 나타낸 것이고, (나)는 이 태풍의 중심 기압과 최대 풍속의 변화를 나타낸 것이다.

 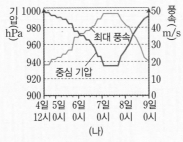

(가)　　　　　　(나)

이에 대한 설명으로 옳은 것만을 〈보기〉에서 있는 대로 고르시오.

● 보기 ●
ㄱ. 5일에는 편서풍의 영향을 받았다.
ㄴ. 이 기간 중 태풍의 세력이 가장 강한 시기는 7일이었다.
ㄷ. 태풍이 남해를 통과하는 동안 제주도에서는 풍향이 시계 반대 방향으로 변했다.

**풀이**
ㄱ. 5일에는 태풍이 북서쪽으로 이동하고 있으므로 무역풍의 영향을 받았다.
ㄴ. 태풍은 열대 저기압이므로 중심 기압이 낮을수록 세력이 강하다. 따라서 태풍의 세력이 가장 강한 시기는 중심 기압이 가장 낮았던 7일이었다.
ㄷ. 태풍이 남해상을 통과하는 동안 제주도는 태풍 이동 경로의 왼쪽 지역(안전 반원)에 있었다. 따라서 제주도의 풍향은 시계 반대 방향으로 변했다.

🖪 ㄴ, ㄷ

## 2-1

그림은 태풍이 지나는 동안 어느 지점에서 관측한 기압, 풍속, 풍향을 나타낸 것이다.

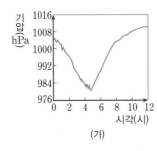 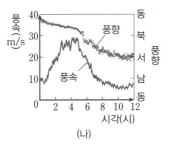

(가)　　　　　　(나)

이 지점에 대한 설명으로 옳은 것만을 〈보기〉에서 있는 대로 고르시오.

● 보기 ●
ㄱ. 4~6시에는 상승 기류가 우세하였다.
ㄴ. 풍속이 최대일 때 기압이 가장 높았다.
ㄷ. 풍향 변화로 보아 태풍의 위험 반원에 위치하였다.

태풍의 눈에서는 기압이 최소이고, 약한 하강 기류가 발생하며, 주변에서는 바람이 강하게 불어.

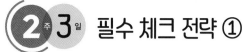

## 전략 ❸ | 우리나라의 주요 악기상

| 뇌우 | • 천둥과 번개를 동반한 폭풍우 ➡ 강한 **❶ ⬜⬜⬜** 기류가 발달하는 곳에서 발생하며, 집중 호우, 우박, 강풍 등 다양한 악기상을 발생함<br>• 발달 과정: 적운 단계 → 성숙 단계 → 소멸 단계 〔성숙 단계에서 천둥과 번개를 동반한 소나기가 내림〕 |
|---|---|
| 집중 호우 | 짧은 시간 동안 좁은 지역에서 많은 비가 내리는 현상 ➡ 뇌우, 장마 전선에서 발생 |
| 폭설 | 짧은 시간에 많은 눈이 오는 현상 ➡ 서해안 폭설(기단의 변질), 영동 지방 폭설(지형적 원인) |
| 황사 | 중국과 몽골의 사막 지역에서 상승 기류를 타고 올라간 모래 먼지가 **❷ ⬜⬜⬜**을 타고 우리나라 쪽으로 이동해 오는 현상 |

뇌우, 호우, 폭설, 황사 외에 우박, 한파, 강풍 등의 악기상이 나타날 때의 날씨 특징을 알아야 해.

답 ❶ 상승 ❷ 편서풍

**필수 예제 ❸**

그림은 뇌우의 발달 과정을 순서 없이 나타낸 것이다.

 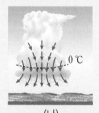 

(가)  (나)  (다)

이에 대한 설명으로 옳은 것만을 〈보기〉에서 있는 대로 고른 것은?

━ 보기 ━
ㄱ. 뇌우의 발달 과정은 (다) → (나) → (가) 순이다.
ㄴ. 뇌우는 한랭 전선보다 온난 전선이 통과할 때 잘 발생한다.
ㄷ. 천둥, 번개가 가장 잘 발생하는 단계는 (가)이다.

① ㄱ  ② ㄷ  ③ ㄱ, ㄴ  ④ ㄴ, ㄷ  ⑤ ㄱ, ㄴ, ㄷ

**풀이**

뇌우는 강한 상승 기류에 의해 적란운이 발달하면서 천둥, 번개와 함께 소나기가 내리는 현상으로 적운 단계 → 성숙 단계 → 소멸 단계를 거친다.
ㄱ. (가)는 성숙 단계, (나)는 소멸 단계, (다)는 적운 단계이므로 뇌우의 발달 과정은 (다) → (가) → (나) 순이다.
ㄴ. 뇌우는 대기가 불안정하여 강한 상승 기류가 나타날 때 잘 발생하므로 온난 전선보다 한랭 전선이 통과할 때 잘 만들어진다.
ㄷ. 천둥과 번개는 성숙 단계인 (가)에서 자주 발생한다.

답 ②

**3-1**

그림은 우리나라에서 관측된 기상 현상을 나타낸 것이다.
이에 대한 설명으로 옳은 것만을 〈보기〉에서 있는 대로 고른 것은?

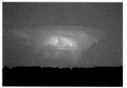 

(가) 뇌우  (나) 집중 호우

━ 보기 ━
ㄱ. (가)와 같은 현상을 잘 일으키는 구름은 적란운이다.
ㄴ. (나)는 국지적인 곳에 강한 상승 기류가 생성될 때 나타난다.
ㄷ. (가)의 성숙 단계에서 (나)와 같은 현상이 나타날 수 있다.

① ㄱ  ② ㄷ  ③ ㄱ, ㄴ  ④ ㄴ, ㄷ  ⑤ ㄱ, ㄴ, ㄷ

집중 호우는 짧은 시간 동안 좁은 지역에서 많은 비가 내리는 현상이야. 높은 적란운이 형성되어 강한 뇌우가 발달할 때 잘 발생하지.

**전략 ④** | **수온-염분도(T-S도) 해석**

1 **수온-염분도** 세로축을 수온, 가로축을 염분으로 하여 수온과 염분, 밀도 사이의 관계를 그래프로 나타낸 것

2 **수온-염분도 해석** 수온 축의 아래로 갈수록, 염분 축의 오른쪽으로 갈수록 밀도가 **❶**〔　　　〕.

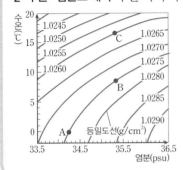

① A~C의 물리량 비교
- 수온: C>B>A
- 염분: B=C>A
- 밀도: A=B>C

② 같은 등밀도선 위에 놓인 두 점은 수온과 염분이 다르더라도 밀도가 같은 해수를 의미한다. ➡ A와 B는 수온과 염분이 다르지만 **❷**〔　　　〕가 같다.

🔖 ❶ 커진다 ❷ 밀도

 **필수예제 4**

그림은 A, B, C 해역에서 측정한 수온과 염분을 수온 염분도에 나타낸 것이다.
이에 대한 설명으로 옳은 것만을 〈보기〉에서 있는 대로 고른 것은?

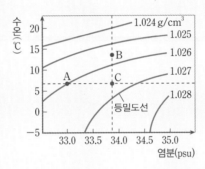

**풀이**

ㄱ. 해수의 밀도는 B 해역은 1.026 g/cm³보다 작고, A 해역은 1.026 g/cm³이고, C 해역은 1.026 g/cm³보다 크다. 따라서 해수의 밀도는 B 해역에서 가장 작다.

ㄴ. 수온이 일정한 상태에서 수평 방향으로 오른쪽에 위치할수록 밀도가 커지므로 염분이 높아지면 밀도가 커지는 것을 알 수 있다.

ㄷ. B와 C는 염분이 같지만, C가 수온이 더 낮기 때문에 밀도가 더 크다.

━● 보기 ●━
ㄱ. 해수의 밀도는 A에서 가장 작다.
ㄴ. 수온이 일정하고 염분이 높아지면 밀도는 커진다.
ㄷ. C가 B보다 밀도가 큰 이유는 수온이 낮기 때문이다.

① ㄱ　　　② ㄷ　　　③ ㄱ, ㄴ　　　④ ㄴ, ㄷ　　　⑤ ㄱ, ㄴ, ㄷ

🔖 ④

**4-1**

그림은 어느 해역에서 측정한 수심에 따른 수온과 염분을 수온-염분도에 나타낸 것이다.
이에 대한 설명으로 옳은 것만을 〈보기〉에서 있는 대로 고른 것은?

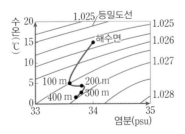

혼합층은 태양 복사 에너지에 의한 가열과 바람의 혼합 작용으로 인해 수온이 높고, 깊이에 관계없이 수온이 일정한 층이야.

━● 보기 ●━
ㄱ. 혼합층의 두께는 약 100 m이다.
ㄴ. 해수 밀도의 변화율은 수심이 깊어질수록 증가한다.
ㄷ. 수심 100~200 m 구간에서의 밀도 변화는 수온보다 염분의 영향이 크다.

① ㄱ　　　② ㄷ　　　③ ㄱ, ㄴ　　　④ ㄴ, ㄷ　　　⑤ ㄱ, ㄴ, ㄷ

**1** 그림 (가)는 어느 날 온대 저기압이 우리나라 어느 관측소를 통과하는 동안 관측한 기온과 기압을, (나)는 이날 06시, 12시, 18시에 관측한 풍향과 풍속을 ㉠, ㉡, ㉢으로 순서 없이 나타낸 것이다.

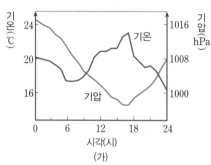
(가)

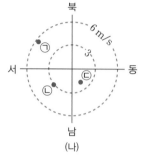
(나)

**Tip**

온대 저기압은 남동쪽으로 온난 전선, 남서쪽으로 한랭 전선을 동반하고 편서풍의 영향으로 서에서 동으로 이동하므로 온난 전선과 한랭 전선이 차례로 통과하면서 날씨 변화가 나타난다. **❶** 전선이 통과하면 기온은 상승하고 기압은 하강하며, **❷** 전선이 통과하면 기온은 하강하고 기압은 상승한다.

답 ❶ 온난 ❷ 한랭

이에 대한 설명으로 옳은 것만을 〈보기〉에서 있는 대로 고른 것은?

• 보기 •
ㄱ. 12시에 관측한 바람은 ㉡이다.
ㄴ. 풍향으로 보아 한랭 전선은 06~12시 사이에 통과하였다.
ㄷ. 이 온대 저기압의 중심은 관측소의 남쪽을 통과하였다.

① ㄱ       ② ㄷ       ③ ㄱ, ㄴ       ④ ㄴ, ㄷ       ⑤ ㄱ, ㄴ, ㄷ

**2** 그림 (가)와 (나)는 우리나라를 통과한 온대 저기압과 태풍의 이동 경로를 순서 없이 나타낸 것이다.

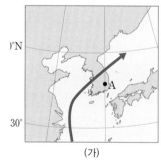
(가)

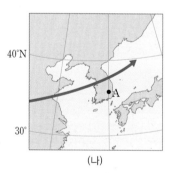
(나)

**Tip**

태풍은 발생 초기에는 **❶** 과 북태평양 고기압의 영향으로 대체로 북서쪽으로 진행하다가 25°N~30°N 부근에서는 **❷** 의 영향으로 진로를 바꾸어 북동쪽으로 진행하는 포물선 궤도를 그린다.

답 ❶ 무역풍 ❷ 편서풍

이에 대한 설명으로 옳은 것만을 〈보기〉에서 있는 대로 고른 것은?

• 보기 •
ㄱ. (가)는 온대 저기압의 이동 경로를 나타낸다.
ㄴ. (나)에서 A 지역에는 전선이 통과하였다.
ㄷ. 두 저기압이 각각 지나는 동안 (가)와 (나) 모두 A 지역에서 풍향은 시계 방향으로 변하였다.

① ㄱ       ② ㄷ       ③ ㄱ, ㄴ       ④ ㄴ, ㄷ       ⑤ ㄱ, ㄴ, ㄷ

**3** 그림은 같은 시각에 관측한 적외 영상과 가시 영상을 나타낸 것이다.

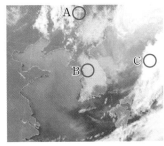 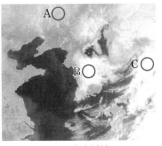

적외 영상        가시 영상

이에 대한 설명으로 옳은 것만을 〈보기〉에서 있는 대로 고른 것은?

— 보기 •
ㄱ. A 지역은 비가 내릴 가능성이 가장 크다.
ㄴ. B 지역이 C 지역보다 구름 상부의 고도가 높다.
ㄷ. C 지역은 적운형 구름으로 덮여 있다.

① ㄱ     ② ㄷ     ③ ㄱ, ㄴ     ④ ㄴ, ㄷ     ⑤ ㄱ, ㄴ, ㄷ

**Tip**

적외 영상은 구름이 방출하는 적외선 영역의 에너지를 이용하며, 온도가 낮을수록 밝게 보인다. 따라서 고도가 **❶** 구름은 밝게, 고도가 **❷** 구름은 흐리게 나타난다. 반면 가시 영상은 구름이 반사하는 태양 복사 에너지 중 가시광선 영역의 에너지를 나타내며 구름이 두꺼울수록 햇빛을 더 많이 반사한다. 따라서 **❸** 구름은 밝게, **❹** 구름은 흐리게 나타난다.

답 ❶ 높은 ❷ 낮은 ❸ 두꺼운 ❹ 얇은

**4** 그림은 수온–염분도에 A, B, C 해역의 표층 해수의 수온과 염분을 나타낸 것이다.

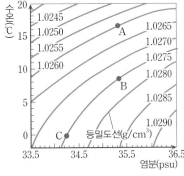

이에 대한 설명으로 옳은 것만을 〈보기〉에서 있는 대로 고른 것은? (단, 증발과 강수 이외의 염분 변화 요인은 고려하지 않는다.)

— 보기 •
ㄱ. A와 B의 밀도가 차이가 나는 것은 염분보다 수온의 영향이 크다.
ㄴ. 같은 부피의 B와 C가 혼합되어 형성된 해수의 밀도는 B나 C의 밀도와 같다.
ㄷ. C는 A보다 (증발량−강수량) 값이 크다.

① ㄱ     ② ㄴ     ③ ㄱ, ㄷ     ④ ㄴ, ㄷ     ⑤ ㄱ, ㄴ, ㄷ

**Tip**

해수의 밀도는 **❶** 이 낮을수록, 염분이 높을수록 크다. 따라서 수온–염분도의 왼쪽 위에서 오른쪽 아래로 갈수록 해수의 밀도는 **❷** 한다.

답 ❶ 수온 ❷ 증가

## 대표 예제 1  지질 단면도 해석

그림은 어느 지역의 지질 단면도이다.

이에 대한 설명으로 옳은 것만을 〈보기〉에서 있는 대로 고르시오.(단, 지층은 역전되지 않았다.)

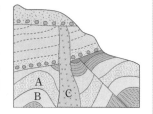

┌ 보기 ┐
ㄱ. 이 지역은 2회 이상의 퇴적 중단이 있었다.
ㄴ. 지층 A는 화성암 C보다 나중에 생성되었다.
ㄷ. 지층 A와 B의 퇴적 순서는 지층 누중의 법칙을 적용하여 판단할 수 있다.

**개념 가이드**

관입의 법칙에 의하면 관입을 한 암석은 관입당한 암석의 나이보다 ❶ [      ]. 따라서 C가 A, B보다 나이가 ❷ [      ].

답 ❶ 적다 ❷ 적다

## 대표 예제 2  지층(암석)의 나이

그림은 어느 지역의 지질 단면도를 나타낸 것이다. X−X′ 구간에서의 암석 연령을 가장 잘 나타낸 그래프는? (단, 지층의 역전은 없었고, 퇴적물은 일정한 속도로 퇴적되었다.)

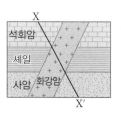

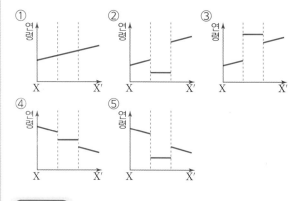

**개념 가이드**

지층 ❶ [      ]의 법칙에 의하면 지층의 ❷ [      ]이 없었다면, 아래 지층이 먼저 쌓였다. 따라서 사암 → 셰일 → 석회암 순으로 형성되었다.

답 ❶ 누중 ❷ 역전

## 대표 예제 3  암상에 의한 지층의 대비

그림은 인접한 세 지역의 지질 주상도를 나타낸 것이다.

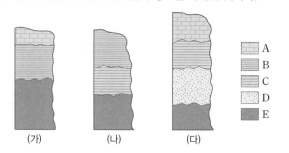

지층 A~E의 생성 순서를 바르게 나열하시오. (단, 지층의 역전은 없었다.)

**개념 가이드**

암상에 의한 지층의 대비를 할 때에는 ❶ [      ]층이나 석탄층 등을 열쇠층, 즉 ❷ [      ]으로 이용한다.

답 ❶ 응회암 ❷ 건층

## 대표 예제 4  암석의 절대 연령 측정

그림 (가)는 방사성 동위 원소 X의 붕괴 곡선을, (나)는 어느 화성암에 포함된 방사성 동위 원소 X와 X의 자원소의 상대적인 양을 나타낸 것이다.

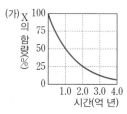
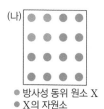

이에 대한 설명으로 옳은 것만을 〈보기〉에서 있는 대로 고르시오. (단, 화성암에는 생성 당시에 자원소가 존재하지 않았다.)

┌ 보기 ┐
ㄱ. X의 반감기는 1억 년이다.
ㄴ. (나)의 화성암에서 X의 반감기가 2회 지났다.
ㄷ. 2억 년 전 (나)의 화성암에서 $\dfrac{X의 자원소의 양}{X의 양}$ 의 값은 1이다.

**개념 가이드**

방사성 동위 원소의 ❶ [      ]가 1회, 2회, 3회 지났을 때 남아 있는 방사성 동위 원소의 양은 각각 처음 양의 $\dfrac{1}{2}$, ❷ [      ], $\dfrac{1}{8}$이 된다.

답 ❶ 반감기 ❷ $\dfrac{1}{4}$

## 대표 예제 **5** — 지질 시대의 화석

그림은 각각 서로 다른 지질 시대의 화석이다.

(가) (나) (다)

이에 대한 설명으로 옳은 것만을 〈보기〉에서 있는 대로 고르시오.

• 보기 •

ㄱ. 생존 시기는 (가)가 가장 먼저이다.

ㄴ. (가)는 표준 화석, (나)와 (다)는 시상 화석이다.

ㄷ. 모두 바다에서 퇴적된 지층에서 발견된다

### 개념 가이드

화폐석은 ❶ [　　　], 삼엽충은 고생대, 암모나이트는 중생대 바다에서 서식했던 해양 생물들로 모두 지질 시대를 구분할 수 있는 ❷ [　　　] 화석이다.

답 ❶ 신생대 ❷ 표준

## 대표 예제 **6** — 생물 대멸종

그림은 현생 누대 동안 생물 속의 수 변화를 나타낸 것이다.

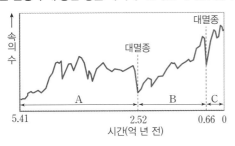

이에 대한 설명으로 옳은 것만을 〈보기〉에서 있는 대로 고르시오.

• 보기 •

ㄱ. A 시기 말에 최초의 육상 생물이 출현하였다.

ㄴ. B 시기 말 대멸종은 초대륙 형성과 관련이 있다.

ㄷ. C 시기 표준 화석으로 화폐석과 매머드가 있다.

### 개념 가이드

고생대 말에 여러 대륙들이 하나로 모여 초대륙 ❶ [　　　]를 형성하면서 생물이 살기 적합한 해안 지역과 얕은 수심의 해역이 감소하여 많은 생물이 ❷ [　　　]하였다.

답 ❶ 판게아 ❷ 멸종

## 대표 예제 **7** — 산소 동위 원소비($\frac{^{18}O}{^{16}O}$)를 이용한 고기후 연구

다음은 산소 동위 원소 $^{16}O$와 $^{18}O$에 대한 설명이다.

> 산소는 원자량이 16인 것($^{16}O$)과 18($^{18}O$)인 것이 있다. 기온이 높을 때는 두 산소를 포함한 물 모두 증발이 잘 일어나지만, 기온이 낮아지면 무거운 산소가 포함된 물의 증발이 잘 일어나지 않아 대기 중에 무거운 산소를 포함한 물의 비율이 감소한다. 따라서 과거의 빙하나 해양 생물 화석 속의 산소 동위 원소비($\frac{^{18}O}{^{16}O}$)를 측정하면 과거의 지구 기후를 추정할 수 있다.

이에 대한 설명으로 옳은 것만을 〈보기〉에서 있는 대로 고르시오.

• 보기 •

ㄱ. 기온이 높을수록 구름 속의 산소 동위 원소비는 증가한다.

ㄴ. 기온이 높을수록 해양 생물 화석 속의 산소 동위 원소비는 감소한다.

ㄷ. 빙하 코어에서 측정한 산소 동위 원소비는 간빙기보다 빙하기에 크다.

### 개념 가이드

기온이 높을 때는 대기 중의 수증기 및 빙하의 산소 동위 원소비가 ❶ [　　　]지고, 해양 생물의 산소 동위 원소비는 ❷ [　　　]진다.

답 ❶ 커 ❷ 작아

## 대표 예제 **8** — 지층(암석)의 생성 순서

그림 (가)와 (나)는 서로 다른 두 지역의 지질 단면과 지층에서 산출되는 화석을 나타낸 것이다.

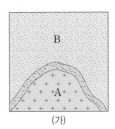 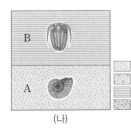

(가) (나)

▨ 사암
✚ 화성암
▤ 셰일
▧ 변성암

(가)와 (나) 지역에서 각각 지층(암석)의 생성 순서를 결정하되, 그 근거를 지사 해석의 법칙과 관련지어 서술하시오.

### 개념 가이드

마그마가 ❶ [　　　]하면 고온의 열로 인해 기존 암석에 ❷ [　　　] 작용이 일어난다.

답 ❶ 관입 ❷ 변성

**대표 예제 9**      온대 저기압과 전선

그림은 온대 저기압에 동반된 전선면의 단면이다.

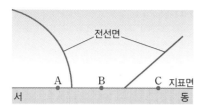

이에 대한 설명으로 옳은 것만을 〈보기〉에서 있는 대로 고르시오.

> • 보기 •
> ㄱ. A는 B보다 짙은 구름이 발달한다.
> ㄴ. A에서는 남풍 계열, B에서는 북풍 계열의 바람이 분다.
> ㄷ. C에서는 시간이 지날수록 점차 높은 구름이 다가온다.

**개념 가이드**

온대 저기압의 중심에서 남서쪽으로는 [❶　　　] 전선이 형성되고, 남동쪽으로는 [❷　　　] 전선이 형성된다.

📋 ❶ 한랭 ❷ 온난

---

**대표 예제 11**      기상 위성 영상 해석

그림 (가)와 (나)는 어느 해 같은 시각에 기상 위성에서 촬영한 가시 영상과 적외 영상을 나타낸 것이다.

(가) 가시 영상      (나) 적외 영상

이에 대한 설명으로 옳은 것만을 〈보기〉에서 있는 대로 고르시오.

> • 보기 •
> ㄱ. (가)는 낮과 밤에 관계없이 관측이 가능하다.
> ㄴ. (가)는 구름의 두께가 두꺼울수록 밝게 보인다.
> ㄷ. (나)는 고도가 높은 구름일수록 밝게 보인다.

**개념 가이드**

가시 영상은 물체가 [❶　　　]한 햇빛을 탐지하여 영상으로 나타내므로 [❷　　　]이 없는 밤에는 영상 자료를 얻을 수 없다.

📋 ❶ 반사 ❷ 햇빛

---

**대표 예제 10**      온대 저기압

그림은 온대 저기압이 통과하기 전과 후의 모습이다.

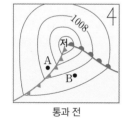 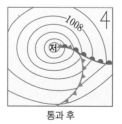

통과 전      통과 후

이에 대한 설명으로 옳은 것만을 〈보기〉에서 있는 대로 고르시오.

> • 보기 •
> ㄱ. 한랭 전선은 온난 전선보다 이동 속도가 빠르다.
> ㄴ. 통과 후의 온대 저기압에는 폐색 전선이 나타난다.
> ㄷ. 통과 전 A 지역에는 이슬비, B 지역에는 소나기가 내린다.

**개념 가이드**

폐색 전선은 이동 속도가 빠른 [❶　　　] 전선이 이동 속도가 느린 [❷　　　] 전선을 따라가 겹쳐진 전선이다.

📋 ❶ 한랭 ❷ 온난

---

**대표 예제 12**      태풍 통과 시의 기상 요소 변화

그림은 어느 태풍이 우리나라 내륙을 남서 → 북동 방향으로 통과하는 동안 태풍 이동 경로 부근의 한 관측소에서 측정한 풍향과 풍속의 변화를 나타낸 것이다.
이에 대한 설명으로 옳은 것만을 〈보기〉에서 있는 대로 고르시오.

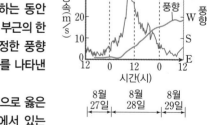

> • 보기 •
> ㄱ. 기압은 28일 10시경에 가장 높게 관측되었을 것이다.
> ㄴ. 태풍은 관측소의 북쪽을 통과하였다.
> ㄷ. 관측 기간 동안 태풍의 눈은 더욱 뚜렷해졌다.

**개념 가이드**

태풍의 [❶　　　] 부근으로 갈수록 기압은 낮아지며, 세력이 강한 태풍일수록 중심 기압은 [❷　　　].

📋 ❶ 중심 ❷ 낮다

## 대표 예제 **13** 악기상

그림 (가)와 (나)는 우리나라에서 일상생활에 피해를 주는 기상 현상을 나타낸 것이다.

(가)

(나)

이에 대한 설명으로 옳은 것만을 〈보기〉에서 있는 대로 고르시오.

• 보기 •
ㄱ. (가)는 편서풍을 타고 이동해 온다.
ㄴ. 피해 범위는 (나)가 (가)보다 넓다.
ㄷ. (가)와 (나)는 모두 우리나라에 강한 상승 기류가 발달할 때 일어난다.

**개념 가이드**
황사는 발원지에서 강한 **①** 이 발생하여 바람이 강하게 불고, **②** 기류가 강해질 때 발생한다.　　답 ① 저기압 ② 상승

## 대표 예제 **14** 수온의 연직 분포

그림은 어느 해역의 월평균 수온의 변화를 수심별로 나타낸 것이다.

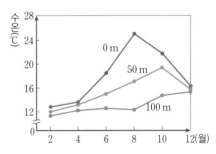

이에 대한 해석으로 옳은 것만을 〈보기〉에서 있는 대로 고르시오.

• 보기 •
ㄱ. 4월에서 8월로 가면서 수온 약층의 안정도는 작아진다.
ㄴ. 수심이 깊어질수록 수온의 연교차는 작아진다.
ㄷ. 표층 부근에서 해수의 연직 혼합은 12월보다 8월에 활발하다.

**개념 가이드**
수온 약층은 수심이 깊어질수록 **①** 이 급격하게 낮아지는 층으로, 아래쪽에 찬 해수, 위쪽에 따뜻한 해수가 있어 매우 **②** 한 상태이다.　　답 ① 수온 ② 안정

## 대표 예제 **15** 수온 - 염분도(T - S도)

그림은 어느 바다에서 측정한 수심에 따른 수온과 염분을 수온 염분도에 나타낸 것이다.

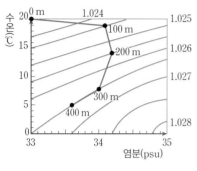

이에 대한 설명으로 옳은 것만을 〈보기〉에서 있는 대로 고르시오.

• 보기 •
ㄱ. 수온 변화가 가장 큰 구간은 0~100 m 구간이다.
ㄴ. 100~200 m 구간은 상하 혼합 작용이 활발하다.
ㄷ. 300~400 m 구간은 밀도 변화가 거의 없다.

**개념 가이드**
해수의 밀도는 **①** 이 낮을수록, **②** 이 높을수록 크다.
　　답 ① 수온 ② 염분

## 대표 예제 **16** 태풍의 이동

그림은 북반구 중위도에서 어느 태풍의 이동 경로와 등압선(hPa)을 나타낸 것이다.

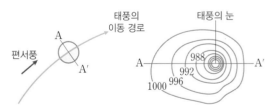

A − A′ 단면에 대해 지상에서의 풍속 분포를 그래프로 나타내시오.

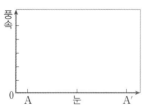

**개념 가이드**
북반구에서 태풍 진행 방향의 **①** 지역은 태풍의 진행 방향이 태풍 내 바람 방향과 같아 풍속이 상대적으로 강하여 피해가 크므로 **②** 반원이라고 한다.　　답 ① 오른쪽 ② 위험

**3강** 지질 시대와 환경

## 1

그림은 어느 지역의 지질 단면도이다.

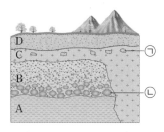

이에 대한 설명으로 옳은 것만을 〈보기〉에서 있는 대로 고른 것은?

── 보기 ──
ㄱ. ㉠과 ㉡은 기저 역암이다.
ㄴ. 이 지역은 최소 3회의 융기가 있었다.
ㄷ. 암석과 지층의 생성 순서는 A → B → D → C이다.

① ㄱ　　　　　　② ㄷ　　　　　　③ ㄱ, ㄴ
④ ㄴ, ㄷ　　　　⑤ ㄱ, ㄴ, ㄷ

**Tip**

부정합면 위에는 부정합면 아래 지층이나 암석의 침식으로 인해 생성된 [ ❶ ]이 존재하며, 관입암에는 관입 당한 암석의 조각인 [ ❷ ]이 산출되기도 한다.

답 ❶ 기저 역암 ❷ 포획암

## 2

그림은 A~D 지역에 분포하는 지층의 단면과 산출되는 표준 화석의 종류를 기호로 나타낸 것이다.

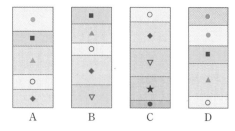

A~D 지역의 지층 중 생성 시기가 가장 오래된 지층이 나타나는 지역과 가장 새로운 지층이 나타나는 지역을 순서대로 쓰시오.

**Tip**

같은 종류의 [ ❶ ] 화석이 산출되는 지층은 같은 [ ❷ ]에 생성된 지층이라고 할 수 있다.

답 ❶ 표준 ❷ 시기

## 3

그림 (가)와 (나)는 종류가 서로 다른 방사성 동위 원소가 각각 붕괴할 때 시간에 따른 모원소와 자원소의 함량을 나타낸 것이다.

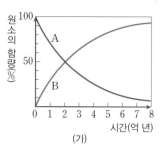 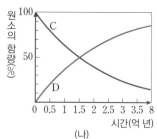

이에 대한 설명으로 옳은 것만을 〈보기〉에서 있는 대로 고르시오.

── 보기 ──
ㄱ. A와 C는 모원소이다.
ㄴ. 방사성 동위 원소의 반감기는 (가)가 (나)보다 길다.
ㄷ. 암석 속의 C와 D의 함량비가 C : D = 1 : 3이면 암석의 절대 연령은 3억 년이다.

**Tip**

방사성 동위 원소가 붕괴하여 모원소의 양이 처음 양의 [ ❶ ]으로 줄어드는 데 걸리는 시간을 [ ❷ ]라고 한다.

답 ❶ 절반 ❷ 반감기

## 4

그림은 고생대 말, 중생대, 신생대의 수륙 분포를 순서 없이 나타낸 것이다.

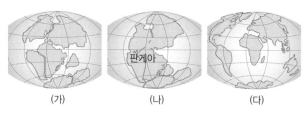

(가)　　　　　(나)　　　　　(다)

이에 대한 설명으로 옳은 것만을 〈보기〉에서 있는 대로 고르시오.

── 보기 ──
ㄱ. 수륙 분포는 (가) → (나) → (다) 순으로 변화하였다.
ㄴ. (나) 시기에 삼엽충을 비롯한 생물의 대멸종이 일어났다.
ㄷ. (다) 시기에 알프스─히말라야산맥이 만들어졌다.

**Tip**

지질 시대에 일어났던 5번의 생물 대멸종 중 가장 큰 규모의 생물 대멸종은 [ ❶ ]의 형성과 빙하가 발달했던 [ ❷ ] 페름기 말에 일어났다.

답 ❶ 판게아 ❷ 고생대

**4강 대기의 운동과 해양의 변화**

## 5

그림 (가)는 온대 저기압에 동반된 전선을, (나)는 이 전선 부근에서 발생할 수 있는 기상 현상을 나타낸 것이다.

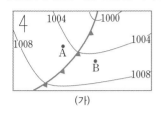

(가)                      (나)

이에 대한 설명으로 옳은 것만을 〈보기〉에서 있는 대로 고르시오.

• 보기 •
ㄱ. A 지역에는 주로 적운형 구름이 발달한다.
ㄴ. A 지역은 B 지역보다 기온이 낮다.
ㄷ. (나)의 대기 현상은 A 지역보다 B 지역에서 발생할 가능성이 높다.

**Tip**
뇌우는 천둥과 번개를 동반한 폭풍우로 태풍의 눈 주변부, ❶ [   ] 전선 후면 등 강한 ❷ [   ] 기류가 나타나는 곳에서 발생한다.

답 ❶ 한랭 ❷ 상승

## 6

그림은 어느 해 우리나라를 통과한 태풍의 이동 경로이다.
태풍이 이동함에 따라 발생하는 현상에 대한 설명으로 옳은 것만을 〈보기〉에서 있는 대로 고른 것은? (단, 파도의 높이는 풍속만을 고려한다.)

• 보기 •
ㄱ. 이 기간 동안 태풍의 진로는 편서풍의 영향을 받았다.
ㄴ. 태풍은 우리나라를 지나면서 중심 기압이 낮아졌을 것이다.
ㄷ. 태풍이 육지에 상륙할 때, 서해안이 남해안보다 파도가 높았을 것이다.

① ㄱ          ② ㄷ          ③ ㄱ, ㄴ
④ ㄴ, ㄷ       ⑤ ㄱ, ㄴ, ㄷ

**Tip**
태풍은 발생 초기에는 ❶ [   ]의 영향으로 북서쪽으로 이동하다가 북위 25°~30° 부근에 이르면 ❷ [   ]의 영향으로 방향을 바꾸어 북동쪽으로 이동한다.

답 ❶ 무역풍 ❷ 편서풍

## 7

그림은 위도에 따른 표층 해수의 수온, 염분, 밀도를 나타낸 것이다.
이에 대한 설명으로 옳은 것만을 〈보기〉에서 있는 대로 고른 것은?

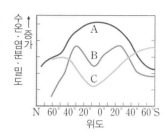

• 보기 •
ㄱ. A는 수온, B는 염분, C는 밀도이다.
ㄴ. B는 대체로 (증발량−강수량) 값과 비례한다.
ㄷ. 0°~60° 해역에서 해수의 밀도는 수온보다 염분의 영향을 그게 받는다.

① ㄱ          ② ㄴ          ③ ㄱ, ㄴ
④ ㄴ, ㄷ       ⑤ ㄱ, ㄴ, ㄷ

**Tip**
표층 염분은 대체로 ( ❶ [   ] − ❷ [   ] ) 값이 클수록 높다.

답 ❶ 증발량 ❷ 강수량

## 8

그림은 어느 해양에서 깊이에 따른 용존 산소와 용존 이산화 탄소의 농도 변화를 나타낸 것이다.
이에 대한 설명으로 옳은 것만을 〈보기〉에서 있는 대로 고르시오.

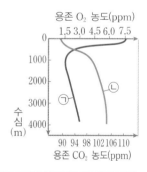

• 보기 •
ㄱ. 표층에서는 ㉠이 ㉡보다 농도가 높다.
ㄴ. ㉡이 표층에서 상대적으로 낮게 나타나는 이유는 광합성 때문이다.
ㄷ. ㉠의 농도가 수심 1000 m보다 3000 m에서 높은 이유는 극 주변 해역에서 침강한 해수의 영향 때문이다.

① ㄱ          ② ㄷ          ③ ㄱ, ㄴ
④ ㄴ, ㄷ       ⑤ ㄱ, ㄴ, ㄷ

**Tip**
해수의 용존 산소량은 식물성 플랑크톤의 ❶ [   ]과 대기로부터의 산소 공급으로 인해 해수의 ❷ [   ]에서 가장 높게 나타난다.

답 ❶ 광합성 ❷ 표층

**3강** 지질 시대와 환경

## 1

그림 (가)와 (나)는 서로 다른 지역의 지질 단면도를 나타낸 것이다.

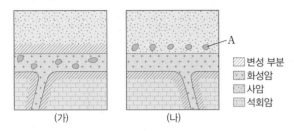

이에 대한 설명으로 옳은 것만을 〈보기〉에서 있는 대로 고른 것은?

> • 보기 •
> ㄱ. (가)에서 화성암은 관입암이다.
> ㄴ. (나)에서 화성암이 사암보다 먼저 생성되었다.
> ㄷ. (나)에서 A는 사암의 일부이다.

① ㄱ      ② ㄴ      ③ ㄱ, ㄴ
④ ㄱ, ㄷ      ⑤ ㄴ, ㄷ

## 2

그림은 어느 지역의 지층 A~E에서 발견된 주요 화석 (가)~(바)의 산출 범위를 나타낸 것이다.

| 지층 \ 화석 | (가) | (나) | (다) | (라) | (마) | (바) |
|---|---|---|---|---|---|---|
| E | | | ▌ | ▌ | | |
| D | | | ▌ | | | |
| C | | | | | ▌ | |
| B | | ▌ | | | | |
| A | | | | | | ▌ |

이에 대한 설명으로 옳은 것만을 〈보기〉에서 있는 대로 고른 것은?

> • 보기 •
> ㄱ. 시상 화석으로 가장 적당한 화석은 (바)이다.
> ㄴ. 생존 기간이 길수록 표준 화석으로 사용하기에 적합하다.
> ㄷ. 위의 지층을 세 개의 지질 시대로 나눈다면 지질 시대의 경계는 각각 A와 B 사이, C와 D 사이가 적당하다.

① ㄱ      ② ㄷ      ③ ㄱ, ㄴ
④ ㄴ, ㄷ      ⑤ ㄱ, ㄴ, ㄷ

## 3

그림 (가)는 어느 지역의 지질 단면도이고, (나)는 방사성 동위 원소 X의 붕괴 곡선이다. (단, 화성암 P와 Q에는 X가 각각 처음 양의 $\frac{1}{2}$과 $\frac{1}{4}$이 들어 있다.)

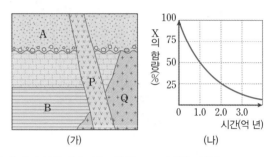

지층 A에서 산출될 수 있는 화석으로 적당한 것은?

① 삼엽충 화석      ② 방추충 화석      ③ 암모나이트 화석
④ 화폐석 화석      ⑤ 매머드 화석

## 4

그림은 지질 시대를 특징에 따라 구분하는 과정을 나타낸 것이다.

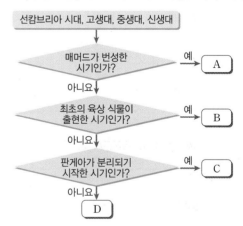

이에 대한 설명으로 옳은 것만을 〈보기〉에서 있는 대로 고른 것은?

> • 보기 •
> ㄱ. A는 신생대, B는 선캄브리아대, C는 고생대이다.
> ㄴ. A 시기에는 속씨식물, B 시기에는 양치식물, C 시기에는 겉씨식물이 각각 번성하였다.
> ㄷ. 지질 시대의 길이는 D가 가장 길다.

① ㄱ      ② ㄴ      ③ ㄱ, ㄷ
④ ㄴ, ㄷ      ⑤ ㄱ, ㄴ, ㄷ

## 5

그림은 우리나라를 통과하는 어느 온대 저기압에 동반된 전선들을 특징에 따라 구분한 것이다.

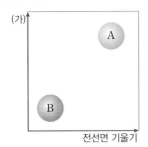

A와 B는 각각 한랭 전선과 온난 전선 중 하나이다. 이에 대한 설명으로 옳은 것만을 〈보기〉에서 있는 대로 고른 것은?

보기
ㄱ. 온난 전선은 A이다.
ㄴ. B가 통과하는 동안 풍향은 시계 반대 방향으로 변한다.
ㄷ. (가)에 해당하는 물리량으로 전선의 이동 속도가 있다.

① ㄱ      ② ㄷ      ③ ㄱ, ㄴ
④ ㄴ, ㄷ      ⑤ ㄱ, ㄴ, ㄷ

## 6

그림 (가)는 북반구에서 북상하는 태풍의 단면을, (나)는 태풍 중심으로부터의 거리에 따른 기압과 풍속을 순서 없이 나타낸 것이다.

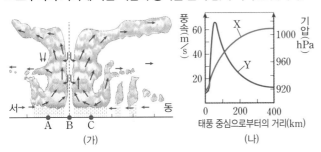

이에 대한 설명으로 옳은 것만을 〈보기〉에서 있는 대로 고른 것은?

보기
ㄱ. (가)에서 풍속은 C 지역이 A 지역보다 강하다.
ㄴ. (가)에서 B 지역에는 약한 하강 기류가 나타난다.
ㄷ. (나)에서 풍속에 해당하는 것은 Y이다.

① ㄱ      ② ㄷ      ③ ㄱ, ㄴ
④ ㄴ, ㄷ      ⑤ ㄱ, ㄴ, ㄷ

## 7

그림은 위도에 따른 해양의 연직 층상 구조와 수온 분포를 나타낸 것이다.

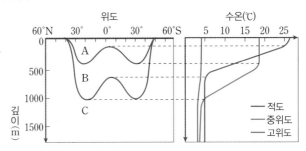

이에 대한 설명으로 옳은 것만을 〈보기〉에서 있는 대로 고른 것은?

보기
ㄱ. 바람은 적도 해역보다 중위도 해역에서 대체로 강하다.
ㄴ. A, B, C층 중에서 B층이 가장 안정하다.
ㄷ. 심해층이 시작되는 깊이는 적도에서 고위도로 갈수록 얕아진다.

① ㄱ      ② ㄴ      ③ ㄷ
④ ㄱ, ㄴ      ⑤ ㄱ, ㄷ

## 8

그림은 깊이에 따른 수온과 염분 분포를 나타낸 것이다.

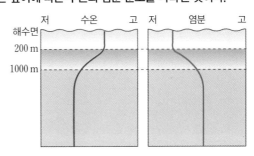

이 자료로부터 깊이에 따른 밀도 분포를 옳게 추정한 것은?

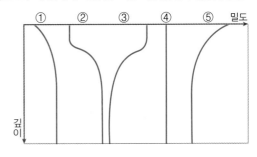

**3강** 지질 시대와 환경

## 1

다음은 지사학의 법칙 일부를 정리한 것이다.

| 지사학의 법칙 | |
|---|---|
| 법칙 | 설명 |
| (가) | 지층이 쌓일 때 아래쪽은 위쪽보다 먼저 퇴적되었다. |
| 부정합의 법칙 | 부정합면을 경계로 상하 지층 사이에는 ( ㉠ ). |
| (나) | 퇴적 시기가 다른 지층에서 발견되는 화석의 종류가 다르다. |

이에 대한 설명으로 옳은 것만을 〈보기〉에서 있는 대로 고른 것은?

철수: (가)는 지층의 역전 여부를 모를 경우 적용할 수 없어.

민수: "㉠에는 큰 시간 간격이 있다."가 들어가면 돼.

영희: (나) 법칙에 의하면 오래된 지층일수록 더욱 복잡하고 진화된 화석이 발견돼.

① 철수       ② 민수       ③ 영희

④ 철수, 민수       ⑤ 철수, 영희

## 2

그림은 (가)와 (나) 두 지역의 지질 단면을 관찰하고 작성한 지질 답사 보고서의 일부를 나타낸 것이다.

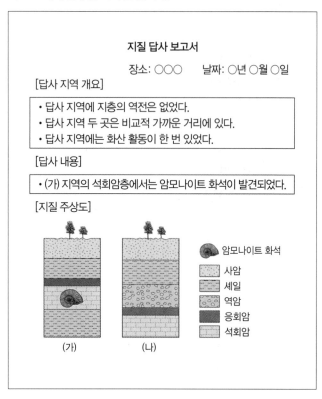

지질 답사 보고서

장소: ○○○       날짜: ○년 ○월 ○일

[답사 지역 개요]
- 답사 지역에 지층의 역전은 없었다.
- 답사 지역 두 곳은 비교적 가까운 거리에 있다.
- 답사 지역에는 화산 활동이 한 번 있었다.

[답사 내용]
- (가) 지역의 석회암층에서는 암모나이트 화석이 발견되었다.

[지질 주상도]

암모나이트 화석
사암
셰일
역암
응회암
석회암

(가)       (나)

이에 대한 설명으로 옳은 것만을 〈보기〉에서 있는 대로 고른 것은?

**보기**

ㄱ. (가) 지역은 지층의 퇴적이 중단된 적이 없다.

ㄴ. 응회암층은 건층(열쇠층)으로 이용될 수 있다.

ㄷ. (나) 지역의 셰일층에서 삼엽충 화석이 발견될 수 있다.

① ㄱ       ② ㄴ       ③ ㄱ, ㄷ

④ ㄴ, ㄷ       ⑤ ㄱ, ㄴ, ㄷ

## 3

다음은 지구가 탄생하면서부터 현재까지 46억 년의 지구 역사를 24시간의 지질 시계로 표현하는 탐구 활동이다.

| 탐구 과정 |

(가) 원생 누대, 고생대, 중생대, 신생대의 시작 시기를 조사한다.

(나) 지구의 나이인 46억 년을 24시간의 지질 시계로 대비하고, 원생 누대, 고생대, 중생대, 신생대의 시작 시기를 지질 시계에 표시한다.

| 탐구 결과 |

(가) 지질 시대의 시작 시기

| 지질 시대 | 원생 누대 | 고생대 | 중생대 | 신생대 |
|---|---|---|---|---|
| 시작 시기(억 년 전) | 25 | 5.41 | 2.52 | 0.66 |

(나) 지질 시계에 지질 시대 시작 시기의 일부를 표시하면 다음과 같다.

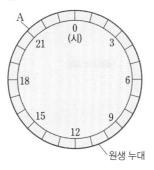

이에 대한 설명으로 옳은 것만을 〈보기〉에서 있는 대로 고른 것은?

• 보기 •
ㄱ. A는 고생대의 시작이다.
ㄴ. 남세균은 11시 이후에 출현하였다.
ㄷ. 판게아는 23시 이전에 형성되었다.

① ㄱ          ② ㄷ          ③ ㄱ, ㄴ
④ ㄴ, ㄷ      ⑤ ㄱ, ㄴ, ㄷ

**Tip**

시생 누대에는 대기 중에 산소가 거의 없었으며, 원핵 생물인 [❶    ]이 출현하여 광합성을 함에 따라 대기 중에 산소 농도가 증가하였다(스트로마톨라이트 화석). 판게아는 약 2억 7천만 년 전인 [❷    ] 말기에 형성되었다.

답 ❶ 남세균 ❷ 고생대

## 4

다음은 지질 시대의 특징에 대하여 세 명의 학생이 나눈 대화를 나타낸 것이다.

| 지질 시대 | 특징 |
|---|---|
| (가) | • 판게아가 분리되기 시작하였다.<br>• 파충류가 번성하였다. |
| (나) | • 히말라야산맥이 형성되었다.<br>• 속씨식물이 번성하였다. |
| (다) | • 육상에 식물이 출현하였다.<br>• 삼엽충이 번성하였다. |

영호     민지     수진

제시한 내용이 옳은 학생만을 있는 대로 고른 것은?

① 영호          ② 민지          ③ 수진
④ 영호, 민지    ⑤ 민지, 수진

**Tip**

남세균의 [❶    ]으로 산소가 바다에 포화된 다음 대기로 방출되어 쌓이기 시작하였고, 고생대에 [❷    ]이 두껍게 형성되어 실루리아기에 이르러 생물이 육상으로 진출하게 되었다.

답 ❶ 광합성 ❷ 오존층

**4강** 대기의 운동과 해양의 변화

# 5

표는 어느 태풍의 중심 위치와 중심 기압을, 그림은 관측 지점 A의 위치를 나타낸 것이다.

| 일시 | 태풍의 중심 위치 | | 중심 기압 (hPa) |
|---|---|---|---|
| | 위도 (°N) | 경도 (°E) | |
| 1일 03시 | 18 | 128 | 985 |
| 2일 03시 | 21 | 124 | 975 |
| 3일 03시 | 26 | 121 | 965 |
| 4일 03시 | 31 | 123 | 980 |
| 5일 03시 | 36 | 128 | 992 |

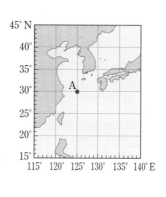

이 자료에 대한 설명으로 옳은 것만을 〈보기〉에서 있는 대로 고른 것은?

• 보기 •
ㄱ. 태풍은 2일 03시 이전에 전향점을 통과하였다.
ㄴ. 태풍 중심 부근의 최대 풍속은 3일 03시가 5일 03시보다 강했을 것이다.
ㄷ. 3일~5일에 A 지점의 풍향은 시계 방향으로 변했을 것이다

① ㄱ  　② ㄴ  　③ ㄱ, ㄷ
④ ㄴ, ㄷ  　⑤ ㄱ, ㄴ, ㄷ

# 6

다음은 기상 현상과 관련된 신문 기사의 일부이다.

오늘 오후 충북 ○○ 지역에서는 시간당 최고 50 mm에 달하는 ㉠ 집중 호우가 내려 주택과 건물이 침수되었고 도로 곳곳이 유실되었습니다. 기상청에 의하면 내일도 이 지역에는 ㉡ 천둥, 번개와 함께 우박이 떨어질 수 있으니, 농작물과 시설물 관리에 유의해야 한다고 밝혔습니다.

이에 대한 설명으로 옳은 것만을 〈보기〉에서 있는 대로 고른 것은?

• 보기 •
ㄱ. 온난 전선이 다가올 때 ㉠의 발생 가능성이 높다.
ㄴ. ㉡은 뇌우의 발달 단계 중 성숙 단계에서 발생한다.
ㄷ. ㉠과 ㉡은 지속 시간이 짧은 국지적인 현상으로 예측하기 어렵다.

① ㄱ  　② ㄷ  　③ ㄱ, ㄴ
④ ㄴ, ㄷ  　⑤ ㄱ, ㄴ, ㄷ

**Tip**
무역풍의 영향을 받던 태풍이 편서풍의 영향을 받아 이동 방향이 변하는 지점을 [ ❶ ]이라고 하며, 이 지점을 지나면 태풍의 진행 방향과 편서풍의 방향이 일치하므로 영향으로 태풍의 이동 속도가 [ ❷ ]진다.

🅰 ❶ 무역풍 ❷ 편서풍

**Tip**
집중 호우는 주로 강한 [ ❶ ] 기류에 의해 형성된 [ ❷ ]이 한곳에 정체하여 계속 비가 내릴 때 발생한다.

🅰 ❶ 상승 ❷ 적란운

# 7

그림은 우리나라에 영향을 주는 황사의 발원지와 이동 경로에 대한 자료를 보고 학생들이 나눈 대화를 나타낸 것이다.

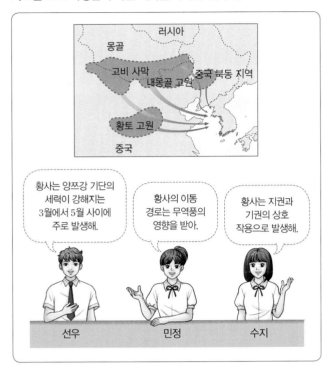

제시한 내용이 옳은 학생만을 있는 대로 고른 것은?

① 선우          ② 민정          ③ 수지

④ 선우, 수지     ⑤ 민정, 수지

# 8

다음은 어느 해역에서 측정한 깊이에 따른 수온과 염분의 분포 자료를 보고 학생들이 나눈 대화를 나타낸 것이다.

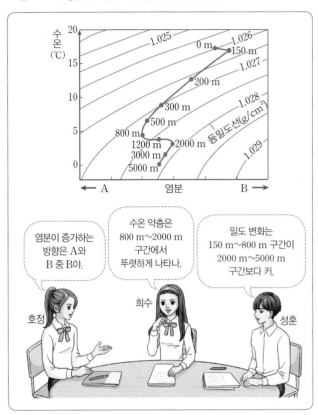

제시한 내용이 옳은 학생만을 있는 대로 고른 것은?

① 호정          ② 희수          ③ 호정, 성훈

④ 희수, 성훈     ⑤ 호정, 희수, 성훈

**Tip**

황사는 건조한 ❶ [        ]이 지나고 얼었던 토양이 녹기 시작하는 ❷ [        ]에 주로 발생한다.

달 ❶ 겨울철 ❷ 봄철

**Tip**

해수의 밀도는 주로 수온과 염분에 의해 결정되는데, ❶ [        ]이 낮을수록, ❷ [        ]이 높을수록 커진다.

달 ❶ 수온 ❷ 염분

# 마무리 전략

● 핵심 한눈에 보기

## I. 지권의 변동 ~ II. 지구의 역사 (1)

지구 자기장의 세기와 방향이 변해도 암석에 기록된 잔류 자기는 처음 그대로 보존되는 거군!

▲ 생성당시 　　　▲ 현재

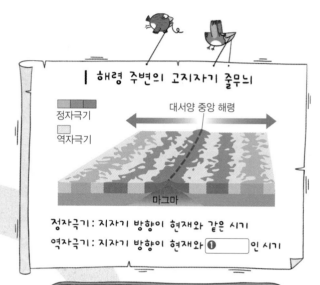

### | 해령 주변의 고지자기 줄무늬

정자극기
역자극기

대서양 중앙 해령

마그마

정자극기 : 지자기 방향이 현재와 같은 시기

역자극기 : 지자기 방향이 현재와 **❶** 인 시기

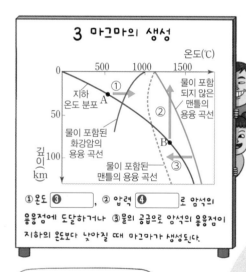

### 3 마그마의 생성

온도(℃)

지하 온도 분포
물이 포함되지 않은 맨틀의 용융 곡선
물이 포함된 화강암의 용융 곡선
물이 포함된 맨틀의 용융 곡선

①온도 **❸** , ② 압력 **❹** 로 암석의 용융점에 도달하거나 ③물의 공급으로 암석의 용융점이 지하의 온도보다 낮아질 때 마그마가 생성된다.

섭입대에서는 물의 공급으로 용융점이 낮아져서 현무암질 마그마가 생성돼.

### 2 대륙 분포의 변화

유럽 대륙에서 측정한 이동 경로
북아메리카 대륙에서 측정한 이동 경로

[단위 : 억 년 전]

▲현재의 대륙 분포와 자북극의 이동 경로
▲ 대륙이 붙어 있을 때의 자북극의 이동 경로

5억 년 전에는 지자기 북극이 **❷** 개였다.

### 4 퇴적암의 생성

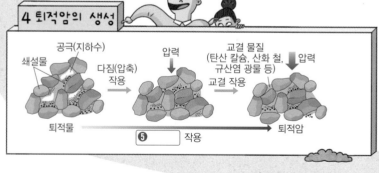

공극(지하수)
쇄설물
다짐(압축) 작용

압력

교결 물질 (탄산 칼슘, 산화 철, 규산염 광물 등)
압력
교결 작용

퇴적물　　　　**❺** 작용　　　　퇴적암

답 ❶ 반대 ❷ 한 ❸ 상승 ❹ 감소 ❺ 속성

## Ⅱ. 지구의 역사(2) ~ Ⅲ. 대기와 해양의 변화

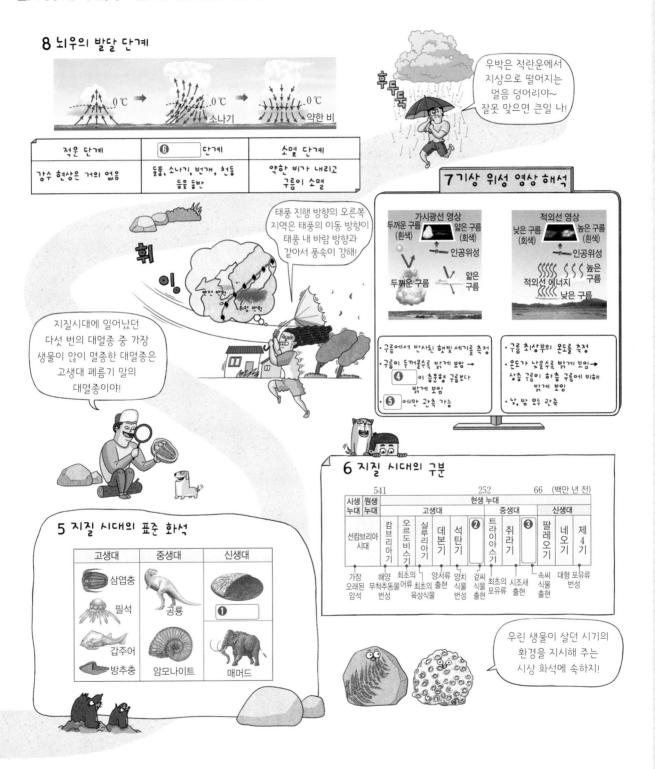

**8 뇌우의 발달 단계**

0℃ → 0℃ 소나기 → 0℃ 약한 비

| 적운 단계 | **⑥** 단계 | 소멸 단계 |
|---|---|---|
| 강수 현상은 거의 없음 | 돌풍, 소나기, 번개, 천둥 등을 동반 | 약한 비가 내리고 구름이 소멸 |

우박은 적란운에서 지상으로 떨어지는 얼음 덩어리야~ 잘못 맞으면 큰일 나!

태풍 진행 방향의 오른쪽 지역은 태풍의 이동 방향이 태풍 내 바람 방향과 같아서 풍속이 강해!

지질시대에 일어났던 다섯 번의 대멸종 중 가장 생물이 많이 멸종한 대멸종은 고생대 페름기 말의 대멸종이야!

**7 기상 위성 영상 해석**

가시광선 영상
두꺼운 구름(흰색)  얇은 구름(회색)
← 인공위성
두꺼운 구름  얇은 구름

적외선 영상
낮은 구름(회색)  높은 구름(흰색)
← 인공위성
적외선 에너지  높은 구름  낮은 구름

- 구름에서 반사된 햇빛 세기를 측정
- 구름이 두꺼울수록 밝게 보임 → **④** 이 층운형 구름보다 밝게 보임
- **⑤** 에만 관측 가능

- 구름 최상부의 온도를 측정
- 온도가 낮을수록 밝게 보임 → 상층 구름이 하층 구름에 비해 밝게 보임
- 낮, 밤 모두 관측

**5 지질 시대의 표준 화석**

| 고생대 | 중생대 | 신생대 |
|---|---|---|
| 삼엽충 | 공룡 | **①** |
| 필석 | 암모나이트 | 매머드 |
| 갑주어 | | |
| 방추충 | | |

**6 지질 시대의 구분**

| 시생 누대 | 원생 누대 | 현생 누대 | | | | | | | | | | |
|---|---|---|---|---|---|---|---|---|---|---|---|---|
| | | 고생대 | | | | | | 중생대 | | | 신생대 | |
| 선캄브리아 시대 | | 캄브리아기 | 오르도비스기 | 실루리아기 | 데본기 | 석탄기 | **②** | 트라이아스기 | 쥐라기 | **③** | 팔레오기 | 네오기 | 제4기 |
| 가장 오래된 암석 | | 해양 무척추동물 번성 | 최초의 어류 출현 | 최초의 육상식물 | 양서류 출현 | 양치 식물 번성 | 겉씨 식물 출현 | 최초의 포유류 | 시조새 출현 | 속씨 식물 출현 | 대형 포유류 번성 | |

541    252    66 (백만 년 전)

우린 생물이 살던 시기의 환경을 지시해 주는 시상 화석에 속하지!

# 신유형·신경향·서술형 전략

## 1 마그마의 종류에 따른 화산체 형태

그림 (가)는 화산 활동이 일어나는 지역 A와 B를 나타낸 것이고, (나)와 (다)는 성질이 다른 두 용암에 의한 화산의 분출 모습을 나타낸 것이다.

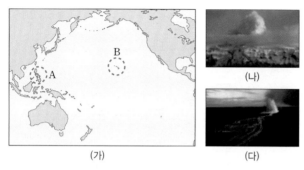

(가)

(나)

(다)

이에 대한 설명으로 옳은 것만을 〈보기〉에서 있는 대로 고른 것은?

보기
ㄱ. A는 수렴형 경계, B는 발산형 경계이다.
ㄴ. 용암의 점성은 (나)가 (다)보다 크다.
ㄷ. B 지역의 화산은 주로 (나)의 형태로 나타난다.

① ㄱ      ② ㄴ      ③ ㄷ
④ ㄱ, ㄴ      ⑤ ㄱ, ㄴ, ㄷ

## 2 플룸의 상승

다음은 플룸 상승류를 관찰하기 위한 모형실험이다.

| 실험 과정 |

(가) 그림 Ⅰ과 같이 찬물을 담은 비커 바닥에 스포이트로 잉크를 조금씩 떨어뜨린다.
(나) 그림 Ⅱ와 같이 잉크가 가라앉은 부분을 촛불로 가열한다.
(다) 비커에서 잉크가 움직이는 모양을 관찰한다.

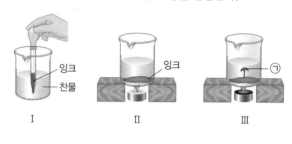

Ⅰ      Ⅱ      Ⅲ

| 실험 결과 |

그림 Ⅲ과 같이 바닥에 가라앉은 잉크 일부가 버섯 모양으로 상승하는 모습이 나타났다.

이 실험에 대한 설명으로 옳은 것만을 〈보기〉에서 있는 대로 고른 것은?

보기
ㄱ. ㉠은 플룸 상승류에 해당한다.
ㄴ. ㉠은 주변의 찬물보다 밀도가 크다.
ㄷ. 잉크가 상승하기 시작하는 지점은 지구 내부에서 외핵과 맨틀의 경계부에 해당한다.

① ㄱ      ② ㄴ      ③ ㄱ, ㄷ
④ ㄴ, ㄷ      ⑤ ㄱ, ㄴ, ㄷ

**Tip**

마그마의 점성이 크면 유동성 ❶ [ ]서 화산체의 경사가 급한 ❷ [ ]을 이룬다.

답 ❶ 작아 ❷ 종상 화산

**Tip**

뜨거운 플룸은 상승하는 ❶ [ ]의 맨틀 물질로, ❷ [ ]과 맨틀의 경계면에서 생성되어 기둥 모양으로 지표까지 빠르게 상승한다.

답 ❶ 고온 ❷ 외핵

## 3 온대 저기압과 날씨

그림 (가)는 어느 날 우리나라 주변의 일기도를 나타낸 것이고, (나)는 A, B, C 중 어느 한 곳의 날씨를 일기 기호로 나타낸 것이다.

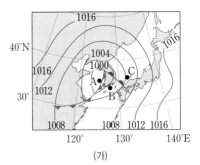
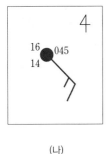

(가)　　　　(나)

이에 대한 설명으로 옳은 것만을 〈보기〉에서 있는 대로 고른 것은?

┌─ 보기 ──────────────────────────┐
│ ㄱ. A 지역에서는 소나기성 비가 내린다.
│ ㄴ. B 지역의 기온은 16 °C보다 낮다.
│ ㄷ. A, B, C 중에서 기압이 가장 높은 곳은 A이다.
└────────────────────────────────┘

① ㄱ　　　　　② ㄷ　　　　　③ ㄱ, ㄴ
④ ㄴ, ㄷ　　　　⑤ ㄱ, ㄴ, ㄷ

## 4 해수의 수온 - 염분 분포도

그림 (가)는 우리나라 주변 해역 A, B, C를, (나)는 세 해역 표층 해수의 수온과 염분을 수온–염분도에 나타낸 것이다. B와 C의 수온과 염분 분포는 각각 ㉠과 ㉡ 중 하나이다.

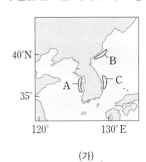
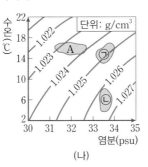

(가)　　　　(나)

이에 대한 설명으로 옳은 것만을 〈보기〉에서 있는 대로 고른 것은?

┌─ 보기 ──────────────────────────┐
│ ㄱ. ㉡은 B에 해당한다.
│ ㄴ. 해수의 밀도는 A가 C보다 크다.
│ ㄷ. B와 C의 해수 밀도 차이는 수온보다 염분의 영향이 더 크다.
└────────────────────────────────┘

① ㄱ　　　　　② ㄴ　　　　　③ ㄱ, ㄷ
④ ㄴ, ㄷ　　　　⑤ ㄱ, ㄴ, ㄷ

**Tip**

한랭 전선 뒤쪽에서는 [❶　　　]이 불며, 좁은 지역에 소나기성 비가 내리고, 한랭 전선과 온난 전선 사이는 [❷　　　]이 불고, 맑으며, 온난 전선 앞쪽에서는 남동풍이 불며 넓은 지역에 지속적인 비가 내린다.

답 ❶ 북서풍 ❷ 남서풍

**Tip**

표층 해수의 밀도는 수온이 [❶　　　]을수록, 염분이 [❷　　　]을수록 크다.

답 ❶ 낮 ❷ 높

## 신유형·신경향·서술형 전략

**● 서술형 ●**

### 5 해양저 확장

그림은 태평양과 대서양에서 해령으로부터의 거리에 따른 해양 지각의 나이를 나타낸 것이다.

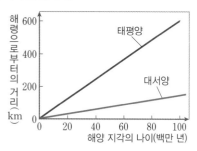

해양저 확장 속도가 더 빠른 곳은 어디인지 쓰고, 그렇게 생각한 이유를 서술하시오.

**Tip**

속력 = **❶** ÷ 시간이므로 해양 지각의 나이가 같다면 더 많이 확장한(해령으로부터의 거리가 먼) 태평양의 해양저 확장 속도가 대서양보다 빠르다.

**답 ❶** 이동 거리

### 6 판을 이동시키는 힘

그림은 맨틀 대류 외에 판을 이동시키는 힘 A, B, C를 나타낸 것이다.

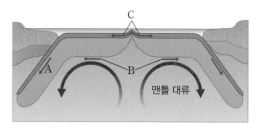

판에 작용하는 힘 A, B, C는 무엇인지 서술하시오.

**Tip**

연약권 내에서 방사성 동위 원소의 붕괴열과 맨틀 상하부 깊이에 따른 온도 차이 등으로 맨틀 대류가 있어나며, 맨틀 대류의 상승부에서는 대륙이 갈라져 이동하면서 **❶** 이 형성되고, 맨틀 대류의 하강부에서는 해양판이 맨틀 속으로 들어가 소멸되는 **❷** 가 형성된다.

**답 ❶** 해령 **❷** 해구

### 7 마그마의 생성

그림은 마그마의 생성 조건을 나타낸 것이다.

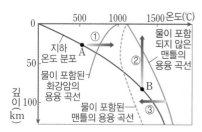

①~③ 중 해령에서의 마그마 생성 과정에 해당하는 것을 고르고, 마그마가 생성되는 과정을 발생 원인과 생성되는 마그마의 종류를 언급하여 서술하시오

**Tip**

해령 아래에서 고온의 맨틀 물질이 상승하면 **❶** 감소로 **❷** 마그마가 생성된다.

**답 ❶** 압력 **❷** 현무암질

### 8 지질 단면도 해석

그림은 인접한 세 지역 (가) ~ (다)에 분포하는 지층을 나타낸 것이다. 세 지역의 지층은 역전되지 않았으며, 같은 종류의 지층은 동일한 시기에 형성되었다.

 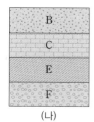 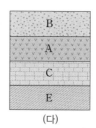

(가)　　　　　(나)　　　　　(다)

(나) 지역에 존재하는 부정합면의 개수와 위치를 서술한 후, 이 지역의 모든 지층을 생성된 순서대로 나열하시오.

**Tip**

지층의 대비 중 인접한 지역의 지층을 구성하는 암석의 종류나 성분 등을 파악하여 지층의 선후 관계를 파악하는 방법을 **❶** 에 의한 대비라고 하며, 특정한 시기의 지층에서만 발견되는 화석을 이용하여 지층의 선후 관계를 파악하는 방법을 **❷** 에 의한 대비라고 한다.

**답 ❶** 암상 **❷** 화석

## 9 표준 화석과 시상 화석

다음은 A, B 두 지역의 지층을 이루는 암석과 화석을 조사한 후 작성한 보고서의 일부이다.

> **탐구 활동 보고서**
> · A 지역: 셰일층에서 삼엽충, 완족류 화석이 발견됨.
>  ➡ 퇴적 환경: 고생대 해양 환경에서 퇴적되었다.
> · B 지역: 석회암층에서 암모나이트 및 산호 화석이 발견됨.
>  ➡ 퇴적 환경: ( )

B 지역 석회암층의 생성 시기와 퇴적 환경을 화석을 이용하여 서술하시오.

**Tip**

암모나이트 화석과 같이 특정한 지질 시대를 대표하는 화석을 [❶ ] 화석, 산호 화석과 같이 고생물이 살았던 당시의 자연 환경을 밝히는 데 이용되는 화석을 [❷ ] 화석이라고 한다.

답 ❶ 표준 ❷ 시상

## 10 온대 저기압과 날씨

그림 (가), (나)는 하루 간격으로 작성된 우리나라 부근의 지상 일기도를 순서 없이 나타낸 것이다.

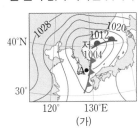
(가)

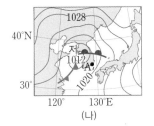
(나)

(1) (가)와 (나) 중에서 하루 전 날의 일기도는 어느 것인지 근거를 들어 서술하시오.

(2) 이 기간 동안 A 지역의 기상 요소(기온, 기압, 풍향)의 변화를 서술하시오.

**Tip**

중위도 지역에 위치하는 우리나라에서 온대 저기압은 [❶ ]의 영향으로 대체로 서쪽에서 [❷ ]으로 이동한다.

답 ❶ 편서풍 ❷ 동쪽

## 11 태풍과 날씨

그림은 7~9월 우리나라 부근을 지나는 태풍의 이동 경로를 나타낸 것이다.
태풍의 이동 경로가 포물선을 그리는 이유를 풍향과 관련지어 서술하시오.

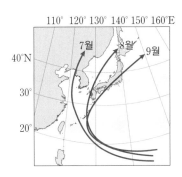

**Tip**

태풍은 일반적으로 [❶ ], 편서풍 및 주변 기압 배치의 영향으로 [❷ ] 궤도를 그리며 이동한다.

답 ❶ 무역풍 ❷ 포물선

## 12 해수의 용존 기체량

그림은 해양에서 수심에 따른 용존 산소와 용존 이산화 탄소의 농도를 나타낸 것이다.

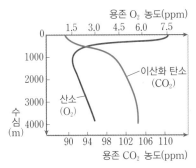

(1) 표층 해수에서 용존 산소의 농도는 높게 나타나고, 용존 이산화 탄소의 농도는 낮게 나타나는 이유를 서술하시오.

(2) 수심 200 m에서 1000 m 사이에서 용존 산소의 농도가 감소하고 용존 이산화 탄소의 농도가 증가하는 이유를 서술하시오.

**Tip**

표층 해수에 용존 산소량이 가장 많은 이유는 해양 식물의 [❶ ] 작용에 의한 공급과 대기로부터 [❷ ] 때문이다.

답 ❶ 광합성 ❷ 용해

## 1

베게너가 주장한 대륙 이동설의 증거만을 〈보기〉에서 있는 대로 고른 것은?

—• 보기 •—

ㄱ. 여러 대륙에서 같은 종의 고생물 화석이 발견된다.

ㄴ. 해령에서 생성된 해양 지각이 이동하여 해구에서 소멸한다.

ㄷ. 멀리 떨어진 대륙을 하나로 모으면 빙하의 흔적이 남극을 중심으로 분포한다.

ㄹ. 남아메리카 대륙의 서쪽 해안선과 아프리카 대륙의 동쪽 해안선 모양이 유사하다.

① ㄱ, ㄷ    ② ㄴ, ㄷ    ③ ㄴ, ㄹ

④ ㄱ, ㄷ, ㄹ    ⑤ ㄴ, ㄷ, ㄹ

## 2

그림은 서로 다른 시기의 대륙 분포를 나타낸 것이다.

(가)     (나)     (다)

이에 대한 설명을 옳은 것만을 〈보기〉에서 있는 대로 고른 것은?

—• 보기 •—

ㄱ. (가)는 선캄브리아 시대 때 형성된 초대륙이다.

ㄴ. (나) 시기에 판게아가 형성되면서 히말라야산맥이 형성되었다.

ㄷ. 지질 시대 동안 초대륙은 한 번만 존재하였다.

① ㄱ    ② ㄷ    ③ ㄱ, ㄴ

④ ㄴ, ㄷ    ⑤ ㄱ, ㄴ, ㄷ

## 3

그림은 판의 경계와 이동 방향 및 판의 경계에 놓인 세 지점 A~C를 나타낸 것이다.

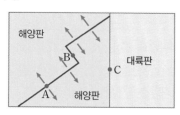

이에 대한 설명으로 옳은 것만을 〈보기〉에서 있는 대로 고른 것은?

—• 보기 •—

ㄱ. A에서는 현무암질 마그마가 분출한다.

ㄴ. B에서는 지진과 화산 활동이 활발하다.

ㄷ. C를 경계로 고지자기 줄무늬가 대칭을 이룬다.

① ㄱ    ② ㄴ    ③ ㄱ, ㄷ

④ ㄴ, ㄷ    ⑤ ㄱ, ㄴ, ㄷ

## 4

그림 (가)는 대서양 중앙 해령 부근의 고지자기 분포의 일부를, (나)는 고지자기 줄무늬가 형성되는 과정을 모식적으로 나타낸 것이다.

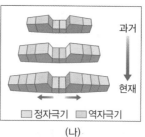

(가)      (나)

이에 대한 설명으로 옳은 것만을 〈보기〉에서 있는 대로 고른 것은?

—• 보기 •—

ㄱ. 아이슬란드는 발산 경계에 위치한다.

ㄴ. 아이슬란드에서의 화산 활동은 폭발적이다.

ㄷ. 해령을 중심으로 정자극기와 역자극기가 대칭적으로 분포한다.

① ㄱ    ② ㄴ    ③ ㄱ, ㄷ

④ ㄴ, ㄷ    ⑤ ㄱ, ㄴ, ㄷ

## 5

그림은 플룸 구조론의 모식도를 나타낸 것이다.

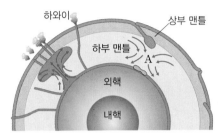

이에 대한 설명으로 옳은 것만을 〈보기〉에서 있는 대로 고른 것은?

┌─ 보기 ●─────────────────────────┐
ㄱ. A는 수렴형 경계에서 형성된다.
ㄴ. 하와이는 판의 이동과 함께 이동한다.
ㄷ. 플룸 구조론으로 판의 내부에서 발생하는 화산 활동의
　　원인을 설명할 수 있다.
└────────────────────────────────┘

① ㄱ　　　　　② ㄴ　　　　　③ ㄱ, ㄴ
④ ㄱ, ㄷ　　　⑤ ㄴ, ㄷ

## 6

그림은 유럽과 북아메리카 대륙에서 측정한 5억 년 전부터 ⓒ 시기까지 고지자기 북극의 겉보기 이동 경로를 겹쳤을 때의 모습을 나타낸 것이다. 고지자기 북극은 고지자기 방향으로부터 추정한 지리상 북극이고, 실제 진북은 변하지 않았다.

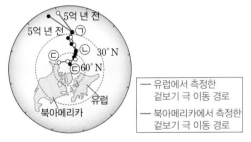

이에 대한 설명으로 옳은 것만을 〈보기〉에서 있는 대로 고른 것은?

┌─ 보기 ●─────────────────────────┐
ㄱ. 5억 년 전에 지리상 북극은 적도 부근에 위치하였다.
ㄴ. 북아메리카에서 측정한 고지자기 복각은 ⓛ 시기가 ⓐ
　　시기보다 크다.
ㄷ. 유럽은 ⓛ 시기부터 ⓒ 시기까지 고위도 방향으로 이동하
　　였다.
└────────────────────────────────┘

① ㄱ　　　　　② ㄴ　　　　　③ ㄱ, ㄷ
④ ㄴ, ㄷ　　　⑤ ㄱ, ㄴ, ㄷ

## 7

표는 7천 1백만 년 전부터 현재까지 인도 대륙의 복각과 위도를 나타낸 것이다.

| 시기(만 년 전) | 7100 | 5500 | 3800 | 현재 |
|---|---|---|---|---|
| 복각 | $-49°$ | $-21°$ | $+6°$ | $+36°$ |
| 위도 | $18°S$ | $3°N$ | $19°N$ | $33°N$ |

인도 대륙에 대한 설명으로 옳은 것만을 〈보기〉에서 있는 대로 고른 것은? (단, 지질 시대 동안 진북의 위치는 변하지 않았다고 가정한다.)

┌─ 보기 ●─────────────────────────┐
ㄱ. 계속 남쪽으로 이동하였다.
ㄴ. 적도에 위치한 적이 있다.
ㄷ. 현재는 북반구에 위치한다.
└────────────────────────────────┘

① ㄱ　　　　　② ㄱ, ㄴ　　　　③ ㄱ, ㄷ
④ ㄴ, ㄷ　　　⑤ ㄱ, ㄴ, ㄷ

## 8

그림은 태평양의 하와이 열도와 화산섬의 나이를 나타낸 것이다.

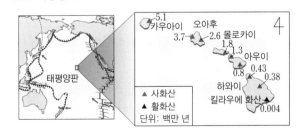

이에 대한 설명을 옳은 것만을 〈보기〉에서 있는 대로 고른 것은?

┌─ 보기 ●─────────────────────────┐
ㄱ. 열점은 남동쪽으로 이동한다.
ㄴ. 하와이섬은 뜨거운 플룸의 상승에 의해 생성되었다.
ㄷ. 판 구조론으로도 하와이섬이 형성된 과정을 설명할 수
　　있다.
└────────────────────────────────┘

① ㄱ　　　　　② ㄴ　　　　　③ ㄱ, ㄴ
④ ㄱ, ㄷ　　　⑤ ㄴ, ㄷ

## 9

표는 화성암의 종류와 이를 구성하는 조암 광물의 부피비를 나타낸 것이다.

| 화산암 | (가) | (나) | 유문암 |
|---|---|---|---|
| 심성암 | 반려암 | (다) | (라) |
| 조암 광물의 부피비 (%) | 휘석 감람석 | 사장석 각섬석 | 석영 정장석 흑운모 |

이에 대한 설명을 옳은 것만을 보기에서 있는 대로 고른 것은?

**보기**

ㄱ. 구성 입자는 (가)가 (라)보다 작다.

ㄴ. (나)와 (다)는 조성이 같은 마그마에서 형성된 암석이다.

ㄷ. (다)와 (라)를 구성하는 조암 광물은 유사하다.

① ㄱ      ② ㄷ      ③ ㄱ, ㄴ

④ ㄱ, ㄷ      ⑤ ㄴ, ㄷ

## 10

그림은 퇴적암을 분류한 것이다.

이에 대한 설명으로 옳은 것만을 〈보기〉에서 있는 대로 고른 것은?

**보기**

ㄱ. 암염은 (B)에 해당한다.

ㄴ. (가)는 쇄설성 퇴적암이다.

ㄷ. (A) 셰일은 쪼개짐 면이 발달한다.

① ㄱ      ② ㄴ      ③ ㄱ, ㄴ

④ ㄱ, ㄷ      ⑤ ㄴ, ㄷ

## 11

표는 우리나라의 대표적인 퇴적암 지질 명소를 퇴적암의 생성 시기에 따라 구분하여 나타낸 것이다.

| 시대 | 지질 명소 |
|---|---|
| 고생대 | ㉠ 강원도 태백시 구문소<br>㉡ 충청북도 단양군 고수동굴 |
| 중생대 | ㉢ 전라북도 진안군 마이산 |
| 신생대 | ㉣ 제주특별자치도 수월봉 |

이에 대한 설명으로 옳은 것만을 〈보기〉에서 있는 대로 고른 것은?

**보기**

ㄱ. ㉠과 ㉡을 구성하는 주요 퇴적암은 석회암이다.

ㄴ. ㉢에서는 역암층이 잘 발달한다.

ㄷ. ㉣은 주로 사암과 셰일층로 이루어져 있다.

① ㄷ      ② ㄱ, ㄴ      ③ ㄱ, ㄷ

④ ㄴ, ㄷ      ⑤ ㄱ, ㄴ, ㄷ

## 12

그림은 대륙 주변부의 퇴적 환경이다.

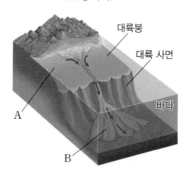

이에 대한 설명을 옳은 것만을 〈보기〉에서 있는 대로 고른 것은?

**보기**

ㄱ. A는 얕은 바다 환경으로 연흔 구조가 발견된다.

ㄴ. B에서 퇴적물의 무게에 따른 퇴적 속도 차이로 점이 층리 구조가 발견된다.

ㄷ. A에서 B로 흐르는 저탁류에 의해 대륙붕에서 유입된 퇴적물들이 심해저로 이동한다.

① ㄱ      ② ㄱ, ㄴ      ③ ㄱ, ㄷ

④ ㄴ, ㄷ      ⑤ ㄱ, ㄴ, ㄷ

## 13

그림은 판의 구조와 화성 활동이 일어나는 장소 A, B, C를 모식적으로 나타낸 것이다.

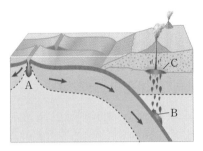

(1) A에서 마그마가 생성되는 마그마의 종류와 생성 이유를 서술하시오.

_____

_____

(2) B와 C에서 생성되는 마그마의 종류와 생성 이유를 물, 온도와 관련지어 서술하시오.

_____

_____

## 14

그림은 우리나라의 지질 명소를 나타낸 것이다.

(가)                    (나)

(1) (가)와 (나)의 암석을 이루는 광물 입자의 크기를 비교하고, 그 이유를 서술하시오.

_____

_____

(2) (가)와 (나)에서 나타나는 절리의 종류와 형성 과정을 각각 서술하시오.

## 15

그림은 퇴적 구조를 나타낸 것이다.

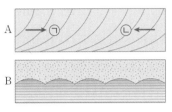

(1) A 퇴적 구조의 명칭을 쓰고, 지층의 역전 여부와 물의 흐름 방향을 판단하고 형성 과정을 서술하시오.

_____

_____

(2) B 퇴적 구조의 명칭을 쓰고, 지층의 역전 여부를 판단하고 형성 과정과 퇴적 환경을 서술하시오.

_____

## 16

그림은 부정합면이 있는 지층을 나타낸 것이다.

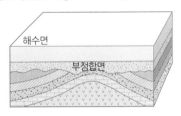

그림과 같은 부정합의 명칭을 쓰고, 그 생성 과정을 다음의 용어를 사용하여 서술하시오.

┌─────────────────────────────────┐
│ 융기 / 침강 / 퇴적 / 습곡 / 풍화·침식 │
└─────────────────────────────────┘

_____

_____

## 1

그림은 어느 지역의 지질 단면도를 나타낸 것이다.

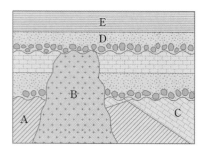

이에 대한 설명으로 옳은 것은? (단, 지층의 역전은 일어나지 않았다.)

① 이 지역에 역단층이 존재한다.

② D가 퇴적된 후 B가 관입하였다.

③ 이 지역은 과거에 침식 작용을 받은 적이 있다.

④ A~E 중 가장 오래된 지층은 C이다.

⑤ B와 D의 순서를 정하는 데 관입의 법칙이 적용된다.

## 2

그림은 어느 지역의 지질 단면도와 산출된 화석을 나타낸 것이다.

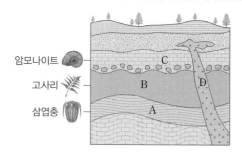

이에 대한 설명으로 옳은 것만을 〈보기〉에서 있는 대로 고른 것은?

> • 보기 •
> ㄱ. 지층 A와 B는 융기와 침강을 겪었다.
> ㄴ. 이 지역의 지층은 모두 바다에서 퇴적되었다.
> ㄷ. 지층 C가 쌓일 때 육지에서는 공룡이 번성하였다.

① ㄱ      ② ㄴ      ③ ㄱ, ㄷ

④ ㄴ, ㄷ      ⑤ ㄱ, ㄴ, ㄷ

## 3

그림은 방사성 동위 원소 A와 B의 붕괴 곡선을 나타낸 것이다.

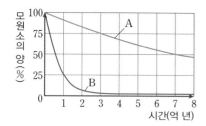

이에 대한 설명으로 옳은 것만을 〈보기〉에서 있는 대로 고른 것은?

> • 보기 •
> ㄱ. 반감기는 A가 B보다 7배 길다.
> ㄴ. 3.5억 년 전에 생성된 화성암에 포함된 A는 처음 양의 75 %가 남아 있다.
> ㄷ. 암석에 포함된 $\dfrac{A의 \ 자원소 \ 양}{A의 \ 양}$ 이 3이 되는 데 걸리는 시간은 14억 년이다.

① ㄱ      ② ㄷ      ③ ㄱ, ㄴ

④ ㄴ, ㄷ      ⑤ ㄱ, ㄴ, ㄷ

## 4

그림은 지질 시대 동안 판게아의 분리로 수륙 분포가 (가)에서 (나)로 변하는 모습을 나타낸 것이다.

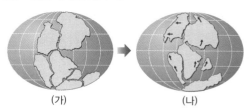

(가)에 비해 (나)의 지질 시대에서 나타난 환경 변화에 대한 설명으로 옳은 것만을 〈보기〉에서 있는 대로 고른 것은?

> • 보기 •
> ㄱ. 해양 생물의 서식지가 넓어졌다.
> ㄴ. 히말라야산맥이 형성되었다.
> ㄷ. 공룡과 암모나이트가 번성하였다.

① ㄱ      ② ㄴ      ③ ㄱ, ㄷ

④ ㄴ, ㄷ      ⑤ ㄱ, ㄴ, ㄷ

## 5

그림은 현생 누대 동안 해양 동물과 육상 식물 과의 수 변화를 A와 B로 순서 없이 나타낸 것이다.

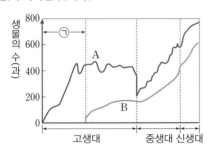

이에 대한 설명으로 옳은 것만을 〈보기〉에서 있는 대로 고른 것은?

> • 보기 •
>
> ㄱ. 육상 식물은 B이다.
> ㄴ. ㉠ 시기에는 대기 중에 산소가 존재하지 않았다.
> ㄷ. ㉠ 시기에는 바다에 어류가 서식하였다.

① ㄴ     ② ㄷ     ③ ㄱ, ㄴ
④ ㄱ, ㄷ     ⑤ ㄱ, ㄴ, ㄷ

## 6

그림은 현생 누대 동안 생물계의 변화를 나타낸 것이다.

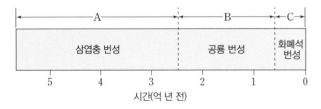

이에 대한 설명으로 옳은 것만을 〈보기〉에서 있는 대로 고른 것은?

> • 보기 •
>
> ㄱ. 최초의 육상 식물이 출현한 시기는 A이다.
> ㄴ. B 시기에 인류가 출현하였다.
> ㄷ. 암모나이트가 번성한 시기는 C 시기 말이다.

① ㄱ     ② ㄷ     ③ ㄱ, ㄴ
④ ㄴ, ㄷ     ⑤ ㄱ, ㄴ, ㄷ

## 7

그림 (가)와 (나)는 우리나라를 통과하는 온대 저기압에 동반된 두 종류의 전선을 나타낸 것이다.

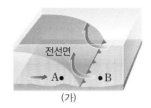 

이에 대한 설명으로 옳은 것만을 〈보기〉에서 있는 대로 고른 것은?

> • 보기 •
>
> ㄱ. A 지역은 B 지역보다 기온이 낮다.
> ㄴ. B 지역과 C 지역에는 강수 현상이 있다.
> ㄷ. 구름의 평균 두께는 (가)가 (나)보다 두껍다.

① ㄱ     ② ㄴ     ③ ㄱ, ㄴ
④ ㄱ, ㄷ     ⑤ ㄴ, ㄷ

## 8

그림 (가)와 (나)는 어느 날 같은 시각에 우리나라 부근을 촬영한 기상 위성 영상을 나타낸 것이다. A와 B 중 하나는 적란운이다.

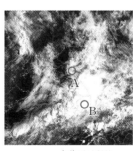 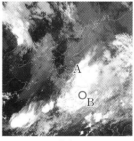

(가) 가시 영상     (나) 적외 영상

이에 대한 설명으로 옳은 것만을 〈보기〉에서 있는 대로 고른 것은?

> • 보기 •
>
> ㄱ. (가)에서는 구름이 두꺼운 곳일수록 밝게 보인다.
> ㄴ. 구름 최상부의 고도는 B가 A보다 높다.
> ㄷ. 두 영상은 모두 밤에 촬영한 것이다.

① ㄱ     ② ㄷ     ③ ㄱ, ㄴ
④ ㄴ, ㄷ     ⑤ ㄱ, ㄴ, ㄷ

## 9

그림은 12시간 간격으로 작성된 우리나라 주변의 일기도이다.

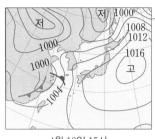
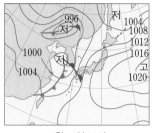

4월 18일 15시      4월 19일 03시

이 기간 동안 제주도 지역의 날씨 변화에 대한 설명으로 옳은 것만을 〈보기〉에서 있는 대로 고른 것은?

> ● 보기 ●
> ㄱ. 기온 – 상승     ㄴ. 풍향 – 시계 방향으로 변함
> ㄷ. 기압 – 상승     ㄹ. 날씨 – 맑은 후 소나기 내림

① ㄱ, ㄴ      ② ㄷ, ㄹ      ③ ㄱ, ㄴ, ㄷ
④ ㄱ, ㄷ, ㄹ      ⑤ ㄴ, ㄷ, ㄹ

## 10

그림 (가)는 어느 날 발생한 뇌우의 모습을, (나)는 이때 우리나라 주변의 지상 일기도를 나타낸 것이다.

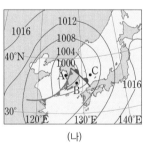

(가)          (나)

이에 대한 설명으로 옳은 것만을 〈보기〉에서 있는 대로 고른 것은?

> ● 보기 ●
> ㄱ. (가)는 층운형 구름에서 주로 나타난다.
> ㄴ. B에서는 북풍 계열의 바람이 분다.
> ㄷ. A~C 중 (가)와 같은 현상이 관측될 가능성이 가장 높은 곳은 A이다

① ㄱ      ② ㄷ      ③ ㄱ, ㄴ
④ ㄴ, ㄷ      ⑤ ㄱ, ㄴ, ㄷ

## 11

그림 (가)는 위도에 따른 표층 염분의 분포를, (나)는 증발량과 강수량의 분포를 나타낸 것이다.

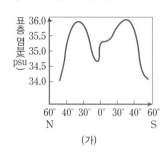
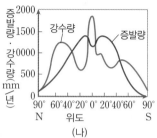

(가)          (나)

이에 대한 설명으로 옳은 것만을 〈보기〉에서 있는 대로 고른 것은?

> ● 보기 ●
> ㄱ. 저위도일수록 염분이 높다.
> ㄴ. 표층 염분은 대체로 (강수량–증발량) 값에 비례한다.
> ㄷ. 고압대보다 저압대가 발달한 지역은 표층 염분이 낮다.

① ㄱ      ② ㄷ      ③ ㄱ, ㄴ
④ ㄴ, ㄷ      ⑤ ㄱ, ㄴ, ㄷ

## 12

그림은 태평양 어느 관측점의 해수면에서 수심 4 km까지 수온과 염분을 측정하여 수온-염분도에 나타낸 것이다.

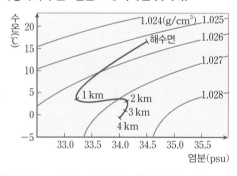

이에 대한 설명으로 옳은 것만을 〈보기〉에서 있는 대로 고른 것은?

> ● 보기 ●
> ㄱ. 해수면~수심 1 km에는 혼합층이 잘 발달해 있다.
> ㄴ. 수심 1~2 km에서의 밀도 변화는 수온보다 염분의 영향이 크다.
> ㄷ. 해수면~수심 1 km보다 수심 3~4 km에서의 밀도 변화가 크다.

① ㄱ      ② ㄴ      ③ ㄱ, ㄷ
④ ㄴ, ㄷ      ⑤ ㄱ, ㄴ, ㄷ

## 13

그림은 어느 지역의 지질 단면도이다. 화성암 A에는 반감기가 2억 년인 방사성 원소 X가 처음 양의 25 %가 들어 있다.

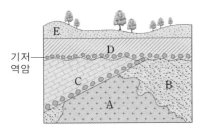

(1) 위 지질 단면도에 나타난 지층(암석)이나 지질 구조의 생성 순서를 나열하시오.

(2) 지층(암석)의 상대 연령을 결정하는 데 이용된 지사학의 법칙을 모두 쓰시오.

(3) 지층 B에서 암모나이트 화석이 산출될 수 없는 이유를 서술하시오.

## 14

그림은 어떤 방사성 동위 원소가 붕괴할 때 모원소와 자원소의 함량 변화를 나타낸 것이다.

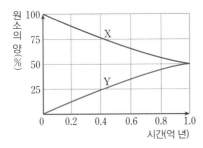

(1) X와 Y 중 모원소와 자원소를 각각 쓰고, 방사성 동위 원소(모원소)의 반감기는 몇 년인지 서술하시오.

(2) 모원소와 자원소의 함량비가 1 : 7인 암석의 절대 연령을 풀이 과정을 제시하여 구하시오.

## 15

그림은 우리나라를 통과한 어느 태풍의 위치를 하루 간격으로 나타낸 것이다.

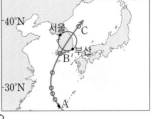

(1) A와 B에서 태풍의 이동 속도를 비교하여 서술하시오.

(2) B와 C에서 태풍의 중심 기압을 비교하여 서술하시오.

(3) 태풍이 통과하는 동안 서울과 부산에서의 풍향은 어떻게 변하겠는지 서술하시오.

(4) 태풍의 최대 풍속은 서울과 부산 중 어느 곳이 크겠는지 '위험 반원'과 '안전 반원'을 언급하여 서술하시오.

## 16

그림은 서로 다른 A와 B 해역에서 측정한 수심에 따른 수온과 염분 분포를 수온-염분도에 나타낸 것이다.

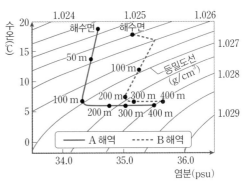

(1) A와 B 해역 중 혼합층이 발달한 해역은 어디인지 쓰고, 그 이유를 서술하시오.

(2) 수심이 깊어질수록 A와 B 해역의 밀도 차는 어떻게 변하는지 서술하시오.

# Memo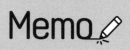

시험적중
# 내신전략
## 고등 지구과학 I

BOOK 2

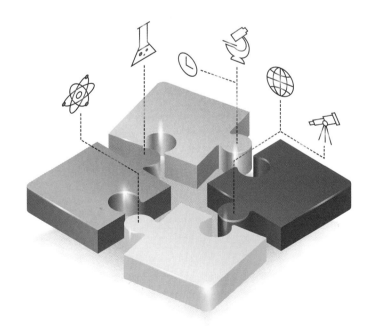

# 이 책의 구성과 활용

BOOK 1
(1주, 2주)

BOOK 2
(1주, 2주)

BOOK 3
(정답과 해설)

1주 4일, 2+2주의 체계적 학습 계획에 따라 지구과학Ⅰ의 기초를 다질 수 있어요.

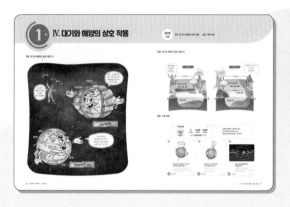

## 주 도입

이번 주에 배울 내용이 무엇인지 안내하는 부분입
니다. 재미있는 삽화를 보며 한 주에 공부할 내용을
미리 떠올려 확인해 볼 수 있습니다.

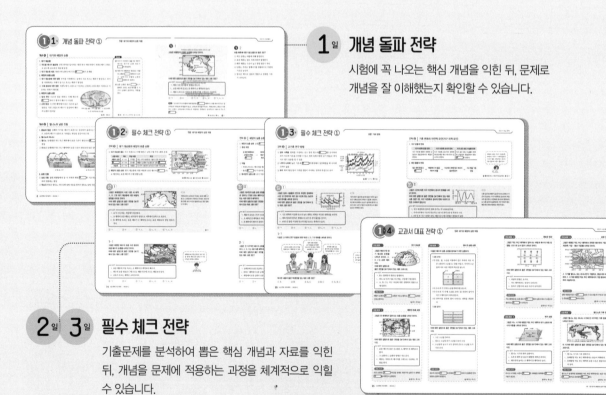

## 1일 개념 돌파 전략

시험에 꼭 나오는 핵심 개념을 익힌 뒤, 문제로
개념을 잘 이해했는지 확인할 수 있습니다.

## 2일 3일 필수 체크 전략

기출문제를 분석하여 뽑은 핵심 개념과 자료를 익힌
뒤, 개념을 문제에 적용하는 과정을 체계적으로 익힐
수 있습니다.

## 4일 교과서 대표 전략

학교 기출문제로 자주 나오는 대표 유형의 문제를
풀어볼 수 있습니다. 개념 가이드를 통해 핵심 개념
을 잘 이해했는지 확인할 수 있습니다.

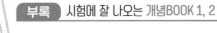
다양한 유형의 문제로 한 주를 마무리하고, 권 마무리 학습으로 시험을 대비하세요.

## 주 마무리 학습

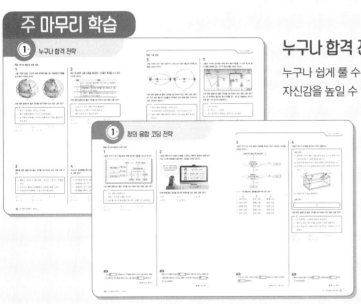

### 누구나 합격 전략

누구나 쉽게 풀 수 있는 쉬운 문세로 학습
자신감을 높일 수 있습니다.

### 창의·융합·코딩 전략

융복합적 사고력과 문제 해결력을 길러 주는
문제로 창의력을 기를 수 있습니다.

## 권 마무리 학습

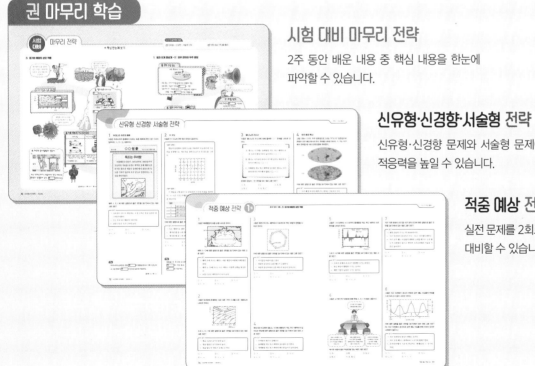

### 시험 대비 마무리 전략

2주 동안 배운 내용 중 핵심 내용을 한눈에
파악할 수 있습니다.

### 신유형·신경향·서술형 전략

신유형·신경향 문제와 서술형 문제에 대한
적응력을 높일 수 있습니다.

### 적중 예상 전략

실전 문제를 2회로 구성하여 실제 시험에
대비할 수 있습니다.

이 책의
# 차례

# IV. 대기와 해양의 상호 작용

**5강** 대기와 해양의 상호 작용 (1)

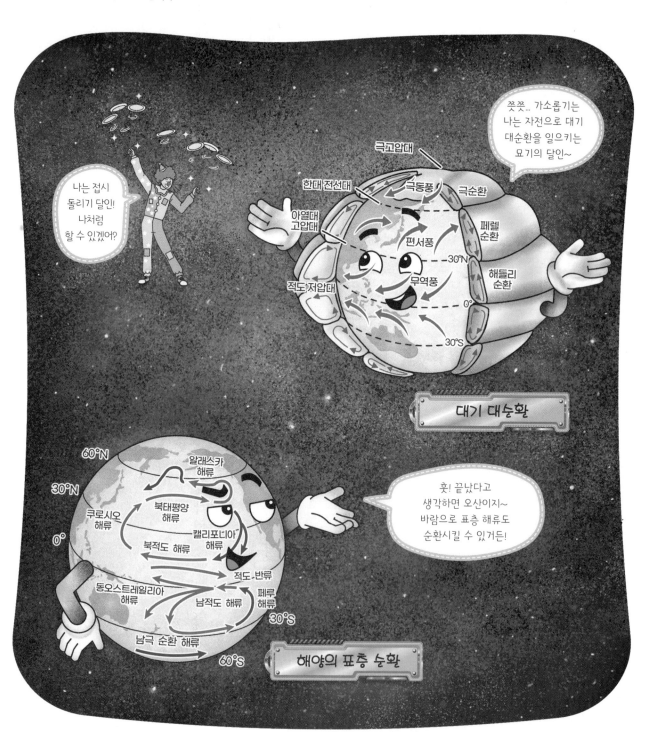

## 5강 대기와 해양의 상호 작용 (2)

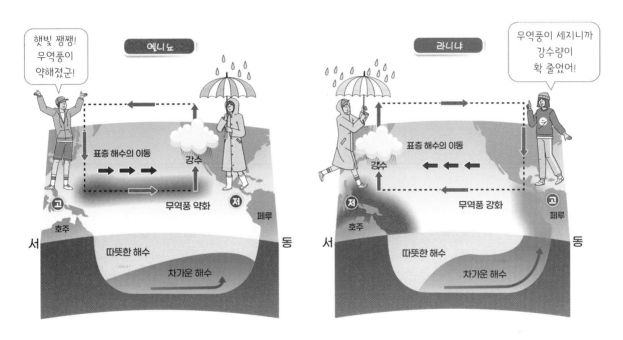

## 6강 기후 변화

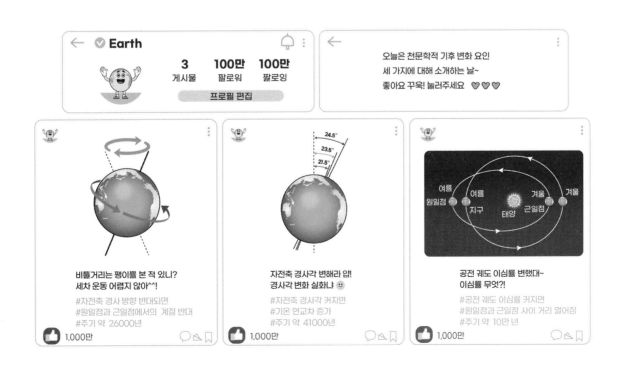

# 1주 1일 개념 돌파 전략 ①

## 개념 ❶ | 대기와 해양의 순환

### 1. 대기 대순환

① **위도별 에너지 불균형** 단위 면적당 입사하는 태양 복사 에너지양이 저위도에서 고위도로 갈수록 감소하기 때문에 발생

② **대기 대순환 세포** 북반구와 남반구에 각각 ❶[    ]개가 존재함

### 2. 해양의 표층 순환

① **대기 대순환에 의한 영향** 무역풍 지대에서는 동에서 서로 흐르는 해류가 형성되고, 편서풍 지대에서는 서에서 동으로 흐르는 해류가 형성됨

② **수륙 분포에 의한 영향** 저위도에서 고위도로 이동하는 난류와 고위도에서 저위도로 이동하는 한류가 형성됨

### 3. 해양의 심층 순환

① **발생 원인** 수온과 염분 변화로 인해 해수의 ❷[    ] 차이가 생겨서 해수가 이동함

② **순환 형성** 극 주변 해역에서 낮은 수온과 높은 염분을 가진 고밀도의 해수가 침강하여 해수의 순환이 일어남

⬅ 표층 해류　⬅ 심층 해류　◯ 침강 해역

▲ 전 지구적 해수의 순환

답 ❶ 3 ❷ 밀도

## 개념 ❷ | 엘니뇨와 남방 진동

### 1. 용승과 침강
심해의 차가운 해수가 표층으로 올라오는 현상을 용승이라 하고, 표층의 해수가 심층으로 가라앉는 현상을 침강이라고 함

### 2. 엘니뇨와 라니냐

① **엘니뇨** 동태평양 적도 부근 해역에서 표층 수온이 평년보다 ❶[    ] 상태로 지속되는 현상

② **라니냐** 동태평양 적도 부근 해역에서 표층 수온이 평년보다 낮은 상태로 지속되는 현상

▲ 엘니뇨 시기

▲ 라니냐 시기

### 3. 남방 진동

① **남방 진동** 열대 태평양에서 동·서 지역의 해면 ❷[    ]이 시소처럼 서로 반대로 진동하며 변화하는 현상

② **엔소(ENSO)** 엘니뇨, 라니냐와 남방 진동을 합쳐서 엘니뇨 남방 진동(ENSO)이라고 함

답 ❶ 높은 ❷ 기압

## ❶-1

그림은 태평양의 아열대 순환을 나타낸 것이다.

무역풍대의 해류와 편서풍대의 해류로 이루어진 순환

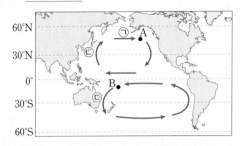

이에 대한 설명으로 옳은 것만을 〈보기〉에서 있는 대로 고른 것은?

• 보기 •
지구 대기 대순환에 의해서 중위도의 상공에서
연중 서쪽에서 동쪽으로 부는 바람
ㄱ. 해류 ㉠은 편서풍의 영향을 받는다.
ㄴ. 표층 해수의 온도는 B 해역이 A 해역보다 높다.
ㄷ. 해류 ㉡과 ㉢은 저위도의 열에너지를 고위도로 수송한다.
저위도의 남는 에너지를 에너지가 부족한 고위도로 수송하여
전 지구적인 에너지 평형 상태를 유지한다.

① ㄱ          ② ㄷ          ③ ㄱ, ㄷ          ④ ㄴ, ㄷ          ⑤ ㄱ, ㄴ, ㄷ

**풀이** ㉠은 북반구의 편서풍에 의해 형성되는 **❶**        해류이다. 표층 해수의 온도는 일반적으로 저위도에서 높고, 고위도로 갈수록 낮다. 저위도에서 고위도로 이동하는 난류는 고위도에서 저위도로 이동하는 한류보다 상대적으로 해수의 온도가 **❷**     다.

**❶** 북태평양 **❷** 높  **답** ⑤

## ❶-2

표층 해류에 대한 설명으로 옳은 것은?

① 적도 반류는 바람에 의해 형성된다.
② 표층 해류는 밀도 차에 의하여 발생한다.
③ 페루 해류는 수온이 높고 영양 염류가 적다.
④ 난류는 주위로 열에너지를 방출하므로 주변의 기온을 높인다.
⑤ 영국은 멕시코 만류의 영향으로 한랭한 기후가 나타난다.

## ❷-1

표는 태평양 적도 부근 해역에서 ㉠ 현상이 발생했을 때, 대기와 해수의 변화를 평상시와 비교하여 나타낸 것이다.

| 구분 | ( ㉠ ) 발생 시 |
|---|---|
| 무역풍의 세기 | 강함 |
| 동태평양 적도 부근 해수의 수온 | ( ㉡ ) |
| 서태평양 적도 부근 해수의 수온 | ( ㉢ ) |

㉠, ㉡, ㉢에 들어갈 적절한 것을 옳게 짝 지은 것은?

열대 태평양의 동쪽 부근 해역의 표층 수온이 평상시보다 높아지는 현상

|     | ㉠ | ㉡ | ㉢ |
|---|---|---|---|
| ① | 엘니뇨 | 낮아짐 | 높아짐 |
| ② | 엘니뇨 | 높아짐 | 낮아짐 |
| ③ | 엘니뇨 | 높아짐 | 높아짐 |
| ④ | 라니냐 | 높아짐 | 낮아짐 |
| ⑤ | 라니냐 | 낮아짐 | 높아짐 |

열대 태평양의 동쪽 부근 해역의 표층 수온이 평상시보다 낮아지는 현상

**풀이** 평상시에 비해서 무역풍의 세기가 강해져서 **❶**        태평양 적도 부근 해역의 연안 용승이 강해지는 현상은 **❷**      이다. 이 시기에는 상대적으로 동태평양 적도 부근의 표층 수온은 낮아지고, 서태평양 적도 부근 해역의 표층 수온은 높아진다.

**❶** 동 **❷** 라니냐  **답** ⑤

## ❷-2

엘니뇨가 발생할 때, 태평양 부근에서 나타나는 현상으로 옳은 것만을 〈보기〉에서 있는 대로 고른 것은?

• 보기 •
ㄱ. 무역풍이 평상시보다 강해진다.
ㄴ. 페루 연안에서 용승 현상이 약해진다.
ㄷ. 서태평양 적도 부근 해역에 하강 기류가 발달한다.

① ㄱ          ② ㄷ          ③ ㄱ, ㄴ
④ ㄴ, ㄷ          ⑤ ㄱ, ㄴ, ㄷ

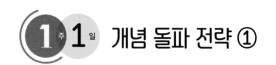

## 개념 돌파 전략 ①

### 개념 ❸ │ 기후 변화의 자연적 요인

**1. 고기후 연구 방법** 지질 시대의 기후 변화는 빙하 시추물, 나무의 나이테, 화석 등의 연구로부터 알아낸다.

**2. 기후 변화의 자연적 요인**

① **지구 외적 요인**
- 지구 자전축의 방향 변화: 자전축 경사 방향의 변화 (약 **❶** 년 주기)
- 지구 자전축의 경사각 변화: 자전축의 기울기 변화 (약 41000년 주기)
- 지구 공전 궤도 이심률의 변화: 타원 궤도와 원 궤도 사이에서의 변화 (약 10만 년 주기)

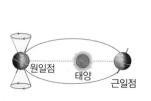

▲ 지구 자전축의 방향 변화

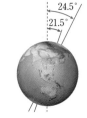

▲ 지구 자전축의 경사각 변화

▲ 지구 공전 궤도의 이심률 변화

- 태양 활동의 변화: 태양 표면의 **❷** 수 변화로 유추 가능

② **지구 내적 요인** 지구의 기후 변화는 수륙 분포, 빙하 분포, 화산재 증가, 온실 기체 농도 변화 등과 같은 다양한 요인에 의해서도 나타남

답 ❶ 26000 ❷ 흑점

### 개념 ❹ │ 지구의 복사 평형과 지구 온난화

**1. 온실 효과와 지구의 열수지**

① **온실 효과** 지표면이 방출하는 에너지 중 일부를 대기가 흡수하고 지표면으로 다시 **❶** 하여 지표 부근의 온도가 높아지는 현상

② **지구의 복사 평형과 열수지** 지구의 각 영역에서 에너지의 흡수량과 방출량이 같아서 평균 온도가 일정하게 유지

▲ 온실 효과

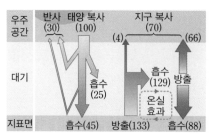

▲ 지구의 열수지

**2. 지구 온난화** 지구의 평균 기온이 상승하는 현상

① **원인** 지구 대기의 **❷** 에 의한 온실 효과 강화

② **온실 기체 증가 요인** 화석 연료의 사용 증가, 무분별한 산림 벌채 등

답 ❶ 복사 ❷ 온실 기체

## ❸-1

그림은 현재 지구의 공전 궤도를 나타낸 것이다.

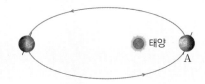

이에 대한 설명으로 옳은 것만을 〈보기〉에서 있는 대로 고른 것은? (단, 지구의 공전 궤도 이심률 변화 이외 요인은 고려하지 않는다.)

> **• 보기 •**
> ㄱ. A일 때 우리나라의 계절은 여름철이다. ┌─지구 자전축 경사각의 변화 주기
> ㄴ. 지구 공전 궤도 이심률은 약 41000년 주기로 변한다.
> ㄷ. 현재보다 공전 궤도 이심률이 작아지면 지구 공전 궤도는 원 궤도에 가까워진다. ┌─타원의 찌그러진 정도를 나타낸 값

① ㄱ     ② ㄷ     ③ ㄱ, ㄴ     ④ ㄴ, ㄷ     ⑤ ㄱ, ㄴ, ㄷ

**풀이** A일 때 우리나라의 계절은 겨울철이고, 지구 공전 궤도 이심률은 약 **❶** 년 주기로 변한다. 공전 궤도 이심률이 **❷** 아지면 지구 공전 궤도는 원 궤도에 가까워진다.

**❶** 10만   **❷** 작    **답** ②

## ❸-2

그림은 현재 지구 자전축의 경사각(θ)을 나타낸 것이다.

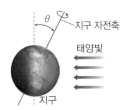

이에 대한 설명으로 옳은 것은? (단, 지구 자전축의 경사각(θ) 변화 이외의 요인은 고려하지 않는다.)

① $θ$의 변화 주기는 약 26000년이다.
② 현재 우리나라는 여름철이다.
③ $θ$의 변화를 세차 운동이라고 한다.
④ $θ$가 증가하면 지구의 자전 주기가 길어진다.
⑤ $θ$가 감소하면 우리나라에서 기온의 연교차는 증가한다.

## ❹-1

그림은 어느 지역에서 관측한 평균 해수면의 높이 변화와 대기 중의 이산화 탄소 농도를 나타낸 것이다.

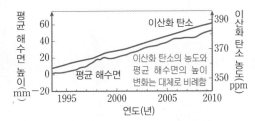

이 자료를 통해 유추할 수 있는 설명으로 옳은 것만을 〈보기〉에서 있는 대로 고른 것은?

> **• 보기 •**
> ㄱ. 지구의 평균 기온은 하강했을 것이다.
> ㄴ. 아열대 식물의 서식지가 저위도로 축소했을 것이다.
> ㄷ. 대기 중 이산화 탄소의 증가는 평균 해수면의 높이 변화에 영향을 미쳤을 것이다. ┌─온실 효과를 일으키는 온실 기체

① ㄱ     ② ㄷ     ③ ㄱ, ㄴ     ④ ㄴ, ㄷ     ⑤ ㄱ, ㄴ, ㄷ

**풀이** ㄱ. 일반적으로 대기 중 이산화 탄소의 농도가 증가하면 지구의 평균 기온은 **❶** 한다.
ㄴ. 지구 **❷** 가 나타나면 아열대 식물의 서식지가 고위도로 북상하며 확장된다.

**❶** 상승   **❷** 온난화    **답** ②

## ❹-2

지구 온난화로 인해 나타날 수 있는 지구 환경의 변화로 적절한 것만을 〈보기〉에서 있는 대로 고른 것은?

> **• 보기 •**
> ㄱ. 해수면이 상승한다.
> ㄴ. 홍수·가뭄 등의 피해가 증가한다.
> ㄷ. 극지방의 빙하 면적이 증가한다.

① ㄱ     ② ㄷ     ③ ㄱ, ㄴ
④ ㄴ, ㄷ     ⑤ ㄱ, ㄴ, ㄷ

# 개념 돌파 전략 ②

**5강** 대기와 해양의 상호 작용

**바탕 문제**

다음 설명과 관련 있는 대기 대순환의 순환 세포를 쓰시오.

❶ 적도 지역의 지표면 가열로 공기가 상승하고, 위도 30° 부근에서 하강하여 형성되는 순환이다.

❷ 위도 30° 부근의 하강 기류와 위도 60° 부근의 상승 기류에 의해 형성되는 간접 순환이다.

답 ❶ 해들리 순환 ❷ 페렐 순환

**1** 그림은 북반구의 대기 대순환을 모식적으로 나타낸 것이다.

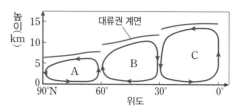

이에 대한 설명으로 옳은 것만을 〈보기〉에서 있는 대로 고른 것은?

보기
ㄱ. 극순환은 A이다.
ㄴ. 대류권 계면의 평균 높이가 가장 낮은 순환은 C이다.
ㄷ. 위도 60°N의 지표 부근에는 고압대가 형성될 것이다.

① ㄱ        ② ㄴ        ③ ㄱ, ㄷ        ④ ㄴ, ㄷ        ⑤ ㄱ, ㄴ, ㄷ

**바탕 문제**

그림은 대서양의 심층 순환을 나타낸 것이다. 해수 A, B, C의 이름을 각각 쓰시오.

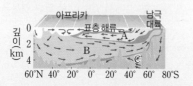

답 A: 남극 중층수, B: 북대서양 심층수, C: 남극 저층수

**2** 해양의 심층 순환에 대한 설명으로 옳지 <u>않은</u> 것은?

① 심층 순환은 해수의 밀도 차로 발생한다.

② 심층 순환은 전 지구적인 기후에 영향을 준다.

③ 북대서양 심층수는 대서양의 북쪽으로 흐른다.

④ 남극 저층수는 대서양의 심층 해류 중 밀도가 가장 큰 해수이다.

⑤ 심층 순환을 형성하는 수괴들은 잘 섞이지 않고 오랫동안 성질을 유지한다.

**바탕 문제**

그림 (가)와 (나)는 엘니뇨 시기와 라니냐 시기에 태평양 적도 부근에서 나타나는 기압 분포를 순서 없이 나타낸 것이다. (가)와 (나)에 해당하는 시기를 각각 쓰시오.

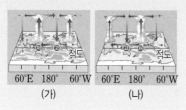

답 (가) 라니냐 시기 (나) 엘니뇨 시기

**3** 그림은 엘니뇨가 발생한 어느 겨울철 기후 변화를 나타낸 것이다.

평상시와 비교했을 때 태평양 적도 부근 해역에 대한 설명으로 옳은 것만을 〈보기〉에서 있는 대로 고른 것은?

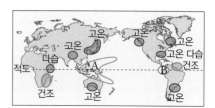

보기
ㄱ. 무역풍의 세기가 약하다.
ㄴ. A 지역의 해면 기압이 낮아진다.
ㄷ. B 지역에서 연안 용승이 평상시보다 활발하게 일어난다.

① ㄱ        ② ㄴ        ③ ㄱ, ㄷ        ④ ㄴ, ㄷ        ⑤ ㄱ, ㄴ, ㄷ

## 6강 기후 변화

바탕 문제

그림 (가)와 (나)는 현재와 약 13000년 후의 지구 자전축의 경사 방향을 나타낸 것이다.
(가)와 (나) 중 우리나라에서 기온의 연교차가 큰 것은? (단, 지구 자전축 경사 방향 이외의 요인 고려하지 않는다.)

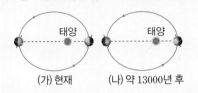

(가) 현재      (나) 약 13000년 후

🔑 (나)

**4** 그림은 지구 공전 궤도 이심률의 변화를 나타낸 것이다.
A와 B 궤도에 대한 설명으로 옳은 것만을 〈보기〉에서 있는 대로 고른 것은?
(단, 지구 공전 궤도 이심률 변화 이외의 다른 요인은 고려하지 않는다.)

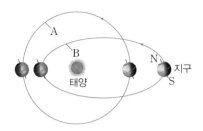

• 보기 •
ㄱ. 이심률은 A일 때가 B보다 작다.
ㄴ. 북반구의 여름철 평균 기온은 A보다 B일 때 높다.
ㄷ. 북반구에서 기온의 연교차는 A보다 B일 때 크다.

① ㄱ      ② ㄴ      ③ ㄱ, ㄷ      ④ ㄴ, ㄷ      ⑤ ㄱ, ㄴ, ㄷ

바탕 문제

대기 중의 온실 기체 농도가 증가하였을 때 지구의 평균 기온이 상승하는 원리를 서술하시오.

➡ 대기 중의 온실 기체 농도가 증가하면 대기에서 ❶[        ]하는 지표면의 복사 에너지와 대기에서 지표면으로 ❷[        ]하는 에너지가 증가하여 지구의 평균 기온이 상승한다.

🔑 ❶흡수 ❷재복사

**5** 기후 변화의 요인에 대한 설명으로 옳지 <u>않은</u> 것은?

① 태양 활동의 변화는 기후 변화의 지구 외적 요인이다.
② 화산 활동으로 방출된 화산재는 지구의 기온을 하강시킨다.
③ 초대륙의 형성은 대륙 내에 해양성 기후 지역을 확장시킨다.
④ 태양의 흑점 수가 많았던 시기에 지구의 평균 기온은 높았다.
⑤ 극지방의 빙하 면적의 변화는 지구 지표면의 반사율을 변화시킨다.

바탕 문제

그림은 지구 온난화와 관련하여 연쇄적으로 일어나는 현상의 일부를 나타낸 것이다. (가)에 해당하는 것을 쓰시오.

🔑 기체 용해도 감소

**6** 그림은 지구 온난화의 원인과 지구 환경 변화의 일부를 나타낸 것이다.

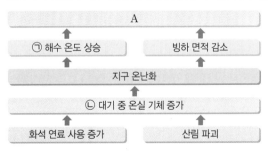

이에 대한 설명으로 옳은 것만을 〈보기〉에서 있는 대로 고른 것은?

• 보기 •
ㄱ. '해수면의 상승'은 A에 적절하다.
ㄴ. ㉠은 해수의 열팽창을 일으킨다.
ㄷ. ㉡에 의해 지구의 온실 효과가 증가한다.

① ㄱ      ② ㄴ      ③ ㄱ, ㄷ      ④ ㄴ, ㄷ      ⑤ ㄱ, ㄴ, ㄷ

## 1주 2일 필수 체크 전략 ①

**전략 ①** | 대기 대순환과 해양의 표층 순환

1. **대기 대순환 세포** 지구 자전으로 인해 북반구, 남반구에 각각 3개씩 존재

| 순환 세포 | 위도 | 지상 바람 | 특징 |
|---|---|---|---|
| 해들리 순환 | 0°~30° | 무역풍 | 적도 지역 지표면의 가열로 인한 직접 순환 |
| ❶ | 30°~60° | 편서풍 | 해들리 순환과 극순환으로 인한 ❷ |
| 극순환 | 60°~90° | 극동풍 | 극 지역 지표면의 냉각으로 인한 직접 순환 |

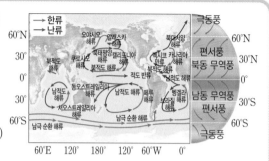

2. **해양의 표층 순환** 대기 대순환에 의한 바람과 표면 해수의 ❸ (으)로 형성되는 표층 해수의 수평 방향 순환

답 ❶ 페렐 순환 ❷ 간접 순환 ❸ 마찰(력)

 **필수예제 1**

그림은 북태평양의 서로 다른 세 해역 A, B, C와 대기 대순환에 의한 바람의 방향을 나타낸 것이다.
이에 대한 설명으로 옳은 것만을 〈보기〉에서 있는 대로 고른 것은?

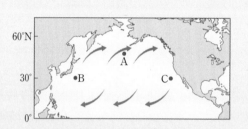

**풀이**

저위도에서 고위도로 흐르는 표층 해류(난류)는 고위도에서 저위도로 흐르는 표층 해류(한류)보다 수온과 염분은 높고 영양 염류는 더 적다.

• 보기 •
ㄱ. 30°N 부근에는 저압대가 형성된다.
ㄴ. A 해역의 표층 해류는 편서풍의 영향으로 서쪽에서 동쪽으로 흐른다.
ㄷ. B 해역에 흐르는 표층 해류가 C 해역에 흐르는 표층 해류보다 영양 염류가 적다.

① ㄱ    ② ㄷ    ③ ㄱ, ㄴ    ④ ㄴ, ㄷ    ⑤ ㄱ, ㄴ, ㄷ

답 ④

## 1-1

그림은 태평양 해수의 표층 수온 분포와 표층 해수의 순환을 나타낸 것이다.
이에 대한 설명으로 옳은 것만을 〈보기〉에서 있는 대로 고른 것은?

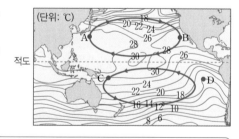

태평양에서 표층 순환은 적도 부근을 경계로 북반구와 남반구가 거의 대칭을 이루면서 순환해.

• 보기 •
ㄱ. 표층 해류의 이동 속도는 A 해역이 B 해역보다 빠르다.
ㄴ. 해수의 표층 염분은 C에 흐르는 해류가 D에 흐르는 해류보다 낮다.
ㄷ. 난류가 흐르는 해역은 A와 D이다.

① ㄱ    ② ㄷ    ③ ㄱ, ㄴ    ④ ㄴ, ㄷ    ⑤ ㄱ, ㄴ, ㄷ

## 전략 ❷ | 해양의 심층 순환

1. **해양의 심층 순환** 심층 ❶[　　　]에 의한 해수의 순환

① 형성 과정

극 주변 해역에서
고밀도의 해수
❷[　　　] → 해저에 축적된
해수가 저위도
쪽으로 이동 → 온대 또는
열대 해역에서
표층으로 용승 → 표층을 따라 다시
극 쪽으로 이동

심층 해수는 수온과 염분에 의해 결정되는 밀도 차이 때문에 발생해.

② 역할

- 저위도의 남는 에너지를 에너지가 부족한 고위도로 수송
- 용존 ❸[　　　]이/가 풍부한 고위도 지역의 표층 해수를 전 지구의 심해로 운반

2. **대서양의 심층 순환** 남극 저층수, 북대서양 심층수, 남극 중층수로 구성

답 ❶ 해류 ❷ 침강 ❸ 산소(량)

### 필수예제 2

그림은 대서양의 심층 순환 모형을 나타낸 것이다. (가)와 (나)는 해류이고, A와 B는 서로 다른 두 해역이다.
이에 대한 설명으로 옳은 것만을 〈보기〉에서 있는 대로 고른 것은?

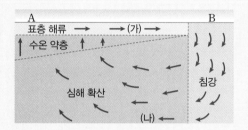

**풀이**

북대서양의 그린란드 주변 해역이나 남극의 웨델해 등과 같이 수온이 낮은 고위도 해역에서 표층 해수의 침강이 잘 일어난다.

┌ 보기 ────────────────
ㄱ. 해류의 유속은 (가)가 (나)보다 빠르다.
ㄴ. A 해역은 B 해역보다 저위도에 위치한다.
ㄷ. B 해역에서 해수의 결빙이 일어나면 침강이 활발해진다.
└────────────────────

① ㄱ　　② ㄴ　　③ ㄱ, ㄷ　　④ ㄴ, ㄷ　　⑤ ㄱ, ㄴ, ㄷ

답 ⑤

### 2-1

그림은 전 지구적인 해수의 순환을 나타낸 것이다. A, B, C는 서로 다른 해역이다.
이에 대한 설명으로 옳은 것만을 〈보기〉에서 있는 대로 고른 것은?

침강하는 해역에서는 용존 산소가 풍부한 표층 해수를 심해로 운반하여 심해층에 산소를 공급해.

┌ 보기 ────────────────
ㄱ. 심해층에 산소를 공급하는 해역은 A이다.
ㄴ. B와 C 해역에서 심층 순환의 용승이 나타난다.
ㄷ. 해양에서 표층 순환과 심층 순환은 서로 연결되어 있다.
└────────────────────

① ㄱ　　② ㄷ　　③ ㄱ, ㄴ　　④ ㄴ, ㄷ　　⑤ ㄱ, ㄴ, ㄷ

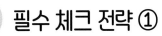
**전략 ❸** | 엘니뇨와 라니냐

**1. 엘니뇨의 발생 과정**

무역풍 약화 → 남적도 해류 약화 및 따뜻한 표층 해수가 동쪽으로 이동 → 동태평양 적도 부근 용승 **❶** → 동태평양 적도 부근 표층 수온 상승

**2. 라니냐의 발생 과정**

무역풍 강화 → 남적도 해류 강화 및 따뜻한 표층 해수가 서쪽으로 이동 → 동태평양 적도 부근 용승 강화 → 동태평양 적도 부근 표층 수온 하강

엘니뇨 시기는 따뜻한 표층 해수가 동쪽으로 이동하므로 동태평양 적도 부근 해역의 해수면 높이가 라니냐 시기에 비해 더 **❷** 다.

답 ❶ 약화 ❷ 높

**필수 예제 3**

그림은 북반구 동해안 지역에서 남풍이 지속적으로 불고 있는 모습을 나타낸 것이다. 이에 대한 설명으로 옳은 것만을 〈보기〉에서 있는 대로 고른 것은?

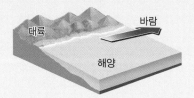

**풀이**

용승이 일어나는 주변 해역에서는 심층에서 산소와 염양 염류가 풍부한 심층의 해수가 표층으로 운반된다. 이에 따라 플랑크톤이 번식하여 좋은 어장이 형성된다.

─ 보기 ─
ㄱ. 대륙의 연안에서 용승이 나타난다.
ㄴ. 표층 해수는 대륙 쪽에서 해양 쪽으로 이동한다.
ㄷ. 평상시에 비해 해안 지역의 해수 중 염양 염류는 감소한다.

① ㄱ    ② ㄷ    ③ ㄱ, ㄴ    ④ ㄴ, ㄷ    ⑤ ㄱ, ㄴ, ㄷ

답 ③

## 3-1

그림은 태평양 적도 부근 해역에서 서로 다른 두 시기의 해수면과 수온 약층을 모식적으로 나타낸 것이다. A와 B는 각각 평상시와 엘니뇨 시기 중 하나이다.

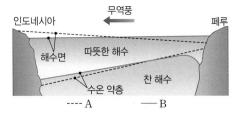

엘니뇨가 발생하면 페루 연안에서는 용승이 약해져서 평상시보다 수온 약층이 나타나는 깊이가 더 깊어져.

A와 B 시기에 대한 설명으로 옳은 것만을 〈보기〉에서 있는 대로 고른 것은?

─ 보기 ─
ㄱ. A는 엘니뇨 시기이다.
ㄴ. 무역풍의 세기는 B보다 A일 때가 강하다.
ㄷ. 페루 연안에서 수온 약층이 나타나는 깊이는 B보다 A일 때가 깊다.

① ㄱ    ② ㄴ    ③ ㄱ, ㄷ    ④ ㄴ, ㄷ    ⑤ ㄱ, ㄴ, ㄷ

## 전략 ④ │ 남방 진동

1. **남방 진동** 열대 태평양에서 동·서 기압이 시소처럼 반대로 나타나는 현상

| 해역 | ❶ [　] 시기 | ❷ [　] 시기 |
|---|---|---|
| 동태평양 적도 부근 | 저기압 | 고기압 |
| 서태평양 적도 부근 | 고기압 | 저기압 |

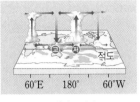
▲ 엘니뇨 시기

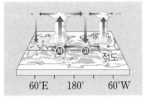
▲ 라니냐 시기

2. **엔소(ENSO)** 해수의 표층 수온과 기압 분포 변화는 밀접한 관련이 있고, 엘니뇨와 라니냐가 발생하면 대기와 해양의 상호 작용으로 전 지구적인 환경 변화를 초래함

답 ❶ 엘니뇨 ❷ 라니냐

 **4**

그림 (가)와 (나)는 엘니뇨 시기와 라니냐 시기의 열대 태평양의 대기 순환 모습을 순서 없이 나타낸 것이다.

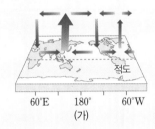
(가)

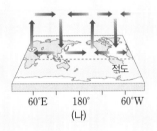
(나)

이에 대한 설명으로 옳은 것만을 〈보기〉에서 있는 대로 고른 것은?

**보기**

ㄱ. 라니냐 시기의 대기 순환 모습은 (가)이다.
ㄴ. 평상시에 비해 동태평양 적도 부근 해역의 강수량이 감소하는 시기는 (나)이다.
ㄷ. (가)와 (나)처럼 열대 태평양의 동·서 기압이 서로 반대로 변하는 현상을 남방 진동이라고 한다.

① ㄱ ② ㄴ ③ ㄱ, ㄷ ④ ㄴ, ㄷ ⑤ ㄱ, ㄴ, ㄷ

**풀이**

동태평양 적도 부근 해역에서는 엘니뇨 시기에 저기압(상승 기류 발달)이 형성되고, 라니냐 시기에는 고기압(하강 기류 발달)이 형성된다.

답 ③

## 4-1

그림은 태평양의 남방 진동 지수를 관측하는 두 지역 다윈과 타히티의 위치를 나타낸 것이다. 엘니뇨 시기에 대한 설명으로 옳은 것만을 〈보기〉에서 있는 대로 고른 것은? (단, 남방 진동 지수는 [타히티의 해면 기압 편차 – 다윈의 해면 기압 편차] / 표준 편차로 정의된다.)

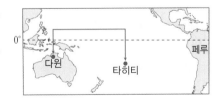

**보기**

ㄱ. 남방 진동 지수는 양(+)의 값을 나타낸다.
ㄴ. 다윈 지역의 해면 기압이 타히티 지역의 해면 기압보다 높다.
ㄷ. 남방 진동 지수가 음(−)인 시기에 동태평양 적도 부근 해역에서 연안 용승이 약해진다.

① ㄱ ② ㄷ ③ ㄱ, ㄴ ④ ㄴ, ㄷ ⑤ ㄱ, ㄴ, ㄷ

남방 진동 지수가 양(+)의 값인 시기에는 무역풍이 강해져서 동태평양 적도 부근 해역의 연안 용승도 활발해져.

**1** 그림은 태평양에서의 표층 순환을 모식적으로 나타낸 것이다. A와 B는 각각 아열대 순환과 열대 순환 중 하나이다.

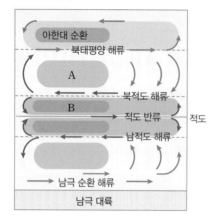

이에 대한 설명으로 옳은 것만을 〈보기〉에서 있는 대로 고른 것은?

• 보기 •

ㄱ. 아열대 순환은 A이다.

ㄴ. 적도 반류는 적도 부근에서 부는 바람에 의해서 발생한다.

ㄷ. 남반구에는 아한대 순환이 나타나지 않는다.

① ㄱ     ② ㄴ     ③ ㄱ, ㄷ     ④ ㄴ, ㄷ     ⑤ ㄱ, ㄴ, ㄷ

**2** 그림은 대서양의 연직 단면에서 일어나는 해수의 심층 순환을 나타낸 것이다.

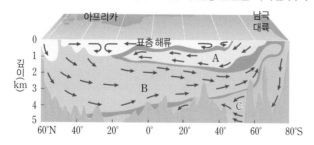

해류 A, B, C에 대한 설명으로 옳은 것만을 〈보기〉에서 있는 대로 고른 것은?

• 보기 •

ㄱ. 남극 중층수는 A이다.

ㄴ. 평균 밀도는 B가 C보다 작다.

ㄷ. 심층 순환이 강해지면 저위도와 고위도의 기온 차이가 작아진다.

① ㄱ     ② ㄴ     ③ ㄱ, ㄷ     ④ ㄴ, ㄷ     ⑤ ㄱ, ㄴ, ㄷ

**3** 그림은 1951년부터 2016년까지 동태평양 적도 부근 해역에서 관측한 수온 편차 (관측값－평년값)를 나타낸 것이다. A와 B는 각각 엘니뇨 시기와 라니냐 시기 중 하나이다.

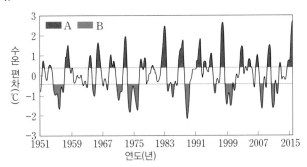

이에 대한 설명으로 옳은 것만을 〈보기〉에서 있는 대로 고른 것은?

─ • 보기 • ─
ㄱ. 엘니뇨 시기는 B이다.
ㄴ. 서태평양 적도 부근 해역에서 해수면의 높이는 A일 때가 B보다 낮다.
ㄷ. 동태평양 적도 부근 해역의 상공에 생성된 구름의 양은 A일 때가 B보다 많다.

① ㄱ          ② ㄴ          ③ ㄱ, ㄴ          ④ ㄴ, ㄷ          ⑤ ㄱ, ㄴ, ㄷ

정답과 해설 **36**쪽

**Tip**
엘니뇨 시기에는 동태평양 적도 부근 해역의 연안 **❶**[　　　]이 평상시보다 약해져서 표층 수온이 **❷**[　　　]아지고, 열과 수증기를 공급받은 공기가 상승하여 구름이 생성된다.

🔑 **❶** 용승 **❷** 높

**4** 그림 (가)와 (나)는 평상시와 엘니뇨 시기에 태평양 적도 부근 해역의 대기 순환 모습을 순서 없이 나타낸 것이다.

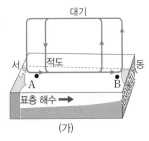
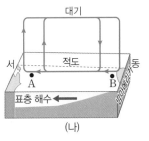

(가)          (나)

이에 대한 설명으로 옳은 것만을 〈보기〉에서 있는 대로 고른 것은?

─ • 보기 • ─
ㄱ. (가)는 엘니뇨 시기의 모습이다.
ㄴ. B 지역에서의 해면 기압은 (가)일 때가 (나)보다 높다.
ㄷ. A 해역과 B 해역에서의 표층 수온 차는 (가)일 때가 (나)보다 크다.

① ㄱ          ② ㄴ          ③ ㄱ, ㄷ          ④ ㄴ, ㄷ          ⑤ ㄱ, ㄴ, ㄷ

**Tip**
동태평양 적도 부근 해역에서는 평상시에 **❶**[　　　]기압이 형성되고, 엘니뇨 시기에 **❷**[　　　]기압이 형성된다.

🔑 **❶** 고 **❷** 저

### 전략 ❶ | 고기후 연구 방법

1. **빙하 시추물** 빙하를 구성하는 산소 동위 원소비(**❶** )를 분석하면 과거 지구의 기온을 추정할 수 있고, 빙하 속에 포함된 공기 방울로 과거 지구 대기 성분을 알 수 있음
2. **나무의 나이테** 높은 기온과 **❷** 한 환경에서 성장하였을 때 나이테 간격이 넓음
3. **화석** 화석 형성 당시 기후를 생물이 서식하는 영역의 특징으로 유추

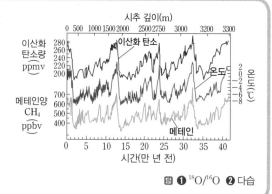

답 ❶ $^{18}O/^{16}O$ ❷ 다습

---

**필수 예제 1**

그림은 빙하 시출물의 연구로 추정한 현재부터 40만 년 전까지의 대기 중 이산화 탄소 농도와 기온 편차를 나타낸 것이다.
이에 대한 설명으로 옳은 것만을 〈보기〉에서 있는 대로 고른 것은?

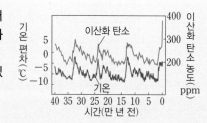

**풀이**

기온 편차가 클수록 당시의 평균 기온이 높으므로 대륙의 빙하 면적이 더 좁게 나타난다. 최근에 이산화탄소 농도가 급격히 증가한 것으로 보아 40만 년 동안 이산화 탄소의 평균 농도는 현재보다 낮다.

┌ 보기 ──────────────────────
ㄱ. 기온 변화와 이산화 탄소의 농도 변화는 대체로 비슷한 경향성을 보인다.
ㄴ. 대륙 빙하의 면적은 현재보다 15만 년 전이 넓었을 것이다.
ㄷ. 40만 년 동안 이산화 탄소의 평균 농도는 현재보다 높다.
└──────────────────────────

① ㄱ　　② ㄷ　　③ ㄱ, ㄴ　　④ ㄴ, ㄷ　　⑤ ㄱ, ㄴ, ㄷ

답 ③

### 1-1

다음은 고기후의 연구 방법에 대한 학생 A, B, C의 대화를 나타낸 것이다.

나무의 나이테 사이 간격을 통해 당시 기후를 알 수 있어.

빙하 속에 포함된 공기 방울을 분석하면 당시 대기 중 온실 기체의 농도를 알 수 있어.

퇴적물 속에 있는 꽃가루 화석을 연구하여 기후 분포를 알 수 있어.

학생 A　　학생 B　　학생 C

나무의 나이테 사이의 간격은 평균 기온이 높을수록, 강수량이 많을수록 넓어지는 경향을 보여.

제시한 내용이 옳은 학생만을 있는 대로 고른 것은?

① A　　② B　　③ A, C　　④ B, C　　⑤ A, B, C

## 전략 ❷ | 기후 변화의 자연적 요인(지구 외적 요인)

### 1. 지구 운동의 변화

| 지구 자전축 방향 변화 | 지구 자전축 경사각 변화 | 지구 공전 궤도 이심률 변화 |
|---|---|---|
| 지구 자전축 방향이 변하면 근일점과 원일점에서의 계절이 변한다. | 지구 자전축 경사각이 변하면 위도별 태양 복사 에너지의 입사각이 변한다. | 지구 공전 궤도 이심률이 변하면 근일점과 원일점에서 받는 ❶[    ]이 변한다. |

태양의 낮 중 고도가 높을수록, 태양의 거리가 가까워질수록 지구가 받는 태양 복사 에너지 양이 많아져 기온이 올라간대.

### 2. 태양 활동의 변화

광구 표면 흑점 수 ❷[    ] → 태양에서 더 많은 에너지 방출 → 지구에서 태양 복사 에너지 흡수량 증가 → 지구 평균 기온 상승

답 ❶ 태양 복사 에너지양(일사량) ❷ 증가

### 필수예제 2

그림은 시간에 따른 지구 자전축의 경사각 변화를 나타낸 것이다.

이에 대한 설명으로 옳은 것만을 〈보기〉에서 있는 대로 고른 것은? (단, 지구 자전축의 경사각 변화 이외의 요인은 고려하지 않는다.)

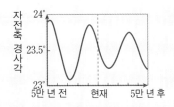

• 보기 •
ㄱ. 지구 자전축의 경사각 변화 주기는 약 41000년이다.
ㄴ. 우리나라에서 기온의 연교차는 5만 년 전이 5만 년 후보다 크다.
ㄷ. 2만 년 후 지구 전체가 받는 태양 복사 에너지양은 현재보다 많다.

① ㄱ   ② ㄷ   ③ ㄱ, ㄴ   ④ ㄴ, ㄷ   ⑤ ㄱ, ㄴ, ㄷ

**풀이**

다른 요인의 변화가 없다면 우리나라에서 기온의 연교차는 지구 자전축의 경사각이 커질수록 증가한다. 자전축의 경사각이 변하더라도 다른 요인이 일정하므로 지구 전체가 받는 태양 복사 에너지양에는 변화가 없다.

답 ③

## 2-1

그림은 지구 자전축의 방향 변화를 나타낸 것이다.

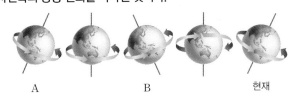

A       B       현재

이에 대한 설명으로 옳은 것만을 〈보기〉에서 있는 대로 고른 것은? (단, 지구 자전축의 방향 변화 이외의 요인은 고려하지 않는다.)

• 보기 •
ㄱ. 지구 자전축의 경사 방향 변화를 세차 운동이라고 한다.
ㄴ. A에서 B까지 진행되는 데 걸리는 시간은 약 26000년이다.
ㄷ. 우리나라에서 기온의 연교차는 B보다 현재가 크다.

① ㄱ   ② ㄷ   ③ ㄱ, ㄴ   ④ ㄴ, ㄷ   ⑤ ㄱ, ㄴ, ㄷ

다른 요인의 변화가 없이 지구 자전축의 방향만 변했다면 약 13000년 전 북반구에서 여름은 현재보다 더 더웠고, 겨울은 더 추웠어.

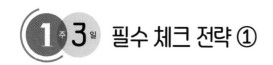

### 전략 ❸ | 기후 변화의 자연적 요인(지구 내적 요인)

1. **수륙 분포** 육지는 바다보다 비열이 ❶ [ ]고 증발량이 적으므로, 판의 운동에 의한 수륙 분포의 변화가 기후를 변화시킴

2. **빙하 분포**

빙하 형성 → 지표면 반사율 증가 → 태양 복사 에너지 흡수량 감소 → 평균 기온 하강

3. **화산 폭발**

대기 중 화산재 증가 → 대기 투명도 감소 → 태양 복사 에너지 반사율 ❷ [ ] → 평균 기온 하강

화산이 분출할 때 대기 중 수증기와 이산화 탄소 농도가 증가하는 경우에는 지구의 평균 기온이 상승해.

답 ❶ 작 ❷ 증가

---

**필수 예제 ❸**

그림은 1991년 어느 화산이 분출한 전후의 지구 평균 기온 편차의 변화를 나타낸 것이다.
이에 대한 설명으로 옳은 것만을 〈보기〉에서 있는 대로 고른 것은?

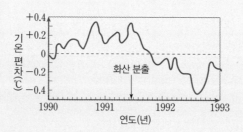

**풀이**

화산 활동에 의해서 화산재가 대기에 퍼지면 지구의 반사율이 커져서 지구의 평균 기온은 낮아진다.

┌ 보기 ────────────
ㄱ. 지구의 평균 기온은 1990년이 1992년보다 높다.
ㄴ. 화산 분출은 기후 변화의 지구 내적 요인에 해당한다.
ㄷ. 태양 복사 에너지에 대한 지구의 반사율은 1990년이 1992년보다 크다.
└──────────────

① ㄱ　　② ㄷ　　③ ㄱ, ㄴ　　④ ㄴ, ㄷ　　⑤ ㄱ, ㄴ, ㄷ

답 ③

---

### 3-1

표는 지구의 기후 변화를 일으키는 지구 내적 요인들을 나타낸 것이다.

| 구분 | 기후 변화 요인 |
|------|----------------|
| A | 지표면 상태의 변화 |
| B | 수륙 분포의 변화 |
| C | 화산 활동 |

이에 대한 설명으로 옳은 것만을 〈보기〉에서 있는 대로 고른 것은?

대륙과 해양은 비열과 반사율이 다르므로 판의 운동에 의해서 초대륙이 형성되면 지구의 기후대는 크게 변하게 될 거야.

┌ 보기 ────────────
ㄱ. 극지방의 빙하 면적 변화는 A에 해당한다.
ㄴ. 초대륙이 형성되더라도 지구의 기후대는 거의 변하지 않는다.
ㄷ. 화산재가 대기에 유입되면 지구 대기에서 태양 복사 에너지의 투과율은 증가한다.
└──────────────

① ㄱ　　② ㄷ　　③ ㄱ, ㄴ　　④ ㄴ, ㄷ　　⑤ ㄱ, ㄴ, ㄷ

## 전략 ❹ | 지구 온난화의 영향

### 1. 해수면 상승

해수의 온도 상승 → 해수의 열팽창 가속 → 해수면 상승

### 2. 위도별 에너지 불균형 심화

극지방 빙하 융해 → 극지방 표층 해수의 밀도 ❶ → 심층 순환 약화 → 위도별 에너지 불균형 심화

해수 온도 상승으로 바다에 녹아 있던 이산화 탄소가 대기로 방출되는 경우에도 지구의 평균 기온이 상승해.

### 3. 미래의 기후 변화 및 이상 기상 발생

① 기후가 변하면서 생태계 환경 변화, 식량 생산 감소, 질병 등이 발생할 수 있음

② 이상 기상의 발생 빈도 및 강도가 ❷ 하여 악기상에 의한 피해가 커질 것임

답 ❶ 감소 ❷ 증가

---

**필수예제 4**

그림은 복사 평형 상태에 있는 지구의 열수지를 나타낸 것이다.

이에 대한 설명으로 옳은 것만을 〈보기〉에서 있는 대로 고른 것은?

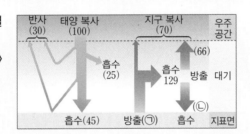

**풀이**

지구는 흡수하는 만큼의 에너지를 방출하여 평균 온도가 일정하게 유지하는 복사 평형 상태이다. 따라서 지구 전체, 대기와 지표는 각각 에너지의 흡수량과 방출량이 서로 같은 평형 상태이다.

**보기**

ㄱ. ⊙은 133이다.

ㄴ. 지표면에서 에너지의 흡수량과 방출량은 서로 같다.

ㄷ. 대기 중 이산화 탄소의 농도가 증가하면 ⓒ은 증가할 것이다.

① ㄱ  ② ㄷ  ③ ㄱ, ㄴ  ④ ㄴ, ㄷ  ⑤ ㄱ, ㄴ, ㄷ

답 ⑤

---

### 4-1

그림은 1920년부터 2000년까지 북극 지역, 열대 지역, 남극 지역에서 관측한 연평균 기온 편차를 나타낸 것이다.

이에 대한 설명으로 옳은 것만을 〈보기〉에서 있는 대로 고른 것은?

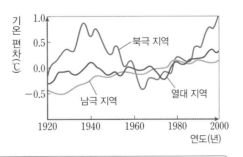

최근 들어 지구의 온실 효과가 강화되어서 지구의 평균 기온이 점점 높아지고 있는 상황이야.

**보기**

ㄱ. 열대 지역의 연평균 기온은 감소하는 추세이다.

ㄴ. 연평균 기온의 변화 폭이 가장 큰 지역은 북극 지역이다.

ㄷ. 북극 지역과 남극 지역에서의 연평균 기온 차는 1940년이 1980년보다 작다.

① ㄱ  ② ㄴ  ③ ㄱ, ㄷ  ④ ㄴ, ㄷ  ⑤ ㄱ, ㄴ, ㄷ

# 1주 3일 필수 체크 전략 ②

**1** 그림 (가)와 (나)는 각각 과거 42만 년 동안 해저 퇴적물의 해양 생물에서 측정한 산소 동위 원소비와 기온 편차를 나타낸 것이다.

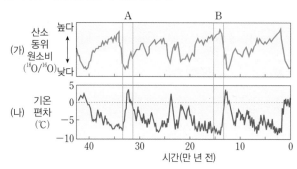

A 시기가 B 시기보다 큰 값을 가지는 것만을 〈보기〉에서 있는 대로 고른 것은?

> • 보기 •
>
> ㄱ. 대륙 빙하의 면적
>
> ㄴ. 대기 중 이산화 탄소의 농도
>
> ㄷ. 대기 중 산소 동위 원소비($^{18}O/^{16}O$)

① ㄱ     ② ㄴ     ③ ㄱ, ㄷ     ④ ㄴ, ㄷ     ⑤ ㄱ, ㄴ, ㄷ

**Tip**

해양 생물에서 측정한 산소 동위 원소비는 기온
이 상대적으로 낮았던 시기에는 ❶ 었
고, 기온이 상대적으로 높았던 시기에는
❷ 았다.

답 ❶ 컸 ❷ 작

**2** 그림 (가)는 지구 공전 궤도의 이심률 변화를, (나)는 지구 자전축의 경사각 변화를 나타낸 것이다.

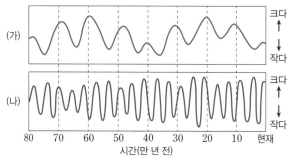

이에 대한 설명으로 옳은 것만을 〈보기〉에서 있는 대로 고른 것은? (단, 지구 공전 궤도 이심률의 변화와 지구 자전축의 경사각 변화 이외의 요인은 고려하지 않는다.)

> • 보기 •
>
> ㄱ. 변화 주기는 (가)가 (나)보다 길다.
>
> ㄴ. 30만 년 전에는 현재보다 원일점 거리와 근일점 거리의 차가 더 작았을 것이다.
>
> ㄷ. 60만 년 전은 40만 년 전보다 우리나라에서 기온의 연교차가 컸을 것이다.

① ㄱ     ② ㄴ     ③ ㄱ, ㄷ     ④ ㄴ, ㄷ     ⑤ ㄱ, ㄴ, ㄷ

**Tip**

지구 공전 궤도 이심률이 현재보다 커지면 북반
구에서 기온의 연교차는 ❶ 하고, 지구
자전축의 경사각이 현재보다 커지면 북반구에
서 기온의 연교차는 ❷ 한다.

답 ❶ 감소 ❷ 증가

**3** 그림 (가)와 (나)는 지구의 기후 변화를 일으키는 요인들을 나타낸 것이다.

(가) 화산 분출

(나) 빙하

이에 대한 설명으로 옳은 것만을 〈보기〉에서 있는 대로 고른 것은?

---
• 보기 •

ㄱ. (가)와 (나)는 모두 기후 변화를 일으키는 지구 내적 요인이다.

ㄴ. (가)로 인해 화산재가 대기에 유입되면서 태양 빛의 산란이 증가한다.

ㄷ. (나)의 면적이 증가하면 지표면에서 흡수하는 태양 복사 에너지의 양은 감소한다.

---

① ㄱ      ② ㄴ      ③ ㄱ, ㄷ      ④ ㄴ, ㄷ      ⑤ ㄱ, ㄴ, ㄷ

**4** 그림은 북극권 주변 지역에서 일어나는 기후 피드백 작용을 나타낸 것이다.

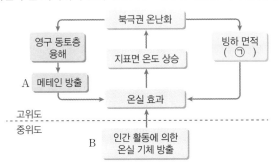

이에 대한 설명으로 옳은 것만을 〈보기〉에서 있는 대로 고른 것은?

---
• 보기 •

ㄱ. ㉠에는 '증가'가 적절하다.

ㄴ. A에서 메테인은 온실 기체 중 지구의 온실 효과에 기여하는 정도가 가장 크다.

ㄷ. 화석 연료의 사용은 B를 증가시킨다.

---

① ㄱ      ② ㄷ      ③ ㄱ, ㄴ      ④ ㄴ, ㄷ      ⑤ ㄱ, ㄴ, ㄷ

**대표 예제 ❶**  대기 대순환

그림은 북반구의 대
기 대순환 모형을
나타낸 것으로, A,
B, C는 순환 세포
이다.
이에 대한 설명으로
옳은 것만을 〈보기〉에서 있는 대로 고르시오.

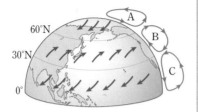

> • 보기 •
> ㄱ. B는 열대류의 원리로 발생한다.
> ㄴ. 위도 30°N의 지표 부근에는 고압대가 형성된다.
> ㄷ. A, B, C는 지구 자전에 의한 전향력의 영향으로
> 형성된다.

**개념 가이드**

해들리 순환과 ❶ ☐ 순환은 직접 순환이고, ❷ ☐ 순환은
간접 순환이다.

답 ❶ 극 ❷ 페렐

**대표 예제 ❷**  해양의 표층 순환

그림은 전 세계에서 일어나는 표층 순환을 나타낸 것이다.

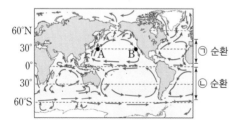

이에 대한 설명으로 옳은 것만을 〈보기〉에서 있는 대로 고르시오.

> • 보기 •
> ㄱ. 표층 해수의 용존 산소량은 A 해역이 B 해역보다
> 많다.
> ㄴ. ㉠ 순환과 ㉡ 순환의 방향은 서로 같다.
> ㄷ. 해류는 저위도의 에너지를 고위도로 수송하는 역
> 할을 한다.

**개념 가이드**

표층 순환은 ❶ ☐ 부근을 경계로 북반구와 남반구가 대체로
❷ ☐ 을 이루면서 순환한다.

답 ❶ 적도 ❷ 대칭

**대표 예제 ❸**  해수의 심층 순환

다음은 해수의 심층 순환을 알아보기 위한 실험이다.

> | 실험 과정 |
>
> (가) 얼음, 물, 소금을 이용하여 같은 부피의 서로 다
> 른 4종류의 소금물 A~D를 만들고, 각각의 소금
> 물에 서로 다른 색깔의 색소를 넣는다.

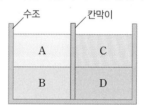

> (나) 수조의 각 칸에 소금물 B와 D를 넣는다.
> (다) 수조의 각 칸에 소금물 A와 C를 천천히 넣어서
> 각각 2개의 층이 되게 만든다.
> (라) 칸막이를 천천히 열어 나타나는 변화를 관찰한
> 다.
>
> | 실험 결과 |

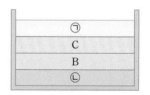

이에 대한 설명으로 옳은 것만을 〈보기〉에서 있는 대로 고르시오.

> • 보기 •
> ㄱ. ㉠은 소금물 D이다.
> ㄴ. 밀도는 소금물 B가 소금물 C보다 크다.
> ㄷ. 소금물의 농도가 모두 같다면 온도는 소금물 A가
> 가장 낮다.

**개념 가이드**

해수의 수온과 ❶ ☐ 의 변화로 ❷ ☐ 차이가 발생하면 연직
방향의 순환이 발생한다.

답 ❶ 염분 ❷ 밀도

## 대표 예제 4 — 용승과 침강

그림은 적도 부근 해역에서 일어나는 바람과 해수의 이동 방향을 A와 B로 순서 없이 나타낸 것이다.

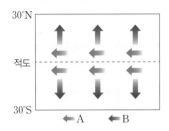

이에 대한 설명으로 옳은 것만을 〈보기〉에서 있는 대로 고르시오.

• 보기 •
ㄱ. 바람의 방향은 A이다.
ㄴ. 적도 해역에서는 침강이 나타난다.
ㄷ. 풍속이 강할수록 표층 수온이 낮아진다.

개념 가이드
적도 해역에서는 표층 해수가 [❶      ]하여 심층의 해수가 표층으로 올라오는 [❷      ]이 나타난다.

답 ❶ 발산 ❷ 용승

## 대표 예제 5 — 워커 순환

그림은 어느 시기에 태평양 적도 부근 해역의 대기 순환과 해수의 이동을 나타낸 것이다.

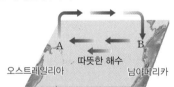

이에 대한 설명으로 옳은 것만을 〈보기〉에서 있는 대로 고르시오.

• 보기 •
ㄱ. 엘니뇨 시기의 워커 순환이다.
ㄴ. A와 B 해역 중 용승이 활발한 해역은 B이다.
ㄷ. 해수면의 높이는 A 해역이 B 해역보다 높다.

개념 가이드
라니냐 시기에는 수온이 [❶      ]은 서태평양 해역에서 [❷      ] 기류가 생긴다.

답 ❶ 높 ❷ 상승

## 대표 예제 6 — 남방 진동

그림은 태평양 적도 부근 해역에서 관측한 해수면의 기압 편차(관측 기압−평년 기압)를 나타낸 것이다.

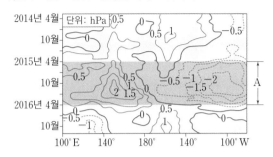

A 시기를 엘니뇨 또는 라니냐인지 구별하고, 평상시와 비교하여 A 시기에 태평양 적도 부근 해역에서의 기압 분포에 대하여 서술하시오.

개념 가이드
열대 태평양의 동·서 [❶      ] 분포가 시소처럼 주기적으로 진동하는 현상을 [❷      ]이라고 한다.

답 ❶ 기압 ❷ 남방 진동

## 대표 예제 7 — 엘니뇨와 기후 변화

그림은 엘니뇨 또는 라니냐 시기에 전 지구적인 기후 변화를 나타낸 것이다.

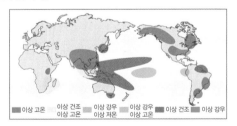

이 시기에 대한 설명으로 옳은 것만을 〈보기〉에서 있는 대로 고르시오.

• 보기 •
ㄱ. 엘니뇨 시기의 기후 변화이다.
ㄴ. 동태평양 적도 부근 해역에서는 용승이 약화된다.
ㄷ. 동태평양 적도 부근 해역의 표층 수온은 평상시보다 낮다.

개념 가이드
엘니뇨가 발생하면 동태평양 적도 부근 해역에서는 표층 수온이 [❶      ]아지고, 강수량이 [❷      ]진다.

답 ❶ 높 ❷ 많아

**대표 예제 8**      고기후 연구

그림은 남극 대륙의 빙하 시추물에서 얻은 이산화 탄소와 메테인의 농도를 나타낸 것이다.

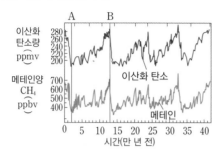

이에 대한 설명으로 옳은 것만을 〈보기〉에서 있는 대로 고르시오.

• 보기 •

ㄱ. 대기 중 평균 농도는 이산화 탄소가 메테인보다 높다.

ㄴ. 지구의 평균 기온은 A 시기가 B 시기보다 높다.

ㄷ. 대기에서 적외선 복사의 흡수량이 A 시기가 B 시기보다 많다.

**개념 가이드**

대기에서 온실 기체의 농도가 [ ❶ ]하면 지구 복사 에너지의 흡수량이 [ ❷ ]한다.

閏 ❶ 증가 ❷ 증가

**대표 예제 9**      기후 변화의 지구 외적 요인

그림은 현재와 미래 어느 시점의 지구 자전축 방향을 나타낸 것이다. (단, 지구 자전축의 방향 이외의 다른 조건은 변화가 없다.)

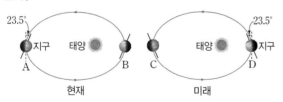

(1) A~D에서 북반구의 계절이 여름철인 것을 모두 고르시오.

(2) 우리나라에서 기온의 연교차 변화에 대하여 현재와 미래를 비교하여 서술하시오.

**개념 가이드**

지구 자전축의 경사 방향이 [ ❶ ]가 되면 [ ❷ ] 궤도 상에서 계절이 나타나는 위치가 바뀌게 된다.

閏 ❶ 반대 ❷ 공전

**대표 예제 10**      태양 활동의 변화

그림은 1600년부터 2000년까지 태양 표면의 흑점 수 변화를 나타낸 것이다.

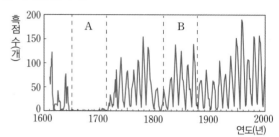

A 시기보다 B 시기에 큰 값을 가지는 것만을 〈보기〉에서 있는 대로 고르시오. (단, 태양 활동의 변화 이외의 다른 조건은 변화가 없다.)

• 보기 •

ㄱ. 지구의 평균 기온

ㄴ. 태양에서의 에너지 방출량

ㄷ. 지구에서의 태양 복사 에너지 흡수량

**개념 가이드**

태양 복사 에너지양은 태양의 활동이 활발한 시기에 [ ❶ ]하고, 태양 활동은 [ ❷ ] 수로 알 수 있다.

閏 ❶ 증가 ❷ 흑점

**대표 예제 11**      기후 변화의 지구 내적 요인

표는 지표의 특성에 따른 태양 복사 에너지의 반사율을 구분하여 나타낸 것이다.
이에 대한 설명으로 옳은 것만을 〈보기〉에서 있는 대로 고르시오.

| 구분 | 반사율(%) |
| --- | --- |
| 아스팔트 | 4~12 |
| 침엽수림 | 8~15 |
| 녹색 잔디 | 25 |
| 사막 모래 | 40 |
| 빙하 | 50~70 |

• 보기 •

ㄱ. 지표에서 태양 복사 에너지의 흡수율은 빙하에서 가장 크다.

ㄴ. 녹지에서 사막화가 진행되면 지표에서 반사율은 증가한다.

ㄷ. 지표의 반사율이 증가하면 지구의 평균 기온은 하강한다.

**개념 가이드**

빙하 면적이 [ ❶ ]하면 지표에서 흡수하는 [ ❷ ] 복사 에너지양은 감소한다.

閏 ❶ 증가 ❷ 태양

## 대표 예제 12    지구의 위도별 에너지 불균형

그림은 지구가 흡수한 태양 복사 에너지와 방출한 지구 복사 에너지를 A와 B로 위도에 따라 순서 없이 나타낸 것이다.

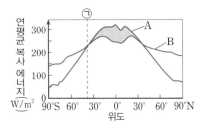

이에 대한 설명으로 옳은 것만을 〈보기〉에서 있는 대로 고르시오.

• 보기 •
ㄱ. 태양 복사 에너지는 A이다.
ㄴ. 위도 ㉠에서 남북 간의 에너지 수송량은 최소이다.
ㄷ. 지구 전체가 흡수한 에너지양과 방출한 에너지양은 서로 같다.

개념 가이드

저위도에서는 흡수한 에너지가 방출한 에너지보다 **❶** 고, 고위도에서는 흡수한 에너지가 방출한 에너지보다 **❷** 다.

답 ❶ 많 ❷ 적

## 대표 예제 13    지구의 열수지

그림은 복사 평형 상태인 지구의 열수지를 모식적으로 나타낸 것이다.

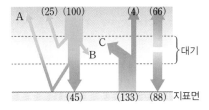

이에 대한 설명으로 옳은 것만을 〈보기〉에서 있는 대로 고르시오.

• 보기 •
ㄱ. A는 B보다 작다.
ㄴ. C가 증가하면 지구의 평균 기온은 낮아진다.
ㄷ. 대기가 흡수하는 에너지양과 방출하는 에너지양은 서로 같다.

개념 가이드

지구 복사 에너지는 대부분 **❶** 선 영역이고, **❷** 기체에 의해서 잘 흡수된다.

답 ❶ 적외 ❷ 온실

## 대표 예제 14    지구 온난화

그림은 지구 온난화로 인한 지구 환경 변화 과정의 일부를 나타낸 것이다.

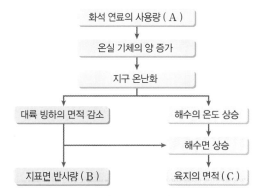

(1) A, B, C에 들어갈 내용으로 옳게 짝 지은 것은?

| | A | B | C |
|---|---|---|---|
| ① | 감소 | 증가 | 감소 |
| ② | 감소 | 감소 | 증가 |
| ③ | 증가 | 증가 | 감소 |
| ④ | 증가 | 감소 | 감소 |
| ⑤ | 증가 | 감소 | 증가 |

(2) 지구 온난화의 발생 원인을 서술하시오.

(3) 지구 온난화의 영향으로 인해 나타날 수 있는 현상을 세 가지 이상 서술하시오.

개념 가이드

지구 온난화가 발생하면 지구의 평균 기온이 **❶** 아지면서 해수의 온도가 상승하여 해수의 부피가 **❷** 한다.

답 ❶ 높 ❷ 팽창

# 교과서 대표 전략 ②

**5강** 대기와 해양의 상호 작용

## 1

그림은 우리나라 주변의 표층 해류를 나타낸 것이다.

이에 대한 설명으로 옳은 것만을 〈보기〉에서 있는 대로 고르시오.

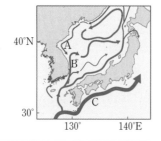

> • 보기 •
>
> ㄱ. 한류는 A이다.
>
> ㄴ. 표층 염분은 A가 B보다 높다.
>
> ㄷ. 조경 수역을 형성하는 해류는 A와 C이다.

**Tip**

난류는 표층 수온과 표층 염분이 **❶**〔    〕고, 한류는 영양 염류와 용존 산소량이 **❷**〔    〕다.

답 **❶** 높 **❷** 많

## 2

그림은 북대서양의 남북 단면에서 해수의 심층 순환을 나타낸 것으로 A와 B는 해수이다.

이에 대한 설명으로 옳은 것만을 〈보기〉에서 있는 대로 고르시오.

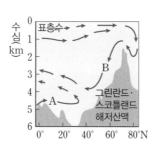

> • 보기 •
>
> ㄱ. A는 남반구에서 이동해 왔다.
>
> ㄴ. B는 북대서양 심층수이다.
>
> ㄷ. 해수의 평균 밀도는 A가 B보다 작다.

**Tip**

수온이 낮은 해수가 결빙되면 염분이 **❶**〔    〕아지고, 밀도가 커지므로 해수는 **❷**〔    〕한다.

답 **❶** 높 **❷** 침강

## 3

그림 (가)와 (나)는 엘니뇨 시기와 라니냐 시기의 태평양 적도 부근 해역의 연직 수온 분포를 순서 없이 나타낸 것이다.

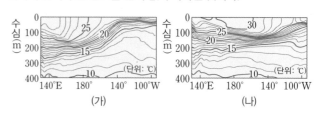

서태평양 적도 부근 해역에서 (가)보다 (나)일 때 큰 값을 가지는 것만을 〈보기〉에서 있는 대로 고른 것은?

> • 보기 •
>
> ㄱ. 평균 해수면의 높이
>
> ㄴ. 따뜻한 해수층의 평균 두께
>
> ㄷ. 해수면 부근에서의 기압

**Tip**

라니냐가 발생하면 엘니뇨가 발생할 때보다 서태평양 적도 부근 해역의 해면 기압은 **❶**〔    〕지고, 평균 해수면의 높이는 **❷**〔    〕진다.

답 **❶** 낮아 **❷** 높아

## 4

그림은 태평양 적도 부근 해역에서의 대기 순환 모습을 나타낸 것으로 엘니뇨와 라니냐 시기 중 하나이다.

이에 대한 설명으로 옳은 것만을 〈보기〉에서 있는 대로 고르시오.

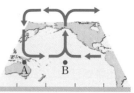

> • 보기 •
>
> ㄱ. 엘니뇨 시기의 대기 순환 모습이다.
>
> ㄴ. 해면 기압은 A 해역이 B 해역보다 높다.
>
> ㄷ. 평균 강수량은 A 해역이 B 해역보다 많다.

**Tip**

엘니뇨와 남방 진동은 **❶**〔    〕와 **❷**〔    〕의 상호 작용으로 밀접하게 관련되어 있다.

답 **❶** 대기 **❷** 해양

**6강 기후 변화**

## 5

그림은 고기후를 연구하는 데 이용되는 재료들을 나타낸 것이다.

  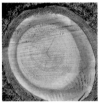

산호 화석          빙하 시추물          나무 나이테

이에 대한 설명으로 옳은 것만을 〈보기〉에서 있는 대로 고르시오.

— 보기 •
ㄱ. 산호 화석이 발견된 지층은 퇴적될 시기에 따뜻하고 얕은 바다였을 것이다.
ㄴ. 빙하 시추물을 연구하면 빙하가 생성될 당시의 대기 조성을 알 수 있다.
ㄷ. 나무 나이테의 간격이 넓으면 과거 기후가 한랭하고 건조한 기후였음을 알 수 있다.

**Tip**
빙하 시추물 속의 **❶** 방울을 분석하면 과거의 **❷** 조성을 알 수 있다.

답 ❶ 공기 ❷ 대기

## 7

그림은 현재 지구의 공전 궤도와 자전축의 경사 방향을 나타낸 것이다.

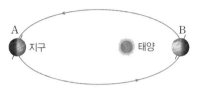

이에 대한 설명으로 옳은 것만을 〈보기〉에서 있는 대로 고르시오. (단, 공전 궤도 이심률, 자전축 경사 방향 이외의 요인은 변하지 않는다고 가정한다.)

— 보기 •
ㄱ. 우리나라의 평균 기온은 A일 때가 B일 때보다 낮다.
ㄴ. 자전축의 경사 방향이 반대로 되는 데 걸리는 시간은 약 26000년이다.
ㄷ. 지구 공전 궤도 이심률이 현재보다 작아지면 우리나라에서 여름철의 평균 기온은 더 높아진다.

**Tip**
지구 공전 궤도 **❶** 이 현재보다 작아지면 지구의 공전 궤도는 **❷** 에 더 가까워진다.

답 ❶ 이심률 ❷ 원

## 6

그림은 지구 공전 궤도 이심률과 자전축의 경사각을 현재와 비교하여 나타낸 것이다.
우리나라에서 나타나는 현상에 대한 설명으로 옳은 것만을 〈보기〉에서 있는 대로 고르시오. (단, 지구 자전축의 경사각과 공전 궤도 이심률 이외의 요인은 고려하지 않는다.)

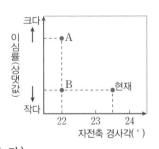

— 보기 •
ㄱ. 기온의 연교차는 A보다 B일 때가 더 작다.
ㄴ. 현재보다 B일 때 겨울철 평균 기온이 높다.
ㄷ. 여름철 평균 기온이 가장 높은 시기는 A이다.

**Tip**
지구 자전축의 경사각 변화만을 고려하면 경사각이 **❶** 질수록 북반구의 **❷** 철 평균 기온은 더 낮아진다.

답 ❶ 커 ❷ 겨울

## 8

그림은 1980년부터 2015년까지 북극 주변의 빙하 면적 변화를 나타낸 것이다.
이에 대한 설명으로 옳은 것만을 〈보기〉에서 있는 대로 고르시오.

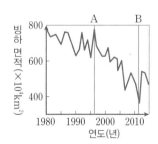

— 보기 •
ㄱ. 북극의 빙하 면적은 감소하는 추세이다.
ㄴ. 지구의 평균 기온은 A일 때가 B보다 높았다.
ㄷ. 지구의 반사율은 A일 때가 B보다 작았다.

**Tip**
지구의 평균 기온이 **❶** 하면 지구에서 빙하의 면적은 감소하여 반사율은 **❷** 한다.

답 ❶ 상승 ❷ 감소

# 누구나 합격 전략

**5강** 대기와 해양의 상호 작용

## 1

그림 (가)와 (나)는 지구의 자전 유무에 따른 대기 대순환의 모형을 순서 없이 나타낸 것이다.

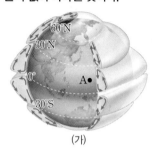

(가)

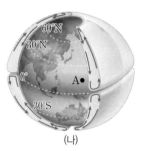

(나)

이에 대한 설명으로 옳은 것만을 〈보기〉에서 있는 대로 고른 것은?

> ● 보기 ●
>
> ㄱ. 지구가 자전하는 경우는 (가)이다.
>
> ㄴ. 대기 순환의 세포는 (가)가 (나)보다 많다.
>
> ㄷ. A 지역의 지상에는 (가)와 (나)에서 모두 북풍 계열의 바람이 분다.

① ㄱ      ② ㄴ      ③ ㄱ, ㄴ

④ ㄴ, ㄷ      ⑤ ㄱ, ㄴ, ㄷ

## 2

해류에 대한 설명으로 옳은 것만을 〈보기〉에서 있는 대로 고른 것은?

> ● 보기 ●
>
> ㄱ. 해류는 저위도의 에너지를 고위도로 수송하는 역할을 한다.
>
> ㄴ. 쿠로시오 해류는 남태평양의 아열대 순환을 이룬다.
>
> ㄷ. 우리나라의 동해에는 조경 수역이 형성된다.

① ㄱ      ② ㄴ      ③ ㄱ, ㄷ

④ ㄴ, ㄷ      ⑤ ㄱ, ㄴ, ㄷ

## 3

표는 대서양의 심층 순환을 형성하는 수괴들의 특징을 순서 없이 나타낸 것이다.

| 구분 | 특징 |
|---|---|
| A | 60°S 부근에서 형성되어 수심 1000 m 부근에서 20°N까지 흐른다. |
| B | 웨델해에서 형성되어 해저를 따라 북쪽으로 이동하여 30°N까지 흐른다. |
| C | 그린란드 해역에서 형성되어 수심 1500~4000 m 사이에서 60°S까지 흐른다. |

이에 대한 설명으로 옳은 것만을 〈보기〉에서 있는 대로 고른 것은?

> ● 보기 ●
>
> ㄱ. A, B, C는 모두 남반구에서 형성된다.
>
> ㄴ. 평균 밀도가 가장 큰 수괴는 B이다.
>
> ㄷ. 평균 수온은 A가 B보다 낮다.

① ㄱ      ② ㄴ      ③ ㄱ, ㄷ

④ ㄴ, ㄷ      ⑤ ㄱ, ㄴ, ㄷ

## 4

라니냐가 발생했을 때의 설명으로 옳은 것만을 〈보기〉에서 있는 대로 고른 것은?

> ● 보기 ●
>
> ㄱ. 무역풍의 세기가 평상시보다 강해진다.
>
> ㄴ. 동태평양 적도 부근 해역에 고기압이 형성된다.
>
> ㄷ. 태평양의 동서 단면에서 해수면의 기울기가 엘니뇨가 발생했을 때보다 급해진다.

① ㄱ      ② ㄴ      ③ ㄱ, ㄷ

④ ㄴ, ㄷ      ⑤ ㄱ, ㄴ, ㄷ

**6강** 기후 변화

## 5

그림 (가)와 (나)는 서로 다른 두 시기의 지구 공전 궤도와 자전축 방향을 나타낸 것이다.

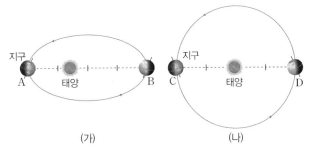

(가)                    (나)

이에 대한 설명으로 옳은 것만을 〈보기〉에서 있는 대로 고른 것은? (단, 지구 공전 궤도의 이심률과 자전축의 경사 방향 변화 이외의 요인은 고려하지 않는다.)

┌─── • 보기 • ───────────────────────────┐
│ ㄱ. 북반구에서 여름철은 A와 C이다.               │
│ ㄴ. 우리나라에서 기온의 연교차는 (가)가 (나)보다 크다.  │
│ ㄷ. 북반구에서 대륙 빙하의 면적이 가장 넓을 때의 위치는  │
│     B이다.                                  │
└──────────────────────────────────────┘

① ㄱ            ② ㄷ            ③ ㄱ, ㄴ
④ ㄴ, ㄷ         ⑤ ㄱ, ㄴ, ㄷ

## 6

지구 기후 변화의 지구 내적 요인으로 옳은 것만을 〈보기〉에서 있는 대로 고른 것은?

┌─── • 보기 • ───────────────────┐
│ ㄱ. 대기와 해양에서의 상호 작용         │
│ ㄴ. 계절에 따른 일사량 변화           │
│ ㄷ. 전 지구적인 빙하의 면적 변화        │
│ ㄹ. 화산 분출로 인한 대기 중 화산재 증가  │
└──────────────────────────────┘

① ㄱ, ㄴ         ② ㄱ, ㄷ         ③ ㄴ, ㄷ
④ ㄱ, ㄴ, ㄷ      ⑤ ㄱ, ㄷ, ㄹ

## 7

그림은 지구에 입사하는 태양 복사 에너지양을 100이라 할 때, 복사 평형 상태에 있는 지구의 열수지를 나타낸 것이다.

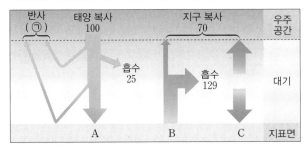

이에 대한 설명으로 옳은 것만을 〈보기〉에서 있는 대로 고른 것은? (단, 각 권역에서 흡수한 에너지양을 양(+)의 값, 방출하는 에너지양은 음(−)의 값으로 표현한다.)

┌─── • 보기 • ───────────────────────┐
│ ㄱ. ㉠은 30이다.                        │
│ ㄴ. A+B+C = 0이다.                     │
│ ㄷ. 지구 온난화가 진행되는 동안 C는 증가한다.  │
└──────────────────────────────────┘

① ㄱ            ② ㄴ            ③ ㄱ, ㄷ
④ ㄴ, ㄷ         ⑤ ㄱ, ㄴ, ㄷ

## 8

기후 변화의 위기에 대응하기 위한 설명으로 옳은 것만을 〈보기〉에서 있는 대로 고른 것은?

┌─── • 보기 • ───────────────────────────┐
│ ㄱ. 메테인의 배출을 증가시킨다.                   │
│ ㄴ. 온실 기체 감축을 위한 국제 협약을 강화한다.       │
│ ㄷ. 화석 연료를 대체할 수 있는 에너지의 개발을 위해 노력  │
│     한다.                                   │
└──────────────────────────────────────┘

① ㄱ            ② ㄷ            ③ ㄱ, ㄴ
④ ㄴ, ㄷ         ⑤ ㄱ, ㄴ, ㄷ

**5강** 대기와 해양의 상호 작용

**1**

그림은 민수가 대기 대순환에 대해 정리한 내용을 나타낸 것이다.

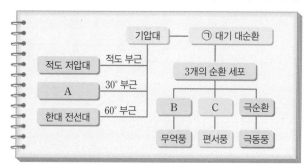

이에 대한 설명으로 옳은 것만을 〈보기〉에서 있는 대로 고른 것은?

┌── • 보기 •
│ ㄱ. A는 열대 저압대이다.
│ ㄴ. B와 C 중 직접 순환은 B이다.
│ ㄷ. 위도별 에너지 불균형을 해소하기 위해 ㉠이 나타난다.
└──

① ㄱ       ② ㄴ       ③ ㄱ, ㄷ
④ ㄴ, ㄷ       ⑤ ㄱ, ㄴ, ㄷ

**2**

그림은 북반구의 아열대 순환을 구성하는 해류의 종류에 대해 원격 수업 시간에 학생들이 발표하는 모습을 나타낸 것이다.

이에 대해 옳은 대답을 제시한 학생만을 있는 대로 고른 것은?

① A       ② C       ③ A, B
④ B, C       ⑤ A, B, C

**Tip**

A는 **❶** ⬚ 고압대이다. 무역풍을 형성시키는 순환 세포는 해들리 순환이고, 편서풍을 형성시키는 순환 세포는 **❷** ⬚ 순환이다.

圕 **❶** 아열대 **❷** 페렐

**Tip**

북반구의 아열대 순환은 **❶** ⬚ 대에서 서쪽으로 흐르는 해류와 편서풍대에서 동쪽으로 흐르는 해류가 이어져서 형성되고, **❷** ⬚ 방향으로 순환한다.

圕 **❶** 무역풍 **❷** 시계

# 3

그림은 우리나라 주변 해류의 종류를 특징에 따라 구분하는 과정을 나타낸 것이다.

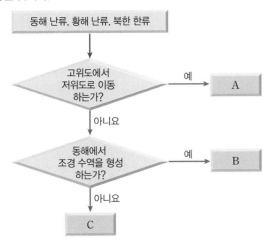

A, B, C에 해당하는 해류를 옳게 짝 지은 것은?

| | A | B | C |
|---|---|---|---|
| ① | 북한 한류 | 동한 난류 | 황해 난류 |
| ② | 북한 한류 | 황해 난류 | 동한 난류 |
| ③ | 황해 난류 | 북한 한류 | 동한 난류 |
| ④ | 동한 난류 | 황해 난류 | 북한 한류 |
| ⑤ | 동한 난류 | 북한 한류 | 황해 난류 |

# 4

다음은 해수의 순환을 알아보기 위한 실험이다.

| 실험 과정 |

(가) 밑면에 구멍이 뚫린 컵을 물이 담긴 수조의 한쪽 모서리에 설치하고, 컵에 얼음을 넣는다.

(나) 방습지를 얼음이 담긴 컵의 반대쪽 수면 위에 놓는다.

(다) 일정한 농도의 소금물을 얼음이 담긴 컵에 천천히 부어 준다.

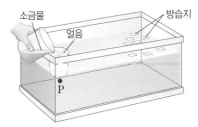

(라) 방습지의 흐름을 관찰한다.

| 실험 결과 |

> A

이에 대한 설명으로 옳은 것만을 〈보기〉에서 있는 대로 고른 것은?

• 보기 •
ㄱ. P 지점에는 소금물의 침강이 일어난다.
ㄴ. 해수의 심층 순환 과정을 알아보기 위한 실험이다.
ㄷ. A는 '방습지는 얼음이 담긴 컵 쪽으로 이동한다.'가 적절하다.

① ㄱ      ② ㄴ      ③ ㄱ, ㄷ
④ ㄴ, ㄷ      ⑤ ㄱ, ㄴ, ㄷ

**Tip**

우리나라 주변 난류의 근원은 ❶ [ ] 해류이고, 한류의 근원은 ❷ [ ] 한류이다.

답 ❶ 쿠로시오 ❷ 연해주

**Tip**

해수의 심층 순환은 수온과 ❶ [ ]의 변화에 따른 ❷ [ ] 차이로 인해 형성된다.

답 ❶ 염분 ❷ 밀도

**6강** 기후 변화

## 5

그림은 기후 변화의 요인에 대한 학생 A, B, C의 대화 내용이다.

판이 이동하여 초대륙을 형성하면 기후 변화가 나타날 수 있어.

사막의 면적이 증가하면 지표면에서 흡수하는 태양 복사 에너지양은 감소할 거야.

화산 분출로 대기 중의 화산재가 증가하면 지구의 평균 기온은 상승해.

학생 A　　　　학생 B　　　　학생 C

제시한 내용이 옳은 학생만을 있는 대로 고른 것은?

① A　　　　② C　　　　③ A, B
④ B, C　　　　⑤ A, B, C

## 6

그림은 기후 변화를 일으키는 요인들의 종류와 대표적인 예를 나타낸 것이다.

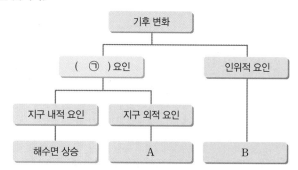

기후 변화

( ㉠ ) 요인　　　　인위적 요인

지구 내적 요인　　지구 외적 요인

해수면 상승　　　A　　　　B

이에 대한 설명으로 옳은 것만을 〈보기〉에서 있는 대로 고른 것은?

● 보기 ●

ㄱ. ㉠에는 '자연적'이 적절하다.

ㄴ. 태양 활동의 변화는 B에 해당한다.

ㄷ. 기후 변화가 일어나는 속도는 대체로 A가 B보다 빠르다.

① ㄱ　　　　② ㄷ　　　　③ ㄱ, ㄴ
④ ㄴ, ㄷ　　　　⑤ ㄱ, ㄴ, ㄷ

**Tip**

화산이 분출하면 대기 중 수증기나 이산화 탄소의 농도가 **❶**[ ]하고, 해수 온도 상승으로 해수에서 이산화 탄소가 대기로 방출되는 경우 지구의 평균 기온이 **❷**[ ]한다.

**답 ❶** 증가 **❷** 상승

**Tip**

기후 변화를 일으키는 지구 **❶**[ ] 요인과 지구 외적 요인은 모두 기후 변화의 **❷**[ ] 요인이다.

**답 ❶** 내적 **❷** 자연적

# 7

그림은 기후 변화를 일으키는 지구 외적 요인의 종류와 간략한 내용을 순서 없이 나타낸 것이다.

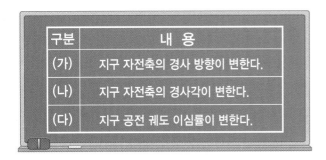

| 구분 | 내 용 |
|---|---|
| (가) | 지구 자전축의 경사 방향이 변한다. |
| (나) | 지구 자전축의 경사각이 변한다. |
| (다) | 지구 공전 궤도 이심률이 변한다. |

이에 대한 설명으로 옳은 것만을 〈보기〉에서 있는 대로 고른 것은?

보기
ㄱ. (가)는 지구의 세차 운동이다.
ㄴ. (가), (나), (다)는 모두 주기적으로 나타난다.
ㄷ. (나)는 태양과 지구 사이의 거리 변화가 없는 요인이다.

① ㄴ      ② ㄷ      ③ ㄱ, ㄴ
④ ㄴ, ㄷ      ⑤ ㄱ, ㄴ, ㄷ

**Tip**

지구 자전축 경사 방향의 변화 주기는 약 ❶ [   ] 년이고, 지구 자전축 경사각의 변화 주기는 약 ❷ [   ] 년이며, 지구 공전 궤도 이심률의 변화 주기는 약 10만 년이다.

🔒 ❶ 26000 ❷ 41000

# 8

그림은 지구 온난화와 관련하여 일어나는 현상들을 나타낸 것이다.

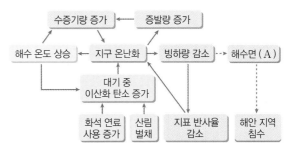

이 자료에 대해 옳은 의견을 제시한 학생만을 있는 대로 고른 것은?

① A      ② C      ③ A, B
④ B, C      ⑤ A, B, C

**Tip**

지구 온난화로 인해 지구의 평균 기온이 상승하면 빙하의 면적은 ❶ [   ] 하여 해수면의 높이는 ❷ [   ] 한다.

🔒 ❶ 감소 ❷ 상승

# V. 별과 외계 행성계
# VI. 외부 은하와 우주 팽창

**7강** 별의 특성과 진화

## 8강 외계 행성계와 우주 팽창

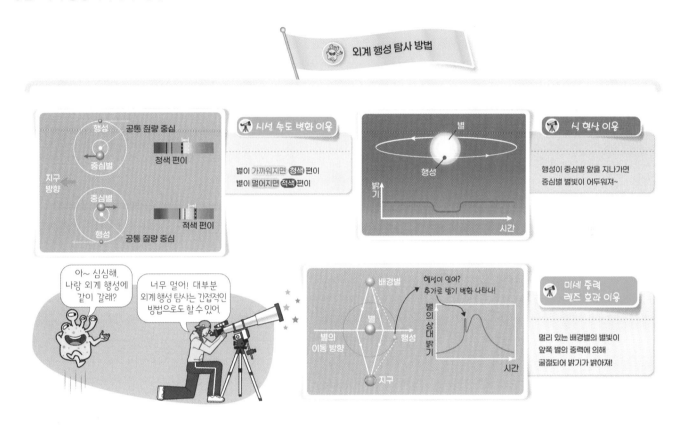

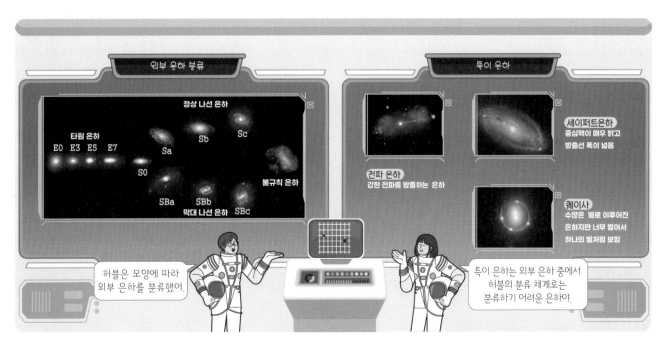

## 개념 ❶ | 별의 물리량

### 1. 별의 색과 표면 온도

① **빈의 변위 법칙** 흑체의 표면 온도($T$)가 높을수록 최대 에너지를 방출하는 파장($\lambda_{max}$)이 짧아진다. → $\lambda_{max} = $ **❶** ($a$: 빈의 상수)

② **별의 색지수** 별을 사진기(B등급)와 사람의 눈(V등급)으로 관찰했을 때 나타나는 등급의 차이 → 색지수가 작을수록 표면 온도가 **❷** .

### 2. 별의 스펙트럼
별은 **❸** 스펙트럼이 나타나는데, 별의 표면 온도에 따라 흡수선의 종류와 세기가 다르게 나타난다.

### 3. 별의 광도와 크기

① **슈테판·볼츠만의 법칙** 별이 단위 시간당 단위 면적에서 방출하는 에너지양($E$)은 표면 온도($T$)의 **❹** 에 비례한다는 법칙 → $E = \sigma T^4$ ($\sigma$: 슈테판·볼츠만 상수)

② **별의 광도** 별이 단위 시간동안 방출하는 에너지의 총량 [J/s]

 → 별의 표면적 × 단위 시간 동안 단위 면적에서 방출하는 에너지양

 → $L = 4\pi R^2 \sigma T^4$ ($L$: 광도, $R$: 별의 반지름, $T$: 별의 표면 온도)

③ **절대 등급** 별이 10 pc의 거리에 있을 때 등급으로, 광도와 관련 있다.

**절대 등급이 5등급 작으면, 광도는 100배 크다.**

답 ❶ $\dfrac{a}{T}$ ❷ 높다 ❸ 흡수 ❹ 네제곱

**Quiz**

❶ 흑체가 방출하는 에너지를 파장에 따라 나타낸 그래프를 ☐ 곡선이라고 한다.

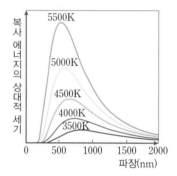

❷ 별은 스펙트럼 흡수선의 ☐ 와 원소의 종류에 따라 분광형을 구분할 수 있다.

❸ 별의 광도가 클수록 절대 등급은 ( 크다, 작다 ).

답 ❶ 플랑크 ❷ 세기 ❸ 작다

## 개념 ❷ | 별의 에너지원

### 1. 별의 에너지원

① **원시별** 중력 수축 에너지가 가장 큰 에너지원이다.

② **주계열성** 수소 핵융합 반응 → 1개의 헬륨 원자핵은 **❶** 개의 수소 원자핵보다 질량이 작다. 이때 줄어든 질량이 에너지로 전환된다.

수소 핵융합 반응: $4H \rightarrow He + E$

| 양성자·양성자 반응(P-P 반응) | 탄소·질소·산소 순환 반응(CNO 순환 반응) |
|---|---|
| • 질량이 작은 별에서 주로 발생 | • 질량이 큰 별에서 주로 발생 |
| • 중심부의 온도가 1800만 K 이하에서 우세함 | • 중심부의 온도가 1800만 K 이상에서 우세함 |

양성자·양성자 반응 그림:
$^1H$, $^2H$, $^3He$, $^4He$
● 양성자 ● 중성자 ● 양전자 $\nu$ 중성미자 $\gamma$ 감마선

CNO 순환 반응 그림:
$^4He$, $^1H$, $^{12}C$, $^{13}N$, $^{13}C$, $^{14}N$, $^{15}O$, $^{15}N$
● 양성자 ○ 중성자 ● 양전자 $\nu$ 중성미자 $\gamma$ 감마선

③ **적색 거성** 중심부의 온도가 1억 K이 되면 **❷** 핵융합 반응이 일어난다.

답 ❶ 4 ❷ 헬륨

**Quiz**

❶ 수소 핵융합 반응은 수소 원자핵 ☐ 개가 융합하여 1개의 헬륨 원자핵을 형성한다. 이때 수소 원자핵 4개를 합한 질량이 헬륨 원자핵 1개의 질량보다 ( 크므로 , 작으므로 ) 줄어든 질량만큼 에너지가 발생한다.

❷ 별의 질량이 태양 정도인 별은 중심부에서 ( P-P 반응, CNO 순환 반응 )이 우세하다.

❸ 헬륨 핵융합 반응이 일어나기 위해서는 별 내부의 온도가 ☐ K 이상이어야 한다.

답 ❶ 4, 크므로 ❷ P-P 반응 ❸ 1억

## ❶-1

그림은 별의 분광형과 스펙트럼을 나타낸 것이다.

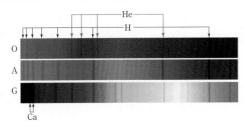

이에 대한 설명으로 옳은 것은?

① O형 별은 A형 별보다 표면 온도가 낮다.

② A형 별에서는 수소 흡수선이 가장 강하게 나타난다.
<br>모든 분광형 중 수소 흡수선의 세기가 가장 강한 것은 A형이다.

③ 별의 흡수선의 종류와 세기가 다른 가장 중요한 이유는 별의 화학 조성이 다르기 때문이다.
<br>별의 흡수선의 종류와 세기는 주로 별의 표면 온도에 따라 다르게 나타난다.

④ 최대 에너지를 방출하는 파장($\lambda_{max}$)은 A형보다 G형 별이 짧다.

⑤ 단위 시간당 단위 면적에서 방출하는 에너지양은 O형보다 G형 별이 많다.

**풀이** 별의 흡수선의 종류와 세기로 스펙트럼을 분류할 수 있는데, 이를 [①  ]이라고 한다. 별의 분광형을 표면 온도가 높은 것부터 나열하면 O → B → A → F → G → K → M 순이 된다. 또한 표면 온도가 높을수록 단위 시간당 단위 면적에서 방출하는 에너지의 양은 ②( 증가, 감소 )하고, 최대 에너지를 방출하는 파장은 ③( 짧아, 길어 )진다.

❶ 분광형  ❷ 증가  ❸ 짧아    **답** ②

## ❶-2

그림은 별 (가), (나)의 파장에 따른 복사 에너지의 상대적 세기를 나타낸 것이다.

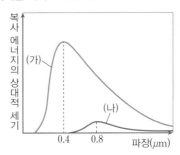

이에 대한 설명으로 옳은 것만을 〈보기〉에서 있는 대로 고른 것은?

┌─ 보기 ─────────────────────┐
ㄱ. 최대 에너지를 방출하는 파장은 (가)가 (나)보다 짧다.

ㄴ. 별의 표면 온도는 (나)가 (가)보다 높다.

ㄷ. 색지수는 (가)가 (나)보다 크다.
└───────────────────────────┘

① ㄱ       ② ㄴ       ③ ㄱ, ㄷ
④ ㄴ, ㄷ    ⑤ ㄱ, ㄴ, ㄷ

## ❷-1

그림은 주계열성의 중심부에서 일어나는 핵융합 반응을 나타낸 것이다.
<br>양성자−양성자 반응(P-P 반응)으로 에너지를 생성하는 과정이다.

● 양성자
○ 중성자
● 양전자
ν 중성미자
γ 감마선

이에 대한 설명으로 옳은 것만을 〈보기〉에서 있는 대로 고르시오.

┌─ 보기 ─────────────────────┐
ㄱ. 질량이 태양 정도인 별의 중심부에서 주로 나타난다.

ㄴ. 중심부의 온도가 1800만 K 이상에서 우세하게 일어나는 수소 핵융합 반응이다.

ㄷ. 질소가 촉매 역할을 한다.
└───────────────────────────┘

**풀이** ㄴ. P-P 반응은 중심부 온도가 1800만 K [①  ]에서 우세하게 일어난다. ㄷ. 탄소·질소·산소가 촉매 역할을 하는 것은 [②  ] 반응이다.

❶ 이하  ❷ CNO 순환    **답** ㄱ

## ❷-2

수소 핵융합 반응에 대한 설명으로 옳은 것만을 〈보기〉에서 있는 대로 고른 것은?

┌─ 보기 ─────────────────────┐
ㄱ. 수소 원자핵 4개의 질량이 헬륨 원자핵 1개의 질량보다 크다.

ㄴ. 질량이 큰 별일수록 수소 원자핵이 헬륨 원자핵으로 변환되는 속도가 빠르다.

ㄷ. 질량이 태양 정도인 별 내부에서는 CNO 순환 반응보다 P-P 반응이 우세하다.
└───────────────────────────┘

① ㄱ       ② ㄴ       ③ ㄱ, ㄷ
④ ㄴ, ㄷ    ⑤ ㄱ, ㄴ, ㄷ

2주 • V. 별과 외계 행성계 ~ VI. 외부 은하와 우주 팽창  **41**

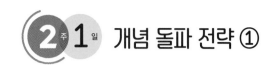
**개념 ❸** │ 외계 행성과 생명 가능 지대

**1. 외계 행성 탐사법**

① **중심별의 시선 속도를 이용하는 방법** 별과 행성이 ❶〔　　　〕을 중심으로 공전함에 따라 도플러 효과에 의한 파장의 변화를 이용하여 외계 행성을 탐사하는 방법

　• 도플러 효과: 천체가 관측자로부터 거리가 달라짐에 따라 파장이 변하는 현상

$$\frac{v}{c}=\frac{\Delta\lambda}{\lambda_0}\ (c\text{: 빛의 속도},\ v\text{: 후퇴 속도},\ \lambda_0\text{: 기준 파장},\ \Delta\lambda\text{: 파장 변화량})$$

② **식 현상을 이용하는 방법** 공전하는 외계 행성이 중심별의 앞면을 지나면서 중심별을 가리는 ❷〔　　　〕에 의한 중심별의 밝기 변화를 관측하여 외계 행성을 탐사하는 방법

③ **미세 중력 렌즈 현상을 이용하는 방법** 중심별을 공전하는 외계 행성이 있는 경우 미세 중력 렌즈 현상으로 같은 시선 방향에 있는 배경별의 밝기 변화가 나타날 수 있는데, 이를 이용하여 앞쪽 별의 외계 행성을 탐사하는 방법

▲ 중심별의 시선 속도 이용

▲ 식 현상 이용

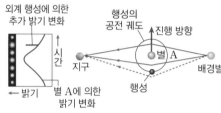
▲ 미세 중력 렌즈 현상 이용

답 ❶ 공통 질량 중심 ❷ 식 현상

**개념 ❹** │ 외부 은하와 우주 팽창

**1. 외부 은하의 분류**

① **허블의 은하 분류** 허블은 외부 은하를 가시광선 영역에서 관측되는 형태에 따라 ❶〔　　　〕, 나선 은하, 불규칙 은하로 분류

② **특이 은하** 허블의 은하 분류로 분류되지 않는 특이한 은하로 전파 은하, ❷〔　　　〕, 세이퍼트은하가 있다.

**2. 허블 법칙**

① 멀리 있는 은하일수록 우리은하로부터 후퇴하는 속도가 **빠르다.** → 우주는 팽창한다.

$$v=Hr\ (v\text{: 후퇴 속도},\ H\text{: 허블 상수},\ r\text{: 은하까지의 거리})$$

② **허블 상수와 우주의 크기와 나이** 관측된 허블 상수가 클수록 우주의 나이는 젊고, 우주의 크기는 작다.

$$\text{우주의 나이}=\frac{1}{H},\ \text{우주의 크기}=\frac{c}{H}\ (c\text{: 빛의 속도})$$

**3. 우주의 구성 성분**

① 우주의 구성 성분에는 보통 물질, 암흑 물질, ❸〔　　　〕가 있다.

② **가속 팽창 우주** 우주는 현재 암흑 에너지에 의해 가속 팽창하고 있다.

암흑 물질 (26.8 %)
암흑 에너지 (68.3 %)
보통 물질 (4.9 %)

▲ 현재 우주의 구성

답 ❶ 타원 은하 ❷ 퀘이사 ❸ 암흑 에너지

## ❸-1

그림은 어느 외계 행성 탐사법을 나타낸 것이다.

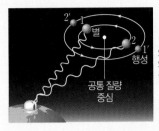

외계 행성 탐사법 중 중심별의 시선 속도(도플러 효과)를 이용하는 방법이다.

이에 대한 설명으로 옳은 것은?

① 식 현상을 이용한 방법이다.
② 외계 행성의 파장 변화를 관찰한다. → 중심별의 파장 변화를 관찰한다.
③ 외계 행성은 중심별을 공전한다. → 외계 행성과 중심별은 공통 질량 중심을 공전한다.
④ 중심별이 1에 있을 때 별빛의 청색 편이가 관찰된다.
⑤ 중심별이 2에 있을 때 외계 행성은 지구에서 멀어진다.
→ 파장이 짧아지는 현상
→ 외계 행성과 중심별의 이동 방향은 반대이다.

**풀이** 그림은 도플러 효과를 이용한 외계 행성 탐사법이다. 도플러 효과를 이용한 방법은 ❶ 의 주기적인 파장의 변화로 청색 편이와 적색 편이가 나타나게 된다. 이때 외계 행성과 중심별은 공통 질량 중심을 같은 ❷ 로 공전한다. 중심별은 외계 행성과 ❸ 에 대해 대칭의 위치에 존재한다.

❶ 중심별 ❷ 주기 ❸ 공통 질량 중심   **답** ④

## ❸-2

그림은 생명 가능 지대의 위치를 중심별의 질량에 따라 나타낸 것이다.

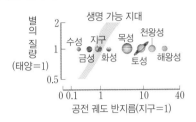

이에 대한 설명으로 옳은 것만을 〈보기〉에서 있는 대로 고른 것은?

• 보기 •
ㄱ. 중심별의 질량이 클수록 생명 가능 지대가 중심별로부터 멀리 나타난다.
ㄴ. 중심별의 질량이 클수록 생명 가능 지대의 폭이 넓다.
ㄴ. 태양계에서 생명 가능 지대에 위치한 것은 지구이다.

① ㄱ          ② ㄴ          ③ ㄱ, ㄷ
④ ㄴ, ㄷ      ⑤ ㄱ, ㄴ, ㄷ

## ❹-1

그림은 허블의 은하 분류 체계로 외부 은하를 분류한 것이다.

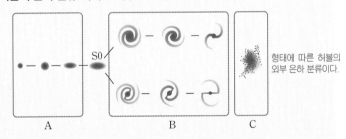

형태에 따른 허블의 외부 은하 분류이다.

이에 대한 설명으로 옳은 것만을 〈보기〉에서 있는 대로 고른 것은?

• 보기 •
ㄱ. A는 타원 은하이다.
ㄴ. B는 은하핵과 나선팔로 구성되어 있다.
ㄷ. C는 규칙적인 형태가 없다.

① ㄱ       ② ㄷ       ③ ㄱ, ㄴ       ④ ㄴ, ㄷ       ⑤ ㄱ, ㄴ, ㄷ

**풀이** 그림의 A는 타원 은하, B는 나선 은하, C는 ❶ 은하이다. 나선 은하는 은하핵과 나선팔로 구성되어 있고, ❷ 이 감긴 정도에 따라 Sa, Sb, Sc로 세분할 수 있다. 불규칙 은하는 타원 은하, 나선 은하와 같은 규칙적인 모양이 없다.

❶ 불규칙 ❷ 나선팔   **답** ⑤

## ❹-2

표는 우주를 구성하는 세 요소를 순서 없이 나타낸 것이다. A~C는 각각 암흑 물질, 암흑 에너지, 보통 물질 중 하나이다.

| 구성 요소 | 비율(%) |
|---|---|
| A | 26.8 |
| B | 68.3 |
| C | 4.9 |

이에 대한 설명으로 옳은 것만을 〈보기〉에서 있는 대로 고른 것은?

• 보기 •
ㄱ. A는 암흑 에너지이다.
ㄴ. 우주를 가속 팽창시키는 것은 B이다.
ㄷ. C는 빛으로 관측될 수 있다.

① ㄱ          ② ㄴ          ③ ㄱ, ㄷ
④ ㄴ, ㄷ      ⑤ ㄱ, ㄴ, ㄷ

# 개념 돌파 전략 ②

**7강** 별의 특성과 진화

바탕 문제

태양의 분광형은 **①**□□□이다. 중성 수소의 흡수선이 가장 강한 분광형은 **②**□□형 이다.

답 ❶ G2 ❷ A

**1** 그림은 별의 분광형에 따른 흡수선의 세기를 나타낸 것이다.

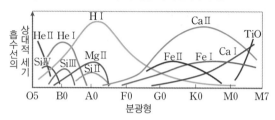

이에 대한 설명으로 옳은 것만을 〈보기〉에서 있는대로 고르시오.

● 보기 ●
ㄱ. 중성 수소 흡수선의 세기가 가장 강한 별의 분광형은 B형이다.
ㄴ. HeⅡ 흡수선이 가장 강한 별은 태양보다 표면 온도가 낮다.
ㄷ. 흡수선의 세기는 별의 표면 온도에 따라 달라진다.

바탕 문제

H-R도에서 별은 백색 왜성, 주계열성, **①**□□□, 초거성 등 4집단으로 구분할 수 있다. 별의 평균 밀도는 초거성에 비해 백색 왜성이 **②**( 크고 , 작고 ), 반지름은 초거성이 백색 왜성보다 크다.

답 ❶ 거성 ❷ 크고

**2** 그림의 ㉠~㉢은 H-R도상에 별을 분류하여 나타낸 것이다.
이에 대한 설명으로 옳은 것만을 〈보기〉에서 있는 대로 고르시오.

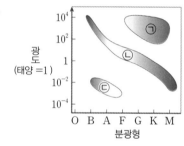

● 보기 ●
ㄱ. ㉠은 ㉢보다 절대 등급이 작다.
ㄴ. ㉡은 ㉢보다 평균 밀도가 크다.
ㄷ. 별은 ㉠ → ㉡으로 진화한다.

바탕 문제

수소 핵융합 반응에는 P-P 반응과 CNO 순환 반응이 있다. 중심부의 **①**□□에 따라 두 반응의 비율이 달라지는데, 중심부의 온도가 높은 별의 경우 **②**□□□□□이 더 우세하다.

답 ❶ 온도 ❷ CNO 순환 반응

**3** 그림은 P-P 반응과 CNO 순환 반응 중 하나를 나타낸 것이다.
이에 대한 설명으로 옳은 것만을 〈보기〉에서 있는 대로 고르시오.

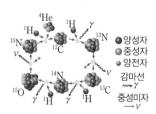

● 보기 ●
ㄱ. CNO 순환 반응이다.
ㄴ. 2개의 탄소가 2개의 질소로 변환되는 과정이다.
ㄷ. 중심별의 질량이 태양보다 작은 별에서 주로 나타난다.

## 8강 외계 행성계와 우주 팽창

**4** 그림은 외계 행성계를 탐사하는 방법을 나타낸 것이다.
이에 대한 설명으로 옳은 것만을 〈보기〉에서 있는 대로 고르시오.

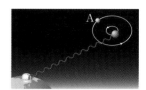

— 보기 —
ㄱ. 식 현상을 이용한 방법이다.
ㄴ. A의 질량이 클수록 행성의 존재를 파악하는 데 유리하다.
ㄷ. 공전 궤도면이 시선 방향과 수직일수록 관측이 쉽다.

**5** 그림은 서로 다른 외계 행성계 (가), (나)를 나타낸 것이다.

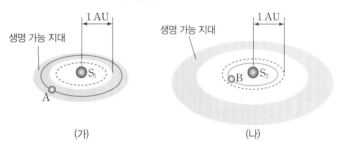

(가)   (나)

이에 대한 설명으로 옳은 것만을 〈보기〉에서 있는 대로 고르시오.

— 보기 —
ㄱ. A, B 중 생명 가능 지대에 위치한 것은 A이다.
ㄴ. 별의 절대 등급은 $S_1$이 $S_2$보다 크다.
ㄷ. 생명 가능 지대의 폭은 (가)보다 (나)에서 넓다.

**6** 다음은 우주의 구성 물질에 대한 세 학생의 대화이다.

현재 우주의 구성 성분 중 암흑 에너지가 가장 큰 비율을 차지해.

암흑 물질은 우리 눈에 보이지 않기 때문에 중력을 이용한 방법으로 존재를 추정할 수 있어.

보통 물질은 우주의 팽창을 가속시키는 역할을 해.

A   B   C

대화 내용이 옳은 학생만을 있는 대로 고른 것은?
① A   ② C   ③ A, B   ④ B, C   ⑤ A, B, C

## 전략 ❶ | 별의 물리량

1. **별의 표면 온도** 별의 색, 빈의 변위 법칙으로 알 수 있다.
2. **별의 분광형** 흡수선의 종류와 세기에 따라 분류하며 표면 온도 순으로 나열하면 O>B>A>F>G>K>M이다. 태양의 분광형은 G2형이다.
3. **별의 광도와 반지름**
① 광도: 단위 시간당 방출하는 에너지의 총량, 광도가 클수록 절대 등급이 작다.
② 별의 반지름($R$): 별의 표면 온도($T$)와 광도($L$)를 알면 **❶** 을 알 수 있다.

$$L = 4\pi R^2 \cdot \sigma T^4 (\sigma: \text{슈테판} \cdot \text{볼츠만 상수})$$

별의 표면 온도
- 색 → 별의 색깔이 붉을수록 표면 온도는 **②** .
- 스펙트럼 → 분광형
- 빈의 변위 법칙 → **③** 방출 파장이 짧을수록 표면 온도가 높다.

답 ❶ 반지름($R$) ❷ 낮다 ❸ 최대 에너지

### 필수 예제 1

그림은 별의 분광형에 따른 흡수선의 종류와 세기를, 표는 별 (가)와 (나)의 스펙트럼 특징을 나타낸 것이다. 단, (가), (나)는 각각 A와 G형 별 중 하나이고, A형 별의 표면 온도는 약 10000 K이다.

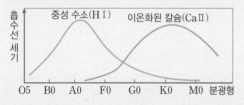

| 별 | 특징 |
|---|---|
| (가) | 중성 수소에 의한 흡수선이 가장 강하게 나타난다. |
| (나) | CaⅡ 흡수선이 가장 강하게 나타난다. |

**풀이**

별 (가)는 중성 수소에 의한 흡수선이 가장 강하게 나타나므로 A형 별, (나)는 이온화된 칼슘에 의한 흡수선이 가장 강하게 나타나므로 G형 별에 해당한다. A형 별의 표면 온도는 약 10000 K이므로 (나)의 표면 온도는 10000 K보다 낮다. 단위 시간당 단위 면적에서 방출하는 에너지양은 표면 온도가 높은 (가)가 더 많다.

이에 대한 설명으로 옳은 것만을 〈보기〉에서 있는 대로 고르시오.

• 보기 •
ㄱ. (가)는 A형 별이다.
ㄴ. (나)의 표면 온도는 10000 K보다 높다.
ㄷ. 단위 시간당 단위 면적에서 방출하는 에너지양은 (가)가 (나)보다 많다.

답 ㄱ, ㄷ

### 1-1

표는 별 A, B, C의 물리량을 나타낸 것이다.
이에 대한 설명으로 옳은 것만을 〈보기〉에서 있는 대로 고르시오.

| 별 | 분광형 | 광도 (태양=1) |
|---|---|---|
| A | A1 | 5 |
| B | G3 | 5 |
| C | M4 | 5 |

• 보기 •
ㄱ. 표면 온도는 B가 C보다 높다.
ㄴ. 반지름은 A가 C보다 작다.
ㄷ. 중성 수소 흡수선의 세기는 A에서 가장 강하게 나타난다.

중성 수소 흡수선은 A형 별에서 가장 강하게 나타나. 별의 광도($L$)는 $L=4\pi R^2 \sigma T^4$이야. 꼭 기억해!

## 전략 ❷ │ H-R도와 별의 종류

1. H-R도 가로축에 별의 ❶ , 세로축에 별의 절대 등급(또는 광도)을 나타낸 그래프로 별을 4가지 집단으로 분류할 수 있다.

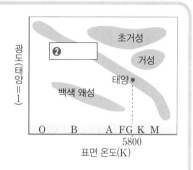

① 주계열성: H-R도에서 왼쪽 위부터 오른쪽 아래로 대각선을 따라 분포하는 별. 별의 80~90 %가 ❷ 에 속한다. 왼쪽 위에 분포할수록 표면 온도가 높고 광도가 크며 반지름과 질량이 크다.

② 거성: 주계열의 H-R도에서 오른쪽 위에 분포하는 별. 반지름이 크고 광도가 크다.

③ 초거성: 거성보다 H-R도에서 더 위쪽에 분포하는 별. 반지름이 가장 크고 광도도 가장 크다.

④ 백색 왜성: H-R도에서 왼쪽 아래에 분포하는 별. 표면 온도가 높고 반지름이 매우 작다.

답 ❶ 표면 온도(또는 분광형) ❷ 주계열성

### 필수 예제 2

그림은 H-R도에 별들을 ㉠~㉣ 그룹으로 분류하여 나타낸 것이다.
이에 대한 설명으로 옳은 것만을 〈보기〉에서 있는 대로 고르시오.

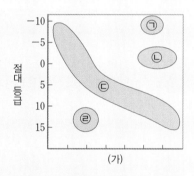

**풀이**

㉠은 초거성, ㉡은 거성, ㉢은 주계열성, ㉣은 백색 왜성이다. 별의 반지름은 초거성이 가장 크다. H-R도에서 왼쪽으로 갈수록 표면 온도가 높으므로 ㉣이 ㉡보다 표면 온도가 높다. H-R도는 가로축에 표면 온도 또는 분광형을 쓴다.

**보기**

ㄱ. ㉠~㉣ 중 별의 반지름은 ㉠이 가장 크다.

ㄴ. 표면 온도는 ㉣이 ㉡보다 높다.

ㄷ. (가)에 들어갈 물리량은 분광형이다.

답 ㄱ, ㄴ, ㄷ

### 2-1

그림은 여러 별들을 H-R도에 나타낸 것이다.
이에 대한 설명으로 옳은 것만을 〈보기〉에서 있는 대로 고르시오.

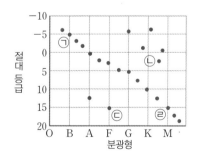

단위 시간당 방출하는 에너지양은 별의 광도가 클수록, 단위 시간당 단위 면적에서 방출하는 에너지양은 별의 표면 온도가 높을수록 커.

**보기**

ㄱ. ㉣은 주계열성이다.

ㄴ. 단위 시간당 방출하는 에너지는 ㉠이 ㉡보다 크다.

ㄷ. 평균 밀도가 가장 큰 것은 ㉢이다.

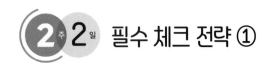
**전략 ③** | 별의 진화

---

### 1. 별의 일생

| 질량이 태양 정도인 별 | 원시별 → 주계열성 → 적색 거성 → ❶ ＿＿＿ → 백색 왜성 |
|---|---|
| 질량이 태양 보다 큰 별 | 원시별 → 주계열성 → 초거성 → ❷ ＿＿＿ → 중성자별, 블랙홀 |

별의 일생을 결정하는 것은 별의 질량이야. 즉, 별의 질량에 따라 진화 경로가 달라져. 그리고 별의 내부 구조도 별의 질량에 따라 달라지게 되지.

### 2. 주계열성과 적색 거성

① 주계열성: 별의 일생 중 가장 오랜 시간 머무는 단계로 정역학 평형 상태이다.

② 적색 거성: 주계열성의 다음 단계로, 별의 반지름이 증가하고, 표면 온도가 낮아진다.

### 3. 별의 질량과 진화 별은 질량이 클수록 모든 단계의 진화가 빠르게 진행되므로 별의 수명이 짧다.

답 ❶ 행성상 성운 ❷ 초신성 폭발

---

**필수 예제 ③**

그림은 질량이 다른 원시별 A~C가 주계열성에 도달하기까지의 진화 경로를 H-R도에 나타낸 것이다.
이에 대한 설명으로 옳은 것만을 〈보기〉에서 있는 대로 고르시오.

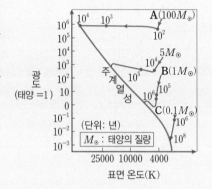

**풀이**

ㄱ. 질량이 클수록 원시별에서 주계열로 진화하는 데 걸리는 시간이 짧다. A가 B보다 질량이 크므로 더 빠르게 주계열에 도달한다.

ㄴ. 별의 수명 $= \dfrac{\text{별의 질량}(M)}{\text{별의 광도}(L)}$ 이며 $L \propto M^{2\sim4}$이므로 C가 주계열에 머무는 기간이 길다.

ㄷ. 그림에서 원시별이 주계열로 진화할 때까지 A는 거의 수평으로 이동하여 광도의 변화율이 작은 반면, B는 거의 수직으로 이동하여 광도의 변화율이 크다.

답 ㄱ, ㄴ

• 보기 •

ㄱ. A는 B보다 빠르게 주계열성에 도달한다.

ㄴ. 주계열에 머무는 기간은 B보다 C가 길다.

ㄷ. 원시별에서 주계열에 도달하기까지 광도의 변화율은 A가 B보다 크다.

---

### 3-1

그림은 별의 진화 경로를 나타낸 것이다.
이에 대한 설명으로 옳은 것만을 〈보기〉에서 있는 대로 고르시오.

원시별 → 주계열성 —(가)→ 초거성 → 초신성 → 블랙홀 / 중성자별
　　　　　　　　　—(나)→ 적색 거성 → 행성상 성운 → 백색 왜성

철은 초신성 폭발이 일어나기 전 별의 중심부에서도 생성되지.

• 보기 •

ㄱ. 태양은 (나)의 경로로 진화한다.

ㄴ. (가)보다 (나) 경로의 별들이 수명은 짧다.

ㄷ. (가) 경로의 별이 초신성 폭발을 하면 철보다 무거운 원소가 생성된다.

**전략 ④ | 별의 에너지원과 내부 구조**

**1. 별의 에너지원**

① 중력 수축 에너지: 원시별의 에너지원

② 수소 핵융합 반응: 수소 원자핵 4개가 1개의 헬륨 원자핵으로 융합하면서 결손된 질량이 에너지로 전환된다. 중심부의 온도가 약 1800만 K 이하에서는 P-P 반응이, 1800만 K 이상에서는 CNO 순환 반응이 우세하다.

③ 헬륨 핵융합 반응: 적색 거성 단계에서 중심부 온도가 **❶**  K에 도달하면 3개의 헬륨 원자핵이 하나의 탄소 원자핵을 만드는 헬륨 핵융합 반응이 일어난다.

> 별은 주계열 단계에서 수소 핵융합 반응으로 에너지를 생성해. 이때 중심부의 온도에 따라 P-P 반응과 CNO 순환 반응 중 우세한 것이 정해져.

**2. 별의 내부 구조**

질량이 태양 정도인 별

광구 / 대류층 / 복사층 / 에너지를 생성하는 중심핵

질량이 태양보다 큰 별

복사층 / 광구 / 대류핵 / 에너지를 생성하는 중심핵

중심핵 — 복사층 — **❷** 

**❸**  — 복사층

답 ❶ 1억 ❷ 대류층 ❸ 대류핵

 **필수예제 4**

그림은 중심핵의 온도에 따른 수소 핵융합 반응에 의한 에너지 생성량을 나타낸 것이다. A, B는 각각 P-P 반응과 CNO 순환 반응 중 하나이다.

이에 대한 설명으로 옳은 것만을 〈보기〉에서 있는 대로 고르시오.

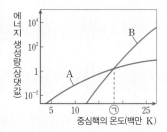

에너지 생성량(상댓값)

중심핵의 온도(백만 K)

**풀이**

중심핵의 온도가 1800만 K보다 낮을수록 P-P 반응이 우세하고, 높을수록 CNO 순환 반응이 우세하므로 A는 P-P 반응, B는 CNO 순환 반응이다. 따라서 탄소가 촉매로 반응하는 것은 B이다. 태양은 내부 온도가 약 1500만 K이므로 P-P 반응이 우세하다.

— 보기 —

ㄱ. A는 탄소가 촉매로 반응한다.

ㄴ. 현재 태양은 A가 B보다 우세하게 나타난다.

ㄷ. ㉠은 1800만 K에 해당한다.

답 ㄴ, ㄷ

**4-1**

그림 (가), (나)는 서로 다른 핵융합 반응을 순서 없이 나타낸 것이다.

이에 대한 설명으로 옳은 것만을 〈보기〉에서 있는 대로 고르시오.

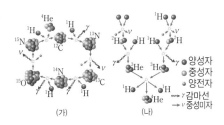

(가) (나)

● 양성자 / ● 중성자 / ● 양전자 / ⟶γ 감마선 / ⟶ν 중성미자

> CNO 순환 반응과 P-P 반응의 차이를 그림으로 기억해 두도록 하자.

— 보기 —

ㄱ. (가)는 P-P 반응이다.

ㄴ. (가), (나) 모두 별의 내부 온도가 약 1억 K 이상에서 일어난다.

ㄷ. 태양 질량의 10배가 넘는 주계열성에서 우세하게 일어나는 것은 (가)이다.

**1** 그림은 광도가 같은 두 별 A, B가 단위 시간당 단위 면적에서 방출하는 에너지의 세기를 파장에 따라 나타낸 것이다.

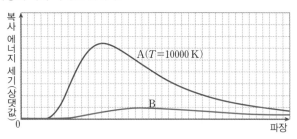

이에 대한 설명으로 옳은 것만을 〈보기〉에서 있는 대로 고른 것은?

> **보기**
>
> ㄱ. 절대 등급은 같다.
> ㄴ. 별의 반지름은 A가 B보다 작다.
> ㄷ. 중성 수소 흡수선의 세기는 A가 B보다 강하다.

① ㄱ    ② ㄷ    ③ ㄱ, ㄴ    ④ ㄴ, ㄷ    ⑤ ㄱ, ㄴ, ㄷ

**Tip**

최대 에너지를 방출하는 파장은 표면 온도가 높을수록 **①**  . 별의 광도 $L$은 표면 온도의 **②**  에 비례하고, 반지름의 제곱에 비례한다.

🔑 **①** 짧다 **②** 네제곱

**2** 그림은 별 A~C를 H-R도에 나타낸 것이다.

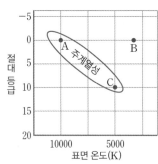

이에 대한 설명으로 옳은 것만을 〈보기〉에서 있는 대로 고른 것은?

> **보기**
>
> ㄱ. B는 거성이다.
> ㄴ. 광도는 A가 C의 10배이다.
> ㄷ. A는 중심부에서 수소 핵융합 반응이 일어난다.

① ㄱ    ② ㄴ    ③ ㄱ, ㄷ    ④ ㄴ, ㄷ    ⑤ ㄱ, ㄴ, ㄷ

**Tip**

H-R도에서 거성은 주계열성보다 **①** ( 왼쪽 아래 , 오른쪽 위 )에 위치한다. 절대 등급이 5등급 차이가 나면 광도는 약 **②**  차이가 난다.

🔑 **①** 오른쪽 위 **②** 100배

**3** 그림 (가), (나)는 각각 행성상 성운과 초신성 폭발의 잔해를 나타낸 것이다.

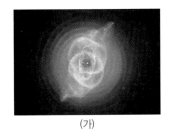

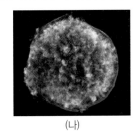

(가)                    (나)

이에 대한 설명으로 옳은 것만을 〈보기〉에서 있는 대로 고른 것은?

• 보기 •
ㄱ. (가)의 내부에는 백색 왜성이 존재한다.
ㄴ. 별의 수명은 (가)보다 (나)가 길다.
ㄷ. (가)로 진화한 별의 질량은 (나)로 진화한 별의 질량보다 크다.

① ㄱ        ② ㄴ        ③ ㄱ, ㄷ        ④ ㄴ, ㄷ        ⑤ ㄱ, ㄴ, ㄷ

**4** 그림 (가), (나)는 중심부의 핵융합 반응이 종료된 서로 다른 두 별의 내부 구조를 나타낸 것이다.

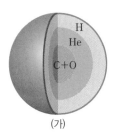

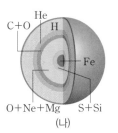

(가)                    (나)

이에 대한 설명으로 옳은 것만을 〈보기〉에서 있는 대로 고른 것은?

• 보기 •
ㄱ. 별의 질량은 (가)보다 (나)가 크다.
ㄴ. 중심부의 온도는 (나)가 (가)보다 낮다.
ㄷ. 핵융합 반응의 단계가 더 많았던 것은 (나)이다.

① ㄱ        ② ㄴ        ③ ㄱ, ㄷ        ④ ㄴ, ㄷ        ⑤ ㄱ, ㄴ, ㄷ

## 2주 3일 필수 체크 전략 ①

### 전략 ❶ | 외계 행성계 탐사법

1. **중심별의 시선 속도 변화를 이용한 방법** 별과 행성이 공통 질량 중심을 공전하면 중심별의 시선 속도가 주기적으로 변한다. 이 때 스펙트럼 분석(관측자 쪽으로 다가오면 청색 편이, 멀어지면 ❶ )을 통해 행성의 존재를 알 수 있다.

2. **식 현상을 이용한 방법** 외계 행성이 중심별 앞을 지나가는 경우 중심별의 겉보기 ❷ 가 줄어든다.

3. **미세 중력 렌즈 현상을 이용한 방법** 같은 시선 방향에 두 개의 별이 있을 경우 중심별과 중심별을 공전하는 행성의 중력에 의해 ❸ 의 밝기 변화가 나타나게 된다. 이를 이용하여 앞쪽 별을 공전하는 행성의 존재를 확인할 수 있다.

▲ 중심별의 시선 속도를 이용한 방법

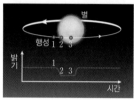

▲ 식 현상을 이용한 방법

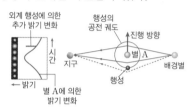

▲ 미세 중력 렌즈 현상을 이용한 방법

답 ❶ 적색 편이 ❷ 밝기 ❸ 배경별

### 필수 예제 1

그림 (가), (나)는 서로 다른 외계 행성계 탐사법을 나타낸 것이다.

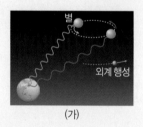

(가)          (나)

이에 대한 설명으로 옳은 것만을 〈보기〉에서 있는 대로 고르시오.

**보기**
ㄱ. (가)는 중심별의 시선 속도 변화를 이용하여 탐사하는 방법이다.
ㄴ. (나)는 미세 중력 렌즈 현상을 이용한 탐사법이다.
ㄷ. (나)에서 행성의 면적이 클수록 행성의 존재를 확인하기 쉽다.

**풀이**
(가)는 중심별의 시선 속도 변화를 이용한 탐사법을, (나)는 식 현상을 이용한 탐사법을 나타낸 것이다. (나)는 행성의 면적이 클수록 중심별의 밝기 변화가 크므로 행성의 존재 유무를 알기 쉽다.

답 ㄱ, ㄷ

### 1-1

그림은 외계 행성에 의한 중심별의 밝기 변화를 나타낸 것이다.
이에 대한 설명으로 옳은 것만을 〈보기〉에서 있는 대로 고르시오.

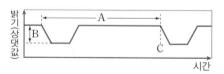

**보기**
ㄱ. A는 행성의 공전 주기이다.
ㄴ. 행성의 반지름이 클수록 B는 크게 나타난다.
ㄷ. C일 때 행성은 지구 방향으로 다가온다.

식 현상으로 인한 중심별의 밝기 변화에서 주기, 감소하는 밝기의 의미를 잘 기억하고 있어야 해.

## 전략 ❷ | 생명 가능 지대와 외계 생명체 탐사

1. **생명 가능 지대** 액체 상태의 물이 존재할 수 있는 영역이다. 중심별의 ❶[ ]가
   클수록 생명 가능 지대가 시작되는 곳은 중심별로부터 멀어지고, 생명 가능 지대의
   폭은 ❷ ( 넓어 , 좁아 )진다.

2. **생명체의 존재 조건**
   ① 적절한 대기: 온실 효과를 일으켜 생명체가 살아가기에 적절한 온도를 제공하고,
      자외선을 차단한다.
   ② 행성의 자기장: 외부의 고에너지 입자와 항성풍을 막는다.
   ③ 중심별의 적절한 질량: 중심별의 질량이 크면 별의 수명이 짧으므로 생명체가 탄생
      하여 진화할 만큼 충분한 시간이 확보되지 못한다.

생명 가능 지대의 정의와
중심별의 질량, 표면 온도,
광도와의 관계를 잘 기억
해 두자.

🔑 ❶ 광도 ❷ 넓어

### 필수예제 2

그림은 주계열성인 중심별의 질량에 따른 생명
가능 지대의 범위와 서로 다른 중심별을 도는 외
계 행성 A, B, C를 나타낸 것이다.
이에 대한 설명으로 옳은 것만을 〈보기〉에서 있
는 대로 고르시오.

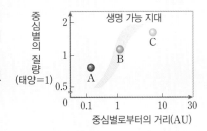

— 보기 —
ㄱ. 중심별의 질량이 클수록 생명 가능 지대의 폭은 넓어진다.
ㄴ. A~C 중 생명체의 존재 가능성이 가장 큰 행성은 B이다.
ㄷ. 단위 면적당 별로부터 받는 에너지양은 C가 가장 적다.

**풀이**

ㄱ. 주계열성에서 별의 질량이 클수록 광도가
크다. 광도가 클수록 생명 가능 지대의 폭
과 생명 가능 지대가 시작하는 거리는 증
가한다.

ㄴ. 행성이 생명 가능 지대에 놓여야만 생명체
가 존재할 수 있는 가능성이 크다.

ㄷ. A는 생명 가능 지대 앞쪽에, C는 생명 가
능 지대 뒤쪽에 위치하므로 단위 면적당
받는 에너지양은 C가 가장 적다.

🔑 ㄱ, ㄴ, ㄷ

### 2-1

그림 (가)와 (나)는 두 주계열성 A와 B 주
변의 생명 가능 지대를 나타낸 것이다.
이에 대한 설명으로 옳은 것만을 〈보기〉에
서 있는 대로 고르시오.

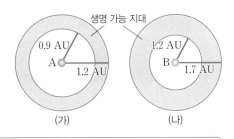

생명 가능 지대의 폭은 중심별의 광
도와 관계가 있다는 것과 중심별이
주계열성일 경우 질량이 클수록 광도
가 커진다는 것 꼭 기억해 둬.

— 보기 —
ㄱ. 중심별의 질량은 A가 B보다 크다.
ㄴ. 태양의 질량은 B보다 A에 더 가깝다.
ㄷ. 중심별의 수명은 B가 A보다 더 길다.

### 전략 ❸ | 외부 은하

1. **허블의 은하 분류** 외부 은하를 가시광선으로 관측했을 때의 **❶**〔       〕에 따라 타원 은하, 나선 은하, 불규칙 은하로 구분한다.

① 타원 은하: 은하의 모양이 타원으로, 편평도에 따라 E0~E7으로 구분한다. 성간 물질이 매우 적다.

② 나선 은하: 은하핵과 나선팔로 구성되어 있는 은하로, 중심부의 **❷**〔       〕구조 유무에 따라 정상 나선 은하와 막대 나선 은하로 구분한다. 은하핵의 비율과 나선팔의 감긴 정도에 따라 a, b, c로 세분한다.

③ 불규칙 은하: 은하의 모양이 일정하지 않은 은하로 성간 물질의 비율이 크다.

2. **특이 은하** 허블의 은하 분류 체계로 분류하기 어려운 은하

① 전파 은하: 보통 은하보다 수백 배 이상 강한 전파를 방출하는 은하

② 세이퍼트은하: 넓은 방출선이 관측되는 은하로 중심핵의 광도가 일반 나선 은하에 비해 크다.

③ 퀘이사: 큰 적색 편이가 나타나는 은하로 너무 멀리 있어 하나의 별처럼 보인다.

> 허블의 은하 분류 체계의 기준과 은하 분류가 은하의 진화와는 관계 없음을 기억해야 해!
> 타원 은하, 나선 은하, 불규칙 은하와 성간 물질과의 관계를 꼭 기억해야 해!

답 ❶ 형태(모양) ❷ 막대

---

**필수 예제 3**

그림은 허블의 은하 분류 체계에 따라 은하를 A, B, C로 분류한 것이다.

이에 대한 설명으로 옳은 것만을 〈보기〉에서 있는 대로 고르시오.

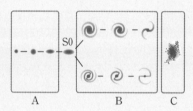

A          B          C

**보기**

ㄱ. 분류 기준은 은하의 형태이다.

ㄴ. 성간 물질의 비율은 A가 가장 크다.

ㄷ. B는 중심부의 막대 구조 유무와 나선팔이 감긴 정도로 구분할 수 있다.

**풀이**

ㄱ. 허블의 은하 분류 체계는 가시광선으로 관측한 은하의 형태에 따라 분류하였다.

ㄴ. 은하 내에서 성간 물질이 차지하는 비율은 A가 가장 작다.

ㄷ. 나선 은하는 중심부의 막대 구조 유무로 정상 나선 은하와 막대 나선 은하로 구분할 수 있다.

답 ㄱ, ㄷ

---

## 3-1

그림 (가), (나)는 서로 다른 두 은하의 가시광선 영상을 나타낸 것이다.

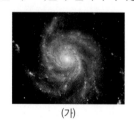
(가)

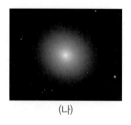
(나)

이에 대한 설명으로 옳은 것만을 〈보기〉에서 있는 대로 고르시오.

**보기**

ㄱ. (가)에서 성간 물질의 양은 중심핵보다 나선팔에 많다.

ㄴ. (나)는 나선 은하이다.

ㄷ. 우리은하는 (나)에 해당한다.

> 은하는 관측되는 형태에 따라 타원 은하, 나선 은하, 불규칙 은하로 분류할 수 있고, 우리은하는 막대 나선 은하에 속하지.

## 전략 ❹ │ 우주 팽창

1. **허블 법칙** 멀리 있는 은하일수록 빠르게 후퇴한다. ➡ 우주는 팽창한다.

 ① $v=$ 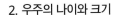 ($v$: 후퇴 속도, $H$: 허블 상수, $r$: 은하까지의 거리)

2. **우주의 나이와 크기**

 ① 우주의 나이($t$): $t=\dfrac{r}{v}=\dfrac{r}{Hr}=\dfrac{1}{H}$

  ($r$: 우주의 크기, $H$: 허블 상수)

 ② 관측 가능한 우주의 크기($r$): $r=\dfrac{c}{H}$

3. **빅뱅 우주론** 우주의 팽창으로 은하의 질량 변화는 없고 밀도와 온도는 낮아진다.

4. **빅뱅 우주론의 증거** 우주 배경 복사, 수소와 헬륨의 질량비 3 : 1

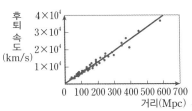
▲ 외부 은하들의 거리에 따른 후퇴 속도

허블 법칙은 계산 문제로 자주 등장하고, 우주의 구성 요소 중 암흑 에너지는 가속 팽창 우주와 관련하여 자주 출제되고 있어.

답 ❶ $H \cdot r$ ❷ 암흑 에너지

 **필수 예제 4**

그림은 절대 등급이 같은 외부 은하 A, B, C의 거리에 따른 후퇴 속도를 나타낸 것이다.
이에 대한 설명으로 옳은 것만을 〈보기〉에서 있는 대로 고르시오.

— 보기 —
ㄱ. 허블 상수는 100 km/s/Mpc보다 크다.
ㄴ. 겉보기 등급은 B가 A보다 크다.
ㄷ. A~C 중 적색 편이는 A가 가장 크다.

**풀이**

ㄱ. 허블 상수는 거리에 따른 후퇴 속도 그래프에서 기울기에 해당한다. 그림에서 거리가 300 Mpc에 해당하는 후퇴 속도는 $2\times10^4$ km/s이므로 허블 상수는 약 67 km/s/Mpc이다.

ㄴ. 세 은하는 절대 등급이 같으므로 멀리 있는 은하일수록 어둡게 보인다. 따라서 겉보기 등급은 B가 A보다 크다.

ㄷ. 멀리 있는 은하일수록 후퇴 속도가 크다. 후퇴 속도($v$)는 파장의 변화량($\varDelta\lambda$)으로 계산한다($v=c\times\dfrac{\varDelta\lambda}{\lambda_0}$, $c$: 빛의 속도, $\lambda_0$: 고유 파장). 따라서 적색 편이는 C가 가장 크다.

답 ㄴ

## 4-1

그림은 거리가 200 Mpc인 외부 은하에서 나타난 흡수선 스펙트럼을 나타낸 것이다. 원래의 흡수선 파장은 600 nm이다.
이에 대한 설명으로 옳은 것만을 〈보기〉에서 있는 대로 고르시오. (단, 이 은하는 허블 법칙을 따르고 광속은 $3\times10^5$ km/s이다.)

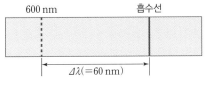

허블 법칙은 지구과학 I 에서 계산 문제가 출제되는 부분이므로 정확하게 풀 수 있어야 해.

— 보기 —
ㄱ. 이 은하의 후퇴 속도는 $3\times10^4$ km/s이다.
ㄴ. 허블 상수는 150 km/s/Mpc이다.
ㄷ. 이 은하에서 관측된 적색 편이량이 30 nm라면, 허블 상수는 150 km/s/Mpc보다 작을 것이다.

**2주 3일 필수 체크 전략 ②**

**1** 그림은 어느 외계 행성에 의한 중심별의 시선 속도 변화를 시간에 따라 나타낸 것이다.

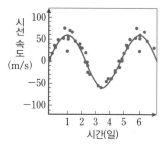

이에 대한 설명으로 옳은 것은?

① 이 행성의 공전 주기는 약 5일이다.

② 1일에는 중심별의 청색 편이가 나타난다.

③ 외계 행성의 스펙트럼으로부터 얻은 결과이다.

④ 외계 행성 탐사 방법 중 식 현상을 이용하여 얻은 결과이다.

⑤ 행성의 공전 방향과 관측자의 시선 방향이 수직일 때 잘 관측된다.

**Tip**

외계 행성 탐사법 중 도플러 효과를 이용한 방법은 중심별의 시선 속도 변화를 관찰한다. 이때 시선 속도가 ❶ [    ]일 때는 지구로부터 멀어지고, ❷ [    ]일 때는 가까워진다.

目 ❶양수(＋) ❷음수(－)

**2** 그림은 주계열성 A를 공전하는 행성 ㉠, ㉡, ㉢의 궤도와 생명 가능 지대를 나타낸 것이다.

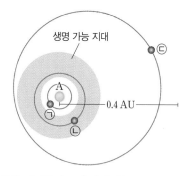

이에 대한 설명으로 옳은 것만을 〈보기〉에서 있는 대로 고른 것은?

┌─ 보기 ────────────────────────
│ ㄱ. 생명 가능 지대의 폭은 A에서가 태양에서보다 좁다.
│ ㄴ. 액체 상태의 물이 존재할 수 있는 것은 ㉡이다.
│ ㄷ. 단위 면적당 중심별로부터 받는 에너지양이 가장 많은 것은 ㉠이다.
└────────────────────────────

① ㄱ        ② ㄷ        ③ ㄱ, ㄴ        ④ ㄴ, ㄷ        ⑤ ㄱ, ㄴ, ㄷ

**Tip**

생명 가능 지대의 폭과 거리는 중심별의 [    ]에 비례한다.

目 광도

**3** 그림 (가), (나)는 서로 다른 특이 은하를 나타낸 것이다. (가), (나)는 각각 세이퍼트 은하와 퀘이사 중 하나이다.

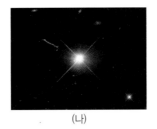

(가)                    (나)

이에 대한 설명으로 옳은 것만을 〈보기〉에서 있는 대로 고른 것은?

---
• 보기 •
ㄱ. (가)는 일반적인 나선 은하에 비해 은하 중심부의 광도가 크다.
ㄴ. (나)의 중심부에는 커다란 블랙홀이 존재할 것이다.
ㄷ. (나)는 세이퍼트은하이다.
---

① ㄱ      ② ㄷ      ③ ㄱ, ㄴ      ④ ㄴ, ㄷ      ⑤ ㄱ, ㄴ, ㄷ

**Tip**
특이 은하에는 전파 은하, 세이퍼트은하, 퀘이사가 있다. 이 중 세이퍼트은하는 넓은 **❶** ▢ 을 가지며 퀘이사는 큰 **❷** ▢ 를 갖는다. 전파 은하, 세이퍼트은하, 퀘이사 모두 중심부에는 **❸** ▢ 이 있을 것으로 추정된다.

답 **❶** 방출선 **❷** 적색 편이 **❸** 블랙홀

**4** 그림 (가), (나)는 우리은하로부터 멀어지고 있는 서로 다른 외부 은하를 관측한 스펙트럼을 나타낸 것이다. 노란색 화살표는 파장의 변화량이다.

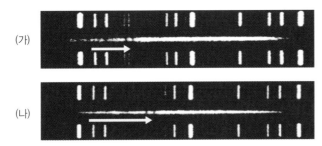

(가)

(나)

이에 대한 설명으로 옳은 것만을 〈보기〉에서 있는 대로 고른 것은?

---
• 보기 •
ㄱ. 파장의 변화량은 0보다 작다.
ㄴ. 후퇴 속도는 (가)보다 (나)가 크다.
ㄷ. 우리은하로부터의 거리는 (가)보다 (나)가 더 멀다.
---

① ㄱ      ② ㄷ      ③ ㄱ, ㄴ      ④ ㄴ, ㄷ      ⑤ ㄱ, ㄴ, ㄷ

**Tip**
허블 법칙에 따르면, 멀리 있는 은하일수록 **❶** ▢ 가 크다. 이때 후퇴 속도가 크면 은하의 스펙트럼에서 **❷** ▢ (이/가) 크다.

답 **❶** 후퇴 속도 **❷** 파장 변화량(적색 편이)

## 대표 예제 **1** 별의 물리량과 스펙트럼

그림은 분광형에 따른 흡수선의 세기를 나타낸 것이다. 이에 대한 설명으로 옳은 것만을 〈보기〉에서 있는 대로 고르시오.

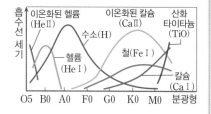

— 보기 •—

ㄱ. 흡수선의 종류와 세기는 별의 표면 온도에 따라 달라진다.

ㄴ. 중성 수소 흡수선이 가장 강하게 나타나는 별의 색지수($B-V$)는 태양보다 크다.

ㄷ. 중성 헬륨 흡수선 세기는 A0형 별보다 B0형 별에서 강하다.

**개념 가이드**

분광형에 따라 서로 다른 흡수선이 나타나는 것은 별의 **❶** 차이 때문이다. 또한 별의 표면 온도가 높은 것부터 순서대로 분광형을 나열하면 **❷** 이다.

**답 ❶** 표면 온도 **❷** O→B→A→F→G→K→M

## 대표 예제 **2** 별의 물리량

표는 별 A~C의 물리량을 나타낸 것이다.

| 별 | 표면 온도(K) | 절대 등급 |
|---|---|---|
| A | 10000 | 0 |
| B | 5000 | 0 |
| C | 3000 | 15 |

(1) A~C의 단위 시간당 방출하는 에너지의 크기를 비교하시오.

(2) A~C의 단위 시간당 단위 면적에서 방출하는 에너지의 크기를 비교하시오.

**개념 가이드**

단위 시간당 방출하는 에너지의 크기를 **❶** 라고 한다. 단위 시간당 단위 면적에서 방출하는 에너지($E$)의 크기는 슈테판·볼츠만이 **❷** 과 같이 법칙으로 제시하였다.

**답 ❶** 광도 **❷** $E=\sigma T^4$

## 대표 예제 **3** H-R도

그림은 별 a~e를 H-R도에 나타낸 것이다. 이에 대한 설명으로 옳은 것만을 〈보기〉에서 있는 대로 고른 것은?

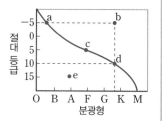

— 보기 •—

ㄱ. a와 b의 광도는 같다.

ㄴ. 반지름은 c가 d보다 크다.

ㄷ. 진화가 가장 많이 진행된 것은 e이다.

① ㄱ  　② ㄷ  　③ ㄱ, ㄴ
④ ㄴ, ㄷ  　⑤ ㄱ, ㄴ, ㄷ

**개념 가이드**

주계열성에서는 별의 표면 온도가 높을수록 별의 반지름과 질량이 **❶** . H-R도에서 표면 온도가 높고 평균 밀도가 매우 큰 별은 **❷** 이다.

**답 ❶** 크다 **❷** 백색 왜성

## 대표 예제 **4** 광도 계급

그림은 별 A~C를 광도 계급이 표시된 H-R도에 나타낸 것이다. 이에 대한 설명으로 옳은 것만을 〈보기〉에서 있는 대로 고르시오.

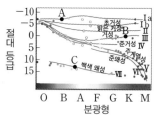

— 보기 •—

ㄱ. 같은 분광형일 경우 광도 계급이 클수록 밝다.

ㄴ. B는 태양보다 광도 계급이 작다.

ㄷ. 분광형이 같을 때 광도 계급 I인 별은 VII인 별보다 반지름이 크다.

**개념 가이드**

광도 계급은 같은 분광형을 가진 별들을 광도에 따라 구분한 것이다. 광도 계급 V는 ☐ 에 해당한다.

**답** 주계열성

## 대표 예제 5 별의 진화1

표는 별의 최종 진화 단계 A~C와 각각의 특징을 나타낸 것이다.

| 진화 단계 | 특징 |
|---|---|
| A | 중심부에 중성자로 이루어진 천체 |
| B | 빛조차 빠져나가지 못하는 큰 중력을 갖는 천체 |
| C | 표면 온도는 높지만 작고 밀도가 높은 천체 |

이에 대한 설명으로 옳은 것만을 〈보기〉에서 있는 대로 고르시오.

• 보기 •
ㄱ. 별의 밀도는 A가 가장 크다.
ㄴ. 태양은 진화하여 C가 된다.
ㄷ. A~C는 가시광선 영역에서 관측이 가능하다.

**개념 가이드**

별은 질량에 따라 최종적으로 백색 왜성, 중성자별, [ ]로 진화한다. 이때 [ ]이란 중력이 너무 커서 빛조차도 빠져나가지 못하는 천체를 말한다.

图 블랙홀

## 대표 예제 7 별의 에너지원

그림은 질량이 태양과 비슷한 별의 진화 과정을 H-R도 상에 나타낸 것이다. 이에 대한 설명으로 옳은 것만을 〈보기〉에서 있는 대로 고르시오.

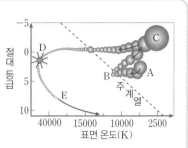

• 보기 •
ㄱ. A에서 주 에너지원은 수소 핵융합 반응이다.
ㄴ. B를 벗어나 C에 도달하는 과정에서 핵의 크기는 작아지고, 외각부의 반지름은 증가한다.
ㄷ. E에서 별의 밀도는 B보다 작다.

**개념 가이드**

태양은 [ ❶ ] 단계에서부터 수소 핵융합 반응을 시작한다. 중심핵에서 수소 핵융합 반응이 종료되고 헬륨 핵융합 반응이 일어나면서 [ ❷ ]으로 진화한다.

图 ❶ 주계열성 ❷ 적색 거성

## 대표 예제 6 별의 진화2

그림은 어느 별의 내부 구조를 나타낸 것이다.
이에 대한 설명으로 옳은 것만을 〈보기〉에서 있는 대로 고른 것은?

• 보기 •
ㄱ. 이 별은 정역학 평형 상태이다.
ㄴ. A에서는 수소 핵융합 반응이 일어난다.
ㄷ. 헬륨 핵융합 반응이 일어나기 전까지 표면 온도는 낮아지고, 광도는 증가한다.

① ㄱ　　　② ㄷ　　　③ ㄱ, ㄴ
④ ㄴ, ㄷ　　　⑤ ㄱ, ㄴ, ㄷ

**개념 가이드**

주계열성 단계를 벗어나게 되면 별은 적색 거성 단계로 진화한다. 주계열성 단계에서는 기체의 압력 차이에 의한 힘과 [ ❶ ]이 평형을 이루는 [ ❷ ] 상태이기 때문에 별의 크기가 일정하게 유지된다.

图 ❶ 중력 ❷ 정역학 평형

## 대표 예제 8 별의 내부 구조

그림 (가)는 온도에 따른 수소 핵융합 반응의 에너지 생성량을, (나)는 태양 질량의 3배인 주계열성의 내부 구조를 나타낸 것이다.

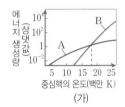

(가)　　　　　(나)

이에 대한 설명으로 옳은 것만을 〈보기〉에서 있는 대로 고르시오.

• 보기 •
ㄱ. (나)의 별에서는 주로 B로 에너지를 생산한다.
ㄴ. 중심핵의 온도는 (나)보다 태양에서 높다.
ㄷ. ㉠에서는 주로 복사의 형태로 에너지를 전달한다.

**개념 가이드**

별의 질량이 클수록 중심부 온도는 높다. 별의 질량이 태양 질량의 약 2배가 넘으면 중심부 온도는 1800만 K보다 높고 수소 핵융합 반응 중 [ ❶ ] 반응이 우세하다. 이때 별의 내부는 [ ❷ ]-복사층의 층상 구조를 갖는다.

图 ❶ CNO 순환 ❷ 대류핵

### 대표 예제 ⑨  외계 행성 탐사법_도플러 효과

그림은 시선 속도 변화를 이용한 외계 행성 탐사법을 나타낸 것이다.

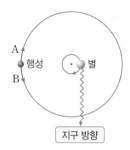

지구 방향

이에 대한 설명으로 옳은 것만을 〈보기〉에서 있는 대로 고른 것은?

• 보기 •
ㄱ. 행성의 공전 방향은 A이다.
ㄴ. 중심별의 질량이 클수록 시선 속도 변화량이 크다.
ㄷ. 공전 궤도면과 시선 방향이 수직일 때 가장 잘 관측된다.

**개념 가이드**

외계 행성의 질량이 클수록, 행성의 공전 궤도 반지름이 [❶    ] 중심별의 시선 속도 변화량은 [❷    ]한다.

🔑 ❶작을수록 ❷증가

### 대표 예제 ⑩  외계 행성 탐사법_식 현상

그림은 외계 행성을 탐사한 결과를 나타낸 것이다. 외계 행성의 공전 궤도면은 시선 방향과 나란하다. 이에 대한 설명으로 옳은 것만을 〈보기〉에서 모두 고르시오.

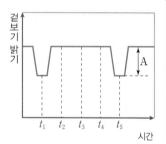

• 보기 •
ㄱ. 식 현상을 이용한 탐사법이다.
ㄴ. 행성의 반지름이 커지면 A는 커진다.
ㄷ. 이 행성의 공전 주기는 $\dfrac{t_5 - t_1}{2}$ 이다.

**개념 가이드**

별의 겉보기 밝기 변화는 식 현상을 이용한 외계 행성 탐사 방법에서 사용한다. 행성의 면적과 별의 밝기 감소량은 [❶    ]하므로 행성의 반지름이 [❷    ]수록 식 현상이 뚜렷하게 관측된다.

🔑 ❶비례 ❷클

### 대표 예제 ⑪  외계 행성 탐사법_미세 중력 렌즈 현상

그림은 미세 중력 렌즈 현상을 이용한 외계 행성계 탐사법을 나타낸 것이다.

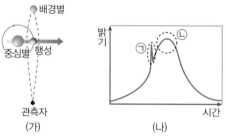

(가)　　　　　(나)

이에 대한 설명으로 옳은 것만을 〈보기〉에서 있는 대로 고른 것은?

• 보기 •
ㄱ. (나)는 배경별의 밝기 변화에 해당한다.
ㄴ. 외계 행성에 의한 밝기 변화는 ㉠에 해당한다.
ㄷ. 행성의 공전 궤도면과 관측자의 시선 방향이 수직일 때에도 이 방법에 의한 외계 행성 탐사가 가능하다.

**개념 가이드**

미세 중력 렌즈 현상을 이용한 탐사는 행성의 [❶    ]에 의해 [❷    ]의 밝기 변화를 관측하여 외계 행성을 탐사한다.

🔑 ❶중력 ❷배경별

### 대표 예제 ⑫  생명 가능 지대

그림은 중심별이 주계열성인 별을 공전하는 외계 행성계 A, B를 지구와 함께 나타낸 것이다.

(1) 생명 가능 지대에 위치한 행성을 모두 쓰시오.

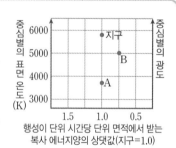

행성이 단위 시간당 단위 면적에서 받는 복사 에너지양의 상댓값(지구=1.0)

(2) 중심별로부터 거리가 가장 가까운 행성을 쓰고, 그 이유를 서술하시오.

**개념 가이드**

생명 가능 지대는 [❶    ]이 존재할 수 있는 영역으로 태양계에서는 [❷    ]가 생명 가능 지대에 분포한다.

🔑 ❶액체 상태의 물 ❷지구

**대표 예제 13**  외부 은하

그림은 어느 외부 은하를 나타낸 것이다.

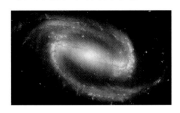

이에 대한 설명으로 옳은 것만을 〈보기〉에서 있는 대로 고르시오.

• 보기 •
ㄱ. E5형에 해당한다.
ㄴ. 은하 중심부보다 나선팔이 더 파랗게 보인다.
ㄷ. 매우 큰 적색 편이가 나타난다.

**개념 가이드**

허블은 은하를 ❶　　　에 따라 타원 은하, 나선 은하, 불규칙 은하로 분류하였다. 이 중 나선 은하는 나선팔에 성간 물질과 ❷　　　별들이 많아 파랗게 보인다.

답 ❶ 모양(형태) ❷ 젊은

**대표 예제 15**  가속 팽창 우주

그림은 어느 우주론에서 시간에 따른 우주의 크기 변화를 나타낸 것이다.

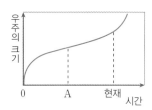

이에 대한 설명으로 옳은 것만을 〈보기〉에서 있는 대로 고르시오.

• 보기 •
ㄱ. 가속 팽창 우주론에 해당한다.
ㄴ. 우주의 팽창 속도는 A보다 현재가 크다.
ㄷ. 암흑 에너지의 비율은 A보다 현재가 크다.

**개념 가이드**

Ia형 초신성을 관측한 결과 우주는 ❶　　　팽창한다는 사실이 밝혀졌다. 우주에서 척력으로 작용하는 암흑 에너지의 비율은 시간에 따라 ❷　　　하기 때문에 우주의 팽창 속도는 빨라지게 된다.

답 ❶ 가속 ❷ 증가

**대표 예제 14**  허블 법칙

그림은 우리은하에서 관측한 은하 A~C의 거리와 후퇴 속도를 나타낸 것이다. 모든 은하는 한 직선 상에 위치한다.

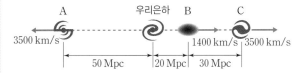

이에 대한 설명으로 옳은 것만을 〈보기〉에서 있는 대로 고르시오. (단, 모든 은하는 허블 법칙을 만족한다.)

• 보기 •
ㄱ. 허블 상수는 60 km/s/Mpc이다.
ㄴ. C에서 관측한 우리은하의 후퇴 속도는 3500 km/s이다.
ㄷ. 우리은하에서 관측한 B의 후퇴 속도보다 A에서 관측한 C의 후퇴 속도가 4배 빠르다.

**개념 가이드**

허블 법칙에 따르면 멀리 있는 은하일수록 ❶　　　가 빠르다. 이러한 현상은 우주가 ❷　　　하기 때문에 나타나는 현상이다.

답 ❶ 후퇴 속도 ❷ 팽창

**대표 예제 16**  우주의 구성 요소

그림은 우주를 구성하는 요소들의 분포비를 나타낸 것이다. 이에 대한 설명으로 옳은 것만을 〈보기〉에서 있는 대로 고르시오.

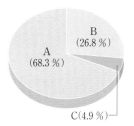

• 보기 •
ㄱ. 은하의 외곽에 분포하는 별들의 회전 속도가 거리에 상관없이 일정하게 나타나는 현상은 A로 설명할 수 있다.
ㄴ. B는 인력으로 작용한다.
ㄷ. 별은 C에 포함된다.

**개념 가이드**

우주를 구성하는 3가지 요소는 보통 물질, 암흑 물질, 암흑 에너지로 이루어져 있다. 암흑 물질은 질량이 있어 ❶　　　으로 작용하는 반면 암흑 에너지는 ❷　　　으로 작용하여 우주를 가속 팽창시킨다.

답 ❶ 인력 ❷ 척력

**7강 별의 특성과 진화**

## 1

표는 별 (가)~(다)의 물리량을 나타낸 것이다.

| 별 | 절대 등급 | 분광형 | 표면 온도(K) |
|---|---|---|---|
| (가) | 2.0 | A5 | 8000 |
| (나) | −3.0 | K3 | 4000 |
| (다) | 5 | G0 | 6000 |

이에 대한 설명으로 옳은 것만을 〈보기〉에서 있는 대로 고르시오.

---• 보기 •---
ㄱ. 중성 수소 흡수선이 가장 강한 별은 (가)이다.
ㄴ. 단위 시간당 방출하는 에너지는 (가)가 (다)의 100배이다.
ㄷ. (가)~(다) 중 색지수는 (나)가 가장 크다.

**Tip**

중성 수소 흡수선의 세기가 가장 강한 별의 분광형은 ❶[   ]이고, 이 별의 색지수는 ❷[   ]이다. 표면 온도가 이보다 높은 별의 색지수는 음수, 낮은 별은 양수이다.

답 ❶ A ❷ 0

## 2

문제 **1**의 표를 이용하여 별 (가)와 (나)의 반지름의 비를 구하시오.

_____

_____

_____

**Tip**

별의 절대 등급 차이가 5등급이면, 광도는 ❶[   ]배 차이가 되고, 광도는 반지름의 ❷[   ]에, 표면 온도의 네제곱에 비례한다.

답 ❶ 100 ❷ 제곱

## 3

그림은 각각 거성, 주계열성, 백색 왜성인 별 A~D를 H-R도에 나타낸 것이다.

이에 대한 설명으로 옳은 것만을 〈보기〉에서 있는 대로 고르시오.

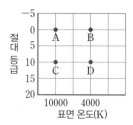

---• 보기 •---
ㄱ. 주계열에 해당하는 것은 A, C이다.
ㄴ. $\dfrac{질량}{부피}$이 가장 큰 별은 D이다.
ㄷ. A~D 중 광도 계급이 가장 큰 것은 C이다.

**Tip**

같은 분광형을 가진 별들을 광도에 따라 분류한 체계가 광도 계급이다. 거성 ➡ 주계열성 ➡ 백색 왜성으로 갈수록 광도 계급은 ❶[   ]한다. 이 중에서 주계열성의 광도 계급은 ❷[   ]이다.

답 ❶ 증가 ❷ V

## 4

그림 (가)는 어느 핵융합 반응을, 표는 주계열성 A, B의 절대 등급을 나타낸 것이다.

(가)

| 별 | 절대 등급 |
|---|---|
| A | −5 |
| B | 8 |

이에 대한 설명으로 옳은 것만을 〈보기〉에서 있는 대로 고르시오.

---• 보기 •---
ㄱ. (가)는 별 B보다 별 A의 내부에서 더 우세하게 일어난다.
ㄴ. 이 핵융합 반응에 의해 별의 질량은 감소한다.
ㄷ. 이 핵융합 반응은 헬륨 원자핵을 생성한다.

**Tip**

수소 핵융합 반응에는 탄소, 산소, 질소가 촉매 작용을 하는 ❶[   ]과 수소 원자핵만의 융합으로 헬륨 원자핵을 생성하는 ❷[   ]이 있다.

답 ❶ CNO 순환 반응 ❷ P-P 반응

**8강 외계 행성계와 우주 팽창**

## 5

그림은 식 현상을 이용해 외계 행성을 탐사하는 방법을 나타낸 것이다.

이에 대한 설명으로 옳지 않은 것은?

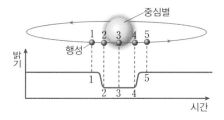

① 중심별의 밝기 변화를 관측하여 외계 행성을 탐사한다.

② 중심별의 밝기 변화는 주기적으로 나타난다.

③ 이 탐사법을 활용하여 행성의 대기 성분을 알 수 있다.

④ $\dfrac{\text{행성의 면적}}{\text{중심별의 면적}}$ 이 클수록 밝기 변화는 감소한다.

⑤ 행성이 4~5에 있을 때는 중심별의 청색 편이가 나타난다.

**Tip**

식 현상을 이용한 탐사법이란 중심별의 밝기가 [ ❶ ]으로 감소하는 현상을 이용하여 외계 행성을 탐사하는 것이다. 이때 감소하는 밝기로부터 외계 행성의 [ ❷ ]을 추정해 볼 수 있다.

**답 ❶ 주기적 ❷ 반지름**

## 6

그림은 어느 외부 은하의 스펙트럼을 비교 선 스펙트럼과 함께 나타낸 것이다. 이 은하까지의 거리는 600 Mpc이다. (단, 광속은 $3 \times 10^5$ km/s이다.)

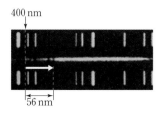

400 nm

56 nm

(1) 이 은하의 후퇴 속도를 풀이 과정과 함께 서술하시오.

(2) 허블 상수를 풀이 과정과 함께 서술하시오.

**Tip**

허블은 외부 은하의 [ ❶ ]와 거리를 이용하여 허블 법칙을 발견하였다. 허블 법칙은 $v = H \times r$로 표현할 수 있는데 이때 $H$를 [ ❷ ]라고 한다.

**답 ❶ 후퇴 속도 ❷ 허블 상수**

## 7

다음은 서로 다른 두 은하 (가), (나)의 가시광선 영상과 허블의 분류 체계에 따른 은하의 종류를 나타낸 것이다.

| 은하 | (가) | (나) |
|---|---|---|
| 가시광선 영상 | | |
| 허블의 은하 분류 | (㉠) | E(㉡) |

이에 대한 설명으로 옳은 것만을 〈보기〉에서 있는 대로 고르시오.

**• 보기 •**

ㄱ. ㉠은 SBa이다.

ㄴ. 은하의 평균 색지수는 (가)가 (나)보다 작다.

ㄷ. 은하의 긴 반지름과 짧은 반지름의 길이 차이가 작을수록 ㉡ 값이 커진다.

**Tip**

나선 은하는 중심부의 막대 구조의 유무에 따라 정상 나선 은하(Sa, Sb, Sc)와 막대 나선 은하([ ❶ ])로 구분한다. 이때 중심부의 상대적인 크기와 [ ❷ ]의 감긴 정도로 a, b, c로 세분한다.

**답 ❶ SBa, SBb, SBc ❷ 나선팔**

## 8

그림은 Ia형 초신성의 적색 편이량과 겉보기 등급을 팽창 속도가 일정한 우주에서의 겉보기 등급과 함께 나타낸 것이다. 이에 대한 설명으로 옳은 것만을 〈보기〉에서 있는 대로 고르시오.

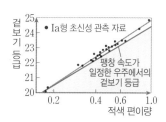

**• 보기 •**

ㄱ. 적색 편이량이 큰 초신성일수록 멀리 있다.

ㄴ. 이 관측 결과는 가속 팽창 우주에 해당한다.

ㄷ. 이 관측 결과에 가장 큰 영향을 미치는 우주의 구성 성분은 암흑 물질이다.

**Tip**

Ia형 초신성은 최대 광도에서 [ ❶ ] 등급이 일정한 천체이므로 외부 은하의 후퇴 속도를 측정하는 데 기준으로 사용된다. Ia형 초신성의 관측 결과 우주의 팽창 속도는 현재 [ ❷ ] 팽창하고 있다.

**답 ❶ 절대 ❷ 가속**

**7강 별의 특성과 진화**

## 1

그림은 반지름이 같은 두 별 A, B의 단위 시간당 단위 면적에서 파장별 복사 에너지의 상대 세기를 나타낸 것이다.

이에 대한 설명으로 옳은 것만을 〈보기〉에서 있는 대로 고른 것은?

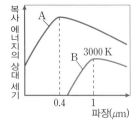

● 보기 ●
ㄱ. A는 B보다 색지수가 크다.
ㄴ. A의 표면 온도는 7500 K이다.
ㄷ. 광도는 A가 B보다 16배 더 크다.

① ㄱ          ② ㄴ          ③ ㄷ
④ ㄱ, ㄴ       ⑤ ㄴ, ㄷ

## 3

그림은 질량이 태양 정도인 별의 진화 경로를 H-R도에 나타낸 것이다.

이에 대한 설명으로 옳지 않은 것은?

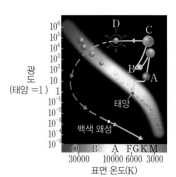

① A 단계의 에너지원은 수소 핵융합 반응과 중력 수축 에너지이다.

② B 단계의 내부 온도는 1억 K보다 낮다.

③ D 단계에서 중심부에는 주로 탄소로 이루어진 천체가 존재한다.

④ 별의 질량은 A 단계보다 C 단계가 작다.

⑤ 별의 광도는 B 단계보다 C 단계에서 크다.

## 2

그림은 H-R도를, 표는 별 A~C의 물리량을 나타낸 것이다.

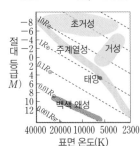

| 별 | 절대<br>등급 | 표면<br>온도(K) | 광도<br>계급 |
|---|---|---|---|
| A | −2 | 4000 | |
| B | −7.5 | 10000 | ㉠ |
| C | −2 | 16000 | ㉡ |

이에 대한 설명으로 옳은 것만을 〈보기〉에서 있는 대로 고르시오.

● 보기 ●
ㄱ. A는 초거성에 해당한다.
ㄴ. 별의 수명은 B보다 A가 짧다.
ㄷ. ㉠보다 ㉡이 더 크다.

## 4

그림 (가)는 별 ㉠~㉢을 H-R도에 나타낸 것이고, (나)는 중심핵에서 수소 핵융합 반응을 하는 어느 별의 내부 구조를 나타낸 것이다.

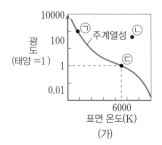

(가)          (나)

이에 대한 설명으로 옳은 것만을 〈보기〉에서 있는 대로 고르시오.

● 보기 ●
ㄱ. ㉠에서는 CNO 순환 반응이 일어난다.
ㄴ. ㉡은 정역학 평형 상태이다.
ㄷ. (나)와 같은 내부 구조를 갖는 별은 ㉢이다.

## 5

그림은 생명체가 존재하기 위한 조건에 대한 학생들의 발표 내용이다.

제시한 내용이 옳은 학생만을 있는 대로 고른 것은?

① A          ② C          ③ A, B
④ B, C          ⑤ A, B, C

## 6

그림은 허블이 외부 은하를 관측하여 얻은 외부 은하까지의 거리에 따른 후퇴 속도를 나타낸 것이다. 현재 측정한 허블 상수는 약 68 km/s/Mpc이다.

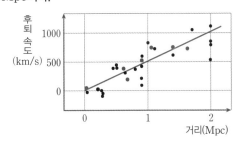

이에 대한 설명으로 옳은 것만을 〈보기〉에서 있는 대로 고르시오.

┌─ 보기 ─────────────────────────
│ ㄱ. 외부 은하의 후퇴 속도는 분광 관측으로 알아내었다.
│ ㄴ. 허블이 측정한 허블 상수는 현재 측정한 허블 상수보다
│     작다.
│ ㄷ. 허블이 알아낸 우주의 나이보다 현재 알아낸 우주의 나
│     이가 적다.
└────────────────────────────────

## 7

그림 (가), (나)는 각각 전파 은하와 퀘이사를 나타낸 것이다.

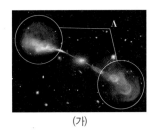 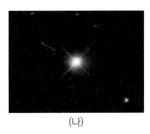

(가)          (나)

이에 대한 설명으로 옳은 것만을 〈보기〉에서 있는 대로 고르시오.

┌─ 보기 ─────────────────────────
│ ㄱ. A는 로브이다.
│ ㄴ. 은하의 후퇴 속도는 (가)보다 (나)가 크다.
│ ㄷ. (가), (나) 모두 중심부에 거대 질량 블랙홀이 있다.
└────────────────────────────────

## 8

그림 (가), (나)는 우주의 팽창을 설명하는 두 이론을 모식적으로 나타낸 것이다.

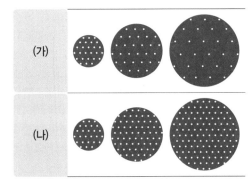

이에 대한 설명으로 옳은 것만을 〈보기〉에서 있는 대로 고르시오.

┌─ 보기 ─────────────────────────
│ ㄱ. 시간에 따른 우주의 온도가 일정한 우주론은 (가)이다.
│ ㄴ. (가)는 빅뱅 우주론, (나)는 정상 우주론이다.
│ ㄷ. 우주 배경 복사를 예측했던 우주론은 (가)이다.
└────────────────────────────────

# 창의·융합·코딩 전략

**7강 별의 특성과 진화**

## 1

다음은 스펙트럼에 대한 교사와 학생들의 SNS 대화 내용이다.

대화 내용이 옳은 학생만을 있는대로 고른 것은?

① A      ② C      ③ A, B
④ B, C      ⑤ A, B, C

## 2

그림은 별을 주계열성, 적색 거성, 백색 왜성으로 구분하는 과정을 나타낸 것이다.

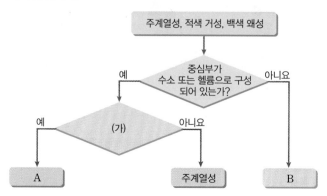

이에 대한 설명으로 옳은 것만을 〈보기〉에서 있는 대로 고른 것은?

• 보기 •
ㄱ. A는 백색 왜성, B는 적색 거성이다.
ㄴ. (가)에는 '별의 반지름이 변화하는가?'가 적절하다.
ㄷ. 질량은 A가 B보다 크다.

① ㄱ      ② ㄴ      ③ ㄱ, ㄷ
④ ㄴ, ㄷ      ⑤ ㄱ, ㄴ, ㄷ

**Tip**

별은 대기를 갖고 있으므로 이 대기를 통과할 때 **❶** 이 생성된다. 이것은 흑체에서 방출된 빛이 **❷** 의 기체를 통과하는 경우 관측된다.

답 ❶ 흡수 스펙트럼 ❷ 저온

**Tip**

헬륨 핵융합 반응은 **❶** 개의 헬륨 원자핵이 융합되어 1개의 **❷** 원자핵을 생성하며 에너지를 만들어 낸다. 따라서 백색 왜성의 중심부는 헬륨 핵융합 반응으로 생성된 **❷** 가 주 구성 원소이다.

답 ❶ 3 ❷ 탄소

## 3

다음은 중력 수축 에너지에 대한 설명이다. 태양의 광도가 $4 \times 10^{26}$ J/s이고, 태양의 나이가 50억 년이라는 점을 고려하여 중력 수축 에너지가 태양의 주 에너지원이 될 수 없음을 설명하시오. (단, 1년은 $3.2 \times 10^7$초로 계산한다.)

내 나이는 50억 살이나 되지만, 광도는 $4 \times 10^{26}$ J/s로 지구를 비추고 있지.

태양

중력 수축 에너지란, 성운이나 별이 수축할 때 위치 에너지가 감소하며 발생하는 에너지이다. 태양의 중력 수축 에너지의 크기는 약 $2 \times 10^{41}$ J이다.

## 4

다음은 학생 A와 B가 수업 시간에 친구들에게 출제한 O, X 문제를 나타낸 것이다.

 학생 A

중심부의 온도가 1000만 K인 주계열성에서는 P-P 반응이 CNO 순환 반응보다 우세하다. ( ○, × )

수소 원자핵 4개의 질량과 헬륨 원자핵 1개의 질량은 같다. ( ○, × )

 학생 B

질량이 태양 정도인 주계열성 내부는 중심으로부터 중심핵-대류층-복사층 순으로 구성되어 있다. ( ○, × )

중심부의 온도가 2500만 K인 주계열성에서 단위 시간당 에너지를 생성하는 양은 CNO 순환 반응이 P-P 반응보다 크다. ( ○, × )

학생 A와 B가 출제한 문제의 정답이 ○인 개수를 바르게 짝 지은 것은?

| | A | B | | A | B |
|---|---|---|---|---|---|
| ① | 0 | 0 | ② | 0 | 1 |
| ③ | 1 | 1 | ④ | 1 | 2 |
| ⑤ | 2 | 1 | | | |

**Tip**

별의 총 에너지양을 $E$, 별의 광도를 $L$이라고 하면 별의 수명은 ❶〔　　〕로 쓸 수 있다. 태양의 에너지원 중 가장 많은 에너지를 생산하는 것은 ❷〔　　〕이다.

답 ❶ $\dfrac{E}{L}$ ❷ 수소 핵융합 반응

**Tip**

수소 핵융합 반응은 4개의 수소 원자핵이 1개의 헬륨 원자핵으로 융합되는 반응이다. 줄어든 질량을 $\Delta m$이라고 한다면 생성된 에너지양은 ❶〔　　〕이다.

답 ❶ $E = \Delta mc^2$

**8강** 외계 행성계와 우주 팽창

## 5

그림은 외계 행성을 탐사하는 어느 방법으로 촬영한 사진이다.

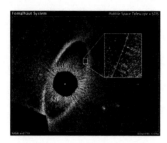

이에 대해 옳은 의견을 제시한 학생만을 있는 대로 고른 것은?

> 이 탐사법은 직접 행성을 촬영하는 방법이야.

> 행성의 대기 성분을 알아낼 수 있는 방법이야.

> 중심별과의 거리가 가까울수록 관측하기 유리해.

① A      ② C      ③ A, B
④ B, C      ⑤ A, B, C

**Tip**

외계 행성을 직접 촬영하기 위해서는 행성에 비해 굉장히 밝은 ☐☐☐을 가려야 한다. 따라서 행성과 ☐☐☐이 지나치게 가까우면 행성이 가려지므로 촬영하기 어렵다.

🔑 중심별 (모항성)

## 6

그림은 은하의 특성을 이용하여 타원 은하, 나선 은하, 불규칙 은하를 구분하는 과정을 나타낸 것이다.

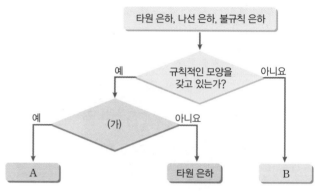

이에 대한 설명으로 옳은 것만을 〈보기〉에서 있는 대로 고른 것은?

> **• 보기 •**
> ㄱ. B는 타원 은하보다 성간 물질의 비율이 크다.
> ㄴ. (가)에는 '은하핵과 나선팔로 구성되어 있는가?'가 적절하다.
> ㄷ. A는 시간에 따라 점차 타원 은하로 진화한다.

① ㄱ      ② ㄷ      ③ ㄱ, ㄴ
④ ㄴ, ㄷ      ⑤ ㄱ, ㄴ, ㄷ

**Tip**

허블의 은하 분류법은 은하의 모양에 따라 타원 은하, 나선 은하, 불규칙 은하로 구분한다. 이때 ❶☐☐ 은하는 편평도에 따라 구에 가까운 것은 E0, 가장 납작한 것은 E7로 세분한다. 나선 은하는 중심부의 ❷☐☐ 구조 유무로 세분할 수 있다.

🔑 ❶ 타원 ❷ 막대

# 7

그림은 급팽창 우주론에 대해 학생 A, B, C가 대화하는 모습을 나타낸 것이다.

초기 우주의 크기는 빛보다 빠르게 팽창한 적이 있어.

빅뱅 우주론과 정상 우주론 중 정상 우주론에 포함돼.

자기 홀극 문제를 해결할 수 있어.

제시된 내용이 옳은 학생만을 있는 대로 고른 것은?

① A          ② B          ③ A, C
④ B, C       ⑤ A, B, C

Tip

현재 과학자들은 우주의 팽창 속도가 증가한다는 ❶ 와 ❷ 우주론을 포함하는 빅뱅 우주론을 현대적인 표준 우주 모형으로 생각하고 있다.

답 ❶ 가속 팽창 우주 ❷ 급팽창

# 8

그림 (가)는 우주의 구성 요소 중 암흑 물질, 암흑 에너지, 보통 물질을 분류하는 과정을, (나)는 노벨상과 관련된 뉴스를 나타낸 것이다.

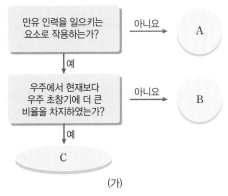

만유 인력을 일으키는 요소로 작용하는가? ──아니요──▶ A

예

우주에서 현재보다 우주 초창기에 더 큰 비율을 차지하였는가? ──아니요──▶ B

예

C

(가)

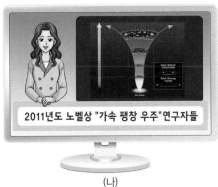

2011년도 노벨상 "가속 팽창 우주"연구자들

(나)

이에 대한 설명으로 옳은 것만을 〈보기〉에서 있는 대로 고르시오.

• 보기 •
ㄱ. (나)는 A로 인해 나타나는 것으로 추정된다.
ㄴ. B는 보통 물질이다.
ㄷ. C는 질량이 있다.

① ㄱ          ② ㄴ          ③ ㄱ, ㄷ
④ ㄴ, ㄷ       ⑤ ㄱ, ㄴ, ㄷ

Tip

암흑 에너지는 공간 자체가 갖는 에너지로 추정된다. 따라서 밀도가 시간에 상관없이 ❶ 하게 유지된다. 반면 암흑 물질과 보통 물질은 우주가 팽창함에 따라 밀도가 계속적으로 ❷ 한다.

답 ❶ 일정 ❷ 감소

## Ⅳ. 대기와 해양의 상호 작용

대서양의 심층 순환은 남극 저층수, 북대서양 심층수, 남극 중층수로 구성되지.

엘니뇨와 라니냐가 발생하는 세계에서 여러 기상 이변이 생겨~

### 1 대서양의 심층 순환

수심 km

남극 **❶**

남극

북대서양 심층수

**❷**

60°N 40° 20° 0° 20° 40° 60° 80°S
위도

### 2 엘니뇨와 라니냐

**❸** 시기

고 저 적도

60°E 180° 60°W

**❹** 시기

저 고 적도

60°E 180° 60°W

태양에 나타나는 흑점 수가 증가할 때 지구 평균 기온이 상승하지.

### 3 기후 변화의 지구 외적 요인

| 세차 운동 | 지구 자전축 **❺** 변화 | 지구의 공전 궤도 이심률 변화 |
|---|---|---|
| 현재<br>원일점 태양 근일점<br>13000년 후<br>원일점 태양 근일점 | 24.5°<br>23.5°<br>21.5° | 타원 궤도 원 궤도<br>여름 겨울<br>여름 지구 겨울<br>원일점 태양 근일점 |
| • 자전축 방향이 변하면 근일점과 원일점에서의 계절 변함<br>• 약 26000년 주기 | • 자전축 경사각이 변하면 위도별 태양 복사 에너지의 입사각이 변함<br>• 약 41000년 주기 | • 지구의 공전 궤도가 변하면 근일점과 원일점에서 받는 태양 복사 에너지 양이 변함<br>• 약 **❻** 주기 |

### 4 지구의 복사평형과 열수지

| 우주 공간 | 반사 (30) | 태양 복사 (100) | 지구 복사 (70) |
|---|---|---|---|
| | (25) | (4) | (66) |
| 대기 | (5) | 흡수 (25) | 흡수 (129) 방출<br>온실 효과 |
| 지표면 | | 흡수(45) 방출(133) | 흡수(88) |

지구 전체, 대기, 지표에서 각각 에너지 흡수량과 방출량이 같은 **❼** 상태이다.

답 ❶ 중층수 ❷ 저층수 ❸ 엘니뇨 ❹ 라니냐 ❺ 경사각 ❻ 10만 년 ❼ 복사 평형

이어서 **공부할 내용**

✔ 신유형 · 신경향 · 서술형 전략          ✔ 적중 예상 전략 ❶, ❷회

## V. 별과 외계 행성계 ~ IV. 외부 은하와 우주 팽창

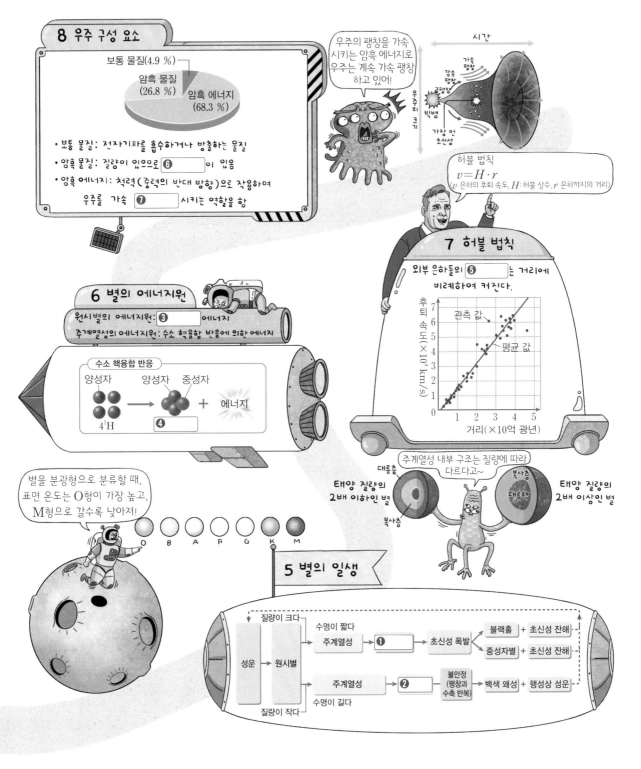

**8 우주 구성 요소**

보통 물질(4.9 %)

암흑 물질 (26.8 %)   암흑 에너지 (68.3 %)

- 보통 물질: 전자기파를 흡수하거나 방출하는 물질
- 암흑 물질: 질량이 있으므로 ❻□□ 이 있음
- 암흑 에너지: 척력(중력의 반대 방향)으로 작용하며 우주를 가속 ❼□□ 시키는 역할을 함

우주의 팽창을 가속 시키는 암흑 에너지로 우주는 계속 가속 팽창 하고 있어!

시간

가속 팽창

감속 팽창

빅뱅

가장 먼 초신성

우주의 크기

허블 법칙
$v = H \cdot r$
($v$ 은하의 후퇴 속도, $H$: 허블 상수, $r$ 은하까지의 거리)

**7 허블 법칙**

외부 은하들의 ❺□□□□ 는 거리에 비례하여 커진다.

관측 값

평균 값

후퇴 속도($\times 10^4$ km/s)

거리($\times 10$억 광년)

**6 별의 에너지원**

원시별의 에너지원: ❸□□□□ 에너지
주계열성의 에너지원: 수소 핵융합 반응에 의한 에너지

수소 핵융합 반응

양성자   양성자 중성자

→   + 에너지

$4{}^{1}\mathrm{H}$   ❹□

주계열성 내부 구조는 질량에 따라 다르다고~

대류층

복사층

태양 질량의 2배 이하인 별   복사층

태양 질량의 2배 이상인 별   대류핵

별을 분광형으로 분류할 때, 표면 온도는 O형이 가장 높고, M형으로 갈수록 낮아져!

O  B  A  F  G  K  M

**5 별의 일생**

질량이 크다 ─ 수명이 짧다

성운 → 원시별

주계열성 → ❶□ → 초신성 폭발 ┬ 블랙홀 + 초신성 잔해
                                    └ 중성자별 + 초신성 잔해

주계열성 → ❷□ → 불안정 (팽창과 수축 반복) → 백색 왜성 + 행성상 성운

질량이 작다 ─ 수명이 길다

답 ❶ 초거성 ❷ 적색 거성 ❸ 중력 수축 ❹ ${}^{4}\mathrm{He}$ ❺ 후퇴 속도 ❻ 중력 ❼ 팽창

# 신유형·신경향·서술형 전략

## 1 우리나라 주변의 해류

다음은 우리나라의 동해에서 흐르는 표층 해류에 관한 신문 기사의 일부이다. A, B, C는 해류이다.

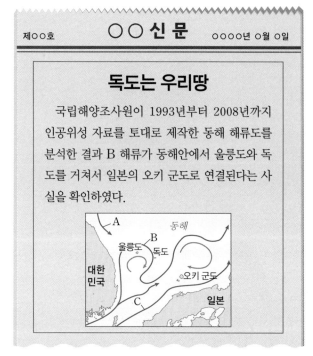

○○신문

제○○호　　　　　○○○○년 ○월 ○일

### 독도는 우리땅

국립해양조사원이 1993년부터 2008년까지 인공위성 자료를 토대로 제작한 동해 해류도를 분석한 결과 B 해류가 동해안에서 울릉도와 독도를 거쳐서 일본의 오키 군도로 연결된다는 사실을 확인하였다.

해류 A, B, C에 대한 설명으로 옳은 것만을 〈보기〉에서 있는 대로 고른 것은?

┌─ 보기 ─
ㄱ. A와 B가 만나서 형성되는 조경 수역은 항상 일정한 장소에 위치한다.
ㄴ. C는 쿠로시오 해류의 지류이다.
ㄷ. 표층 수온은 A가 C보다 높다.
└─

① ㄱ　　　　　② ㄴ　　　　　③ ㄱ, ㄷ
④ ㄴ, ㄷ　　　　⑤ ㄱ, ㄴ, ㄷ

**Tip**

우리나라의 남해안은 연중 ❶ [　　　]의 영향을 받아서 기후가 온난하고, 수온 변화가 ❷ [　　]서 양식장 설치에 적합하다.

🔑 ❶ 난류 ❷ 작아

## 2 엘니뇨와 라니냐

다음은 엘니뇨와 라니냐에 대해 출제한 ○× 문제를 나타낸 것이다.

A. 엘니뇨 시기에는 동태평양 적도 부근 해역의 표층 수온이 평상시보다 높아진다. ( ○, × )

B. 엘니뇨 시기보다 라니냐 시기에 남적도 해류의 유속이 더 빠르다. ( ○, × )

C. 서태평양 적도 부근 해역의 강수량은 엘니뇨 시기보다 라니냐 시기에 더 많다. ( ○, × )

문제의 정답이 ○인 것만을 있는 대로 고른 것은?

① A　　　　　② C　　　　　③ A, B
④ B, C　　　　⑤ A, B, C

**Tip**

표층 해류는 ❶ [　　　]에 의해서 형성된다. 따라서 엘니뇨 시기에 무역풍이 약해지면 무역풍에 의해 형성되어 동쪽에서 서쪽으로 흐르는 ❷ [　　　] 해류의 유속은 평상시보다 느려지게 된다.

🔑 ❶ 대기 대순환 ❷ 남적도

## 3  H-R도

다음은 H-R도에 관한 탐구 과정과 결과이다.

| 탐구 과정 |

별들의 분광형과 절대 등급을 이용하여 모눈종이에 가로축을 분광형으로, 세로축을 절대 등급으로 H-R도를 그린다.

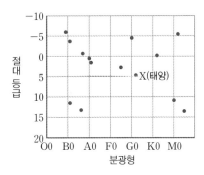

| 탐구 결과 |

이 별들을 4개 집단으로 분류하여 각각의 특징을 정리한다. ㉠~㉣은 각각 주계열성, 적색 거성, 초거성, 백색 왜성 중 하나이다.

| 집단 | 특징 |
|---|---|
| ㉠ | 별의 광도와 표면 온도가 다양하다. |
| ㉡ | 별의 표면 온도가 낮고 크기가 큰 편이다. |
| ㉢ | 별의 크기가 가장 크고 광도가 매우 크다. |
| ㉣ | 별의 표면 온도가 높고 크기가 매우 작다. |

이에 대한 설명으로 옳은 것만을 〈보기〉에서 있는 대로 고른 것은?

• 보기 •

ㄱ. X의 절대 등급은 +4.8, 분광형은 G2이다.

ㄴ. 제시된 별 중 ㉣의 갯수는 2개이다.

ㄷ. 제시된 별 중 ㉡의 갯수가 가장 많다.

① ㄴ  ② ㄷ  ③ ㄱ, ㄴ

④ ㄱ, ㄷ  ⑤ ㄱ, ㄴ, ㄷ

**Tip**

별들을 H-R도에 표시하면 별의 광도, 반지름이 가장 다양한 ❶　　　이 가장 많고, 태양 정도의 별의 최종 진화 단계인 ❷　　　이 가장 적다.

🄐 ❶ 주계열성 ❷ 백색 왜성

## 4  우주 배경 복사

그림 (가)는 COBE 우주 망원경으로, (나)는 WMAP 망원경으로 관측한 우주 배경 복사의 온도 편차를 나타낸 것이다. A, B는 지구에서 관측할 때 서로 반대 방향에 위치한다.

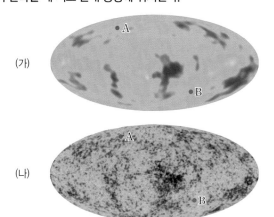

이에 대한 설명으로 옳은 것만을 〈보기〉에서 있는 대로 고른 것은?

• 보기 •

ㄱ. 우주 배경 복사의 최대 온도 편차는 2 K보다 크다.

ㄴ. A와 B는 현재 전자기파로 상호 작용이 불가능하다.

ㄷ. (가)보다 (나)가 먼저 관측한 것이다.

① ㄴ  ② ㄷ  ③ ㄱ, ㄴ

④ ㄱ, ㄷ  ⑤ ㄱ, ㄴ, ㄷ

**Tip**

전 우주에서 등방적이고 균질하게 관측되는 ❶　　　는 우주 탄생 약 38만 년 전, 우주의 온도가 ❷　　　일 때 방출되었다. 우주가 과거에 비해 팽창한 현재는 약 ❸　　　로 관측되고 있으며, 이는 빅뱅 우주론의 강력한 증거이다.

🄐 ❶ 우주 배경 복사 ❷ 3000 K ❸ 2.7 K

● 서술형 ●

## 5  고기후 연구

그림은 남극의 빙하 시추물을 통해 알아낸 최근 12만 년 동안의 기온 편차를 나타낸 것이다.

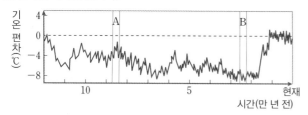

B 시기에 형성된 빙하 속 산소 동위 원소비($^{18}O/^{16}O$)의 크기를 A 시기와 비교하여 서술하시오.

___

**Tip**

평균 기온이 **❶** [      ]은 시기에는 물 분자의 증발량이 더 많아지므로 빙하 속 산소 동위 원소비($^{18}O/^{16}O$)가 한랭한 시기보다 더 **❷** [      ]다.

답 ❶ 높 ❷ 크

## 6  기후 변화의 지구 외적 요인

그림은 지구의 자전축 방향과 공전 궤도의 일부를 나타낸 것이다.

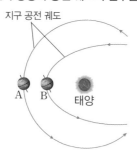

A와 비교하여 B일 때, 우리나라에서 기온의 연교차 변화를 간단히 서술하시오. (단, 공전 궤도 이심률의 변화 이외의 요인은 고려하지 않는다.)

___

**Tip**

현재 우리나라는 지구가 **❶** [      ]일점에 위치할 때 겨울철이고, **❷** [      ]일점에 위치할 때 여름철이다.

답 ❶ 근 ❷ 원

## 7  지구 온난화

그림 (가)와 (나)는 1900년부터 2000년까지 지구의 평균 기온과 대기 중 이산화 탄소의 농도 변화를 나타낸 것이다.

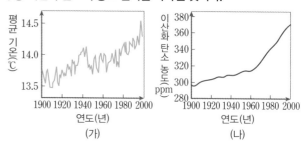

(1) (나)에서 시간에 따른 이산화 탄소의 농도 변화에 대하여 간단히 서술하시오.

___

(2) (가)와 (나)의 연관성에 대하여 서술하시오.

___

(3) (가)와 (나)를 이용하여 관측 기간 동안 극지방 빙하 면적의 변화에 대하여 서술하시오.

___

**Tip**

지구에서 온실 **❶** [      ]에 의한 온실 효과가 강화되면 지구의 평균 기온이 점점 **❷** [      ]져서 여러 분야에 다양한 영향을 미칠 수 있다.

답 ❶ 기체 ❷ 높아

## 8  별의 물리량

표는 두 별 A, B의 물리량을 나타낸 것이다.

| 별 | A | B |
|---|---|---|
| 절대 등급 | −6 | −1 |
| 표면 온도(K) | 3000 | ( ) |
| 반지름 | 160 | 1 |

(1) 단위 시간당 방출하는 에너지양은 B가 A의 몇 배인지 쓰시오.

---

(2) B의 표면 온도는 얼마인지 풀이 과정을 포함하여 서술하시오.

---

---

**Tip**

별의 절대 등급이 5만큼 작으면 단위 시간당 에너지의 방출량인 광도는 [　　　]배 밝다.

답 100

## 9  별의 진화

그림은 질량이 태양 정도인 별의 진화 과정 중 어느 단계에서의 내부 구조를 나타낸 것이다.

(1) 어느 단계인지를 쓰고 이 별이 주계열성일 때와 이 단계일 때의 중심핵의 온도를 비교하시오.

---

(2) 별 내부에서 헬륨 핵융합 반응이 발생하기 전까지 이 별의 표면 온도와 반지름의 변화를 서술하시오.

---

**Tip**

주계열에서 적색 거성으로 진화할 때 별의 중심부 온도는 [❶　　]로 인해 상승하게 되고, 약 [❷　　] K에 도달하면 헬륨 핵융합 반응을 시작한다.

답 ❶ 중력 수축 에너지 ❷ 1억

## 10  외계 행성 탐사법

그림은 여러 가지 외계 행성 탐사법으로 발견한 외계 행성들을 공전 궤도 반지름과 행성의 질량으로 나타낸 것이다.

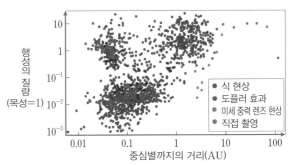

(1) 현재까지 가장 많은 행성을 발견한 방법 2가지를 쓰시오.

---

(2) 이 자료에서 알 수 있는 식 현상을 이용한 탐사법의 가장 중요한 특징 한 가지를 서술하시오.

---

---

(3) (2)의 특징이 나타나는 이유를 이 탐사법의 특징과 함께 서술하시오.

---

---

**Tip**

식현상을 이용한 탐사법으로 가장 많은 [❶　　　]을 발견하였다. 그 이유는 [❷　　　]이 이 탐사법을 이용하여 많은 외계 행성을 발견하였기 때문이다.

답 ❶ 외계 행성 ❷ 케플러 망원경

## 1

그림은 북태평양의 표층 순환 나타낸 것이다.

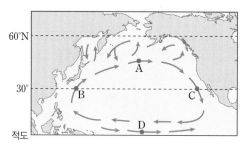

해역 A~D에 대한 설명으로 옳은 것만을 〈보기〉에서 있는 대로 고른 것은?

• 보기 •
ㄱ. 해역 A에 흐르는 해류는 서풍 계열의 바람에 의해 형성된다.
ㄴ. 해역 A~D에 흐르는 모든 해류는 아열대 순환을 형성한다.
ㄷ. 표층 수온은 해역 B가 C보다 낮다.

① ㄱ      ② ㄴ      ③ ㄱ, ㄷ
④ ㄴ, ㄷ      ⑤ ㄱ, ㄴ, ㄷ

## 2

그림은 대서양에 존재하는 서로 다른 3개의 수괴를 수온–염분도에 나타낸 것이다.

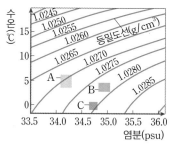

수괴 A, B, C에 대한 설명으로 옳은 것만을 〈보기〉에서 있는 대로 고른 것은?

• 보기 •
ㄱ. 평균 수온은 A가 C보다 높다.
ㄴ. 평균 염분은 A가 B보다 높다.
ㄷ. 평균 밀도가 가장 큰 수괴는 C이다.

① ㄱ      ② ㄴ      ③ ㄱ, ㄷ
④ ㄴ, ㄷ      ⑤ ㄱ, ㄴ, ㄷ

## 3

그림은 북반구의 어느 해역에서 지속적으로 부는 바람의 방향을 나타낸 것이다.

이에 대한 설명으로 옳은 것만을 〈보기〉에서 있는 대로 고른 것은?

• 보기 •
ㄱ. 저기압성 바람이 불고 있다.
ㄴ. 바람의 중심부로 표층 해수가 수렴한다.
ㄷ. 바람의 중심부에서 심층 해수의 용승이 일어난다.

① ㄱ      ② ㄴ      ③ ㄱ, ㄷ
④ ㄴ, ㄷ      ⑤ ㄱ, ㄴ, ㄷ

## 4

평상시와 비교하여 엘니뇨 시기에 태평양의 적도 부근 해역에서 일어나는 현상에 대한 설명으로 옳은 것만을 〈보기〉에서 있는 대로 고른 것은?

• 보기 •
ㄱ. 무역풍의 세기가 강해진다.
ㄴ. 동태평양 적도 부근 해역의 강수량이 증가한다.
ㄷ. 서태평양 적도 부근 해역의 해수면 높이가 낮아진다.

① ㄱ      ② ㄷ      ③ ㄱ, ㄴ
④ ㄴ, ㄷ      ⑤ ㄱ, ㄴ, ㄷ

## 5

그림은 1995년부터 2010년까지 동태평양 적도 부근 해역의 수온 편차를 나타낸 것이다.

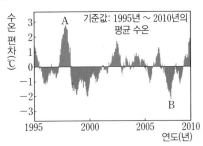

A와 B 시기에 대한 설명을 옳은 것만을 〈보기〉에서 있는 대로 고른 것은?

• 보기 •
ㄱ. A와 B 중에서 라니냐가 발생한 시기는 B이다.
ㄴ. 용승 현상이 활발한 시기는 A이다.
ㄷ. 해면 기압이 높았던 시기는 B이다.

① ㄱ      ② ㄴ      ③ ㄱ, ㄷ
④ ㄴ, ㄷ      ⑤ ㄱ, ㄴ, ㄷ

## 6

그림은 고기후 연구 방법에 대해 학생 A, B, C의 발표 내용이다.

제시한 내용이 옳은 학생만을 있는 대로 고른 것은?

① A      ② B      ③ A, C
④ B, C      ⑤ A, B, C

## 7

지구 기후 변화의 요인 중 지구 외적 요인에 대한 설명으로 옳은 것만을 〈보기〉에서 있는 대로 고른 것은?

• 보기 •
ㄱ. 세차 운동의 주기는 약 26000년이다.
ㄴ. 지구 자전축의 경사각은 $22.5°\sim23.5°$ 사이에서 변한다.
ㄷ. 지구 공전 궤도 이심률의 변화만 고려할 때 지구 공전 궤도가 타원에서 원으로 변하면 우리나라에서 겨울철 기온은 높아진다.

① ㄱ      ② ㄴ      ③ ㄱ, ㄷ
④ ㄴ, ㄷ      ⑤ ㄱ, ㄴ, ㄷ

## 8

그림은 지구 자전축의 경사각 변화와 공전 궤도 이심률의 변화를 A와 B로 순서 없이 나타낸 것이다.

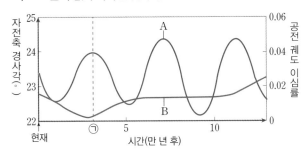

이에 대한 설명을 옳은 것만을 〈보기〉에서 있는 대로 고른 것은? (단, 지구 자전축의 경사각과 공전 궤도 이심률 변화 이외의 요인은 고려하지 않는다.)

• 보기 •
ㄱ. 지구 자전축의 경사각 변화는 A이다.
ㄴ. 지구 공전 궤도는 현재보다 ㉠ 시기에 원에 가깝다.
ㄷ. 우리나라에서 기온의 연교차는 현재보다 ㉠ 시기에 작다.

① ㄱ      ② ㄷ      ③ ㄱ, ㄴ
④ ㄴ, ㄷ      ⑤ ㄱ, ㄴ, ㄷ

**9**

지구 기후 변화를 일으키는 요인에 대한 설명으로 옳은 것만을 〈보기〉에서 있는 대로 고른 것은?

┌─ 보기 ─────────────────────────────┐
│ ㄱ. 화산 활동으로 분출된 화산재는 지구의 평균 기온을 상 │
│   승시킨다. │
│ ㄴ. 식생의 변화로 지구의 반사율이 증가하면 지표면에 흡 │
│   수되는 태양 복사 에너지양은 감소한다. │
│ ㄷ. 태양의 흑점 수가 많을 때 지구에 입사하는 태양 복사 에 │
│   너지양은 증가한다. │
└─────────────────────────────────┘

① ㄱ            ② ㄴ            ③ ㄱ, ㄷ
④ ㄴ, ㄷ         ⑤ ㄱ, ㄴ, ㄷ

**11**

온실 효과에 대한 설명으로 옳은 것만을 〈보기〉에서 있는 대로 고른 것은?

┌─ 보기 ─────────────────────────────┐
│ ㄱ. 수증기는 온실 기체이다. │
│ ㄴ. 온실 효과로 인해서 지구의 평균 기온이 하강한다. │
│ ㄷ. 지구의 대기는 파장이 짧은 태양 복사 에너지를 잘 흡수 │
│   한다. │
└─────────────────────────────────┘

① ㄱ            ② ㄴ            ③ ㄱ, ㄷ
④ ㄴ, ㄷ         ⑤ ㄱ, ㄴ, ㄷ

**10**

그림은 지구에 도달하는 태양 복사 에너지양을 100이라고 할 때, 복사 평형 상태인 지구의 열수지를 나타낸 것이다.

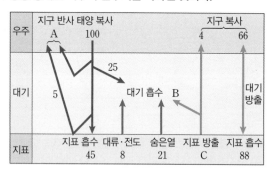

이에 대한 설명으로 옳은 것만을 보기에서 있는 대로 고른 것은?

┌─ 보기 ─────────────────────────────┐
│ ㄱ. A에는 대기보다 지표에서 이동한 값이 더 크다. │
│ ㄴ. B<C이다. │
│ ㄷ. 대기 중 온실 기체의 농도가 증가하면 C는 증가한다. │
└─────────────────────────────────┘

① ㄱ            ② ㄴ            ③ ㄱ, ㄷ
④ ㄴ, ㄷ         ⑤ ㄱ, ㄴ, ㄷ

**12**

그림은 화석 연료를 계속 사용한 경우와 친환경 에너지 기술을 적용한 경우의 지구 평균 기온 편차를 A와 B로 순서 없이 나타낸 것이다.

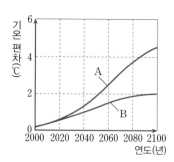

이에 대한 설명을 옳은 것만을 〈보기〉에서 있는 대로 고른 것은?

┌─ 보기 ─────────────────────────────┐
│ ㄱ. 화석 연료를 계속 사용한 경우는 A이다. │
│ ㄴ. A와 B 모두에서 지구의 평균 해수면 높이는 계속 상승 │
│   할 것이다. │
│ ㄷ. 대기 중 온실 기체의 농도는 A일 때가 B일 때보다 높다. │
└─────────────────────────────────┘

① ㄱ            ② ㄴ            ③ ㄱ, ㄷ
④ ㄴ, ㄷ         ⑤ ㄱ, ㄴ, ㄷ

## 13

그림은 엘니뇨 시기에 태평양에서 일어나는 기후 현상을 나타낸 것이다.

(1) A 지역에서 나타날 수 있는 자연재해를 쓰시오.

_____

_____

(2) A 지역에서 그림과 같은 기후 현상이 나타나는 이유를 워커 순환을 이용하여 간단히 서술하시오.

_____

_____

_____

## 14

그림 (가)와 (나)는 10년 범위로 평균한 우리나라의 평균 기온과 평균 강수량의 변화를 나타낸 것이다.

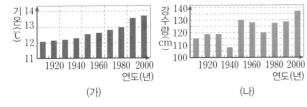

관측 기간 동안 우리나라에서 일어나고 있는 기후 변화에 대하여 간단히 서술하시오.

_____

_____

## 15

그림 (가)는 복사 평형 상태인 지구의 위도에 따른 연평균 태양 복사 에너지의 흡수량과 지구 복사 에너지의 방출량을 나타낸 것이고, (나)는 위도에 따른 대기와 해양의 에너지 수송량을 A와 B로 순서 없이 나타낸 것이다.

(가)
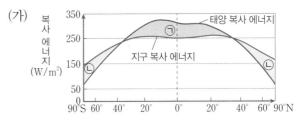

(나)
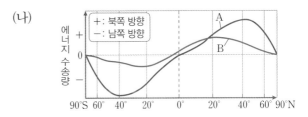

(1) (가)에서 ㉠과 ㉡의 크기를 비교하여 서술하시오.

_____

_____

(2) (나)에서 A와 B에 해당하는 적절한 용어를 쓰고, A와 B의 크기를 비교하여 서술하시오.

_____

_____

(3) (가)와 (나)의 연관성에 대하여 서술하시오.

_____

_____

_____

# 적중 예상 전략 2회

## 1

그림은 별의 분광형에 따른 흡수선의 세기를 나타낸 것이다.

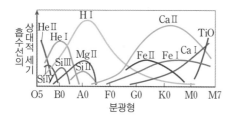

이에 대한 설명 중 옳지 <u>않은</u> 것은?

① O5형 별에서 가장 강한 흡수선은 이온화된 헬륨 흡수선이다.

② 태양에서는 이온화된 칼슘에 의한 흡수선의 세기가 가장 강하다.

③ 표면 온도가 높은 별보다 낮은 별에서 분자에 의한 흡수선의 세기가 세다.

④ 흡수선의 세기와 종류가 달라지는 까닭은 별의 표면 온도에 따라 고체들이 이온화되는 정도가 다르기 때문이다.

⑤ 이온화된 칼슘 흡수선이 가장 강하게 나타난다면 그 별의 분광형은 G와 K형이 모두 가능하다.

## 2

표는 세 별 A~C의 물리량을 나타낸 것이다.

| 별 | 절대 등급 | 표면 온도(K) | 광도 계급 |
|---|---|---|---|
| A | 0 | 10000 | V |
| B | 15 | 2500 | V |
| C | 0 | 6000 | ( ㉠ ) |

이에 대한 설명으로 옳은 것만을 〈보기〉에서 있는대로 고른 것은?

• 보기 •

ㄱ. 별의 반지름은 A가 B보다 62.5배 크다.

ㄴ. A는 B보다 $1.0 \times 10^6$배 밝다.

ㄷ. ㉠은 V보다 작다.

① ㄴ     ② ㄷ     ③ ㄱ, ㄷ

④ ㄴ, ㄷ     ⑤ ㄱ, ㄴ, ㄷ

## 3

그림은 지구로부터의 거리가 동일한 두 별 A, B의 모습을 나타낸 것이다. B는 주계열성이다.

이에 대한 설명으로 옳은 것만을 〈보기〉에서 있는 대로 고르시오.
(단, 그림에서 별이 클수록 밝게 보인다.)

• 보기 •

ㄱ. 최대 에너지를 방출하는 파장은 A보다 B가 짧다.

ㄴ. 광도가 큰 별은 A이다.

ㄷ. A는 주계열성이다.

## 4

그림 (가)는 세 별 A, B, C의 물리량을, (나)는 이 세 별이 포함된 H-R도를 나타낸 것이다.

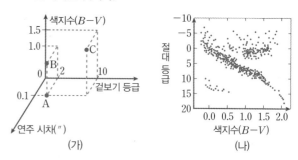

이에 대한 설명으로 옳은 것만을 〈보기〉에서 있는 대로 고른 것은?

• 보기 •

ㄱ. 중심핵에서 수소 핵융합 반응을 하는 별은 A, C이다.

ㄴ. B는 백색 왜성이다.

ㄷ. A, B는 단위 시간에 방출하는 총 에너지양이 같다.

① ㄴ     ② ㄷ     ③ ㄱ, ㄷ

④ ㄴ, ㄷ     ⑤ ㄱ, ㄴ, ㄷ

## 5

그림은 동일한 시기에 중력 수축을 시작한 별 (가)~(다)를 H-R도에 나타낸 것이다.

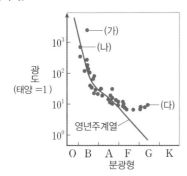

이에 대한 설명으로 옳은 것만을 〈보기〉에서 있는 대로 고른 것은?

• 보기 •
ㄱ. (가)는 탄소 핵융합 반응이 주 에너지원이다.
ㄴ. (나)는 중력 수축 에너지가 주 에너지원이다.
ㄷ. (다)는 시간에 따라 반지름이 감소한다.

① ㄴ      ② ㄷ      ③ ㄱ, ㄷ
④ ㄴ, ㄷ      ⑤ ㄱ, ㄴ, ㄷ

## 6

그림 (가)는 초신성 폭발 흔적 또는 행성상 성운의 모습을, (나)는 이에 대한 학생 A~C의 대화 내용이다.

제시한 내용이 옳은 학생만을 있는 대로 고른 것은?

① A      ② C      ③ A, C
④ B, C      ⑤ A, B, C

## 7

그림의 A~C는 태양 정도의 질량을 갖는 별이 주계열성에 도달한 직후, 50억 년, 100억 년에 각각 중심으로부터의 거리에 따른 구성 원소비를 순서 없이 나타낸 것이다.

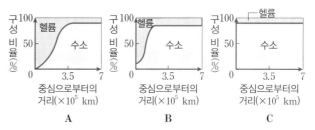

이에 대한 설명으로 옳은 것만을 〈보기〉에서 있는 내로 고른 것은?

• 보기 •
ㄱ. A 시기 이후 이 별의 광도는 감소한다.
ㄴ. B 시기에 별 내부의 $\dfrac{기체\ 압력\ 차이에\ 의한\ 힘}{중력} > 1$이다.
ㄷ. C보다 A의 중심부에서의 헬륨의 비율이 높아진 이유는 수소 핵융합 반응 때문이다.

① ㄱ      ② ㄷ      ③ ㄱ, ㄴ
④ ㄴ, ㄷ      ⑤ ㄱ, ㄴ, ㄷ

## 8

그림 (가)는 관측자에 대한 별 A와 B의 위치를, (나)는 미세 중력 렌즈 현상으로 나타난 시간에 따른 별 A의 밝기를 나타낸 것이다.

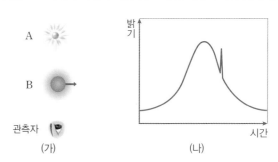

이에 대한 설명으로 옳지 않은 것을 고르시오.

① B는 행성을 갖고 있다.
② 이 탐사법은 주기적인 관측이 가능하다.
③ 이 탐사법은 외계 행성의 공전 궤도면이 수직이어도 관측할 수 있다.
④ A의 겉보기 밝기는 관측자-B-A가 일직선일 때 최대가 된다.
⑤ 다른 탐사법에 비해 질량이 작은 행성을 발견할 때 유리하다.

## 9

그림 (가)는 공전 궤도가 원인 외계 행성에 의한 중심별의 밝기 변화를, (나)는 $t_1$으로부터 일정한 시간 간격으로 관측한 중심별의 스펙트럼을 순서대로 나타낸 것이다. $\Delta\lambda_{max}$는 스펙트럼의 최대 편이량이다.

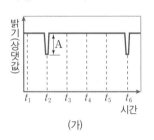

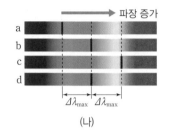

(가)                    (나)

이에 대한 설명으로 옳은 것만을 〈보기〉에서 있는 대로 고른 것은?

보기
ㄱ. 행성의 반지름이 2배가 되면 A는 4배가 된다.
ㄴ. 행성과 중심별 사이의 거리가 가까울수록 $\Delta\lambda_{max}$는 증가한다.
ㄷ. $t_2 \sim t_4$에서는 청색 편이가 나타난다.

① ㄱ          ② ㄷ          ③ ㄱ, ㄴ
④ ㄴ, ㄷ       ⑤ ㄱ, ㄴ, ㄷ

## 10

그림은 세 가지 우주 모형 A~C를 나타낸 것이다.

A                B                C

이에 대한 설명으로 옳은 것만을 〈보기〉에서 있는 대로 고른 것은?

보기
ㄱ. 현재 우리 우주는 C이다.
ㄴ. 곡률이 0보다 작은 우주는 A이다.
ㄷ. 우주의 평균 밀도가 임계 밀도보다 큰 우주는 B이다.

① ㄴ          ② ㄷ          ③ ㄱ, ㄴ
④ ㄴ, ㄷ       ⑤ ㄱ, ㄴ, ㄷ

## 11

그림은 질량이 태양 정도인 별의 생명 가능 지대를 반지름이 같은 행성 a~c와 함께 나타낸 것이다. 별은 $t_0$일 때는 주계열, $t_1$일 때는 적색 거성 상태이다.

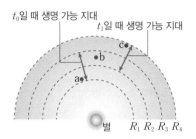

이에 대한 설명으로 옳은 것만을 〈보기〉에서 있는 대로 고른 것은?

보기
ㄱ. $R_1 \sim R_3$ 사이의 거리는 $R_2 \sim R_4$ 사이의 거리와 같다.
ㄴ. a~c 중 b가 생명 가능 지대에 가장 오래 머무른다.
ㄷ. $t_0$일 때 a가 받는 에너지양은 $t_1$일 때 c가 받는 에너지양보다 많다.

① ㄱ          ② ㄷ          ③ ㄱ, ㄴ
④ ㄴ, ㄷ       ⑤ ㄱ, ㄴ, ㄷ

## 12

그림 (가)는 서로 다른 평탄한 우주 모형 A, B를, (나)는 빅뱅 이후 현재까지 우주의 팽창 속도를 나타낸 것이다.

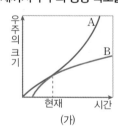   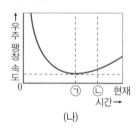
(가)                    (나)

이에 대한 설명으로 옳은 것만을 〈보기〉에서 있는 대로 고른 것은?

보기
ㄱ. ㉠보다 ㉡ 시기에 암흑 에너지의 비율은 증가하였다.
ㄴ. (나)는 A, B 중 A에 해당한다.
ㄷ. (나)는 Ia형 초신성의 관측을 통해 알아냈다.

① ㄱ          ② ㄷ          ③ ㄱ, ㄴ
④ ㄴ, ㄷ       ⑤ ㄱ, ㄴ, ㄷ

● 서술형 ●

## 13

다음은 어느 우주론(A)이 빅뱅 우주론의 문제점 중 하나를 해결한 것에 대한 설명이다.

> **우주론 A**
>
> 빅뱅 우주론은 우주 배경 복사가 발견된 이후 많은 지지를 받았지만 ( ㉠ ), 자기 홀극 문제, 편평성 문제 등 해결해야 할 부분이 있었다. 이에 구스는 우주가 탄생한 후 $10^{-36} \sim 10^{-34}$초 사이에 우주가 빛보다 빠른 속도로 팽창하였다는 A를 제시하였다.
>
>
> 가모프
>
> "우주 배경 복사는 등방적이고 균질하게 관측됩니다. 이는 빅뱅 이후 초기 우주의 전체 에너지 밀도가 균일하였다는 것을 의미합니다. 하지만, 우주가 광속으로 팽창한다면 우주 지평선 반대편인 두 지점에서 출발한 빛은 서로 만날 수 없으므로 에너지 밀도가 전 우주에서 균질한 것은 설명될 수 없습니다. 우주 배경 복사는 어떻게 균일한가요?"

(1) A 이론의 이름을 쓰시오.

(2) 빅뱅 우주론의 문제점 중 하나인 ㉠은 무엇인지 쓰고, 우주론 A는 가모프가 제시한 문제점을 어떻게 해결하였는지 서술하시오.

## 14

그림은 절대 등급이 동일한 두 별 A, B의 단위 시간당 단위 면적에서 방출하는 파장별 복사 에너지의 상대적 세기를 나타낸 것이다. 플랑크 곡선과 X축 사이의 면적을 각각 $S_1, S_2$라고 한다.

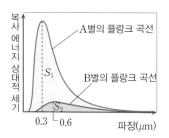

(1) $S_1 : S_2$를 구하시오.

(2) A, B의 반지름의 비를 구하시오.

## 15

다음은 우리은하의 회전 속도에 관한 탐구 자료이다.

> **| 탐구 자료 |**
>
> 우리은하의 밝기로 예측되는 속도 값을 파란색선으로 표시하고, 실제 은하 중심으로부터의 거리에 따라 관측되는 속도 값을 빨간색선으로 표시한다.
>
>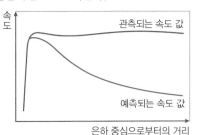
>
> **| 자료 분석 |**
>
> 예측되는 속도 값은 은하 중심과의 거리가 멀수록 감소하지만, 관측되는 속도 값은 거의 일정하다.
>
> **| 결론 도출 |**
>
> 은하 회전에서 예측되는 속도 값과 관측되는 속도 값이 다른 이유는 _____ ㉠ _____ 이다.

(1) ㉠에 적절한 내용을 서술하시오

(2) ㉠에 영향을 끼치는 우주의 구성 요소의 특징을 아래 단어를 포함하여 서술하시오.

> 전자기파, 중력, 질량

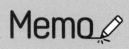

Memo

# book.chunjae.co.kr

| | | |
|---|---|---|
| **교재 내용 문의** ················· | 교재 홈페이지 ▶ 고등 ▶ 교재상담 | |
| **교재 내용 외 문의** ··············· | 교재 홈페이지 ▶ 고객센터 ▶ 1:1문의 | |
| **발간 후 발견되는 오류** ············ | 교재 홈페이지 ▶ 고등 ▶ 학습지원 ▶ 학습자료실 | |

★ 고등 6종 지구과학Ⅰ 교과서
필수 학습 내용 반영!

# 중간고사 기말고사 고득점을 예약하자!

시험적중

## 내신전략

고등 지구과학Ⅰ

### BOOK 3
정답과 해설

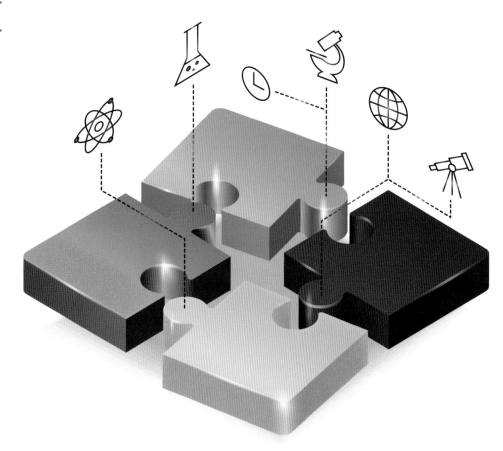

천재교육

# 정답과 해설
## 포인트 ③가지

▶ 혼자서도 이해할 수 있는 친절한 문제 풀이

▶ 문제 해결에 필요한 자료 분석과 오답 넘기 TIP 제시

▶ 모범 답안과 구체적 채점 기준 제시로 실전 서술형 문항 완벽 대비

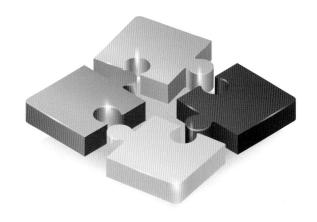

# 정답과 해설

## 1주 I. 지권의 변동

### 1주 1일 개념 돌파 전략 ①

Book 1 9, 11쪽

**①**-2 ②    **②**-2 ⑤    **③**-2 ④    **④**-2 ③

**①**-2 **대륙 이동설의 증거**

②는 해양저 확장설의 증거이다.

**오답 넘기**

베게너는 대륙 이동의 증거로 남아메리카 대륙 동해안과 아프리카 대륙 서해안의 해안선 모양이 유사한 점, 북아메리카와 유럽에 있는 산맥의 지질 구조가 연속적인 점, 여러 대륙에서 같은 종의 고생물 화석이 발견되는 점, 여러 대륙에 남아 있는 빙하의 흔적과 이동 방향이 남극점을 중심으로 멀어져 간 모습인 점 등을 들었다.

**②**-2 **플룸 구조론**

**자료 분석 ➕ 플룸 구조론**

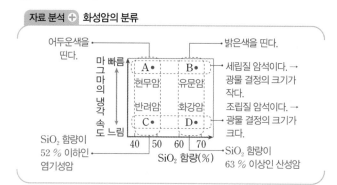

- 플룸은 지각에서 맨틀과 외핵의 경계부까지 하강하거나 맨틀과 외핵의 경계부에서 지각 쪽으로 상승하는 물질과 에너지의 흐름이다.
- 해구에서 부분 용융된 물질이 맨틀과 외핵의 경계부까지 가라앉으면서 차가운 플룸이 만들어진다.
- 외핵과 맨틀의 경계부에서 형성된 뜨거운 물질이 기둥 모양으로 상승하면서 뜨거운 플룸이 만들어진다
- 차가운 플룸이 하강하는 지역: 아시아
- 뜨거운 플룸이 상승하는 지역: 남태평양, 아프리카, 대서양 중앙 해령

ㄱ. A에서는 차가운 플룸이 하강하고, B에서는 뜨거운 플룸이 상승한다.

ㄴ. 차가운 플룸이 맨틀 최하부에 도달하면 핵에서 차가운 플룸에 대해 열적 반응이 일어나고 경계면의 온도 구조가 교란되어 물질을 밀어 올리는 작용이 일어나 기둥 모양으로 상승하는 뜨거운 플룸이 만들어진다.

ㄷ. 플룸 구조론은 판 내부에서 일어나는 화산 활동을 설명하기 위해 제시된 이론이다.

**③**-2 **화성암의 분류**

**자료 분석 ➕ 화성암의 분류**

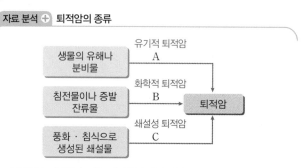

화성암은 마그마가 냉각되어 만들어진 암석으로, 화학 조성($SiO_2$의 함량)과 조직에 따라 분류한다.

ㄴ. 마그마의 냉각 속도가 느릴수록 결정의 크기가 큰 조립질의 화성암이 생성되므로 A보다 C가 광물 결정의 크기가 크다.

ㄷ. 화강암은 $SiO_2$ 함량이 많은 산성암이며, 마그마가 지하 깊은 곳에서 천천히 식어 굳어진 심성암이므로 C보다 D에 가깝다.

**오답 넘기**

ㄱ. $SiO_2$의 함량이 많은 마그마가 굳어서 생성된 화성암일수록 밝은색 광물(무색 광물)의 함량이 많다. 따라서 A보다 B가 밝은색을 띤다.

**④**-2 **퇴적암의 종류**

**자료 분석 ➕ 퇴적암의 종류**

- 퇴적암은 퇴적물의 기원, 퇴적암의 생성 과정에 따라 쇄설성 퇴적암, 화학적 퇴적암, 유기적 퇴적암으로 구분한다.

| 구분 | 생성 과정 | 퇴적물 | 퇴적암 |
|---|---|---|---|
| 쇄설성 퇴적암 | 암석이 풍화·침식 작용을 받아 생긴 쇄설성 퇴적물이나 화산 쇄설물이 쌓여 생성 | 자갈, 모래, 점토 | 역암 |
| | | 모래, 점토 | 사암 |
| | | 점토 | 셰일 |
| | | 화산재 | 응회암 |
| 화학적 퇴적암 | 호수나 바다 등에서 물에 녹아 있던 물질이 화학적으로 침전하거나 물이 증발하고 남은 잔류물이 쌓여 생성 | 탄산 칼슘 | 석회암 |
| | | 규질 | 처트 |
| | | 염화 나트륨 | 암염 |
| 유기적 퇴적암 | 동식물이나 미생물의 유해가 쌓여 생성 | 식물체 | 석탄 |
| | | 석회질 생물체 | 석회암 |
| | | 규질 생물체 | 처트 |

③ 처트는 석회암처럼 화학 성분의 침전이나 유기물의 퇴적으로 생성될 수 있다. 따라서 생성 과정을 알아보기 위해서는 퇴적물의 상태를 확인하여 판단해야 한다. 석회암은 탄산 칼슘($CaCO_3$)을 주성분으로 하는 암석이며, 처트는 규산($SiO_2$)을 주성분으로 하는 암석이다.

① 석탄은 식물의 유해가 퇴적된 후 탄화되어 생성된 유기적 퇴적암이다.
② 암염은 화학적 퇴적암으로 해수에 녹아 있는 나트륨 이온과 염화 이온이 결합하여 해수의 증발이 일어날 때 잔류물이 가라앉아 생성된다.
④ 석회암은 해수에 녹아 있는 탄산 이온이 해양 생물에 흡수되었다가 생물의 유해나 분비물이 퇴적되어 형성되거나, 해수에 녹아 있는 탄산 이온이 칼슘 이온과 결합하고 침전되어 생성된다.
⑤ 지표에 노출된 암석은 풍화, 침식 작용으로 자갈, 모래, 점토 등의 쇄설물이 되어 다른 곳으로 운반되고, 퇴적되어 속성 작용을 거쳐 쇄설성 퇴적암으로 된다. 이때 퇴적물의 입자 크기에 따라 수로 자갈이 퇴적되어 생성되는 역암, 주로 모래가 퇴적되어 생성되는 사암, 점토가 퇴적되어 생성되는 셰일 등으로 분류된다.

## 1주 1일 개념 돌파 전략 ②

Book 1 12~13쪽

| | | |
|---|---|---|
| 1 ② | 2 ③ | 3 ② |
| 4 ⑤ | 5 ④ | 6 ③ |

### 1 판 구조론의 정립 과정
② 베게너가 설득력 있게 설명하지 못했던 대륙 이동의 원동력을 맨틀 대류로 설명한 이론은 맨틀 대류설이다.

① 판 구조론은 베게너의 대륙 이동설, 홈스의 맨틀 대류설, 헤스와 디츠의 해양저 확장설을 거쳐 정립되었다.
③ 해령을 축으로 해저의 고지자기 줄무늬가 대칭을 이루는 것은 해령 아래에서 분출한 현무암질 마그마가 냉각될 때 자성 광물이 당시 지구 자기장 방향으로 자화된 후 맨틀 대류에 의해 양쪽으로 이동했기 때문에 나타나는 현상으로 볼 수 있다.
④ 음향 측심법으로 알아낸 해저 지형의 특징은 해양저 확장설이 등장하는 데 중요한 역할을 하였다.
⑤ 판 구조론에 의하면 대륙의 이동은 연약권에서 일어나는 맨틀 대류에 의해 판이 이동하는 것이다.

### 2 해양저 확장설의 증거_변환 단층의 존재
A는 해령, B는 변환 단층이다.

ㄱ. 해령에서 멀어질수록 해양 지각을 이루는 암석의 나이가 많아지므로 해양 지각의 나이는 A보다 B가 많다.
ㄷ. 해령을 어긋나게 하는 변환 단층의 존재와 변환 단층 주변에서 일어나는 천발 지진은 해양저 확장설의 증거가 된다. 변환 단층이 나타나는 이유는 해령에서 생성된 해양 지각이 서로 다른 속도로 양쪽으로 이동하기 때문이며, 변환 단층 주위에서 천발 지진이 발생하는 것은 해양 지각의 이동 방향이 반대 방향으로 진행되기 때문이다.

ㄴ. 해령에서는 천발 지진과 화산 활동이 활발하게 일어나지만 변환 단층에서는 천발 지진만 일어나고 화산 활동은 일어나지 않는다.

### 3 플룸 구조론
ㄱ. 플룸 상승류가 지표면과 만나는 지점 아래에 마그마가 생성되는 곳을 열점이라고 하며, 하와이섬은 열점에서 마그마가 분출하여 형성된 화산섬이다.
ㄴ. 지진파의 속도는 매질의 온도가 높은 영역에서는 느리게 나타나고, 매질의 온도가 낮은 영역에서는 빠르게 나타난다. 뜨거운 플룸이 상승하는 곳은 주변 맨틀보다 온도가 높으므로 지진파의 속도가 느리다. 단층 촬영 영상에서 붉은색 영역은 뜨거운 플룸이 상승하는 곳이다.

ㄷ. 위치가 고정된 것은 하와이섬이 아니라 열점이다. 앞으로 하와이섬은 태평양판을 따라 북서쪽으로 이동하고 그 자리에는 열점에서 마그마가 분출하여 새로운 화산섬이 생성된다.

### 4 마그마의 종류와 성질
점성과 유동성은 대체로 반비례 관계이고, 점성과 화산체의 경사는 대체로 비례 관계이다.
ㄱ. A가 B보다 점성이 크므로 유동성은 B가 A보다 크다.
ㄴ. 온도가 낮을수록 용암에 포함된 $SiO_2$ 함량이 많아진다. 따라서 $SiO_2$ 함량 A가 B보다 많다.
ㄷ. 점성이 큰 A가 점성이 작은 B보다 경사가 급한 화산체를 형성한다.

### 5 마그마의 생성 장소와 생성 과정

**자료 분석 ➕ 마그마의 생성 장소와 생성 과정**

A(해령): 압력 감소 - 현무암질 마그마
B(열점): 압력 감소 - 현무암질 마그마
온도 상승: 유문암질 마그마
물 공급: 현무암질 마그마

- 해령(A): 해령 하부에서 맨틀 상승류를 따라 맨틀 물질이 상승하면 압력 감소로 부분 용융이 일어나 현무암질 마그마가 생성된다.
- 열점(B): 플룸 상승류를 따라 맨틀 물질이 상승하면 압력 감소로 부분 용융이 일어나 현무암질 마그마가 생성된다.
- 섭입대: 섭입대 부근에서는 다음과 같은 과정을 통해 마그마가 만들어진다.

  [과정 1] 해양판이 대륙판 아래로 섭입할 때 해양 지각과 해양 퇴적물에 포함되어 있는 함수 광물에서 빠져나온 물이 맨틀에 공급되면서 맨틀의 용융점을 낮춰 현무암질 마그마가 생성된다.

  [과정 2] 과정 1에서 생성된 현무암질 마그마가 상승하면서 대륙 지각 하부를 부분 용융하여 유문암질 마그마가 생성되거나 현무암질 마그마와 유문암질 마그마가 혼합되어 안산암질 마그마가 생성된다.

ㄱ. A(해령): 해령 하부에서 고온의 맨틀 물질이 상승하면 압력이 크게 낮아져 맨틀 물질이 부분 용융되어 현무암질 마그마가 생성된다.

ㄷ. C에서는 해양판이 대륙판 아래로 섭입할 때 해양 지각과 해양 퇴적물에 포함되어 있는 함수 광물에서 빠져나온 물이 맨틀에 공급되면서 맨틀의 용융점을 낮춰 현무암질 마그마가 생성된다.

**오답 넘기**

ㄴ. B(열점)에서는 맨틀 물질이 플룸 상승류를 따라 상승하면서 압력이 감소하여 현무암질 마그마가 생성된다.

### 6 퇴적암의 생성

ㄱ. A는 유기적 퇴적암, B는 쇄설성 퇴적암이다.

ㄷ. 쇄설성 퇴적암은 입자 크기와 종류에 따라 역암, 사암, 셰일 등으로 구분한다.

**오답 넘기**

ㄴ. 응회암은 화산재가 쌓여 굳어진 암석으로 쇄설성 퇴적암의 한 종류이다.

 **필수 체크 전략 ①**    Book 1 14~17쪽

1-1 ②    2-1 ④    3-1 ⑤    4-1 ③

### 1-1 판을 이동시키는 힘

② 연약권은 맨틀 물질이 부분 용융되어 유동성이 있으므로 고체 상태이지만 대류가 느리게 일어날 수 있다.

**오답 넘기**

① 판을 이동시키는 힘에는 맨틀 대류가 끄는 힘 외에도 해구에서 섭입하는 판이 잡아당기는 힘, 해령에서 판을 밀어내는 힘 등이 있다.

③ 맨틀 대류의 상승부에서는 해령이 생성되며, 하강부에서는 해구나 호상

열도, 습곡 산맥 등이 형성된다. 섭입대에서는 해양판이 중력을 받아 침강하면서 기존의 판을 잡아당기는 힘이 작용한다.

④ 상부 맨틀(연약권)에서 일어나는 대류에 의해 연약권 위에 놓인 판이 이동한다.

⑤ 지권의 변동을 설명할 수 있는 상부 맨틀의 운동과 플룸 운동은 서로 연관되어 일어나며, 상부 맨틀의 대류와 플룸에 따른 대규모 운동은 판을 이동시키는 힘을 발생시킨다.

### 2-1 해령 주변 고지자기 줄무늬

ㄴ. 고지자기는 해령에서 생성될 당시의 자기장을 유지한다. P점이 해령에 위치하였을 때 지자기는 역전기(역자극기)에 해당한다.

ㄷ. 해령을 축으로 고지자기 역전 줄무늬가 대칭을 이루는 것은 해양저 확장설의 증거이다.

**오답 넘기**

ㄱ. 해양판의 평균 이동 속도는 해령으로부터 떨어진 거리와 그 지점의 암석 연령을 이용하여 계산한다.

해양판의 평균 이동 속도 $= \dfrac{4 \times 10^7 \text{ cm}}{4 \times 10^6 \text{년}} = 10 \text{ cm/년}$이다.

### 3-1 대륙 분포의 변화

⑤ (다) 시기 남반구에 위치하던 인도 대륙은 7100만 년 전부터 북상하여 신생대 초기~중기에 유라시아 대륙과 충돌하여 티베트 고원과 히말라야산맥이 형성되었다. 복각의 크기는 자기 적도에서 자북극으로 갈수록 커진다. 따라서 적도 부근까지 이동하는 동안 복각은 감소하다가 북반구에서 다시 커진다.

> 지질 시대 동안 대륙들은 하나로 모여서 초대륙을 형성하고 다시 분리되었다가 모이는 과정을 되풀이했어. 따라서 초대륙은 여러 번 있었지.

**오답 넘기**

①, ②, ③ 약 12억 년 전에 초대륙인 로디니아가 존재하였고, 대륙이 분리되었다가 약 2억 7천만 년 전에 초대륙인 판게아가 다시 형성되었다. 이후 아프리카와 남아메리카 대륙이 분리되었다.

④ 지질 시대 동안 발바라, 로디니아, 판게아 등 초대륙은 여러 번 있었다.

### 4-1 열점

ㄱ. 숫자가 작을수록 화산암체의 연령이 적으며 최근에 형성된 것이다. 따라서 화산암체 B가 화산암체 A보다 열점에 더 가깝게 위치한다.

ㄴ. 화산암체 B에서 A 방향인 남서쪽으로 판이 이동하면서 열점에 의해 형성된 섬들(열도)이 배열하고 있다. 현재 열점은 화산암체 B에 가까이 있으며 마그마가 분출하여 섬이 형성되고 있다.

ㄷ. 맨틀 대류에 의해 판이 이동해도 열점의 위치는 고정되어 있다. 따라서 화산암체 B는 판의 이동 방향을 따라 이동한다.

# 1주 2일 필수 체크 전략 ②

**Book 1** 18~19쪽

| 1 ③ | 2 ③ | 3 ① | 4 ③ |
|------|------|------|------|

## 1 음향 측심법과 해저 지형

ㄱ. A의 가장 깊은 곳은 초음파의 왕복 시간이 약 10초이다. 수심은 초음파의 왕복 시간을 2로 나눈 값에 초음파의 속력을 곱해서 구할 수 있으므로 약 7500 m이다.

ㄴ. A는 수심이 약 7500 m인 것으로 보아 해구이다. 해구는 해양판이 대륙판 밑으로 섭입하여 형성되는 V자 모양의 골짜기로 판이 소멸하는 섭입형 수렴 경계이다.

ㄷ. 해저 수심은 B(해령)에서 A(해구)로 갈수록 깊어진다.

## 2 인도 대륙의 이동

**자료 분석** ⊕ 지자기 북극의 이동 경로와 대륙의 이동

인도 대륙과 유라시아판이 충돌하여 히말라야산맥 형성

유라시아판
히말라야산맥
현재의 위치
1천만 년 전
적도
3천 8백만 년 전
이동 방향
5천 5백만 년 전
인도양
인도 대륙
수평면
7천 1백만 년 전

(가)

7100만 년 전 인도 대륙은 전체가 남반구에 위치하였다.

남반구에서는 인도 대륙이 북쪽으로 이동하면서 복각의 절댓값이 점점 작아진다.

| 시기(만 년 전) | 복각 | 위도 |
|------|------|------|
| 7100 | −49° | 30°S |
| 5500 | −21° | 11°S |
| 3800 | 6° | 3°N |
| 1000 | 30° | 16°N |
| 현재 | 36° | 20°N |

(나)

북반구에서는 북쪽으로 이동하면서 복각의 크기가 점점 커진다.

• 암석의 연령과 고지자기 복각 자료를 통해 대륙의 이동 경로를 복원하는 데 이용할 수 있다.

ㄱ. 약 7100만 년 전 인도 대륙은 위도 30°S에 있으므로 남반구에 위치하였다.

ㄷ. 북쪽으로 이동한 인도 대륙과 유라시아판이 충돌하여 히말라야산맥이 형성되었다.

ㄴ. 복각의 크기는 자기 적도에서 0°이고, 고위도로 갈수록 커져 자북극에서 +90°, 자남극에서 −90°이다. 남반구에서는 인도 대륙이 북쪽으로 이동하면서 복각의 절댓값이 점점 작아지고, 북반구에서는 북쪽으로 이동하면서 복각의 크기가 점점 커진다.

## 3 고지자기 북극의 이동

**자료 분석** ⊕ 고지자기 북극의 이동 경로와 대륙의 이동

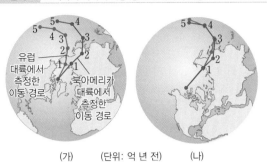

유럽 대륙에서 측정한 이동 경로
북아메리카 대륙에서 측정한 이동 경로

(가)　　(단위: 억 년 전)　　(나)

• (가): 현재 유럽 대륙과 북아메리카 대륙의 암석에서 측정한 고지자기 북극의 이동 경로가 두 갈래로 나타난다.

• (나): 고지자기 북극의 이동 경로를 일치시켜 보면 대륙이 하나로 모여 있게 된다.

• 같은 시기에 지구의 자북극이 두 개 있을 수 없다. → 본래 대륙이 하나로 붙어 있었다. → 북아메리카 대륙과 유럽 대륙이 갈라져 서로 다른 방향으로 이동하였다. → 대륙이 이동하였음을 알 수 있다.

자북극은 지리상 북극과 거의 일치하므로 자북극은 곧 지리상 북극으로 가정할 수 있어. 자북극이 움직이는 것처럼 보이는 것은 실제 자북극이 이동한 것이 아니라 대륙이 이동했기 때문에 나타나는 현상이야.

ㄱ. 문제의 그림 (가)를 보면 현재 유럽 대륙과 북아메리카 대륙의 암석에서 측정한 고지자기 북극의 겉보기 이동 경로가 두 갈래로 나타난다. 같은 시기에 지구의 자북극이 두 개 있을 수는 없으므로 본래 하나의 대륙으로 붙어 있던 북아메리카 대륙과 유럽 대륙이 갈라져 서로 다른 방향으로 이동한 것으로 해석할 수 있다.

ㄴ. 습곡 산맥은 판과 판이 충돌할 때 생성된다.

ㄷ. 같은 지질 시대에 지구의 자북극이 두 개 있을 수는 없다.

## 4 플룸 구조론과 열점

③ 열점은 플룸 상승류가 있는 곳에서 형성되므로 판의 경계와 상관없이 분포한다.

① ㉠은 차가운 플룸이 하강하는 곳이다. 차가운 플룸이 하강하는 곳은 판의 수렴형 경계 부근에서 나타난다.

② 뜨거운 플룸이 상승하면서 압력이 낮아져 용융되면 마그마가 모여 있는 열점이 형성된다.

④ ㉢은 대서양 중앙 해령으로 판의 발산형 경계이다. 뜨거운 플룸이 상승하는 곳은 맨틀 물질이 상승하므로 열점이나 발산형 경계가 발달한다.

⑤ 열점은 맨틀과 외핵의 경계에서 뜨거운 맨틀 물질이 상승하면서 압력 감소로 형성된다.

## 1주 3일 필수 체크 전략 ①　　Book 1 20~23쪽

1-1 ㄱ, ㄷ　　2-1 ②　　3-1 ④　　4-1 ②

### 1-1 마그마의 생성 위치와 생성 조건

ㄱ. A는 해령으로 압력 하강에 의해 현무암질 마그마가 생성된다. B에서는 해양 지각에 포함된 함물 광물에서 빠져나온 물이 맨틀로 공급되면서 맨틀 물질의 용융점 하강으로 현무암질 마그마가 생성된다. C에서는 B에서 생성된 현무암질 마그마가 상승하여 대륙 지각의 하부 온도를 높임으로써 유문암질 마그마가 생성된다.

ㄷ. ㉠ 과정은 마그마가 상승하며 압력이 감소하는 과정으로 해령(A)에서는 마그마 상승에 의한 압력 감소에 의해 현무암질 마그마가 생성된다.

[오답 넘기]

ㄴ. B에서 생성되는 현무암질 마그마는 C에서 생성되는 유문암질 마그마보다 $SiO_2$ 함량이 적다.

### 2-1 우리나라의 퇴적암 지형

ㄷ. 마이산은 우리나라의 대표적인 퇴적 지형이다. (나)와 같이 바위 표면에 움푹 파인 작은 구멍들이 있는 모습을 타포니라고 하며, 풍화·침식 작용에 의해 형성된 지형이다.

[오답 넘기]

ㄱ. 마이산은 화산이 아니라 퇴적암 지형이다.

ㄴ. 마이산에서 주로 볼 수 있는 퇴적암은 역암이다.

### 3-1 퇴적 구조

ㄴ. 셰일층에 건열 구조가 형성된 것으로 보아 건조한 시기가 있었음을 알 수 있다.

ㄷ. 사암층에 나타난 사층리의 형태로 보아 물은 ㉠에서 ㉡쪽으로 흘렀을 것으로 추측할 수 있다. 사층리에서 바람이나 물의 진행 방향을 판단할 때는 지층면과 사층리면이 이루는 경사각을 이용하는데, 위쪽으로 갈수록 경사각이 크다. 문제에 제시된 지층은 역전층이므로 경사각이 큰 쪽이 아래에 위치할 뿐 물이 흐른 방향은 ㉠에서 ㉡쪽으로 변함 없다.

[오답 넘기]

ㄱ. 건열은 갈라진 부분이 넓은 쪽이 아래에 위치하고 사층리는 경사각이 큰 쪽이 아래에 위치하므로, 이 지층은 역전이 일어났다.

### 4-1 지질 구조

(가)는 경사 습곡, (나)는 경사 부정합, (다)는 정단층이다.

ㄴ. 부정합은 지층의 융기와 침강 사이 기간에 새로운 지층의 퇴적이 일어나지 않고 기존의 지층이 침식되면서 형성되기 때문에 인접한 상하 지층 사이에 큰 시간 간격이 있다.

[오답 넘기]

ㄱ. 열곡대에서는 장력이 작용하기에 정단층이 잘 발달한다.

ㄷ. 습곡 산맥과 경사 부정합은 횡압력을 받아 형성된 지질 구조이지만 정단층은 장력을 받아 형성된 지질 구조이다. 경사 부정합은 대부분 조산 운동을 받은 지층에서 나타난다.

## 1주 3일 필수 체크 전략 ②　　Book 1 24~25쪽

1 ④　　2 ③　　3 ⑤　　4 ③

### 1 마그마의 성질과 화산체 모양

그림 (가)는 $SiO_2$ 함량이 많고 온도가 낮은 마그마로 생성된 종상 화산체이며 폭발적인 분출과 화산체의 경사가 급한 특징을 보인다. 그림 (나)는 $SiO_2$ 함량이 적은 현무암질 마그마로 생성된 순상 화산체이며 온도가 높고 점성이 작아 경사가 완만한 특징을 보인다.

ㄴ. 마그마의 점성은 (가)>(나)이다.

ㄷ. 마그마의 온도는 (가)<(나)이다.

[오답 넘기]

ㄱ. 마그마의 $SiO_2$ 함량은 유문암질 마그마>안산암질 마그마>현무암질 마그마 순이다.

### 2 화성암

ㄱ, ㄷ. 설악산 울산바위는 유문암질 마그마가 지하 깊은 곳에서 천천히 식어 굳어진 화강암으로 이루어져 있고, 제주도 용두암은 현무암질 마그마가 지표에서 빠르게 식어 굳어진 현무암으로 이루어져 있다.

[오답 넘기]

ㄴ. 화강암은 $SiO_2$ 함량이 63 % 이상인 유문암질 마그마가 지하 깊은 곳에서 천천히 식어 만들어진 암석이고, 현무암은 $SiO_2$ 함량이 52 % 이하인 현무암질 마그마가 지표에서 빠르게 식어 굳어진 암석이다.

### 3 주상 절리와 판상 절리

ㄱ. (가)는 주상 절리로, 지표로 분출한 용암이 빠르게 식는 과정에서 수축하여 형성된다.

ㄴ. (나)는 판상 절리로 지하 깊은 곳에서 생성된 암석이 융기할 때 암석을 누르는 압력이 감소하면서 팽창하여 생성된다.

ㄷ. 주상 절리는 화산암, 판상 절리는 심성암에서 잘 나타난다.

### 4 퇴적 구조

ㄱ. 사층리는 과거에 물이 흘렀던 방향이나 바람이 불었던 방향을 알려준다.

ㄷ. 사층리와 점이 층리는 지층의 단면에서, 연흔은 지층면에서 관찰된다.

### 1주 4일 교과서 대표 전략 ① Book 1 26~29쪽

| | | | |
|---|---|---|---|
| 1 ㄱ, ㄴ | 2 ㄴ, ㄷ | 3 ㄱ | 4 ㄱ |
| 5 ㄷ | 6 ㄴ, ㄷ | 7 ㄱ, ㄴ, ㄷ | 8 ㄴ |
| 9 ㄴ, ㄷ | 10 ㄱ | 11 ㄴ | 12 ㄱ |
| 13 ㄱ, ㄴ | 14 ㄴ | 15 ④ | 16 ㄴ, ㄷ |

#### 1 판 구조론의 정립 과정

ㄱ은 대륙 이동설의 해결 방안이고, ㄴ은 해양저 확장설의 해결 방안이다.

ㄱ. 판 구조론에 의하면, 연약권에서 맨틀의 대류가 일어나 그 위에 있는 판이 이동함으로써 대륙이 이동하게 된다.

ㄴ. 해령에서 새로운 해양 지각이 생성되는 만큼 해구에서 오래된 해양 지각이 소멸되기 때문에 해저가 무한히 확장되지는 않는다.

#### 2 맨틀 대류

ㄴ. 습곡 산맥은 두 판이 수렴하는 경계에서 형성되므로 B에서 형성된다고 할 수 있다.

ㄷ. A는 판과 판이 멀어지는 발산형 경계, B는 판과 판이 가까워지는 수렴형 경계의 모습이다.

#### 3 해저 확장설의 증거

ㄱ. B를 중심으로 양쪽으로 갈수록 해양 지각의 연령이 많아지고, 해저 퇴적물의 두께가 두꺼워지는 것으로 보아 B 부근에 맨틀 대류의 상승부인 해령이 존재한다.

#### 4 판의 구조

A는 대륙 지각, B는 상부 맨틀, C는 연약권이다.

ㄱ. A는 대륙 지각으로 맨틀보다 평균 밀도는 작다.

#### 5 판을 움직이는 힘

ㄷ. 해구에서 판을 잡아당기는 힘이 남아메리카판에는 없고, 오스트레일리아판에는 있으므로 판의 이동 속도는 오스트레일리아판이 남아메리카판보다 더 빠르다.

#### 6 해령 주변의 고지자기 분포

ㄴ. B 지점은 정자극기와 같은 색깔에 위치하며, 정자극기는 현재와 자극 방향이 같은 때이다.

ㄷ. A 지점이 B 지점보다 해령에서 더 멀리 떨어져 있다.

#### 7 복각과 고지자기 변화

##### 자료 분석 ⊕ 지구 자기장과 복각

자기 적도에서는 자기력선이 수평면과 평행하므로 복각은 0°이다.

자기력선은 자남극에서 나와 자북극으로 들어가므로 현재와 같이 정자극기일 때 남반구에서는 화살표가 위로 향하고, 북반구에서는 아래로 향한다.

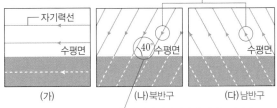

(가)  (나)북반구  (다)남반구

복각은 나침반의 자침(자기력선)이 수평면과 이루는 각이다.

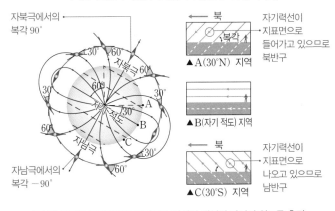

자북극에서의 복각 90°

▲A(30°N) 지역 — 자기력선이 지표면으로 들어가고 있으므로 북반구

▲B(자기 적도) 지역

▲C(30°S) 지역 — 자기력선이 지표면으로 나오고 있으므로 남반구

자남극에서의 복각 -90°

• 암석에 기록된 고지자기의 복각으로 암석이 생성될 당시의 위도를 추정할 수 있다.
• 고위도로 갈수록 복각의 절댓값이 커진다.

ㄱ. 자기력선은 자남극에서 나와 자북극으로 들어간다. 자기력선이 지표면과 이루는 각도는 복각이며, 자기 적도에서는 자기력선이 지표면에 평행하고(복각 0°), 자북극에서는 지표면에 수직으로 들어가고(복각 +90°), 자남극에서는 지표면에 수직으로 나온다(복각 −90°)

ㄴ. (나)는 자기력선이 비스듬하게 지표면으로 들어가고 있으므로 북반구 중위도 지역임을 알 수 있다.

ㄷ. (다)는 자기력선이 비스듬하게 지표면에서 나오고 있으므로 남반구 중위도 지역임을 알 수 있다.

## 8 열점과 판의 이동

ㄴ. 하와이 열도를 구성하는 화산섬과 해산 중 연령이 가장 적은 것은 하와이섬으로 현재 열점에 위치한다. 화산 활동은 현재 열점에 위치한 하와이섬에서 일어난다.

**오답 넘기**

ㄱ. '판의 이동 속도＝이동 거리÷시간'으로 같은 시간 동안 동일한 거리를 가지 않았기 때문에 태평양판의 이동 속도는 일정하다고 볼 수 없다.

ㄷ. 태평양판의 이동 방향은 약 4천 3백만 년 전에 북북서 방향에서 서북서 방향으로 바뀌었다.

## 9 마그마와 화성암

$SiO_2$ 함량이 적은 A는 현무암질 마그마이고, $SiO_2$ 함량이 많은 B는 유문암질 마그마이다.

ㄴ. 유문암질 마그마가 지하 깊은 곳에서 천천히 식으면 화강암이 형성된다.

ㄷ. A(현무암질 마그마)와 B(유문암질 마그마) 중 대륙 지각에서 기원하는 마그마는 유문암질 마그마이다. 유문암질 마그마는 섭입대에서 생성된 현무암질 마그마가 상승하여 대륙 지각의 하부를 녹여 생성된다. 현무암질 마그마는 지하 깊은 곳에서 맨틀 물질이 상승하여 압력 감소에 의해 생성되거나 섭입대에서 물 공급에 의해 생성된다.

**오답 넘기**

ㄱ. 현무암질 마그마가 지표에서 빠르게 식으면 현무암이 형성된다.

## 10 마그마의 생성 환경

ㄱ. A에서는 맨틀과 외핵의 경계 부근에서 뜨거운 플룸이 상승하여 열점이 형성된다.

**오답 넘기**

ㄴ. 현무암질 마그마는 해령, 열점, 섭입대에서 모두 형성될 수 있다. A와 B에서는 맨틀 상승에 의한 압력 감소로, C에서는 물 방출에 의한 맨틀 물질의 용융점 하강으로 현무암질 마그마가 생성된다. D에서는 현무암질 마그마가 대륙 지각의 하부를 녹여 유문암질 마그마가 생성된다.

ㄷ. A, B, C에서는 현무암질 마그마가, D에서는 이보다 $SiO_2$ 함량이 높은 유문암질 마그마나 안산암질 마그마가 생성된다. 안산암질 마그마는 섭입대에서 생성된 현무암질 마그마가 상승하여 대륙 지각의 하부를 녹여 생성된 유문암질 마그마와 혼합되어 생성된다.

## 11 마그마의 화학 조성

ㄴ. A는 $SiO_2$ 함량이 52 % 이하인 현무암질 마그마로 점성이 작고 휘발 성분(화산 가스의 함량)이 적어 조용히 분출한다. B는 $SiO_2$ 함량이 63 % 이상인 유문암질 마그마로 점성이 크고, 휘발 성분(화산 가스의 함량)이 많아 폭발하며 분출한다.

**오답 넘기**

ㄱ. A는 현무암질 마그마이고, B는 유문암질 마그마이다.

ㄷ. Ca, Mg, Fe 원소는 유색 광물에 더 많이 포함되며, 현무암질 마그마가 유문암질 마그마보다 더 많이 포함한다. 따라서 B보다 A에서 더 많이 정출된다.

## 12 화성암과 지형

ㄱ. A는 화산암, B는 심성암으로 마그마의 냉각 속도는 A보다 B가 느리다.

**오답 넘기**

ㄴ, ㄷ. 북한산 인수봉은 유문암질(혹은 화강암질) 마그마가 지하 깊은 곳에서 천천히 냉각되어 형성된 화강암이 융기하여 지표로 드러난 것이다.

## 13 퇴적암이 만들어지는 과정

ㄱ. 퇴적물 입자 사이의 틈을 공극이라고 하며, 다짐(압축) 작용을 통해 공극이 감소한다.

ㄴ. B는 교결 물질이 입자들을 붙게 하여 굳어지게 하는 교결 작용이다.

**오답 넘기**

ㄷ. 모든 퇴적암은 압축 작용과 교결 작용을 거쳐 형성된다.

## 14 지질 구조

ㄴ. (가)는 장력을 받아 형성된 정단층, (나)는 횡압력을 받아 형성된 역단층, (다)는 횡압력을 받아 형성된 습곡이다.

**오답 넘기**

ㄱ. 열곡대는 발산형 경계이다. 발산형 경계는 두 판이 멀어지는 곳으로 장력이 작용하므로 정단층이 나타날 수 있다.

ㄷ. 습곡은 단층보다 생성되는 깊이가 깊다.

## 15 퇴적 구조

④ 퇴적 당시 물이 흐른 방향을 알 수 있는 퇴적 구조는 사층리이다.

**오답 넘기**

① A는 점이 층리, B는 건열, C는 연흔을 나타낸다.

② 점이 층리는 깊은 바다에서 저탁류에 의해 퇴적물이 한꺼번에 흘러 내릴 때 잘 형성된다.

③ 건열은 퇴적 입자 틈에 있었던 수분 증발로 진흙이 수축하여 형성되며, 건조한 기후에서 잘 형성된다. 건열이 나타나는 지층은 과거 수면 밖으로 노출된 적이 있다.

⑤ A, B, C층의 퇴적 구조로 보아 이 지역의 지층은 역전되지 않았다.

**16 우리나라 퇴적암 지형**

ㄴ. 제주도 수월봉은 신생대, 전라북도 채석강은 중생대에 형성된 지층이다.

ㄷ. 응회암으로 이루어져 있는 제주특별자치도 수월봉과 역암과 사암으로 전라북도 부안군 채석강은 모두 퇴적 지형으로 층리가 발달해 있다.

**오답 넘기**

ㄱ. 제주도 수월봉은 신생대 화산 활동으로 화산재가 두껍게 쌓여 형성된 응회암층으로 이루어진 지형이다.

## 1주 4일 교과서 대표 전략 ② Book 1 30~31쪽

1 ㄴ, ㄹ  2 ㄴ, ㄷ  3 ㄴ, ㄷ  4 ㄱ, ㄴ
5 ㄴ  6 ㄱ, ㄴ  7 ㄱ, ㄷ  8 ㄴ, ㄷ

**1 해양저 확장설**

ㄴ. 메소사우루스는 고생대 번성했던 육상 파충류이다.

ㄹ. 고생대 말 판게아 형성 과정에서 만들어진 습곡 산맥은 이후 판게아가 분리되면서 북아메리카의 애팔레치아산맥과 북유럽의 칼레도니아산맥으로 분리되었다.

**오답 넘기**

ㄱ. 고지자기 줄무늬는 해양저 확장설의 증거이다.

ㄷ. 고생대 말 적도 부근까지 빙하가 존재하기는 어렵다. 여러 대륙에 방사상으로 퍼져 있는 빙하의 흔적을 모아 보면 남극 대륙 중심에서 멀어져 간 모습이다.

**2 플룸 운동과 판의 운동**

**자료 분석 ⊕ 뜨거운 플룸과 차가운 플룸**

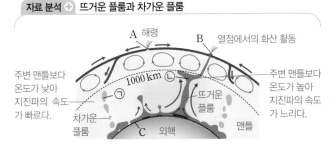

• 열점은 판의 경계가 아니다.
• 열점은 맨틀과 외핵의 경계부에서 뜨거운 플룸이 상승하여 압력 감소로 암석권 아래에 생성된 마그마 저장소이다.
• 차가운 플룸은 주변 맨틀보다 온도가 낮아 지진파의 속도가 빠르고, 뜨거운 플룸은 주변 맨틀보다 온도가 높아 지진파의 속도가 느리다.

ㄴ. 뜨거운 플룸은 외핵과 맨틀의 경계 부근에서부터 상승을 시작한다.

ㄷ. 지진파의 속도는 온도가 낮은 ㉠ 지점이 ㉡ 지점보다 더 빠르다.

**오답 넘기**

ㄱ. A는 판이 양쪽으로 멀어지는 발산형 경계인 해령, B는 판 내부에서 화산 활동이 일어나는 열점이다.

**3 고지자기 북극 이동 경로**

ㄴ. 복각의 크기는 자기 적도에서 자북극으로 갈수록 커진다. 그림에서 1억 년 전이 3억 년 전보다 고지자기 북극에 가까우므로 복각의 크기는 1억 년 전이 3억 년 전보다 크다.

ㄷ. (가)를 보면 북아메리카와 유럽의 위치는 고정되어 있고 지자기 북극이 두 개인 것처럼 보이지만, 이는 시시기 북극이 두 개인 것이 아니라 대륙이 이동하였기 때문이다.

**오답 넘기**

ㄱ. 지자기 북극은 항상 한 개만 존재했다.

**4 열점**

ㄱ. 열점에 의해 형성된 화산체 중에서 현재 화산 활동이 활발하게 일어나는 곳이 오른쪽(동쪽)에 위치하므로 판은 서쪽으로 이동하였다.

ㄴ. 플룸 상승류는 주위보다 밀도가 작을 때 상승하게 된다. 따라서 밀도는 ㉠ 지점이 ㉡ 지점보다 크다.

**오답 넘기**

ㄷ. 뜨거운 플룸은 맨틀과 외핵의 경계에서부터 상승한다.

**5 마그마 생성 장소**

ㄴ. 섭입대(B)에서는 해양 지각과 해양 퇴적물이 섭입할 때 해양 퇴적물과 해양 지각의 함수 광물에 포함된 물이 빠져나와 맨틀로 유입되면서 맨틀의 용융점을 낮춰 현무암질 마그마가 생성된다.

**오답 넘기**

ㄱ. A는 해령으로 압력 감소로 현무암질 마그마가 생성된다.

ㄷ. C는 섭입대에서 생성된 현무암질 마그마가 상승하여 대륙 지각 하부를 녹여 유문암질 마그마가 생성된다.

**6 절리**

ㄱ. (가)는 심성암에서 볼 수 있는 판상 절리이고, (나)는 화산암에서 볼 수 있는 주상 절리이다. 따라서 암석이 생성된 깊이는 (가)가 (나)보다 깊다.

ㄴ. 심성암의 입자 크기가 화산암의 입자 크기보다 크다.

**오답 넘기**

ㄷ. 판상 절리는 화강암과 같은 심성암이 지표로 노출되면서 압력이 감소하여 형성된다. 반면에 주상 절리는 용암이 지표에서 급격히 식으면서 수축되어 형성된다.

**7 퇴적암의 종류**

ㄱ. 화산재는 A → D 과정을 거쳐 응회암이 된다.

ㄷ. D는 퇴적물이 퇴적암이 되는 과정이므로 D 과정은 속성 작용이다.

**오답 넘기**

ㄴ. A나 B와 같은 과정으로 생성된 다양한 쇄설물이 속성 작용을 거쳐 생성된 퇴적암은 쇄설성 퇴적암이다.

**8 퇴적 환경**

ㄴ. 퇴적 환경은 육상 환경(하천, 호수, 사막, 범람원, 선상지), 연안 환경(삼각주, 해빈, 사주, 강 하구), 해양 환경(대륙붕, 대륙 사면, 대륙대, 심해저)으로 구분한다.

ㄷ. (나)의 점이 층리도 수심이 깊은 환경(대륙대)에서 잘 발달하므로 A보다 B에서 주로 발견된다

**오답 넘기**

ㄱ. 삼각주인 A는 연안 환경, 대륙 사면 끝의 경사가 완만한 지형인 대륙대 (B)는 해양 환경에 해당한다.

 퇴적 환경은 퇴적물이 쌓이는 곳으로 육상 환경, 연안 환경, 해양 환경으로 구분해. 육상 환경은 육지 내에 쇄설성 퇴적물이 주로 퇴적되는 곳이고, 연안 환경은 육상 환경과 해양 환경 사이에 있는 곳이며, 해양 환경은 지구상에서 가장 넓은 면적을 차지하는 퇴적 환경이야.

---

## 1주 누구나 합격 전략

**Book 1** 32~33쪽

| 1 ④ | 2 ⑤ | 3 ③ | 4 ③ |
| 5 ③ | 6 ③ | 7 ② | 8 ④ |

**1 판 구조론의 정립 과정**

ㄴ. (가)는 대륙 이동설의 증거이고, (나)는 해양저 확장설의 증거이다.

ㄷ. 고지자기 줄무늬는 해령을 축으로 대칭적으로 나타난다. (가)의 두 대륙 사이에 존재하는 대서양에는 대서양 중앙 해령이 분포하므로 고지자기 줄무늬가 대칭적으로 나타난다.

**오답 넘기**

ㄱ. 대륙 이동설이 해양저 확장설보다 먼저 나온 학설이다.

**2 판의 경계**

ㄱ. A는 해령으로 이곳에서는 현무암질 마그마가 분출한다.

ㄴ. B는 판과 판이 가까워지는 수렴형 경계인 해구이다. 수렴형 경계에서는 횡압력에 의해 습곡이나 역단층같은 지질 구조가 형성된다.

ㄷ. C는 변환 단층으로 해양저 확장설의 증거가 된다.

**3 해령 주변 고지자기 분포**

**자료 분석 ⊕ 해령 주변의 고지자기**

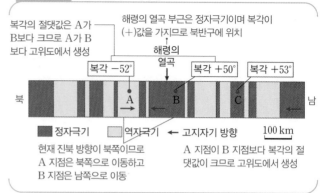

복각의 절댓값은 A가 B보다 크므로 A가 B보다 고위도에서 생성

해령의 열곡 부근은 정자극기이며 복각이 (+)값을 가지므로 북반구에 위치

해령의 열곡

복각 −52° | 복각 +50° | 복각 +53°

북 ▬ A → ← B C ← 남

■ 정자극기　□ 역자극기　← 고지자기 방향　100 km

현재 진북 방향이 북쪽이므로 A 지점은 북쪽으로 이동하고 B 지점은 남쪽으로 이동

A 지점이 B 지점보다 복각의 절댓값이 크므로 고위도에서 생성

ㄱ. 복각은 남반구에서는 (−) 값을 가지고, 북반구에서는 (+) 값을 가진다. 해령의 열곡은 복각이 +50°이므로 북반구에 위치한다고 볼 수 있다.

ㄷ. 해령은 정자극기에 해당하며, A 지점은 해령을 기준으로 왼쪽 방향으로 이동하므로 북쪽으로 이동하고 C 지점은 오른쪽 방향으로 이동하므로 남쪽으로 이동하고 있다.

**오답 넘기**

ㄴ. A가 B보다 복각의 절댓값이 크므로 고위도에서 생성되었다고 생각할 수 있다. 복각의 절대 값이 클수록 고위도에서 생성되었다.

**4 플룸 구조론**

ㄱ, ㄴ. 지진파의 속도는 매질의 온도가 높은 영역에서는 느리게 나타나고, 온도가 낮은 영역에서는 빠르게 나타난다. 차가운 플룸이 하강하는 곳은 주변 맨틀보다 온도가 낮고, 뜨거운 플룸이 상승하는 곳은 주변 맨틀보다 온도가 높다. 따라서 지구 내부의 온도는 A<B<C이고, 지진파의 속도는 A>B>C이다.

**오답 넘기**

ㄷ. 열점에서는 압력 감소에 의해 현무암질 마그마가 생성되며, C 위의 화산섬은 열점에서 분출한 현무암질 마그마에 의해 형성된 것이다. 열점은 맨틀 깊은 곳에 고정되어 있는 마그마의 근원지이며 열점에서 마그마는 기둥 형태(플룸)로 수직으로 올라와 암석권을 뚫고 화산을 형성한다. 열점은 판과 함께 이동하지 않고 한 지점에 고정되어 있으므로 그 근원이 상부 맨틀(연약권)이 아닌 하부 맨틀에 있음을 알 수 있다.

**5 화성암 분류**

**자료 분석 ⊕ 화학 조성(SiO₂ 함량)과 조직에 따른 화성암의 분류**

| 조직 ＼ SiO₂ 함량 | ← 52 % | − 63 % | → |
|---|---|---|---|
| 세립질 | − 현무암 | − 안산암 | B 유문암 |
| 조립질 | A 반려암 | − 섬록암 | − 화강암 |

ㄷ. A는 지하 깊은 곳에서 느리게 냉각되어 생성된 심성암으로 조립질의 조직을 가지고, B는 지표에서 빠르게 냉각되어 세립질의 조직을 가지는 화산암이다.

**오답 넘기**

ㄱ. A는 반려암, B는 유문암이다.

ㄴ. 암석의 색은 $SiO_2$ 함량이 적은 A가 유색 광물이 많아 어둡고, $SiO_2$ 함량이 많은 B가 무색 광물이 많아 밝다.

### 6 마그마의 생성

ㄷ. 열점에서는 맨틀 물질이 상승하면서 압력이 낮아지는 A → C 과정으로 마그마가 생성된다.

**오답 넘기**

ㄱ. 물을 포함한 화강암은 압력이 커질수록(깊이가 깊어질수록) 용융점이 낮아진다.

ㄴ. 발산형 경계인 해령에서는 열점과 마찬가지로 압력 감소에 의한 A → C 과정으로 현무암질 마그마가 생성된다.

### 7 퇴적암의 분류

ㄱ. 화산재가 퇴적된 암석이 응회암이다.

ㄴ. B는 역암으로 쇄설성 퇴적암 중 퇴적물 입자의 크기가 가장 크다.

**오답 넘기**

ㄷ. 석회암과 처트는 화학적 퇴적암과 유기적 퇴적암에 모두 속하지만 석회암은 탄산 칼슘이 침전되거나 석회질 생물체가 퇴적되어 형성되며, 처트는 규산이 침전되거나 규질 생물체가 퇴적되어 형성된다. 따라서 C와 D는 석회암이다.

### 8 지질 구조

(가)는 연흔, (나)는 건열, (다)는 점이 층리, (라)는 사층리이다.

ㄱ. 연흔은 수심이 얕은 물밑에서 흐르는 물이나 파도의 흔적이 퇴적물 표면에 남아 형성된다.

ㄴ. 건열은 점토와 같이 입자가 매우 작은 퇴적물이 수면 위의 건조한 환경에 노출되었을 때 형성된다.

ㄷ. 점이 층리는 한 지층 내에서 위로 갈수록 퇴적물의 입자 크기가 작아지는 퇴적 구조로 수심이 비교적 깊은 곳에서 다양한 크기의 퇴적물이 한꺼번에 쌓일 때 입자의 크기에 따른 퇴적 속도 차이로 형성된다.

**오답 넘기**

ㄹ. 사층리는 물이 흐르거나 바람이 부는 환경에서 퇴적물이 기울어진 상태로 쌓인 퇴적 구조로, 얕은 물밑이나 사막 환경을 암시한다.

**① 주 창의·융합·코딩 전략** | Book 1 | 34~37쪽

| 1 ① | 2 ③ | 3 ④ | 4 ② |
| 5 ② | 6 ④ | 7 ③ | 8 ④ |

### 1 음향 측심법

**자료 분석 ⊕ 음향 측심법**

| A 해역 탐사 지점 | 1 | 2 | 3 | 4 | 5 | 6 | 7 | 8 | 9 | 10 |
|---|---|---|---|---|---|---|---|---|---|---|
| 음파의 왕복 시간(초) | 7.1 | 7.9 | 6.7 | 6.4 | 5 | 10 | 6 | 7.6 | 7.7 | 7.1 |

A 해역은 6지점에서 수심이 급격히 증가하여 7500 m에 이른다.
→ 해구가 발달한다.

| B 해역 탐사 지점 | 1 | 2 | 3 | 4 | 5 | 6 | 7 | 8 | 9 | 10 |
|---|---|---|---|---|---|---|---|---|---|---|
| 음파의 왕복 시간(초) | 5.4 | 5.6 | 5 | 4.8 | 4.6 | 4.3 | 4.5 | 5 | 5.4 | 5.5 |

B 해역은 6지점에서 수심이 3225 m로 가장 얕고, 이를 중심으로 양쪽으로 멀어질수록 수심이 점차 깊어진다. → 해령이 발달한다.

| 탐사 지점 | A 해역 수심(m) | B 해역 수심(m) |
|---|---|---|
| 1 | 5325 | 4050 |
| 2 | 5925 | 4200 |
| 3 | 5025 | 3750 |
| 4 | 4800 | 3600 |
| 5 | 3750 | 3450 |
| 6 | 7500 | 3225 |
| 7 | 4500 | 3375 |
| 8 | 5700 | 3750 |
| 9 | 5775 | 4050 |
| 10 | 5325 | 4125 |

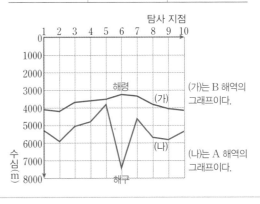

ㄱ. A 해역 6 지점의 음파의 왕복 시간이 10초이므로 수심은 1500 m/s×5 s＝7500 m이다.

**오답 넘기**

ㄴ. 음파의 왕복 시간을 보았을 때 A 해역은 (나), B 해역은 (가)의 해저 지형의 모습을 가진다.

ㄷ. A 해역은 6지점에서 수심이 급격히 증가하여 7500 m 이상인 것으로 보아 해구가 발달한다. 반면 B 해역은 6지점에서 수심이 가장 얕고, 이를 중심으로 멀어질수록 수심이 깊어지는 것으로 보아 해령이 발달한다.

### 2 고지자기 해석

ㄱ. 지자기의 정상기와 역전기에는 자극의 방향이 반대였다. b와 c 지점의 자화 방향이 같고, a와 d 지점의 자화 방향이 같

다. 따라서 a 지점과 b 지점의 암석이 형성될 당시 자북극의 위치가 달랐다.

ㄷ. 해령에서 맨틀 물질이 상승하여 새로운 지각이 생성될 때 그 당시의 지구 자기 방향으로 자화된다. 고지자기의 역전대는 해령을 중심으로 대칭적인 분포를 나타낸다

오답 넘기

ㄴ. a, d 지점은 b, c 지점보다 해령에서 멀리 있으므로 수심이 깊고 암석의 연령이 많다.

## 3 해양저 확장설

자료 분석 ➕ 고지자기 분포

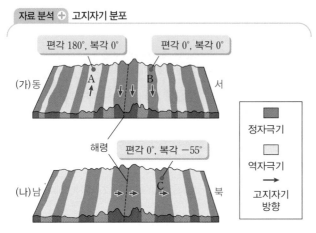

- (가)에서 해령은 남북 방향으로 발달해 있다.
- 생성 당시의 위도는 B가 C보다 적도에 가깝다.
- C는 북쪽으로 이동하고 있다.

- 희진: A, B의 고지자기 줄무늬를 비교해 보면 해령과 A 사이의 줄무늬 수가 해령과 B 사이의 줄무늬 수보다 많다. 따라서 A가 B보다 해령의 축을 경계로 더 멀리 떨어져 있으므로 A가 B보다 먼저 생성되었다.
- 유선: '→'을 가리키는 방향이 북쪽이므로 C 지역은 북쪽 방향으로 이동하고, 고지자기의 복각이 (−)이며 정자극기 때 형성되었으므로 생성 당시에는 남반구에 위치하였다. 정자극기에 북반구는 복각이 (+)로, 남반구는 복각이 (−)로 나타난다.

오답 넘기

- 호영: '↓'을 가리키는 방향이 북쪽이므로 A 지역은 동쪽 방향으로 이동하고, B 지역은 서쪽 방향으로 이동하게 된다.

## 4 대륙의 이동

② 3800만 년 전 이후로 현재까지 인도는 지속적으로 북상하였으므로 복각이 증가하였다.

오답 넘기

① 이동 속도＝이동 거리÷시간이므로 A 시기보다 B 시기에 대륙은 더 빠르게 이동하였다.
③ 인도 대륙은 7100만 년 전부터 현재까지 북쪽으로 이동하였다.
④ 인도 대륙의 위도가 변했으므로 복각도 변하였다.
⑤ 인도 대륙은 유라시아 대륙과 충돌하는 수렴형 경계이다.

## 5 마그마의 생성 조건과 생성 장소

자료 분석 ➕

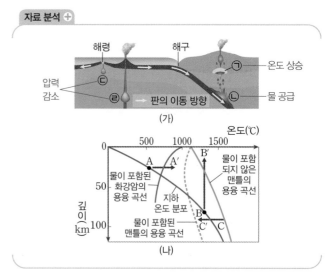

(가)

(나)

② A → A′는 온도 증가, B → B′는 압력 감소, C → C′는 물 포함에 의한 용융점 하강을 나타낸다.

오답 넘기

㉠은 ㉢에서 생성된 현무암질 마그마가 상승하여 대륙 지각 하부의 온도를 높여 암석의 부분 용융이 일어나 형성되는 유문암질 마그마의 생성을 나타낸다.
㉡은 물 방출에 의한 용융점 하강으로 현무암질 마그마가 형성되는 것을 나타낸다.
㉢은 해령 아래에서 압력 감소에 의해 현무암질 마그마가 형성되는 것을 나타낸다.
㉣은 열점에서 압력 감소에 의해 현무암질 마그마가 형성되는 것을 나타낸다.

## 6 화성암의 분류

자료 분석 ➕

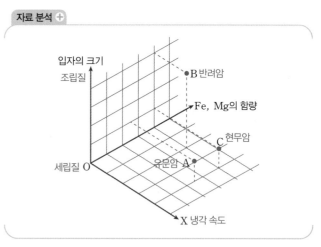

ㄴ. B가 C보다 입자가 크기가 크므로 더 깊은 곳에서 생성되었다.

ㄷ. A는 유문암, C는 현무암으로 X축에서는 같은 값을 가지므로 X의 물리량은 마그마의 냉각 속도가 적절하다.

오답 넘기

ㄱ. A는 입자의 크기가 작고(세립질), 유색 광물(Fe, Mg)의 함량이 적으므로 유문암이다. B는 입자의 크기가 크므로(조립질) 반려암이다. C는 입자의 크기가 작고, 유색 광물의 함량이 많으므로 현무암이다.

## 7 쇄설성 퇴적암과 퇴적 구조

**자료 분석** ➕

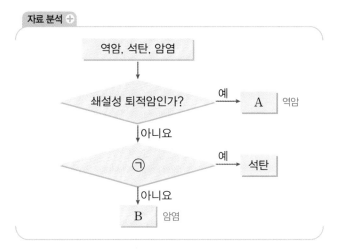

ㄱ. A는 역암이고, B는 암염이다.

ㄴ. 석탄은 식물체들에 의해 형성된 유기적 퇴적암이다. 암염은 해수가 증발되고 남은 염화 나트륨(NaCl)이 굳어진 화학적 퇴적암이다.

**오답 넘기**

ㄷ. 암염은 주로 해수에 용해되어 있던 염화 나트륨(NaCl) 등이 건조한 환경에 노출되어 생성되는 퇴적암이다. 석회 물질이 침전하여 생성된 암석은 석회암이다.

## 8 지질 구조

**자료 분석** ➕ 지질 구조

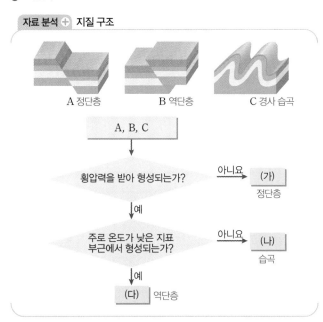

A는 장력을 받아 형성된 정단층, B는 횡압력을 받아 형성된 역단층, C는 횡압력을 받아 지층이 휘어진 습곡이다.

ㄴ. (나)는 습곡으로 C이다.

ㄷ. 동아프리카 열곡대는 발산형 경계이므로 이곳에서는 역단층(다)보다 정단층(가)이 잘 형성된다.

**오답 넘기**

ㄱ. (가)는 장력이 작용하여 상반이 아래로 이동한 정단층이므로 A이다.

### 2주 1일 개념 돌파 전략 ① `Book 1` 41, 43쪽

**❶**-2 ②　　**❷**-2 ②　　**❸**-2 ①　　**❹**-2 ②

### ❶-2 방사성 동위 원소의 반감기

암석의 나이가 3억 년이라면 X는 반감기가 1회, Y는 반감기가 3회 지났다. 따라서 X와 Y의 모원소 : 자원소의 비는 각각 1 : 1, 1 : 7이다.

**자료 분석** ➕ 반감기 횟수에 따른 모원소와 자원소의 비

방사성 원소 붕괴의 진행에 따른 반감기와 남아 있는 모원소의 비율

| 반감기($T$) | $T$ | $2T$ | $3T$ |
|---|---|---|---|
| 남아 있는 모원소의 비율 | $\frac{1}{2}$(50 %) | $\frac{1}{4}$(25 %) | $\frac{1}{8}$(12.5 %) |
| 모원소 : 자원소 | 1 : 1 | 1 : 3 | 1 : 7 |

### ❷-2 표준 화석과 시상 화석

A는 생존 기간이 짧고, 분포 면적이 넓은 것으로 보아 특정 시기에 출현하여 일정 기간 번성하다가 멸종한 생물의 화석으로, 표준 화석에 해당하며 삼엽충, 갑주어, 암모나이트, 공룡 화석 등이 여기에 해당한다. B는 생존 기간이 길고, 분포 면적이 좁은 것으로 보아 환경 변화에 민감하여 특정한 환경에서만 번성한 생물의 화석으로 시상 화석에 해당하며 산호, 고사리 화석 등이 여기에 해당한다.

### ❸-2 태풍의 단면

ㄱ. 태풍은 중심 부근의 최대 풍속이 17 m/s 이상인 열대 저기압이므로 바람이 시계 반대 방향으로 불어 들어간다. 따라서 태풍 진행 방향의 왼쪽인 A에서는 서풍 계열의 바람이 분다.

**오답 넘기**

ㄴ. 태풍의 눈(B)에서는 약한 하강 기류가 나타나 날씨가 맑고 바람이 거의 불지 않는다.

ㄷ. 태풍 진행 경로의 오른쪽에 해당하는 C는 저기압성 바람과 태풍의 이동 방향이 같아 풍속이 상대적으로 빠르기 때문에 위험 반원에 속한다.

### ❹-2 연직 수온 분포

ㄷ. 수심에 따른 수온의 변화는 표층 수온이 가장 높은 C 시기에 가장 크다.

**오답 넘기**

ㄱ. A는 표층 수온이 매우 낮은 시기의 연직 수온 분포이다. 이 시기에는 표층 수온이 매우 낮으므로 수온 약층이 잘 나타나지 않는다.

ㄴ. 바람의 세기가 강할수록 혼합층이 두껍게 발달한다. B 시기에는 C 시기보다 혼합층의 두께가 두꺼우므로 바람이 강하다.

## 2주 1일 개념 돌파 전략 ②

Book 1 44~45쪽

| 1 ③ | 2 ② | 3 ④ | 4 ㄷ |
|------|------|------|------|
| 5 ㄱ | 6 ④ | | |

### 1 방사성 동위 원소의 반감기

방사성 동위 원소가 붕괴하여 처음 양의 절반으로 줄어드는 데 걸리는 시간이 반감기이다.

> 방사성 동위 원소란 핵을 이루는 중성자 수는 다르지만, 양성자 수는 같아서 원자 번호가 같고 화학적 성질도 같은 원소를 말해. 이 중 자연적으로 방사선을 방출하며 붕괴하여 안정한 원소로 변하는 것이 있는데, 이를 방사성 동위 원소의 붕괴라고 해.

ㄱ. 반감기는 A가 0.5억 년, B가 1억 년이므로 B가 A의 2배이다.

ㄴ. C의 반감기가 2억 년이므로, 반감기가 두 번 지나는 데 걸리는 시간은 4억 년이다.

오답 넘기

ㄷ. 반감기는 암석 생성 당시의 온도와 압력의 차이와는 무관하며 원소의 종류에 따라 일정한 값을 가진다.

### 2 지질 단면도 해석

ㄴ. 화성암 A는 반감기를 두 번 거쳤으므로 방사성 동위 원소 X와 X의 자원소 양은 각각 X의 처음 양의 25 %와 75 %이다. 따라서 화성암 A에는 방사성 동위 원소 X보다 X의 자원소 양이 더 많다.

오답 넘기

ㄱ. 지사학의 법칙을 적용하여 지층과 암석의 생성 순서를 정하면 B → A → D → C → E 순이다.

ㄷ. 화성암 A는 반감기를 두 번 거쳤으므로 2억 년 전에 관입하였고, 화성암 C는 반감기를 한 번 거쳤으므로 1억 년 전에 관입하였다. 지층 D는 2억 년 전에 관입한 A보다는 나중에, 1억 년 전에 관입한 C보다는 먼저 형성되었기 때문에 중생대 지층이다. 따라서 지층 D에서는 고생대의 표준 화석인 삼엽충 화석이 산출될 수 없다.

### 3 지질 시대에 번성한 생물

A는 공룡 화석, B는 암모나이트 화석이다.

ㄴ. 공룡과 암모나이트는 중생대에 번성하였으나 중생대 말에 멸종하였다.

ㄷ. 중생대에는 빙하기가 없고 기후가 온난하였다.

오답 넘기

ㄱ. 중생대의 식물계에서는 고생대에 번성한 양치식물이 쇠퇴하고 겉씨식물이 번성하였다.

### 4 온대 저기압

자료 분석 ➕ 온대 저기압 주변의 날씨

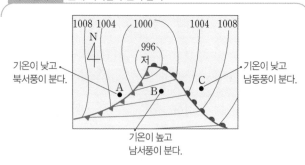

• 온대 저기압은 편서풍의 영향으로 서에서 동으로 이동하며, 중심 기압이 낮을수록 세력이 강하다.
• 온대 저기압은 온난 전선에서 한랭 전선 순으로 통과하며, 전선을 경계로 풍향, 기온, 날씨 등이 크게 변한다.

ㄷ. C 지역은 온대 저기압이 통과하는 동안 풍향이 남동풍 − 남서풍 − 북서풍으로 변하므로 시계 방향으로 풍향이 변한다.

오답 넘기

ㄱ. 찬 공기가 위치한 한랭 전선의 뒤쪽인 A 지역은 따뜻한 공기가 위치한 B 지역보다 기온이 낮다.

ㄴ. B 지역의 기압은 약 1002 hPa, C 지역의 기압은 약 1006 hPa이다. 따라서 B 지역은 C 지역보다 기압이 낮다.

### 5 태풍

ㄱ. A가 C보다 풍속이 강하므로 위험 반원에 해당한다.

오답 넘기

ㄴ. B는 태풍의 눈으로, 약한 하강 기류가 발달하여 구름이 거의 없고, 바람이 약하며, 날씨가 맑다.

ㄷ. 태풍은 저기압이므로 중심으로 갈수록 기압이 낮아진다. 따라서 B에서 기압이 가장 낮다.

### 6 표층 해수의 성질

ㄴ. 주어진 자료에서 저위도의 해수 밀도는 염분 분포와 비슷한 경향을 보이지만 중위도 이상에서는 그렇지 않다. 그러나 수온과 밀도는 위도 60°보다 저위도인 해양에서 거의 반대 경향을 보이므로 밀도는 염분보다 수온의 영향을 크게 받는다.

> 저위도에서 표층 해수의 밀도는 수온과 대칭적인 변화를 보여. 이는 해수의 밀도가 염분보다 수온의 영향을 크게 받는다는 것을 의미해.

ㄷ. 해수의 밀도는 수온이 낮을수록, 염분이 높을수록 커지는데, 적도 지방은 수온이 높고 염분이 낮으므로 해수의 밀도가 작게 나타난다.

오답 넘기

ㄱ. 표층 염분은 대체로 (증발량−강수량) 값이 클수록 높다. 적도는 표층 염분이 낮으므로 (증발량−강수량) 값은 작다.

1-1 ③        2-1 ㄱ, ㄷ        3-1 ㄴ, ㄷ        4-1 ③

### 1-1 지질 단면도 해석

ㄱ. 문제에 제시된 지질 단면도를 보면 상반이 위로 올라간 역단층이 존재하며, 습곡이 발달해 있으므로 이 지역은 횡압력을 받은 적이 있다.

ㄴ. D는 B를 관입하였으므로 관입의 법칙을 이용하여 선후 관계를 알 수 있다. 지층의 생성 순서는 C 퇴적 → B 퇴적 → D 관입 → 습곡 → 역단층 → '융기 → 침식 → 침강 → A 퇴적(부정합)'이다.

**오답 넘기**

ㄷ. 기저 역암은 B나 C의 암석 조각이다. D는 B와 C를 관입하였으므로 B와 C보다 나중에 생성되었다. 따라서 기저 역암의 나이는 D보다 많다.

### 2-1 상대 연령과 절대 연령

ㄱ. 지질 단면도에서 나타난 지질학적 사건은 'C 퇴적 → Q 관입 → 융기 → 침식 → 침강 → B 퇴적(부정합) → A 퇴적 → P 관입' 순으로 일어났다.

ㄷ. 지층 B와 C 사이에는 기저 역암이 존재하므로 두 지층의 관계는 부정합이다. 따라서 지층 B가 퇴적된 시기와 지층 C가 퇴적된 시기 사이에 지층이 융기하여 퇴적이 중단된 시기가 있었다.

**오답 넘기**

ㄴ. 방사성 동위 원소 X의 붕괴 곡선을 통해 반감기가 1억 년임을 알 수 있다. 모원소 양이 처음의 $\frac{1}{4}$이 있는 Q는 반감기를 두 번 지났고, 모원소 양이 처음의 $\frac{1}{2}$이 있는 P는 반감기를 한 번 지났다. 따라서 Q의 절대 연령은 2억 년, P의 절대 연령은 1억 년이다. P와 Q 사이에 퇴적된 A와 B는 2억 년 전과 1억 년 전 사이에 퇴적되었다.

### 3-1 고기후 연구 방법

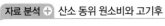 **자료 분석** ⊕ 산소 동위 원소비와 고기후

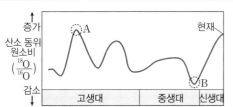

| 구분 | A 시기 | B 시기 |
|---|---|---|
| 심해 퇴적물 속 해양 생물의 산소 동위 원소비 | 높다 | 낮다 |
| 빙하의 산소 동위 원소비 | 낮다 | 높다 |
| 평균 기온 | 낮다 | 높다 |

ㄴ. 해양 생물 화석의 산소 동위 원소비($\frac{^{18}O}{^{16}O}$)가 상대적으로 높은 A 시기가 B 시기보다 기온이 낮고 빙하의 면적도 넓었다.

ㄷ. 기온이 낮은 시기에는 $^{18}O$는 무거워 증발이 잘 되지 않는다. 따라서 대기의 산소 동위 원소비($\frac{^{18}O}{^{16}O}$)는 작아지고, 해수 속의 산소 동위 원소비($\frac{^{18}O}{^{16}O}$)와 해수를 이용하여 유기물을 만드는 해양 생물의 산소 동위 원소비는 커진다. 반대로 기온이 높은 시기에는 $^{18}O$의 증발이 잘 일어나 대기의 산소 동위 원소비와 대기 중의 수증기가 응결하여 내리는 눈, 비 그리고 눈과 비가 형성하는 빙하의 산소 동위 원소비는 커지지만 해수 속의 산소 동위 원소비와 해양 생물의 산소 동위 원소비는 작아진다.

**오답 넘기**

ㄱ. 기온이 높을 때는 대기 중의 수증기 및 빙하의 산소 동위 원소비가 높아지지만 해양 생물 화석 속에 산소 동위 원소비는 낮아진다. A 시기는 B 시기보다 해수의 산소 동위 원소비가 높은 시기이므로, B 시기보다 A 시기에 형성된 빙하의 산소 동위 원소비가 더 작다.

### 4-1 지질 시대의 환경과 생물계의 변화

ㄱ. A 시기는 고생대로, 삼엽충과 양치식물이 번성하였다.

ㄷ. 가장 큰 규모의 생물 대멸종은 판게아의 형성으로 인한 화산 활동, 생물 서식지의 축소, 빙하의 발달 등에 의해 고생대 말에 일어났다. 따라서 A와 B 사이에 일어났다.

**오답 넘기**

ㄴ. B 시기는 중생대이다. 판게아는 고생대 말에 형성되었다.

## 2ᵀᵘ 2ₐ 필수 체크 전략 ②

**Book 1** 50~51쪽

1 ②        2 ④        3 ③        4 ③

### 1 지질 단면도 해석

마그마가 관입할 때 주변 암석의 일부가 떨어져 나와 마그마 속으로 유입되는 것을 포획이라 하고, 포획된 암석을 포획암이라고 한다. 포획암을 관찰하면 화성암과 주변 암석의 생성 순서를 알 수 있다.

ㄷ. 화성암 A가 단층에 의해 끊어져 있는 것으로 보아, 단층은 화성암 A가 관입한 후에 형성되었다.

**오답 넘기**

ㄱ. 지층 누중의 법칙, 관입의 법칙, 부정합의 법칙을 이용하여 지층과 암석의 상대 연령을 측정하면 C → D → A → E → B이다.

ㄴ. 먼저 생성된 A에서 나중에 생성된 B가 포획암으로 나타날 수 없다.

## 2 지층의 대비

**자료 분석 ⊕ 암상에 의한 지층 대비**

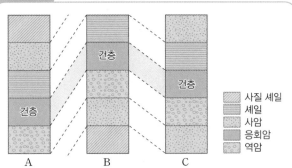

| | | | |
|---|---|---|---|
| | | | 사질 셰일 |
| | | | 셰일 |
| | | | 사암 |
| | | | 응회암 |
| A | B | C | 역암 |

- 암상에 의한 대비는 지층을 구성하는 암석의 성분과 조직, 퇴적 구조 등의 특징과 건층(열쇠층) 등을 이용하여 퇴적 순서를 판단하는 방법으로, 비교적 가까운 거리에 있는 지층을 비교하는 데 사용된다.
- 건층(열쇠층)은 비교적 짧은 시간에 넓은 지역에서 동시에 퇴적되어 지층 대비의 기준이 되는 층으로 화산 활동으로 생성된 응회암층이나 육상 식물이 번성한 지역에서 형성되는 석탄층이 건층으로 이용된다.

ㄴ. 세 지역의 지층을 대비해 보았을 때 가장 먼저 퇴적된 지층은 B 지역의 사질 셰일층임을 알 수 있다.

ㄷ. 암상을 이용하여 지층을 대비할 때 이용되는 건층으로는 응회암층이나 석탄층과 같이 비교적 짧은 시간 동안 퇴적되었으면서도 넓은 지역에 분포하는 퇴적층이 좋다.

**오답 넘기**

ㄱ. B 지역의 사암층이 A 지역의 사암층보다 먼저 퇴적되었다.

## 3 지층과 화석

ㄱ. 그림 (가)에서 지층의 생성 순서는 지층 C의 퇴적 → 화성암 P의 관입 → 부정합 생성 → 지층 B의 퇴적 → 화성암 Q의 관입 → 부정합 생성 지층 A의 퇴적 순이다.

ㄴ. 화성암 Q의 연령은 1억 년이므로 중생대에 관입하였다.

**오답 넘기**

ㄷ. 그림 (나)에서 X의 함량비가 100 %에서 50 %가 되는 데 걸리는 시간이 1억 년이므로 방사성 동위 원소 X의 반감기는 1억 년이다. 화성암 P와 Q에는 방사성 동위 원소 X가 각각 처음 양의 25 %, 50 %가 남아 있으므로 P와 Q의 연령은 각각 2억 년과 1억 년이다. 지층 B는 화성암 P보다 나중에, 화성암 Q보다 먼저 생성되었으므로 중생대에 퇴적된 지층이다. 따라서 신생대의 화석인 화폐석 화석이 산출될 수 없다.

## 4 지질 시대의 환경과 생물계 변화

ㄱ. 오존층이 형성되기 전까지 모든 생물은 물속에서 살았으며 오존층이 생성되어 지표로 들어오는 자외선이 차단되자 육상 식물과 양서류를 포함한 육상 동물이 나타나기 시작하였다.

ㄷ. 신생대 초기는 온난했으나 후기로 가면서 기온이 하강하여 빙하기와 간빙기가 반복적으로 나타났다.

**오답 넘기**

ㄴ. 겉씨식물은 중생대에 번성한 식물이다. 중생대는 온난한 기후가 지속되었으며 빙하기가 없었다.

---

## 2주 3일 필수 체크 전략 ①    **Book 1** 52~55쪽

| 1-1 ③ | 2-1 ㄱ | 3-1 ⑤ | 4-1 ② |
|---|---|---|---|

### 1-1 기상 위성 영상

**자료 분석 ⊕**

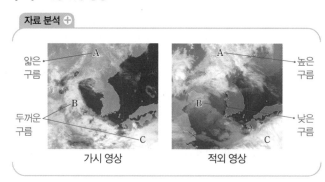

| 얇은 구름 | A | 높은 구름 |
|---|---|---|
| 두꺼운 구름 | B / C | 낮은 구름 |
| 가시 영상 | | 적외 영상 |

가시 영상에서 두꺼운 구름은 밝게, 얇은 구름은 흐리게 표시되며, 적외 영상에서는 고도가 높은 구름은 밝게, 고도가 낮은 구름은 흐리게 표시된다.

ㄱ. A는 가시 영상에서 흐리게, 적외 영상에서 밝게 나타나므로 얇고 높은 구름이다.

ㄴ. 적외 영상에서 A는 밝고, B는 흐리게 나타난다. 따라서 구름 상부의 고도는 A가 B보다 높다.

**오답 넘기**

ㄷ. 강수 가능성이 큰 구름은 수직으로 높게 솟은 적운형 구름이다. 따라서 가시 영상과 적외 영상 모두에서 짙은 흰색으로 나타나는 C가 A보다 강수 가능성이 높다.

### 2-1 태풍의 중심 기압과 최대 풍속

ㄱ. 태풍의 중심인 태풍의 눈에서 기압이 최소이며, 약한 하강 기류로 인해 맑은 날씨를 보인다. 따라서 태풍의 중심이 지나가게 되면 풍속이 점차 약해지다 다시 증가하는 구간이 보여야 한다. 그러나 문제에 제시된 풍속 그래프를 보면 4~6시에 그러한 구간이 존재하지 않으므로 이 지역에는 태풍의 눈이 통과하지 않았다. 따라서 4~6시에 태풍의 눈 주변이 이 지역을 통과하였고 이때 기압 역시 매우 낮으므로 상승 기류가 우세하다고 판단할 수 있다.

**오답 넘기**

ㄴ. 풍속이 최대일 때는 4~6시 부근인데, 이때 기압 그래프에서는 기압이 가장 낮은 때이다. 열대 저기압인 태풍은 기압이 낮을수록 세기가 강하며 풍속이 크다.

ㄷ. 풍향은 시간에 따라 동 → 북 → 서로 바뀌는 시계 반대 방향의 변화를 보인다. 이를 통해 관측소는 태풍 진행 경로의 왼쪽 지역인 안전 반원에 위치해 있다는 것을 알 수 있다.

### 3-1 뇌우와 집중 호우

ㄱ. (가)는 뇌우로서 강한 상승 기류에 의해 적란운이 발달하면서 천둥, 번개와 함께 소나기가 내리는 현상이다.

적란운은 구름 최상부가 대류권 계면에 닿을 만큼 수직으로 매우 높게 발달한 구름이야.

ㄴ. (나)는 집중 호우로서 국지적으로 단시간 내에 많은 양의 비가 집중하여 내리는 현상이다. 주로 강한 상승 기류에 의해 형성된 적란운이 한곳에 정체하여 계속 비가 내릴 때 집중 호우가 된다.

ㄷ. 뇌우는 적운 단계 → 성숙 단계 → 소멸 단계를 거치면서 변한다. 적운 단계에서는 강한 상승 기류에 의해 적운이 발달하고, 성숙 단계에서는 상승 기류와 하강 기류가 함께 나타나며, 천둥, 번개, 소나기, 우박 등이 동반된다. 소멸 단계에서는 전체적으로 하강 기류가 우세하고 비가 약해진다. 따라서 집중 호우가 나타날 수 있는 단계는 성숙 단계이다.

### 4-1 수온 염분도

ㄷ. 수심 100~200 m 구간에서 수온은 거의 일정하지만 염분은 높아지고 있다. 따라서 이 구간에서의 밀도 변화는 수온보다 염분의 영향이 더 크다.

오답 넘기

ㄱ. 이 해역은 해수면에서 수심 100 m까지 수온이 급격하게 낮아지는 수온 약층이 발달해 있다.

ㄴ. 해수의 밀도 변화율은 수온이 급격하게 낮아지는 해수면~100 m 구간에서 가장 크고, 그 이후에는 수심이 깊어짐에 따라 작아지는 경향을 보인다.

## 2주 3일 필수 체크 전략 ②

Book 1 56~57쪽

1 ①    2 ④    3 ②    4 ①

### 1 온대 저기압

자료 분석 ➕ 온대 저기압과 전선

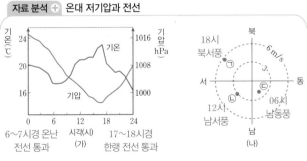

6~7시경 온난 전선 통과    시각(시) (가)    17~18시경 한랭 전선 통과

- 온난 전선이 통과하면 기온은 상승, 기압은 하강하며, 풍향은 남동풍에서 남서풍으로 변한다.
- 한랭 전선이 통과하면 기온은 하강, 기압은 상승하며, 풍향은 남서풍에서 북서풍으로 변한다.

ㄱ. 온대 저기압이 관측소를 통과할 때 관측소에서 관측한 풍향은 남동풍 → 남서풍 → 북서풍 순으로 변한다. 따라서 ㉠은 18시, ㉡은 12시, ㉢은 06시에 관측한 것이다.

오답 넘기

ㄴ. 한랭 전선이 통과하면 풍향이 남서풍에서 북서풍으로 바뀐다. 12시에 남서풍, 18시에 북서풍이므로 한랭 전선은 12~18시 사이에 통과하였다.

ㄷ. 온난 전선, 한랭 전선은 온대 저기압 중심을 기준으로 남쪽에 위치하므로 온난 전선, 한랭 전선이 통과한 관측소에서는 온대 저기압의 중심이 북쪽에 위치한다. 따라서 온대 저기압의 중심은 관측소의 북쪽을 통과하였다.

### 2 온대 저기압과 태풍

ㄴ. (나)는 온대 저기압의 이동 경로이다. 온대 저기압의 중심이 A 지역의 북쪽으로 통과하므로 온대 저기압 중심의 남쪽에 있는 A 지역에는 온난 전선과 한랭 전선이 통과하였다.

ㄷ. (가)와 (나) 모두 저기압이 이동하는 방향의 오른쪽에 A 지역이 위치하므로 풍향은 시계 방향으로 변한다.

오답 넘기

ㄱ. 온대 저기압은 편서풍의 영향으로 대체로 서쪽에서 동쪽으로 이동한다. 태풍은 발생 초기에는 무역풍과 북태평양 고기압의 영향을 받아 대체로 북서쪽으로 진행하다가 위도 25°~30° 부근에서는 편서풍의 영향으로 진로를 바꾸어 북동쪽으로 진행하는 포물선 궤도를 그린다. 따라서 (가)는 태풍, (나)는 온대 저기압의 이동 경로를 나타낸다.

### 3 기상 위성 영상

ㄷ. C 지역은 적외 영상과 가시 영상에서 모두 밝게 보이므로 구름 상부의 고도가 높고 두껍게 발달한 구름이다. 따라서 C 지역은 강한 상승 기류에 의해 두껍게 발달하는 적운형 구름으로 덮여 있다.

오답 넘기

ㄱ. A 지역은 적외 영상에서 밝게 나타나므로 구름이 높은 곳에 위치하며, 가시 영상에서 흐리게 나타나므로 구름의 두께가 얇다. 즉, A 지역에는 높은 곳에 얇은 구름이 떠 있으므로 비가 내릴 가능성이 작다.

ㄴ. 구름의 상부의 고도가 높을수록 적외 영상에서는 밝게 보이므로 C 지역이 B 지역보다 구름 상부의 고도가 높다.

### 4 수온-염분도

자료 분석 ➕ 수온-염분도

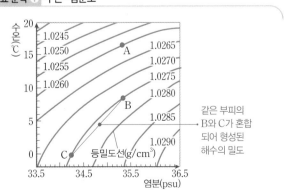

같은 부피의 B와 C가 혼합되어 형성된 해수의 밀도

- 해수의 밀도는 수온이 낮을수록 염분이 높을수록 커진다.
  → 수온-염분도의 왼쪽 위에서 오른쪽 아래로 갈수록 등밀도선의 밀도 값이 크다.
- 해수의 밀도는 A<B=C이다.

해수의 밀도는 주로 수온과 염분에 의해 결정되는데, 수온이 낮을수록, 염분이 높을수록 밀도가 크다.

ㄱ. 해수 A와 B는 염분은 같으나 수온이 달라서 밀도가 다르다. 따라서 A와 B의 밀도가 차이가 나는 것은 염분보다 수온의 영향이 크다.

**오답 넘기**

ㄴ. 같은 부피의 B와 C가 혼합되어 형성된 해수는 수온이 B와 C의 중간값을 갖게 되고, 염분도 B와 C의 중간 값을 갖게 된다. 수온와 염분이 모두 B와 C의 중간값을 가지는 해수는 B나 C보다 밀도가 크다.

ㄷ. 증발과 강수 이외의 염분 변화 요인은 고려하지 않을 때 표층 염분은 (증발량−강수량) 값이 클수록 높다. C는 A보다 표층 염분이 낮으므로 (증발량−강수량) 값도 작다.

## 2 주 4 일 교과서 대표 전략 ① 〔Book 1 58~61쪽〕

| 1 ㄱ, ㄷ | 2 ② | 3 E → D → C → B → A |
|---|---|---|
| 4 ㄱ, ㄴ | 5 ㄷ | 6 ㄷ | 7 ㄱ, ㄴ |
| 8 해설 참조 | 9 ㄱ | 10 ㄱ, ㄴ | 11 ㄴ, ㄷ |
| 12 ㄴ | 13 ㄱ | 14 ㄴ | 15 ㄷ |
| 16 해설 참조 | | | |

### 1 지질 단면도 해석

이 지역의 지층과 암석의 생성 순서는 B → A → 습곡 작용 → 단층 → 부정합 → 지층 퇴적 → C 관입 → 부정합 → 지층 퇴적 순이다.

ㄱ. 단층과 습곡이 하부의 부정합에 의해 절단되었고, 그 후 관입한 화성암이 상부의 부정합에 의해 절단되었다. 따라서 이 지역은 2회 이상의 퇴적 중단이 있었다.

ㄷ. 지층 A와 B의 퇴적 순서는 지층 누중의 법칙에 의해 A가 B보다 나중에 퇴적되었음을 알 수 있다.

**오답 넘기**

ㄴ. 지층 A는 화성암 C에 의해 관입되었으므로 관입의 법칙에 의해 A가 C보다 먼저 생성되었다.

### 2 지층의 나이

**자료 분석 ➕ 지질 단면도 해석**

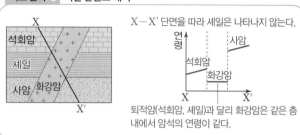

X−X′ 단면을 따라 셰일은 나타나지 않는다.

퇴적암(석회암, 셰일)과 달리 화강암은 같은 층 내에서 암석의 연령이 같다.

지층 누중의 법칙에 의하면 지각 변동으로 지층이 역전되지 않았다면 아래에 있는 지층일수록 나이가 많아지며, 같은 지층 내에서도 아래쪽에 위치한 암석의 나이가 더 많다. 관입의 법칙에 의하면 관입한 화강암은 기존의 지층을 구성하는 암석보다 나이가 적다. 따라서 X−X′ 구간에서의 암석 연령을 나타낸 그래프로 가장 적절한 것은 ②이다.

### 3 지층의 대비

(가), (나), (다) 세 지역에 모두 있는 E층을 건층(열쇠층)으로 하여 지층을 대비하면 지층의 생성 순서는 E → D → C → B → A이며, 세 지역 모두 부정합이 존재한다.

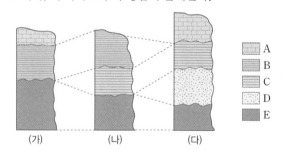

### 4 암석의 절대 연령 측정

ㄱ. 반감기는 방사성 동위 원소의 양이 처음 양의 절반으로 줄어드는 데 걸리는 시간이므로 방사성 동위 원소 X의 반감기는 1억 년이다.

ㄴ. (나)에서 방사성 동위 원소 X의 양은 처음의 $\frac{1}{4}$이므로 반감기가 두 번 지났다.

**오답 넘기**

ㄷ. (나) 화성암의 나이는 X의 반감기가 두 번 지났으므로 2억 년이다. 화성암의 생성 시기에는 자원소가 존재하지 않았으므로 2억 년 전 (나)의 화성암에서 $\frac{X의 자원소의 양}{X의 양}$ 의 값은 0이다.

### 5 지질 시대의 화석

(가)의 화폐석 화석, (나)의 삼엽충 화석, (다)의 암모나이트 화석은 각각 신생대, 고생대, 중생대의 표준 화석이다.

ㄷ. 화폐석, 삼엽충, 암모나이트는 모두 바다에서 서식한 해양 생물들로 바다에서 퇴적된 지층에서 발견된다.

ㄱ. (가)의 화폐석 화석은 신생대의 표준 화석이므로 고생대의 표준 화석인 (나)의 삼엽충 화석보다 나중에 출현하였다.

ㄴ. 화폐석, 삼엽충, 암모나이트 세 생물 화석 모두 지질 시대를 구분할 수 있는 표준 화석이다.

## 6 생물 대멸종

생물 속의 수가 크게 감소한 시기를 기준으로 지질 시대를 구분한다. A 시기는 고생대, B 시기는 중생대, C 시기는 신생대이다.

ㄷ. C 시기는 신생대이다. 화폐석 화석과 매머드 화석은 신생대의 대표적인 표준 화석이다.

**오답 넘기**

ㄱ. A 시기는 고생대이다. 최초의 육상 생물은 오존층 생성으로 자외선이 차단되면서 고생대 중기에 출현하였다.

ㄴ. B 시기는 중생대이다. 중생대 말 생물 속의 급격한 감소 원인으로 가장 유력한 가설은 운석 충돌설이다.

## 7 산소 동위 원소비($^{18}O/^{16}O$)를 이용한 고기후 연구

ㄱ. 기온이 높을 때는 낮을 때보다 $^{18}O$를 포함한 물의 증발이 활발하게 일어난다. 따라서 기온이 높을수록 구름 속의 산소 동위 원소비($^{18}O/^{16}O$)는 증가한다.

ㄴ. 기온이 높을 때는 $^{18}O$를 포함한 물의 증발이 활발하게 일어나므로 해수 속의 산소 동위 원소비($^{18}O/^{16}O$)는 감소하게 되고, 이때 해양 생물은 기온이 낮을 때보다 상대적으로 적은 양의 $^{18}O$를 흡수한다. 따라서 해양 생물 화석 속의 산소 동위 원소비($^{18}O/^{16}O$)는 기온이 높을수록 감소한다.

**오답 넘기**

ㄷ. 빙하기는 간빙기보다 기온이 낮아서 $^{18}O$를 포함한 물의 증발이 일어나기 어렵다. 따라서 빙하기에 구름 속의 산소 동위 원소비($^{18}O/^{16}O$)는 간빙기보다 작고, 구름에서 만들어진 눈에 의해 형성된 빙하 코어에서 측정한 산소 동위 원소비($^{18}O/^{16}O$)도 간빙기보다 작다.

## 8 지층(암석)의 생성 순서

(가) 지역에서는 화성암 A에 의해 변성 받은 부분이 존재하므로 B가 퇴적되고 A가 관입하였다. (나) 지역에서는 고생대의 표준 화석인 삼엽충 화석이 산출되는 B가 중생대의 표준 화석인 암모나이트 화석이 산출되는 A보다 먼저 생성되었다.

**모범 답안**

(가) 지역은 관입의 법칙에 의해 B가 A보다 먼저 생성되었다. (나) 지역은 동물군 천이의 법칙에 의해 B가 A보다 먼저 생성되었다.

| 채점 기준 | 배점(%) |
| --- | --- |
| 지층의 생성 순서를 근거를 들어 바르게 서술한 경우 | 100 |
| 지층의 생성 순서를 바르게 서술했지만 근거가 부족한 경우 | 50 |

## 9 온대 저기압과 전선

ㄱ. 온난 전선과 한랭 전선의 사이(B)는 대체로 맑고, 한랭 전선의 후면(A)은 적운형의 구름이 짙게 발달한다.

**오답 넘기**

ㄴ. A에서는 북서풍이, B에서는 남서풍이 주로 불므로 A에서는 북풍 계열, B에서는 남풍 계열의 바람이 분다.

ㄷ. 편서풍의 영향으로 온난 전선과 한랭 전선은 서에서 동쪽으로 이동한다. 온난 전선면은 동쪽으로 갈수록 지표면으로부터의 거리가 멀어지므로 C에서는 시간이 지날수록 점차 낮은 구름이 다가온다.

## 10 온대 저기압

ㄱ, ㄴ. 한랭 전선은 온난 전선보다 이동 속도가 빠르므로 온난 전선과 겹쳐지면서 온대 저기압에 폐색 전선이 나타났다.

**오답 넘기**

ㄷ. 온대 저기압 통과 전 한랭 전선의 후면인 A 지역에는 적란운에서 소나기가 내리고, B 지역은 대체로 맑은 날씨가 나타난다.

## 11 기상 위성 영상 해석

ㄴ. (가) 가시 영상에서는 구름의 두께가 두꺼울수록 구름이 태양 빛을 많이 반사하므로 밝게 보인다.

ㄷ. (나) 적외 영상에서 구름의 높이가 높을수록, 즉 온도가 낮을수록 밝게 관측된다. 따라서 상층운은 하층운보다 밝게 관측된다.

**오답 넘기**

ㄱ. (가) 가시 영상은 낮에만, (나) 적외 영상은 낮, 밤에 관계 없이 하루 24시간 관측이 가능하다.

## 12 태풍 통과 시의 기상 요소 변화

ㄴ. 태풍이 통과할 때 풍향 변화를 보면 남동풍 → 남풍 → 남서풍으로 시계 방향으로 변하였으므로 관측소는 태풍 진로의 오른쪽 지역, 즉 태풍의 위험 반원에 위치하였다. 또한, 태풍은 관측소의 왼쪽을 통과하였으므로 관측소의 북쪽을 통과하였다.

오답 넘기

ㄱ. 풍속이 가장 강했던 8월 28일 10시경에 태풍의 중심은 관측소에 가장 가까이 위치하였다. 이때 기압은 가장 낮게 관측되었을 것이고 이후로 기압은 점점 높아졌을 것이다.

ㄷ. 태풍의 에너지원은 대기중의 수증기가 응결하여 방출하는 숨은열(잠열)이며, 태풍이 육지에 상륙하면 수증기의 공급이 줄어들고 지표면과의 마찰이 증가하여 세력이 급격히 약해진다. 따라서 태풍이 우리나라 내륙을 통과하는 동안 태풍의 세력은 약해지고 태풍의 눈은 흐려진다.

## 13 악기상

ㄱ. (가)는 우리나라 봄철에 자주 발생하는 황사로 중국 내륙에서 발생하여 편서풍을 따라 이동하여 우리나라에 도달한다.

오답 넘기

ㄴ. (나)는 뇌우 때 동반되는 우박에 의한 피해이다. 수평 규모는 황사가 우박보다 훨씬 크므로 피해 범위도 넓다.

ㄷ. 우박은 우리나라에 강한 상승 기류가 형성되어 적란운이 발달할 때 나타나지만, 황사는 강수가 일어나지 않는 주로 맑은 날이나 흐린 날에 일어난다.

## 14 수심에 따른 수온 분포

자료 분석 ➕ 수심에 따른 수온 분포

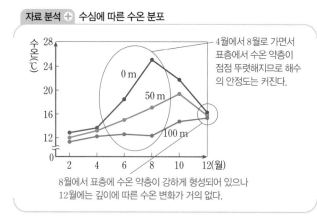

4월에서 8월로 가면서 표층에서 수온 약층이 점점 뚜렷해지므로 해수의 안정도는 커진다.

8월에서 표층에 수온 약층이 강하게 형성되어 있으나 12월에는 깊이에 따른 수온 변화가 거의 없다.

ㄴ. 표층에서는 계절에 따라 흡수되는 태양 복사 에너지양의 차이가 크므로 수온 변화가 크나 수심이 깊어질수록 계절에 따른 수온 변화가 작아진다. 따라서 수온의 연교차는 수심이 깊어질수록 작아진다.

오답 넘기

ㄱ. 수온 약층은 깊이에 따른 수온 변화가 클수록 뚜렷하게 발달한다. 자료에서 4월에서 8월로 가면서 수온 약층이 더 뚜렷하게 발달하여 가므로 표층 해수의 안정도는 더 커졌다.

ㄷ. 8월보다 12월에는 깊이에 따른 수온 변화가 거의 없으므로 혼합층이 잘 발달되어 있다. 따라서 표층 부근에서 해수의 혼합 작용은 8월보다 12월에 활발하다.

## 15 수온-염분도

ㄷ. 수심 300~400 m 구간은 등밀도선상에서 움직이므로 밀도 변화는 거의 없다.

오답 넘기

ㄱ. 수심 0~100 m 구간은 좌우로 움직였으므로 수온 변화는 거의 없다.

ㄴ. 수심 100 m에서 밀도는 1.0245 g/cm³이고, 수심 200 m에서 밀도는 1.0255 g/cm³이므로 아래층의 밀도가 더 크다. 따라서 상하 혼합 작용은 잘 일어나지 않는다.

## 16 태풍의 이동

태풍 진행 방향의 오른쪽 지역이 위험 반원으로 풍속이 세다. 태풍의 눈에서는 하강 기류가 있어 날씨가 맑고 바람이 약하다.

모범 답안

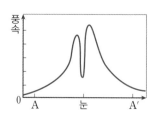

| 채점 기준 | 배점(%) |
| --- | --- |
| 그림처럼 안전 반원이나 위험 반원보다 태풍의 눈에서의 풍속을 매우 낮게 나타내고, 안전 반원보다 위험 반원에서의 풍속을 크게 나타낸 경우 | 100 |
| 그림처럼 안전 반원이나 위험 반원보다 태풍의 눈에서의 풍속을 매우 낮게 나타낸 경우 | 50 |
| 그림처럼 안전 반원보다 위험 반원에서 풍속을 크게 나타낸 경우 | 50 |

## 2주 4일 교과서 대표 전략 ②

Book 1 62~63쪽

| 1 ② | 2 C, D | 3 ㄱ, ㄴ, ㄷ | 4 ㄴ, ㄷ |
| 5 ㄱ, ㄴ | 6 ① | 7 ③ | 8 ④ |

## 1 지질 단면도

ㄷ. A, B, D가 차례로 퇴적된 후 C가 관입하였다.

오답 넘기

ㄱ. ⓒ은 부정합면 아래 지층의 쇄설물이 부정합면 위의 지층에 포함된 것으로 기저 역암이다. ⓐ은 화성암 C보다 위에 있는 D의 암석 조각이 포함되어 있으므로 포획암이다.

ㄴ. 부정합면이 하나 있으며 현재 최상부가 수면 위에 노출되어 있으므로 융기는 최소 2회 있었다.

## 2 지층의 대비

지층 내에서 표준 화석이 산출되면 이를 이용하여 멀리 떨어진 지층을 대비할 수 있다. A~D 지층에서 모두 ○ 화석이 산출되므로 이 화석이 산출된 지층은 모두 같은 시기에 퇴적되었다. 따라서 이들 지층을 먼저 연결한 후 그 경향을 따라 지층을 대비해 보면 다음과 같다.

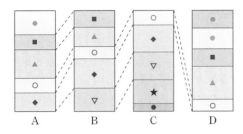

A     B     C     D

위 그림에서 가장 오래된 지층이 나타나는 지역은 C이고, 가장 새로운 지층이 나타나는 지역은 D이다.

### 3 방사성 동위 원소의 반감기

**자료 분석 ⊕ 방사성 원소의 반감기**

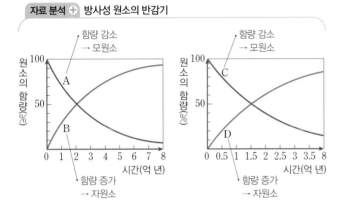

- 시간이 지남에 따라 모원소(방사성 동위 원소)의 양은 감소하고 자원소의 양은 증가한다.
- 감소한 모원소의 양만큼이 자원소로 바뀐다.
- 온도나 압력이 변해도 방사성 원소의 반감기는 변하지 않는다.

ㄱ. 방사성 동위 원소는 시간이 경과하면서 붕괴되므로 모원소의 양은 감소하고, 자원소의 양은 증가한다. 따라서 A와 C는 모원소이다.

ㄴ. 반감기는 모원소의 양이 처음 양의 절반으로 줄어드는 데 걸리는 시간이므로 (가)의 반감기는 2억 년이고, (나)의 반감기는 1.5억 년이다.

ㄷ. 암석 속에 C와 D의 함량비가 1 : 3이면 C의 양이 처음 양의 $\frac{1}{4}$로 감소하였으며, 2회의 반감기를 거쳤다. C의 반감기가 1.5억 년이므로 암석의 절대 연령은 3억 년이다.

### 4 지질 시대의 환경과 생물

ㄴ. 삼엽충의 멸종은 고생대 말에 일어났으며 이 시기에는 판게아가 형성되었으므로 당시 수륙 분포는 (나)이다.

ㄷ. 히말라야산맥은 신생대에 인도 대륙이 북쪽으로 이동해 유라시아 대륙과 충돌하여 형성되었다. 따라서 (다) 시기에 히말라야산맥이 형성되었다.

**오답 넘기**

ㄱ. (나)는 흩어져 있던 대륙들이 하나로 모여 초대륙인 판게아가 형성된 고생대 말의 수륙 분포이다. (가)는 판게아가 분리되고 있는 모습으로 중생대의 수륙 분포이고, (다)는 흩어진 대륙들이 현재와 비슷한 분포를 보이는 신생대의 수륙 분포이다. 따라서 수륙 분포는 (나) → (가) → (다) 순으로 변하였다.

### 5 온대 저기압과 뇌우

(가)는 한랭 전선을, (나)는 뇌우를 나타낸다.

ㄱ. 한랭 전선에서는 경사가 급한 전선면을 따라 전선의 뒤쪽에 적운형 구름이 생성된다.

ㄴ. 한랭 전선의 후면인 A 지역에서는 찬 기단이, 전면인 B 지역에는 따뜻한 기단이 있다. 따라서 A 지역은 B 지역보다 기온이 낮다.

**오답 넘기**

ㄷ. 천둥과 번개를 동반하며 소나기가 내리는 현상인 뇌우는 한랭 전선에서 찬 공기가 따뜻한 공기 밑으로 파고들어 따뜻한 공기가 찬 공기 위로 빠르게 상승하면서 적란운이 생성될 때 잘 발생하므로 한랭 전선의 전면인 B 지역보다 후면인 A 지역에서 발생할 가능성이 크다.

### 6 태풍의 이동 경로

ㄱ. 태풍이 북서진하는 것은 북동 무역풍의 영향이고, 북동진하는 것은 편서풍의 영향이다.

**오답 넘기**

ㄴ. 태풍은 저기압이므로 중심 기압이 낮을수록 세력이 강하다. 태풍의 에너지원은 수증기의 응결열(잠열)이므로, 태풍이 육지에 상륙하면 세력이 급격히 약해지면서 중심 기압이 높아진다.

ㄷ. 태풍은 진행 방향의 우측이 위험 반원이므로, 서해안보다 남해안에서 풍속이 크고 파도가 높다.

### 7 표층 염분

ㄱ. A는 수온, B는 염분, C는 밀도이다.

ㄴ. 표층 염분은 대체로 (증발량−강수량) 값에 비례하며, 위도 20°~30° 해역에서 최댓값을 갖고, 고위도와 적도에서 낮게 나타난다. 중위도에서 염분이 높은 까닭은 강수량은 적고 증발량이 많기 때문이며, 적도에서 염분이 낮은 까닭은 강수량은 많고 증발량은 습한 날씨 때문에 상대적으로 적기 때문이다. 그리고 극지방 주변 고위도 지역의 염분이 낮은 까닭은 빙하가 녹은 물이 유입되기 때문이다.

**오답 넘기**

ㄷ. 0°~60° 해역에서 해수의 밀도는 수온에 반비례하는 경향이 잘 나타난다. 이는 밀도가 염분보다 수온의 영향을 크게 받는다는 것을 의미한다.

### 8 용존 기체량

ㄴ. 표층에서 이산화 탄소의 농도가 낮게 나타나는 것은 태양광을 이용하는 해조류의 광합성 때문이다.

ㄷ. 수심 1000 m보다 깊어질수록 용존 산소가 증가하는 것은 극지방에서 용존 산소를 많이 포함한 차가운 해수가 침강하여 이동하였기 때문이다.

오답 넘기

ㄱ. ㉠은 산소, ㉡은 이산화 탄소의 농도를 나타낸다. 표층에서의 ㉠의 농도는 약 7.5 ppm이고, ㉡의 농도는 약 90 ppm이므로, 표층에서 농도는 ㉡이 ㉠보다 높다.

## 2주 누구나 합격 전략    Book 1   64~65쪽

| 1 ③ | 2 ② | 3 ③ | 4 ④ |
|------|------|------|------|
| 5 ② | 6 ⑤ | 7 ④ | 8 ② |

### 1 관입과 포획

ㄱ, ㄴ. (가)는 마그마가 석회암과 사암을 관입한 것이므로 석회암 → 사암 → 화성암 순으로 생성되었고, (나)는 마그마가 석회암 위로 분출한 것이므로 석회암 → 화성암 → 사암 순으로 생성되었다.

오답 넘기

ㄷ. (나)에서 사암층은 마그마가 분출할 때는 존재하지 않았기 때문에 마그마의 열에 의한 변성 작용을 받지 않았으며, A는 화성암이 침식을 받아 기저 역암으로 된 것이다.

### 2 지질 시대의 구분

자료 분석 ⊕ 지질 시대의 구분

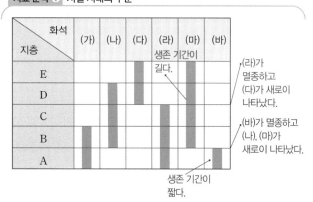

• 시생 누대와 원생 누대는 화석이 거의 발견되지 않으며, 현생 누대는 화석이 비교적 풍부하여 많이 산출된다.
• 현생 누대는 생물의 출현과 진화 등 생물계에 큰 변화가 나타난 시기를 기준으로 구분한다.

지질 시대는 생물계에서 일어난 급격한 변화나 지각 변동, 기후 변화 등을 기준으로 구분한다.

ㄷ. 위의 지층을 세 개의 지질 시대로 나눈다면 고생물의 단절이 가장 심했던 시기인 A와 B 사이, C와 D 사이를 경계로 해서 구분할 수 있다.

오답 넘기

ㄱ. 시상 화석으로 가장 적당한 것은 생존 기간이 길고 현재까지 생존하고 있는 (마)이다.
ㄴ. 표준 화석으로 적합한 것은 생존 기간이 짧은 (바) 화석이다.

### 3 지층과 화석

(나)에서 방사성 동위 원소 X의 반감기는 1억 년이다. (가)의 화성암 Q는 반감기를 2회 거쳤으므로 절대 연령이 2억 년이며, 화성암 P는 반감기를 1회 거쳤으므로 절대 연령이 1억 년이다. 지층 A는 P보다는 먼저, Q보다는 나중에 생성되었으므로 1억 년 전~2억 년 전 사이인 중생대에 생성되었다. 따라서 지층 A에서 산출될 수 있는 화석은 암모나이트 화석이다. 삼엽충 화석과 필석 화석은 고생대의 화석이고, 화폐석 화석과 매머드 화석은 신생대의 화석이다.

### 4 지질 시대의 환경

ㄴ. 매머드가 번성한 시기인 A는 신생대이다. 최초의 육상 식물은 고생대 중기에 출현하였으므로 B는 고생대이다. 판게아는 중생대 트라이아스기에 분리되기 시작하였으므로 C는 중생대이며, D는 선캄브리아 시대이다. 고생대에는 양치식물, 중생대에는 겉씨식물, 신생대에는 속씨식물이 번성하였다.
ㄷ. 선캄브리아 시대는 약 46억 년 전부터 5.41억 년 전까지에 해당하는 기간으로, 전체 지질 시대가 24시간이라면 21시간, 약 88.2 %의 비율을 차지한다.

오답 넘기

ㄱ. A는 신생대, B는 고생대, C는 중생대, D는 선캄브리아 시대이다.

### 5 온대 저기압과 전선

ㄷ. 전선의 이동 속도는 한랭 전선(A)이 온난 전선(B)보다 빠르다. 따라서 전선의 이동 속도는 (가)의 물리량으로 적합하다.

오답 넘기

ㄱ. A는 전선면의 기울기가 큰(급한) 한랭 전선이고, B는 전선면의 기울기가 작은(완만한) 온난 전선이다.
ㄴ. B(온난 전선)가 통과하는 동안 풍향은 남동풍에서 남서풍으로 시계 방향으로 변한다.

### 6 태풍의 구조

자료 분석 ⊕ 태풍의 구조

• 기압은 태풍의 중심으로 갈수록 낮아지며, 세력이 강한 태풍일수록 중심 기압은 낮다.
• 풍속은 태풍의 중심으로 갈수록 강해져 태풍의 눈벽에서 가장 강하나, 태풍의 눈에서는 풍속이 약해진다.

ㄱ. 태풍 진행 방향의 오른쪽(C 지역)은 태풍의 진행 방향이 태

풍 내 바람 방향과 같으므로 왼쪽(A 지역)보다 풍속이 강하다.

ㄴ. (가)에서 B 지역은 태풍의 눈으로, 약한 하강 기류가 발달하여 구름이 거의 없다.

태풍은 열대 저기압이므로 중심으로 갈수록 기압이 낮아져. 태풍의 눈에서 하강 기류가 나타난다고 해서 고기압이 형성되었다고 생각하면 안돼.

ㄷ. 태풍의 기압은 중심으로 갈수록 낮아지고, 풍속은 중심 부근에서 가장 강하다. 따라서 X는 기압, Y는 풍속이다.

### 7 해수의 수온 분포

ㄱ. 바람은 적도 해역보다 중위도 해역에서 대체로 강하므로 혼합층은 적도 해역보다 중위도 해역에서 두껍다.

ㄴ. A, B, C층 중에서 가장 안정한 층은 수온 약층(B층)이다.

**오답 넘기**
ㄷ. 심해층(C층)이 시작되는 깊이는 적도보다 중위도에서 깊다.

### 8 깊이에 따른 수온과 염분 분포

해수의 밀도는 수온에 반비례하고, 염분에 비례한다. 주어진 자료에서 깊이에 따라 수온이 낮아지고 염분은 높아지므로 밀도는 ②와 같은 모양으로 변한다.

---

## ② 창의·융합·코딩 전략

Book 1 66~69쪽

| 1 ④ | 2 ② | 3 ② | 4 ⑤ |
| 5 ④ | 6 ④ | 7 ④ | 8 ③ |

### 1 지사학의 법칙

- 철수: 지층이 역전된 경우는 위쪽이 아래쪽보다 먼저 퇴적된 것으로 판단해야 하기 때문에 지층의 역전 여부를 모른다면 지층 누중의 법칙은 적용할 수 없다.
- 민수: 부정합의 법칙은 부정합면을 경계로 상하 지층 사이에는 큰 시간 간격이 있다는 법칙이다.

**오답 넘기**
- 영희: 오래된 지층에서 새로운 지층으로 갈수록 더욱 복잡하고 진화된 화석이 발견된다.

### 2 지질 답사 보고서

ㄴ. 지층을 대비할 때 기준이 되는 지층을 건층(열쇠층)이라고 한다. 응회암층이나 석탄층은 비교적 짧은 시기 동안 퇴적되었으면서도 넓은 지역에 걸쳐 분포하므로 건층(열쇠층)으로 주로 이용된다.

---

**오답 넘기**
ㄱ. (나) 지역은 응회암층과 셰일층 사이에 역암층이 존재하는데 (가) 지역은 응회암층과 셰일층 사이에 역암층이 없는 것으로 보아 (가) 지역의 응회암층과 셰일층 사이에는 부정합이 존재한다. 따라서 (가) 지역은 지층의 퇴적이 중단된 적이 있다.

ㄷ. (가) 지역에서는 응회암층보다 아래에 있는 석회암층에서 중생대의 표준 화석인 암모나이트 화석이 발견되었다. (나)의 셰일층은 응회암층 위에 분포하는 것으로 보아 중생대 이후에 퇴적되었으므로 고생대의 표준 화석인 삼엽충 화석이 발견될 수 없다.

### 3 지질 시계

**자료 분석** ➕ 지질 시계

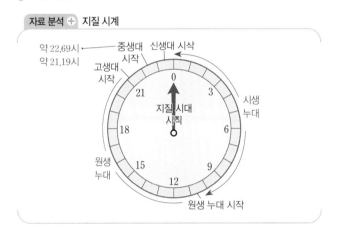

ㄷ. 초대륙인 판게아는 약 2억 7천만 년 전인 고생대 말기에 형성되었으므로, 약 22.6시에 형성되었다.

**오답 넘기**
ㄱ. 지질 시계에서 46억 년을 24시간으로 표현하였으므로 현재는 24시이고 1억 년은 약 0.52시간에 해당한다. 고생대는 5.41억 년 전에 시작하였으므로 현재로부터 약 2.81시간 전인 21.19시간부터 고생대가 시작되고, 중생대는 약 2.52억 년 전에 시작하였으므로 현재로부터 약 1.31시간 전인 22.69시간부터 중생대가 시작된다. 따라서 A는 고생대의 시작으로 볼 수 있다.

ㄴ. 남세균은 시생 누대에 출현하였으므로 11시 이전에 출현하였다.

### 4 지질 시대의 특징

- 민지: 현재와 비슷한 오존층이 형성된 시기는 육상에 식물이 출현한 (다) 시기이다.
- 수진: 고생대는 대체로 온난하다가 후기에 빙하기가 있었다. 신생대는 팔레오기와 네오기는 대체로 온난하였으나 제4기에 접어들면서 점차 한랭해져 여러 번의 빙하기와 간빙기가 있었다. 중생대는 전반적으로 온난한 기후가 지속되었으며, 빙하기가 없었다.

**오답 넘기**
- 영호: (가)는 중생대, (나)는 신생대, (다)는 고생대의 특징이다. 따라서 지질 시대 순으로 나열하면 (다)─(가)─(나) 순이다.

## 5 태풍의 이동과 날씨 변화

**자료 분석 ➕ 태풍의 이동**

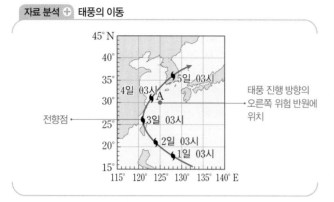

ㄴ. 태풍 중심의 기압은 3일 03시가 5일 03시보다 낮았으므로 태풍의 최대 풍속은 3일 03시에 더 강했을 것이다.

ㄷ. 태풍은 3일~5일에 A 지점(30°N, 125°E)의 서쪽 지역을 통과하였다. 따라서 A 지점은 태풍의 위험 반원에 위치하였으며, 풍향은 시계 방향으로 변했을 것이다.

**오답 넘기**

ㄱ. 태풍은 2일 03시에는 북서쪽으로 진행하였으므로 전향점을 통과한 시기는 2일 03시 이후이다.

## 6 뇌우와 집중 호우

집중 호우와 천둥, 번개, 우박 등은 주로 연직 방향으로 높이 발달한 적란운에서 발생한다.

ㄴ. 뇌우는 적운 단계 → 성숙 단계 → 소멸 단계를 거치면서 발생하였다가 소멸한다. 천둥, 번개, 우박 등은 상승 기류와 하강 기류가 함께 나타나는 성숙 단계에서 발생한다.

ㄷ. 집중 호우(국지성 호우)는 짧은 시간 동안 좁은 지역에서 많은 비가 내리는 현상이다. 주로 여름철에 높은 적란운이 형성되어 강한 뇌우 발달 시 발생하며, 시간적, 공간적 규모가 작고 일기도에 표시되지 않으므로 예측이 어렵다.

**오답 넘기**

ㄱ. 온난 전선이 다가오면 넓은 지역에 걸쳐 약한 비가 내린다.

## 7 황사

**자료 분석 ➕ 황사**

황사는 발원지가 건조해지는 봄철에 주로 발생한다.

모래 먼지가 편서풍을 타고 우리나라로 온다.

• 황사는 발원지에서 강한 저기압이 발생하여 바람이 강하게 불고, 상승 기류가 강해질 때 발생한다.

• 황사는 주로 내륙의 건조한 지역 중 사막에서 시작된다. 따라서 사막화가 진행될수록 황사는 더 심각해진다.

• 천식과 같은 호흡기 질환 증가, 항공기 운항 결항 및 지연 등으로 인명 및 재산 피해가 나타날 수 있다.

• 선우: 황사는 건조한 겨울철이 지나고 얼었던 토양이 녹기 시작하는 봄철에 주로 발생한다.

• 수지: 황사는 기권(강한 바람)과 지권(모래 먼지)의 상호 작용으로 발생한다.

**오답 넘기**

• 민정: 황사는 발원지에서 강한 바람이 불어 상공으로 올라간 다량의 모래 먼지가 상층의 편서풍을 타고 멀리까지 날아가 서서히 내려오는 현상이다.

## 8 해수의 수온 – 염분도(T-S도)

**자료 분석 ➕ 수온-염분도**

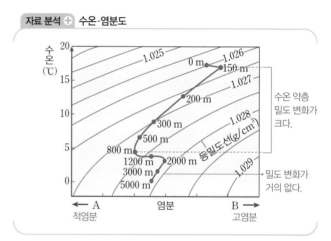

해수의 밀도는 수온이 낮을수록, 염분이 높을수록 증가한다.

• 호정: 수온이 일정한 상태에서 B 방향으로 갈수록 해수의 밀도가 증가하므로, 염분이 증가하는 방향은 B이다.

• 성훈: 150 m~800 m 구간에서는 0.002 g/cm³ 정도의 밀도 변화가 있지만 2000 m~5000 m 구간에서는 밀도 변화가 거의 없다.

 수온 – 염분도에서 위로 갈수록 수온이 높고, 오른쪽으로 갈수록 염분이 높으며, 오른쪽 아래에 위치할수록 밀도가 커져.

**오답 넘기**

• 희수: 수온 약층은 혼합층 아래에서 깊이에 따라 수온이 급격히 낮아지는 층이다. 800 m~2000 m 구간에서는 수온의 변화가 거의 없다.

## 신유형·신경향·서술형 전략
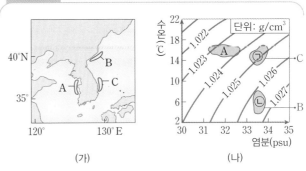
Book 1 72~75쪽

**1** ② **2** ③ **3** ① **4** ①
**5** 해설 참조 **6** 해설 참조 **7** 해설 참조
**8** 해설 참조 **9** 해설 참조 **10** (1) 해설 참조 (2) 해설 참조
**11** 해설 참조 **12** (1) 해설 참조 (2) 해설 참조

### 1 마그마의 성질에 따른 화산의 형태
ㄴ. 마그마의 온도가 낮을수록 점성은 크고, 휘발성 기체(화산가스)의 양은 많아져 격렬하게 분출한다. (나)는 화산이 격렬하게 분출하였고, (다)는 화산이 조용하게 분출하였으므로 용암의 점성은 (나)가 (다)보다 크다.

**오답 넘기**
ㄱ. A는 필리핀 해구로 수렴형 경계이고, B는 판의 경계가 아니라 열점에 위치한 하와이섬이다.
ㄷ. 열점에서는 점성이 작고 유동성이 큰 현무암질 마그마가 분출하여 순상 화산이 형성된다.

### 2 플룸의 상승
ㄱ. ㉠은 플룸 상승류에 해당한다.
ㄷ. 외핵과 맨틀의 경계부에서 형성된 뜨거운 물질이 기둥 모양으로 상승하면서 뜨거운 플룸이 만들어진다.

**오답 넘기**
ㄴ. 비커 속 잉크는 촛불에 의해 가열되어 뜨거워진다. 뜨거워진 잉크는 부피가 증가하여 밀도가 감소하고 상승하게 된다.

### 3 온대 저기압과 날씨

**자료 분석** ➕

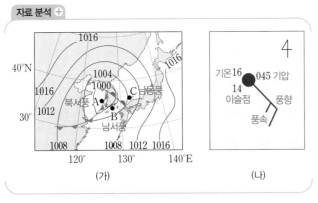

(가)    (나)

(나)는 풍향이 남동풍이므로 C 지역의 일기 기호이다.

(나)의 일기 기호를 해석하면 기온은 16 ℃, 이슬점은 14 ℃, 기압은 1004.5 hPa, 풍향은 남동풍, 풍속은 7 m/s, 날씨는 흐림이야.

ㄱ. 온대 저기압의 강수 구역은 온난 전선 전면 넓은 지역, 한랭 전선 후면 좁은 지역이다. 따라서 A 지역에는 강수 현상이 나타난다.

**오답 넘기**
ㄴ. A, B, C 지역 중에 A와 C 지역은 차가운 공기의 영향을 받는 지역이고, B 지역은 따뜻한 공기의 영향을 받는 지역이다. 따라서 B 지역의 기온은 C 지역의 기온인 16 ℃보다 높을 것이다.
ㄷ. 일기도의 등압선 위치를 통해 각 지역의 기압을 알 수 있다. A 지역의 기압은 1000 hPa보다 낮고, B 지역의 기압은 1000 hPa과 1004 hPa 사이의 값을 가지며, C 지역의 기압은 1004 hPa과 1008 hPa 사이로 (나)의 일기 기호에서 1004.5 hPa임을 알 수 있다. 따라서 기압이 가장 높은 지역은 C이다.

### 4 해수의 수온-염분도

**자료 분석** ➕

(가)    (나)

- 고위도로 갈수록 태양 복사 에너지양이 감소하므로 수온은 낮아진다. 따라서 고위도로 갈수록 표층 해수의 밀도는 대체로 증가하는 경향을 보인다. → B 해역이 C 해역보다 밀도가 높다.
- 같은 위도일 경우 연안 해역은 하천수의 유입이 많아 염분과 밀도가 낮다. → A 해역이 C 해역보다 염분과 밀도가 낮다.

ㄱ. (나)에서 ㉢은 수온이 가장 낮으므로 가장 고위도에 위치한 B에 해당한다.

**오답 넘기**
ㄴ. 문제에서 단서로 B와 C의 수온과 염분 분포는 각각 ㉠과 ㉢ 중 하나라고 했고, B는 ㉢임을 알았으므로 ㉠은 C에 해당한다. 따라서 해수의 밀도는 A보다 C가 크다.
ㄷ. B와 C의 염분은 같으므로 이 두 해수의 밀도 차이는 수온에 의한 영향이 더 크다.

### 5 해양저 확장
속도＝거리÷시간이므로 해양 지각의 나이가 동일할 때 해령으로부터의 거리가 더 먼 곳이 해양저 확장 속도가 빠른 곳으로 태평양이 대서양보다 해양저 확장 속도가 더 빠르다.

**모범 답안**
**태평양, 해양 지각의 나이가 같은 지점에서 해령으로부터의 거리가 태평양이 대서양보다 더 멀기 때문에 태평양이 대서양보다 해양저 확장 속도가 더 빠르다.**

| 채점 기준 | 배점(%) |
| --- | --- |
| 더 빠른 곳과 이유를 모두 옳게 서술한 경우 | 100 |
| 이유만 옳게 서술한 경우 | 50 |
| 더 빠른 곳만 옳게 서술한 경우 | 30 |

## 6 판을 이동시키는 힘

맨틀 대류 외에 판 자체에서 만들어지는 물리적인 힘에 의해서도 판은 이동할 수 있다. A(해구)에서는 판이 침강하면서 기존의 판을 당기는 힘으로 작용한다. B에서는 맨틀이 대류하면서 판을 싣고 가는 힘으로 작용한다. C(해령)에서는 맨틀 물질이 상승하면서 마그마가 분출하여 해양 지각을 생성할 때 해령의 축에서 멀어지는 방향으로 판을 밀어 내는 힘이 작용한다.

**모범 답안**

A는 해구에서 섭입하는 판이 잡아당기는 힘이고, B는 암석권과 연약권 사이에서 작용하는 힘이며, C는 해령에서 밀어내는 힘이다.

| 채점 기준 | 배점(%) |
| --- | --- |
| 판에 작용하는 힘 A, B, C를 모두 옳게 서술한 경우 | 100 |
| 판에 작용하는 힘 A, B, C 중 두 개만 옳게 서술한 경우 | 50 |
| 판에 작용하는 힘 A, B, C 중 한 개만 옳게 서술한 경우 | 30 |

## 7 마그마의 생성 조건

**자료 분석** 마그마의 생성 조건

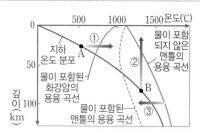

① 지구 내부의 온도 상승으로 대륙 지각이 용융되는 경우
② 압력 감소로 맨틀 물질이 용융되는 경우
③ 물의 공급으로 맨틀 물질이 용융되는 경우

①은 섭입대에서 형성된 고온의 현무암질 마그마가 상승하여 대륙 지각의 하부를 부분 용융하여 유문암질 마그마를 생성하는 경우이다.

②는 지하 깊은 곳에서 고온의 맨틀 물질이 상승하여 압력 감소로 맨틀 물질이 용융하여 현무암질 마그마가 생성되는 경우로 해령 하부와 열점에서 생성되는 마그마가 이러한 경우에 해당한다.

③은 물의 공급으로 맨틀의 용융점이 지하의 온도보다 낮아져 맨틀 물질이 용융되는 경우를 나타낸다. 수렴형 경계에서 해양 판이 대륙판 아래로 섭입하면 해양 지각과 해저 퇴적물 속에 포함되어 있던 함수 광물에서 빠져나온 물이 맨틀(연약권)로 공급되어 맨틀 물질의 용융점을 낮춤으로써 현무암질 마그마가 생성된다.

**모범 답안**

②, 맨틀 물질의 상승에 따른 압력 감소로 맨틀 물질이 녹아 현무암질 마그마가 생성된다.

| 채점 기준 | 배점(%) |
| --- | --- |
| ②를 고르고, 모범 답안과 같이 옳게 서술한 경우 | 100 |
| 마그마 발생 원인과 생성되는 마그마의 종류만 옳게 서술한 경우 | 50 |
| 마그마의 생성 과정으로 ②만 옳게 고른 경우 | 30 |

## 8 지질 단면도 해석_지층의 대비

**자료 분석**

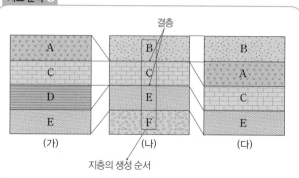

(가) | (나) | (다)

세 지역에서 나타나는 모든 지층을 지층 대비를 통해 순서를 파악하고 각 지역에서 나타나는 결층을 통해 부정합면을 파악할 수 있다.

**모범 답안**

2개, B와 C 사이에 A가 존재하지 않고, C와 E 사이에 D가 존재하지 않으므로 두 층의 경계는 각각 부정합면이다. 세 지역에 있는 모든 지층의 순서를 순서대로 나열하면 F → E → D → C → A → B이다.

| 채점 기준 | 배점(%) |
| --- | --- |
| 부정합면의 개수와 위치 및 세 지역에 있는 모든 지층의 생성 순서를 모범 답안과 같이 옳게 서술한 경우 | 100 |
| 부정합면의 개수와 위치는 옳게 서술했으나 지층의 생성 순서가 틀린 경우 | 70 |
| 부정합면의 개수만 옳게 쓴 경우 | 30 |

## 9 표준 화석과 시상 화석

암모나이트 화석은 지층이 생성된 시기를 판단하는 근거로 이용되거나 지층의 대비에 이용되는 화석으로 중생대의 표준 화석이고, 산호 화석은 생물이 살던 생시의 기후나 자연 환경을 추정하는 데 이용되는 화석으로 당시 환경이 따뜻하고 얕은 바다 환경이었음을 말해 주는 시상 화석이다.

**모범 답안**

석회암층에서 암모나이트 화석이 발견되는 것으로 보아 중생대에 퇴적되었으며, 산호 화석이 발견되는 것으로 보아 따뜻하고 얕은 바다 환경에서 퇴적되었을 것이다.

| 채점 기준 | 배점(%) |
| --- | --- |
| 석회암층이 생성된 시대와 퇴적 환경을 모범 답안과 같이 옳게 서술한 경우 | 100 |
| 석회암층이 생성된 시대나 퇴적 환경 중 하나만 맞은 경우 | 50 |

## 10 온대 저기압과 날씨 변화

온대 저기압의 위치가 (나)가 (가)보다 서쪽에 있으므로 (나)가 하루 전 일기도이다.

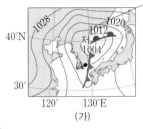 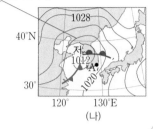

(가)　(나)

우리나라는 편서풍 지대에 속하며, 이 기간 동안 부산 지방에는 한랭 전선이 통과하였다.

**모범 답안**

(1) 우리나라 부근의 일기 현상은 편서풍의 영향으로 서쪽에서 동쪽으로 이동하므로, 하루 전 날의 일기도는 (나)이다.

(2) 한랭 전선이 통과했으므로 기온은 낮아지고, 기압은 높아지며 풍향은 남서풍에서 북서풍으로 변한다.

| | 채점 기준 | 배점(%) |
|---|---|---|
| (1) | 근거를 들어 정확히 서술한 경우만 정답 인정 | 50 |
| (2) | 기온, 기압, 풍향 모두 맞은 경우 | 50 |
| | 기온, 기압, 풍향 중 2가지만 맞은 경우 | 30 |
| | 기온, 기압, 풍향 중 1가지만 맞은 경우 | 10 |

## 11 태풍과 날씨

태풍의 이동

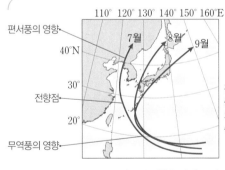

전향점을 지난 후에는 태풍의 진행 방향과 편서풍의 방향이 일치하여 이동 속도가 대체로 빨라진다.

- 태풍은 저위도에서는 무역풍의 영향을 받아 북서쪽으로 이동하고, 중위도에서는 편서풍의 영향을 받아 북동쪽으로 이동한다.
- 북태평양 고기압이 발달할 때에는 고기압의 서쪽 가장자리를 따라 이동하게 되어 우리나라는 주로 7월~8월 사이에 태풍의 이동 경로에 위치한다.

우리나라를 지나는 태풍의 이동 경로는 무역풍과 편서풍의 영향을 받아 포물선을 그린다.

**모범 답안**

태풍 발생 초기에는 무역풍의 영향을 받아 북서쪽으로 진행하다가 북위 25°~30° 부근에서는 편서풍의 영향으로 진로를 바꾸어 북동쪽으로 진행하기 때문이다.

| 채점 기준 | 배점(%) |
|---|---|
| 발생 초기(저위도)에서는 무역풍의 영향으로 북서쪽, 중위도에서는 편서풍의 영향으로 북동쪽으로 진행하기 때문이라고 서술한 경우 | 100 |
| 바람의 방향에 대한 언급없이 무역풍과 편서풍의 영향 때문이라고만 서술한 경우 | 50 |
| 무역풍과 편서풍 이름이 들어가지 않은 경우 | 0 |

## 12 해수의 용존 기체량

(1) 광합성 작용이 일어나면 산소는 생산되고, 이산화 탄소는 소비된다.

(2) 햇빛은 수심 100 m보다 깊은 곳에는 전혀 도달하지 않으며 수중 생물은 해수 표면뿐만 아니라 깊은 곳에서도 서식한다.

**모범 답안**

(1) 표층 해수에는 햇빛이 잘 흡수되어 식물성 플랑크톤 및 조류에 의한 광합성 작용이 활발히 일어나 산소는 생산되고 이산화 탄소는 소비되기 때문에 다른 층에 비하여 용존 산소의 농도는 높고 이산화 탄소의 농도는 낮다.

(2) 수심이 깊어지면 햇빛이 도달하지 않으므로 광합성을 할 수 없고 수중 생물의 호흡, 유기물의 분해에 의해 산소가 소비되어 농도가 감소한다. 같은 이유로 호흡과 분해 작용을 통해 이산화 탄소가 발생하나 광합성에 의한 이산화 탄소 소비는 중단되므로 이산화 탄소의 농도는 증가한다.

| | 채점 기준 | 배점(%) |
|---|---|---|
| (1) | 표층 해수에서 광합성에 의해 용존 산소량이 많아지고 이산화 탄소는 소비된다고 바르게 서술한 경우 | 50 |
| | 위의 내용을 바르게 서술하지 못한 경우 | 0 |
| (2) | 수심에 따라 산소와 이산화 탄소의 증가, 감소 이유를 바르게 서술한 경우 | 50 |
| | 수심에 따라 산소와 이산화 탄소의 증가, 감소 이유를 1가지만 바르게 서술한 경우 | 25 |

## 적중 예상 전략 ❶회　Book 1　76~79쪽

1 ④　　2 ①　　3 ①　　4 ③
5 ④　　6 ④　　7 ④　　8 ②
9 ③　　10 ⑤　　11 ②　　12 ⑤
13 해설 참조　14 (1) 해설 참조 (2) 해설 참조
15 (1) 해설 참조 (2) 해설 참조　16 해설 참조

# 정답과 해설

## 1 대륙 이동설

베게너는 대륙 이동의 증거로 대서양 양쪽 대륙 해안선의 모양이 유사하고, 같은 종의 생물 화석이 멀리 떨어져 있는 대륙에서 발견되며, 빙하 퇴적층의 분포와 빙하 이동 흔적이 연속되고, 습곡 산맥과 같은 지질 구조의 여러 대륙에 걸쳐 연속적으로 분포하고 있는 것을 제시하였다.

**오답 넘기**
ㄴ. 해령에서 생성된 해양 지각이 이동하여 해구에서 소멸되는 것은 해양저 확장설의 증거이다.

## 2 지질 시대 대륙의 분포

ㄱ. 로디니아는 선캄브리아 시대인 약 12억 년 전에 생긴 초대륙으로 약 8억 년 전에 분리된 것으로 보고 있다.

**오답 넘기**
ㄴ. 판게아가 형성되면서 북아메리카 대륙이 아프리카 대륙 및 유럽 대륙과 충돌하여 애팔래치아산맥이 형성되었다. 이후 판게아가 분리되면서 인도 대륙이 북상하여 유라시아 대륙과 충돌하면서 히말라야산맥이 형성되었다.
ㄷ. 지질 시대 동안 대륙들은 모여서 초대륙을 형성하고, 다시 분리되었다가 모이는 과정을 반복하였다. 따라서 지질 시대 동안 초대륙은 여러 번 있었다.

## 3 판의 경계와 이동 방향

A는 발산형 경계인 해령, B는 보존형 경계인 변환 단층, C는 섭입형 수렴 경계인 해구이다.
ㄱ. 발산형 경계에서는 해령 하부에서 뜨거운 맨틀 물질이 상승하여 압력 감소로 현무암질 마그마가 생성된다.

**오답 넘기**
ㄴ. 보존형 경계(B)는 판의 생성이나 소멸 없이 두 판이 서로 상대적인 수평 이동만 일어나는 부분으로 변환 단층 경계라고도 한다. 보존형 경계에서는 화산 활동은 거의 일어나지 않지만 두 판이 반대 방향으로 어긋나므로 접촉면을 따라 천발 지진이 자주 발생한다.
ㄷ. 고지자기 역전 줄무늬는 해령(A)을 기준으로 대칭을 이룬다.

## 4 대서양 중앙 해령 부근의 고지자기

ㄱ. 아이슬란드는 해령이 지나가고 있으므로 발산형 경계에 위치한다.
ㄷ. (나)에서 고지자기 분포는 해령을 축으로 대칭적으로 나타난다.

**오답 넘기**
ㄴ. 아이슬란드의 화산 활동은 한 분화구를 통해 폭발하듯이 분출되는 것이 아니라 현무암질 마그마가 지각의 틈새로 흘러나오듯 조용히 분출한다.

## 5 플룸 구조론

ㄱ. 섭입대가 있는 것으로 보아 A는 차가운 플룸의 하강류이다.

**오답 넘기**
ㄴ. 하와이는 판의 이동 방향으로 이동하고 그 자리에는 새로운 화산섬이 형성된다.
ㄷ. 판 구조론은 판의 경계, 플룸 구조론은 판의 내부에서 발생하는 화산 활동을 설명할 수 있다.

## 6 고지자기 복각과 대륙의 이동

**자료 분석**

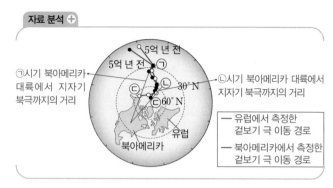

ㄴ. 복각은 자북극 쪽으로 갈수록 커진다. 북아메리카에서 측정한 고지자기 북극의 위치는 ㉡ 시기가 ㉠ 시기보다 지리상 북극에 가까우므로 고지자기 복각도 ㉡ 시기가 ㉠ 시기보다 크다고 할 수 있다.
ㄷ. 유럽은 ㉡ 시기부터 ㉢ 시기까지 점차 지자기 북극에 가까워지므로 고위도 방향으로 이동하였음을 알 수 있다.

**오답 넘기**
ㄱ. 지질 시대 동안 지자기 북극은 지리상 북극 부근에 위치하였으나 잔류 자기로부터 추정한 고지자기 북극의 겉보기 위치는 대륙의 이동으로 인해 다른 곳에 분포한다. 즉, 5억 년 전에도 지자기 북극은 지리상 북극 부근에 위치하였다.

## 7 인도 대륙의 이동

**자료 분석**

| 시기(만 년 전) | 7100 | 5500 | 3800 | 현재 |
|---|---|---|---|---|
| 복각 | −49° | −21° | +6° | +36° |
| 위도 | 18°S | 3°N | 19°N | 33°N |

복각의 절댓값 ↓
고위도로 이동
남반구에서 북반구로 이동 →

ㄴ. 남반구에서 북반구 쪽으로 이동하며 적도에 위치한 적이 있을 것이다.
ㄷ. 현재 위도가 33°N으로 북반구에 위치한다.

**오답 넘기**
ㄱ. 인도 대륙은 북쪽으로 이동하였다.

## 8 하와이섬의 생성(열점)

**자료 분석**

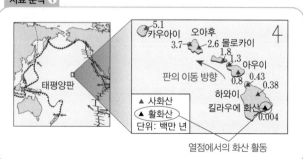

열점에서의 화산 활동

ㄴ. 하와이섬은 열점에서의 화산 활동으로 생성된 섬으로 뜨거운 플룸의 상승에 의해 생성되었다.

**오답 넘기**

ㄱ. 열점의 위치는 고정되어 있다.

ㄷ. 하와이섬과 같이 판 내부에서 일어나는 화산 활동은 플룸 구조론으로 설명할 수 있다.

## 9 화성암의 종류

(가)는 현무암, (나)는 안산암, (다)는 섬록암, (라)는 화강암이다.

ㄱ. 화산암은 지표에서 빠르게 냉각되어 구성 입자의 크기가 작고, 심성암은 지하에서 천천히 냉각되어 구성 입자의 크기가 크다.

ㄴ. 세로줄에 있는 암석은 같은 마그마 조성을 가지며, 조암 광물 역시 유사하다. (나)와 (다)는 조성이 같은 안산암질 마그마에서 형성되었다.

**오답 넘기**

ㄷ. (다)와 (라)는 심성암으로 암석의 조직이 조립질(구성 입자의 크기가 큼)로 유사하지만 암석을 구성하는 주요 광물인 조암 광물은 다르다.

## 10 퇴적암의 분류

**자료 분석 ⊕**

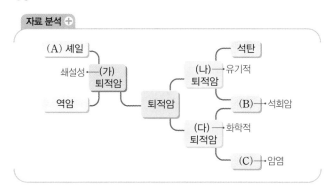

ㄴ. (가)는 쇄설성 퇴적암, (나)는 유기적 퇴적암, (다)는 화학적 퇴적암이다. 석회암은 $CaCO_3$ 침전에 의해 형성되는 화학적 퇴적암일 수도 있고, 산호와 유공충과 같은 석회질 생물체의 퇴적에 의해 형성된 유기적 퇴적암이기도 하다.

ㄷ. 진흙 크기로 입자로 구성된 셰일은 층리가 잘 발달하여 쪼개짐이 생긴다.

**오답 넘기**

ㄱ. 암염은 화학적 퇴적암으로 (C)에 해당한다.

## 11 우리나라의 퇴적암 지형

ㄱ. 우리나라의 고생대 지층은 강원도에서 쉽게 볼 수 있으며, 주로 석회암으로 되어 있다.

ㄴ. 마이산은 역암층이 잘 발달되어 있으며, 타포니 지형을 볼 수 있는 것이 특징이다.

**오답 넘기**

ㄷ. 제주도 수월봉에는 화산재가 퇴적된 응회암층이 잘 발달되어 있다.

## 12 대륙 주변부의 퇴적 환경

퇴적 환경은 육상 환경, 연안 환경, 해양 환경으로 구분된다.

ㄱ. A는 대륙붕 환경으로 연흔 구조가 발견될 수 있다.

ㄴ. B는 대륙대로 저탁류에 의한 점이 층리가 발견될 수 있다.

ㄷ. 대륙대에서는 대륙 사면을 타고 흘러내리는 저탁류에 의해 저탁암이 형성되는데, 저탁암에서는 점이 층리 구조가 발견될 수 있다.

## 13 마그마의 생성

(1) 발산형 경계인 해령에서는 맨틀 물질이 상승함으로써 압력이 감소하여 현무암질 마그마가 생성된다.

**모범 답안**

**현무암질 마그마, 압력 감소로 인해 마그마가 생성되었다.**

| 채점 기준 | 배점(%) |
|---|---|
| 마그마의 종류와 생성 이유를 모두 옳게 서술한 경우 | 100 |
| 마그마의 종류와 생성 이유 중 한 가지만 옳게 서술한 경우 | 50 |

(2) B는 섭입대로 물 방출에 의해 용융점이 하강하여 현무암질 마그마가 생성된다. 상승하는 현무암질 마그마에 의해 온도가 상승하면 대륙 지각이 부분 용융되어 유문암질 마그마가 생성된다.

**모범 답안**

**B에서는 물 공급에 의해 현무암질 마그마, C에서는 온도 상승에 의해 유문암질 마그마가 생성된다.**

| 채점 기준 | 배점(%) |
|---|---|
| B와 C에서 생성되는 마그마의 종류와 생성 이유를 모두 옳게 서술한 경우 | 100 |
| B와 C에서 생성되는 마그마 중 한 가지만 옳게 서술한 경우 | 50 |

## 14 우리나라 지질 명소

(1) 화산암은 지표로 분출한 용암이 빠르게 냉각되어 광물 입자가 작은 세립질 조직을 가지고, 심성암은 마그마가 지하 깊은 곳에서 천천히 냉각되어 광물 입자가 큰 조립질 조직을 가진다.

**모범 답안**

**(가)<(나), (가)는 화산암인 현무암으로 이루어져 있고, (나)는 심성암인 화강암으로 이루어져 있으므로 암석을 이루는 광물 입자의 크기는 (나)가 (가)보다 더 크다.**

| 채점 기준 | 배점(%) |
|---|---|
| 입자의 크기 비교와 이유를 모두 옳게 서술한 경우 | 100 |
| 이유만 옳게 서술한 경우 | 50 |
| 입자의 크기 비교만 옳게 서술한 경우 | 30 |

(2) 주상 절리는 마그마가 지표로 분출하여 급격히 식으면서 부피가 수축할 때 형성되고, 판상 절리는 압력 감소에 의해 암석의 부피가 팽창하여 판의 형태로 암석이 떨어져 나간다.

 **정답과 해설**

**모범 답안**

(가) 주상 절리, 주상 절리는 마그마가 지표로 분출하여 빠르게 냉각, 수축되면서 형성된다.

(나) 판상 절리, 판상 절리는 마그마가 지하 깊은 곳에서 천천히 냉각되어 생성된 심성암이 융기할 경우 압력 감소에 의해 부피가 팽창하여 형성된다.

| 채점 기준 | 배점(%) |
|---|---|
| (가)와 (나)에서 나타나는 지질 구조와 생성 과정을 모두 옳게 서술한 경우 | 100 |
| (가)와 (나)에서 나타나는 지질 구조와 생성 과정을 한 가지만 옳게 서술한 경우 | 50 |
| (가)와 (나)에서 생성되는 지질 구조만 옳은 경우 | 30 |

### 15 퇴적 구조

(1) 경사면의 완만한 부분이 아래쪽이다.

**모범 답안**

사층리, A는 역전되지 않았으며, 물의 흐름 방향은 ㉡이다. 사층리는 바람이 불거나 물이 흘러가는 방향 쪽의 비탈면에 입자가 쌓이면서 형성된다.

| 채점 기준 | 배점(%) |
|---|---|
| A의 명칭과 물의 흐름, 형성 과정을 모두 옳게 서술한 경우 | 100 |
| A의 명칭과 물의 흐름, 형성 과정 중 두 가지만 옳게 서술한 경우 | 70 |
| A의 명칭과 물의 흐름, 형성 과정 중 한 가지만 옳게 서술한 경우 | 40 |

(2) 물결 모양의 뾰족한 부분이 위로 향한 것이 정상 상태이다.

**모범 답안**

연흔, B는 역전되었으며, 연흔은 수심이 얕은 물밑에서 물의 움직임이 퇴적층에 남아 생성된다.

| 채점 기준 | 배점(%) |
|---|---|
| B의 명칭과 역전 여부, 형성 과정을 모두 옳게 서술한 경우 | 100 |
| B의 명칭과 역전 여부, 형성 과정 중 두 가지만 옳게 서술한 경우 | 50 |
| B의 명칭과 역전 여부, 형성 과정 중 한 가지만 옳게 서술한 경우 | 30 |

### 16 부정합

부정합면을 경계로 상하 지층의 경사가 서로 다른 부정합을 경사 부정합이라고 하며 다음과 같은 과정으로 형성된다.

바다나 호수 밑바닥에서 퇴적물이 쌓여 지층을 형성한다. 횡압력을 받아 습곡이 생기고, 지각 변동을 받아 융기한 후 풍화 작용과 침식 작용을 받아 표면이 깎인다. 지층이 침강한 후 물밑에 잠긴 지층 위에 새로운 지층이 퇴적된다.

**모범 답안**

경사 부정합, 퇴적된 지층이 횡압력을 받아 습곡이 된 후 융기하였고, 풍화 · 침식 작용을 받아 표면이 깎였다. 이후에 다시 침강하여 새로운 퇴적층이 생성되었다.

| 채점 기준 | 배점(%) |
|---|---|
| 생성 과정을 모두 옳게 서술한 경우 | 100 |
| 생성 과정을 모두 옳게 서술하지 못한 경우 | 0 |

## 적중 예상 전략 ②회  Book 1 80~83쪽

| 1 ③ | 2 ③ | 3 ② | 4 ③ |
| 5 ④ | 6 ① | 7 ④ | 8 ③ |
| 9 ① | 10 ② | 11 ② | 12 ② |

13 (1) B 퇴적 → A 관입 → 부정합의 생성 → C 퇴적 → 부정합의 생성 → D 퇴적 → E 퇴적 (2) 관입의 법칙, 부정합의 법칙, 지층 누중의 법칙 (3) 해설 참조

14 (1) 해설 참조 (2) 해설 참조

15 (1)~(4) 해설 참조

16 (1) 해설 참조 (2) 해설 참조

### 1 지질 단면도 해석

이 지역에서 지층과 암석의 생성 순서는 A 퇴적 → C 퇴적 → 정단층 → 부정합 → B 관입 → 부정합 → D 퇴적 → E 퇴적이다.

③ 이 지역에는 부정합이 존재하므로 과거에 침식 작용을 받은 적이 있다.

**오답 넘기**

① 이 지역에는 상반이 아래로 내려간 정단층이 존재한다.

② B가 관입한 이후 D가 퇴적되었다.

④ 이 지역에서 가장 오래된 지층은 A이다.

⑤ 지층 B와 D의 순서를 정하는 데 부정합의 법칙이 적용된다.

### 2 지층과 화석

ㄱ. 부정합이 생성되기 위해서는 지층의 퇴적 이후 융기, 침식, 침강의 과정을 거친 후 다시 퇴적이 이루어져야 한다. A와 B는 부정합면 아래의 지층이므로 융기, 침강의 과정을 거쳤다.

ㄷ. 지층 C가 퇴적된 중생대에는 바다에는 암모나이트가, 육지에는 공룡이 번성하였다.

**오답 넘기**

ㄴ. 삼엽충 화석이 산출되는 A 지층과 암모나이트 화석이 산출되는 C 지층은 바다에서 퇴적되었지만, 고사리 화석이 산출되는 B 지층은 육지에서 퇴적된 지층이다.

### 3 절대 연령

ㄷ. A의 반감기는 7억 년이며, $\dfrac{\text{A의 자원소 양}}{\text{A의 양}}$이 3이 되기 위해서는 모원소와 자원소의 비율이 1 : 3이어야 한다. 따라서 반감기가 두 번 지나야 하므로, 14억 년이 걸린다.

**오답 넘기**

ㄱ. A의 반감기는 7억 년, B의 반감기는 약 0.5억 년이므로 A의 반감기가 B보다 14배 길다.

ㄴ. 절대 연령이 3.5억 년인 화성암에는 A가 처음 양의 75 %보다 적게 남아 있다.

### 4 지질 시대의 수륙 분포

(가)는 고생대 말의 수륙 분포이고, (나)는 중생대의 수륙 분포

이다.

ㄱ. (가)에 비해 (나)는 해수의 흐름이 복잡해지고, 해양 생물의 서식지가 넓어졌다.

ㄷ. 중생대에 살았던 생물에는 육지 환경에서 서식하였던 공룡과 바다 환경에서 서식하였던 암모나이트가 있다.

ㄴ. 히말라야산맥은 인도 대륙과 유라시아 대륙이 충돌해 만들어졌는데 (나)에서 인도 대륙은 남반구 아래에 있다. 히말라야산맥은 신생대에 들어와 형성되었다.

## 5 지질 시대 생물계의 변화

**자료 분석 ➕ 해양 동물과 육상 식물 과의 수 변화**

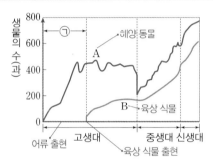

- 육상 식물은 B이다.
- ㉠ 시기에는 대기 중에 산소가 존재하여 오존층을 형성하였다.
- ㉠ 시기에는 바다에 어류가 서식하였다.

ㄱ, ㄷ. 육상 식물은 해양 동물보다 나중에 출현하였으므로 육상 식물은 B이다. 육상 식물의 출현은 실루리아기, 어류의 출현은 오르도비스기이므로 ㉠ 시기에는 어류가 서식하였다.

ㄴ. ㉠ 시기에는 대기 중에 산소가 존재하였다. 이후 산소 농도가 증가하면서 오존층이 형성되었다.

## 6 지질 시대의 생물계 변화

삼엽충 화석은 고생대, 공룡 화석은 중생대, 화폐석 화석은 신생대의 표준 화석이다.

ㄱ. 최초의 육상 식물이 출현한 시기는 고생대(A)이다.

ㄴ. 인류는 신생대(C)에 출현하였다.

ㄷ. 암모나이트는 중생대(B)에 번성하였다.

## 7 한랭 전선과 온난 전선

(가)는 한랭 전선이고, (나)는 온난 전선이다.

ㄱ. A는 한랭 전선의 후면에 위치하므로 찬 기단의 영향을 받고, B는 한랭 전선의 전면에 위치하므로 따뜻한 기단의 영향을 받는다. 따라서 A 지역의 공기는 B 지역의 공기보다 기온이 낮다.

ㄷ. 한랭 전선의 후면에서는 적운형 구름이, 온난 전선의 전면

에서는 층운형 구름이 생성되므로 한랭 전선인 (가)에서 생성된 구름의 평균 두께가 온난 전선인 (나)에서 생성된 구름의 평균 두께보다 두껍다.

ㄴ. B 지역은 한랭 전선의 전면에 위치하고, C 지역은 온난 전선의 후면에 위치한다. 따라서 B 지역과 C 지역에는 따뜻한 기단이 위치하므로 기온이 높고 날씨가 맑다.

## 8 위성 영상 해석

**자료 분석 ➕ 기상 위성 영상 해석**

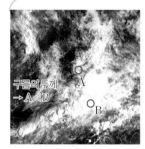 

(가) 가시 광선  
태양 빛이 없는 야간에는 이용할 수 없다.

(나) 적외 광선  
야간에도 관측이 가능하다.

- 가시 영상은 가시광선이 반사되는 정도를 이용하여 구름의 존재 유무와 함께 구름의 두께 등을 측정한다. 적외 영상은 구름이나 지표면 등이 방출하는 적외선의 양을 이용하여 구름 최상단의 높이와 온도를 측정한다.
- 어느 지역에서 같은 시각에 촬영된 위성 영상에서 가시 영상에는 검게 보이고, 적외 영상에서는 흰색으로 보인다면 밤에 찍은 영상이다.

ㄱ. 가시 영상은 구름과 지표면에서 반사된 햇빛의 반사 강도를 나타내는 것으로, 반사도가 큰 부분은 밝게 나타나고 반사도가 작은 부분은 어둡게 나타난다. 구름이 두꺼울수록 햇빛을 많이 반사하므로 가시 영상에서 밝게 보일수록 두꺼운 구름이다.

ㄴ. 구름 최상부의 고도는 적외 영상을 통해 알 수 있다. 적외 영상에서는 구름 최상부의 고도가 높아 온도가 낮을수록 밝은 색으로 나타난다. 따라서 적외 영상에서 밝게 관측되는 B가 A보다 구름 최상부의 고도가 높다.

ㄷ. 적외 영상은 시간에 관계없이 관측 가능하지만 가시 영상은 해가 떠 있는 낮에만 관측이 가능하다. (가), (나)에서 모두 구름이 관측되므로 이를 촬영한 시각은 해가 떠 있는 낮에 해당한다.

## 9 일기도 해석

이 기간 동안 제주도에는 온난 전선이 지나가므로 기온은 상승하고 기압은 하강하며, 바람은 남동풍에서 남서풍으로 바뀌며 시계 방향으로 변할 것이다. 또한 온난 전선이 지나가기 전에는 이슬비가 내리지만, 온난 전선이 지나가고 나면 날씨가 맑아질 것이다.

## 10 뇌우

ㄷ. 온대 저기압이 통과할 때 뇌우가 주로 나타날 수 있는 곳은 적란운이 발달하는 한랭 전선 부근(A)이다.

오답 넘기

ㄱ. 뇌우는 강한 상승 기류에 의해 형성되는 적란운에서 주로 나타나고, 천둥, 번개 및 소나기를 동반한다. 층운형 구름에서는 가랑비 형태의 비가 내린다.

ㄴ. B 지역은 한랭 전선과 온난 전선 사이로, 현재 날씨가 맑고 남풍 계열의 바람이 분다.

## 11 표층 염분의 분포

자료 분석 ⊕ 표층 염분의 분포

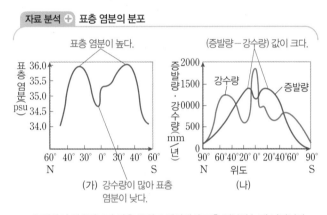

표층 염분이 높다.
(증발량−강수량) 값이 크다.
강수량
증발량
(가) 강수량이 많아 표층 염분이 낮다.
(나)

• 증발량이 강수량보다 많은 중위도 해역에서 표층 염분이 높게 나타난다. → (증발량−강수량) 값이 클수록 표층 염분이 대체로 높다.

• 극 해역은 빙하의 영향이 큰 지역이기 때문에 (증발량−강수량) 값과 표층 염분 분포가 일치하지 않는다. 또한, 빙하의 해빙으로 염분도 낮게 나타난다.

표층 염분의 분포는 (증발량−강수량)의 분포와 유사한 모습을 보인다.

ㄷ. 위도에 따른 표층 염분 분포에 가장 큰 영향을 주는 것은 증발량과 강수량의 차이이다. (증발량−강수량) 값은 순 증발량으로, 이 값이 클수록 표층 염분이 높다. 저압대가 발달한 적도 지역은 증발량보다 강수량이 많기 때문에 중위도 지역보다 표층 염분이 낮다.

오답 넘기

ㄱ. 중위도 고압대는 (증발량−강수량) 값이 가장 크기 때문에 표층 염분이 가장 높게 나타난다.

ㄴ. 표층 염분은 증발량이 많을수록, 강수량이 적을수록 높아지므로 대체로 (증발량−강수량) 값에 비례한다.

 해수의 염분은 증발량이 많은 곳에서 높고, 강수량이 많은 곳에서 낮다는 것을 꼭 기억하도록 해.

## 12 수온-염분도 해석

자료 분석 ⊕

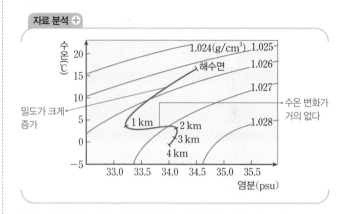

해수의 밀도는 수온이 낮을수록, 염분이 높을수록 크다.

ㄴ. 수심 1~2 km에서는 수온이 약 3 ℃로 깊이에 따라 거의 변화가 없지만 염분은 약 33.2~34.1 psu의 범위에서 변하고 있으므로 이곳의 밀도 변화는 수온보다 염분의 영향이 크다.

오답 넘기

ㄱ. 혼합층은 수온이 높고 깊이에 관계없이 수온이 일정한 층이다. 해수면~수심 1 km에서는 깊이에 따라 수온이 낮아지고 있으므로 혼합층이 발달하지 않는다.

ㄷ. 해수면~수심 1 km에서 밀도는 $1.0255 \sim 1.0265$ g/cm$^3$ 의 범위에서 변하지만, 수심 3~4 km에서는 깊이에 따른 밀도 변화가 거의 없다. 따라서 해수면~수심 1 km보다 수심 3~4 km에서의 밀도 변화가 작다.

## 13 지질 단면도 해석

(1), (2) 관입의 법칙에 의해 B는 A보다 먼저 생성되었고 A와 C 사이, C와 D 사이는 부정합 관계이므로 상하 두 지층 사이의 시간 간격이 매우 크며, 지층 누중의 법칙에 의해 D는 E보다 먼저 형성되었다.

(3) 화성암 A에 방사성 동위 원소 X가 처음 양의 25 %가 들어 있으므로 반감기가 2번 지났다. 따라서 화성암 A의 절대 연령은 4억 년이다.

모범 답안

(1) B 퇴적 → A 관입 → 부정합의 생성 → C 퇴적 → 부정합의 생성 → D 퇴적 → E 퇴적

(2) 관입의 법칙, 부정합의 법칙, 지층 누중의 법칙

(3) 지층 B는 절대 연령이 4억 년인 화성암 A보다 먼저 생성되었으므로 지층 B에서는 중생대의 화석인 암모나이트 화석이 산출될 수 없다.

| 채점 기준 | 배점(%) |
|---|---|
| (1), (2), (3)을 모두 바르게 서술한 경우 | 100 |
| (1), (2), (3) 중 두 개만 옳게 서술한 경우 | 60 |
| (1), (2), (3) 중 하나만 바르게 서술한 경우 | 30 |

## 14 방사성 동위 원소의 반감기

(1) 모원소의 양은 시간이 지날수록 감소하고, 자원소의 양은 시간이 지날수록 증가한다. 따라서 X가 모원소, Y가 자원소이다. 모원소가 처음 양의 절반(50%)이 되는 데 걸리는 시간이

반감기이므로 반감기는 1억 년이다.

(2) 모원소와 자원소의 함량비가 1 : 7인 경우 모원소의 양이 처음 양의 $\frac{1}{8}$이므로 반감기가 3회 지난 것이다.

(1) X는 모원소이고 Y는 자원소이며, X의 반감기는 X가 처음 양의 절반으로 되는 데 걸리는 시간이므로 1억 년이다.

(2) 모원소의 양이 처음 양의 $\frac{1}{8}$이므로 반감기가 3회 지났다. 따라서 암석의 절대 연령은 반감기(1억 년)×만감기 경과 횟수(3)이므로 3억 년이다.

| 채점 기준 | 배점(%) |
|---|---|
| (1), (2)를 모두 바르게 서술한 경우 | 100 |
| (1)과 (2) 중 어느 하나만 바르게 서술한 경우 | 50 |

## 15 태풍

(1) 하루 간격의 태풍 위치를 보았을 때 태풍의 이동 속도는 A보다 B에서 빠르다.

(2) 태풍이 육지에 상륙하면 수증기의 공급이 차단되므로 중심 기압이 높아져 세력이 약해진다.

(3) 태풍이 B−C 구간을 위치를 지날 때 서울은 안전 반원, 부산은 위험 반원에 속한다. 태풍 주변에서는 공기가 저기압성 회전을 하면서 바람이 불게 되므로, 북반구에서는 기압이 낮은 중심부를 향해서 시계 반대 방향으로 바람이 불어 들어간다. 따라서 태풍 진행 경로의 오른쪽(위험 반원)에 위치하면 태풍 통과 시 풍향이 시계 방향으로 변하고, 태풍 진행 경로의 왼쪽(안전 반원)에 위치하면 태풍 통과 시 풍향이 시계 반대 방향으로 변한다.

(4) 북반구에서 태풍 진행 방향의 오른쪽 지역(위험 반원)은 태풍의 이동 방향이 태풍 내 바람 방향과 같아 풍속이 상대적으로 강하므로 위험 반원이라고 하며, 태풍 진행 방향의 왼쪽 지역(안전 반원)은 태풍의 이동 방향이 태풍 내 바람 방향과 반대여서 풍속이 상대적으로 약하므로 안전 반원이라고 한다.

(1) 태풍의 이동 속도는 A보다 B에서 빠르다.

(2) 태풍의 중심 기압은 B보다 C에서 높아진다.

(3) 서울은 시계 반대 방향으로 풍향이 변하고, 부산은 시계 방향으로 풍향이 변한다.

(4) 태풍의 최대 풍속은 위험 반원에 속하는 부산이 안전 반원에 속하는 서울보다 크다.

| 채점 기준 | 배점(%) |
|---|---|
| (1)~(4)를 모두 바르게 서술한 경우 | 100 |
| (1)~(3)을 바르게 서술한 경우 | 70 |
| (1)과 (2)를 모두 바르게 서술한 경우 | 40 |
| (1)과 (2) 중 어느 하나만 바르게 서술한 경우 | 20 |

## 16 수온-염분도 해석

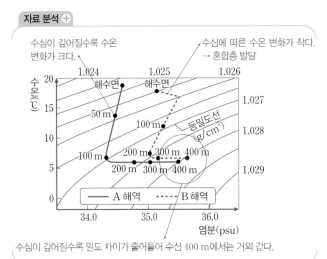

(1) 혼합층은 태양 복사 에너지에 의한 가열로 수온이 높고, 바람의 혼합 작용으로 인해 수온이 깊이에 따라 거의 일정한 층이다. A 해역에는 혼합층이 발달하지 않고 B 해역에는 해수면 ~50 m에서 혼합층이 발달한다.

(2) 해수면에서 A 해역의 밀도는 1.0248 g/cm³, B 해역의 밀도는 1.0255 g/cm³로 차이가 있다. 그러나 수심이 깊어질수록 밀도 차가 점점 작아져서 수심 400 m에서는 A와 B 해역 모두 약 1.028 g/cm³로 밀도가 비슷하다. 따라서 두 해역의 밀도 차는 수심이 깊어질수록 작아진다.

(1) B 해역, 혼합층은 바람에 의한 혼합 작용으로 해수가 섞여 깊이에 따라 수심이 일정한 층이므로 깊이에 따른 수온 변화가 심한 A 해역보다 수온 변화가 적은 B 해역이 혼합층이 발달한 해역이다.

(2) 수심이 깊어질수록 A와 B 해역의 밀도 차는 작아진다.

| | 채점 기준 | 배점(%) |
|---|---|---|
| (1) | B 해역을 선택하고, 혼합층은 바람에 의한 혼합 작용으로 깊이에 따른 수온 변화가 일정한 층이기 때문이라는 의미가 들어가도록 서술한 경우 | 50 |
| | B 해역을 선택했으나 그 이유를 바르게 서술하지 못한 경우 | 20 |
| (2) | '밀도 차가 작아진다.'라고 서술한 경우에만 | 50 |

## 1주 IV. 대기와 해양의 상호 작용

### 1주 1일 개념 돌파 전략 ①

Book 2 9, 11쪽

**①**-2 ④   **②**-2 ④   **③**-2 ②   **④**-2 ③

**①**-2 **해수의 표층 순환**

해양 표층에서는 해수의 이동이 나타나는데, 이를 표층 순환이라 한다. 해수의 순환 원인이 대기 대순환에 따른 바람이기 때문에 풍성 순환이라고도 한다.

④ 난류는 한류에 비해서 수온과 염분이 높고, 영양 염류와 용존 산소량이 적어서 식물성 플랑크톤이 적다. 이에 따라 난류는 이동하는 동안 주위로 열에너지를 방출하여 주변의 기온을 높인다.

**오답 넘기**

① 적도 반류는 북적도 해류와 남적도 해류 사이에서 동쪽으로 흐른다. 북위 5°~10° 해역에서 흐르는 해류로, 바람의 영향이 아닌 해수면의 높이 차이로 발생한다.

② 표층 해류는 대기 대순환에 의한 지표 부근의 바람에 의해 형성된다.

③ 페루 해류는 남태평양 아열대 순환의 일부로서, 고위도에서 저위도로 흐르는 한류이다. 한류는 수온이 낮고 영양 염류가 풍부하다.

⑤ 영국은 멕시코 만류의 연장인 북대서양 해류(난류)에서 열을 공급받아서 대체로 온난한 기후가 나타난다.

**②**-2 **엘니뇨와 라니냐**

ㄴ. 무역풍이 약해져서 엘니뇨가 발생하면 동태평양 적도 부근 해역인 페루 연안에서는 용승 현상이 약해진다.

ㄷ. 엘니뇨가 발생하면 서태평양 적도 부근 해역에서는 평상시에 비해 해면 기압이 높아져서 하강 기류가 우세하게 나타난다.

엘니뇨가 발생하면 워커 순환에서 공기가 상승하는 지역과 강수대가 평상시보다 동쪽으로 이동해.

▲ 평상시

▲ 엘니뇨 시기

**오답 넘기**

ㄱ. 평상시보다 무역풍의 세기가 약해질 때 엘니뇨가 발생한다.

**③**-2 **기후 변화의 지구 외적 요인**

**자료 분석 ⊕** 지구 자전축의 경사각 변화

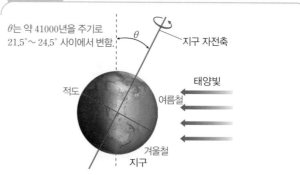

θ는 약 41000년을 주기로 21.5°~24.5° 사이에서 변함.

지구 자전축의 경사각(θ)이 커지면 우리나라에서 여름철에는 일사량이 증가하고, 겨울철에는 일사량이 감소하여 기온의 연교차는 커진다.

② 현재 태양 빛이 지구에 비추는 면적이 북반구가 남반구보다 더 넓다. 그러므로 북반구에 위치한 우리나라의 계절은 여름철이다.

**오답 넘기**

① 지구 자전축의 경사각(θ) 변화 주기는 약 41000년이다. 약 26000년을 주기로 변하는 기후 변화의 지구 외적 요인은 세차 운동이다.

③ 지구 자전축의 경사각 변화는 지구 자전축의 경사각이 21.5°~24.5° 사이에서 변하는 것을 말한다. 지구의 세차 운동은 지구 자전축이 회전하여 자전축의 경사 방향이 변하는 것이다.

④ 지구 자전축의 경사각(θ)이 증가하더라도 지구의 자전 주기는 변화가 없다.

⑤ 지구 자전축의 경사각(θ)이 감소하면 여름철과 겨울철 태양의 남중 고도 차이가 작아진다. 이에 따라 우리나라에서 기온의 연교차는 감소하게 된다. 지구 자전축의 경사각(θ) 변화에 의한 기온의 연교차는 북반구와 남반구에서 동일한 효과로 나타난다.

**④**-2 **지구 온난화의 영향**

지구 온난화란, 지구의 평균 기온이 상승하는 현상을 말한다.

ㄱ. 지구 온난화가 지속되면 해수의 온도가 상승하여 해수의 열팽창이 일어나고, 빙하가 녹아서 해양으로 흘러 들어가게 되므로 해수면이 상승한다.

ㄴ. 지구 온난화의 영향으로 기상 이변의 발생 횟수와 강도가 증가하게 되고, 여러 자연재해로 인한 피해가 커질 것이다.

**오답 넘기**

ㄷ. 지구 온난화가 일어나 극지방의 평균 기온이 상승하면 극지방에 형성되어 있던 빙하의 면적이 감소한다.

### 1주 1일 개념 돌파 전략 ②

Book 2 12~13쪽

1 ①        2 ③        3 ①
4 ①        5 ③        6 ⑤

## 1 대기 대순환

극순환과 해들리 순환은 열적 순환으로 직접 순환에 해당하고, 페렐 순환은 간접 순환에 해당한다.

ㄱ. A는 극지방의 상공에서 냉각된 공기가 하강하면서 만들어진 열적 순환으로 극순환이다.

**오답 넘기**

ㄴ. 대류권 계면의 높이는 대체로 지표면의 온도에 비례하여 나타난다. 따라서 대류권 계면의 높이가 가장 낮은 순환은 극순환(A)이다.

ㄷ. 위도 60°N의 지표 부근에는 극순환(A)과 페렐 순환(B)이 만나서 상승하는 기류가 나타나므로 저압대가 형성된다.

## 2 해양의 심층 순환

③ 북대서양 심층수는 대서양의 그린란드 해역에서 밀도가 큰 해수가 침강한 후 남하하여 60°S까지 흘러간다.

**오답 넘기**

① 심층 순환은 해수의 온도와 염분에 의한 밀도 차로 발생한다.

② 심층 순환은 거의 전체 수심에 걸쳐서 일어나면서 해수를 순환시키는 역할을 하고, 표층 순환과 연결되어 열에너지를 수송하므로 전 지구적인 기후에 영향을 준다.

④ 남극 저층수의 평균 수온은 약 −0.5 °C이고, 평균 염분은 약 34.7 psu이다. 남극 저층수는 대서양의 심층 해류 중 밀도가 가장 크며, 30°N까지 이동한다.

⑤ 심층 순환을 형성하는 수괴들은 밀도가 서로 달라 서로 잘 섞이지 않으므로 수온과 염분이 오랫동안 유지된다.

## 3 엘니뇨와 기후 변화

ㄱ. 엘니뇨는 남반구 열대 태평양 해역에 부는 남동 무역풍의 세기가 평상시보다 약해져서 발생한다.

평상시보다 남동 무역풍이 약해져 엘니뇨가 발생하면 동태평양 해역에서는 연안 용승이 약해지지.

남반구 서해안에서의 연안 용승

**오답 넘기**

ㄴ. 엘니뇨가 발생하면 서태평양 적도 부근 해역(A)에서는 평상시보다 해면 기압이 높아진다.

ㄷ. 동태평양 적도 부근 해역(B)에서는 엘니뇨 시기에 무역풍이 약해져서 평상시보다 연안 용승이 약해진다. 용승 약화로 표층 영양 염류가 감소하고

어획량도 감소하게 된다.

## 4 지구 공전 궤도 이심률의 변화

ㄱ. 이심률은 원에 가까울수록 작아진다. 따라서 이심률은 A가 B보다 작다.

**오답 넘기**

ㄴ. 다른 요인의 변화가 없다면 여름철의 평균 기온은 태양까지의 거리가 가까울수록 더 높다. 여름철에 태양까지의 거리는 A일 때가 B일 때보다 더 가까우므로 평균 기온은 A일 때가 B일 때보다 높다.

ㄷ. 그림에서 이심률이 작아질수록(원 궤도에 가까울수록) 북반구에서 여름철의 평균 기온은 높아지고, 겨울철의 평균 기온은 낮아진다. 따라서 북반구에서 기온의 연교차는 A보다 B일 때 작다.

## 5 기후 변화의 요인

③ 초대륙이 형성되면 해안 지역이 감소하므로 건조하고 기온의 연교차가 큰 대륙성 기후 지역이 확장된다.

**오답 넘기**

① 태양 활동의 변화는 기후 변화를 일으키는 지구 외적 요인으로 지구의 평균 기온에 영향을 준다.

② 화산 활동으로 인해 대기 중으로 분출된 화산재는 태양 복사 에너지를 산란·반사시켜서 지표 부근의 기온을 하강시킨다.

④ 태양의 흑점 수가 많았던 시기는 태양의 활동이 활발한 시기이므로 지구에 입사하는 태양 복사 에너지의 양이 평소보다 많아서 지구의 평균 기온이 대체로 높았다.

⑤ 극지방의 빙하 면적이 증가하면 지표면에서의 반사율이 증가하여 지표에서 흡수하는 태양 복사 에너지의 양이 감소한다.

## 6 지구 온난화의 원인과 환경 변화

ㄱ. 해수의 온도가 상승하고, 빙하의 면적이 감소하면 해수면은 상승하게 된다. 따라서 A에는 '해수면의 상승'이 적절하다.

ㄴ. 해수의 온도가 상승하면 해수는 열팽창하여 해수면의 높이가 높아진다.

ㄷ. 대기 중 온실 기체의 농도가 증가하면 지표면 부근의 기온이 상승하는 온실 효과가 더욱 커진다.

## 1주 2일 필수 체크 전략 ①

Book 2 14~17쪽

1-1 ①  2-1 ⑤  3-1 ②  4-1 ④

### 1-1 태평양에서의 아열대 순환

아열대 순환은 무역풍대에서 서쪽으로 흐르는 해류와 편서풍대에서 동쪽으로 흐르는 해류가 이어져 형성된 순환을 말한다. 아열대 순환에서 동쪽 연안에 흐르는 해류는 한류, 서쪽 연안에 흐르는 해류는 난류이다.

ㄱ. 대양의 서쪽 연안에 흐르는 표층 해류가 동쪽 연안에 흐르는 해류보다 유속이 더 빠른 편이다.

**오답 넘기**

ㄴ. 해수의 표층 염분은 난류가 흐르는 C 해역이 한류가 흐르는 D 해역보다 높다.

ㄷ. 난류는 저위도에서 고위도로 흐르면서 열에너지를 수송한다. 따라서 난류가 흐르는 해역은 A와 C이다.

## 2-1 해수의 순환

ㄱ. 표층에서 밀도가 큰 해수가 침강하는 해역에서는 표층의 산소를 심해층에 공급한다. 따라서 북대서양의 그린란드에 위치한 A 해역에서는 침강이 일어나므로 표층의 산소를 심해층에 공급하게 된다.

ㄴ. 인도양에 위치한 B 해역, 북태평양에 위치한 C 해역에서는 심층 순환에 의해서 심층 해수가 표층으로 용승하는 현상이 나타난다.

ㄷ. 해양에서는 심층 순환과 표층 순환이 연결되어 큰 순환을 형성하게 된다.

표층 해류와 심층 해류의 이동 방향을 보면 해수가 침강, 용승하는 곳을 알 수 있어.

그린란드 주변 해역에서 해수의 침강이 일어나.

## 3-1 엘니뇨 발생 시 해수면의 높이 변화

ㄴ. 무역풍의 세기는 엘니뇨 시기에 약해지므로 평상시(A)일 때가 엘니뇨 시기(B)보다 더 강하다.

**오답 넘기**

ㄱ. 동태평양의 적도 부근에 위치하는 페루 연안에서 해수면의 높이가 A일 때보다 B일 때가 더 높으므로 A는 평상시이고, B는 엘니뇨 시기이다.

ㄷ. 엘니뇨 시기에는 동태평양 적도 부근 해역의 연안 용승이 약해지므로 평상시보다 수온 약층이 나타나는 깊이는 더 깊어진다. 따라서 평상시(A)일 때가 엘니뇨 시기(B)보다 수온 약층이 나타나는 깊이가 더 얕다.

## 4-1 남방 진동 지수

**자료 분석 ⊕ 남방 진동 지수**

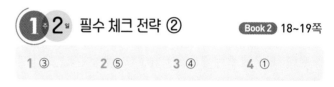
다윈의 해면 기압
엘니뇨 시기 > 라니냐 시기
0°
다윈
타히티
페루
타히티의 해면 기압
엘니뇨 시기 < 라니냐 시기

남방 진동 지수
=(타히티의 해면 기압 편차-다윈의 해면 기압 편차)/표준 편차

ㄴ. 남태평양에 위치한 타히티에서의 해면 기압은 평상시에 비해 엘니뇨 시기에 더 작아지고, 태평양의 서쪽에 위치한 호주 북부 다윈에서의 해면 기압은 평상시보다 엘니뇨 시기에 더 커진다. 따라서 엘니뇨 시기에는 다윈 지역의 해면 기압이 타히티 지역의 해면 기압보다 높다.

ㄷ. 남방 진동 지수는 엘니뇨 시기에는 음(-)의 값을 가지고, 라니냐 시기에는 양(+)의 값을 가진다. 따라서 남방 진동 지수가 음(-)의 값을 가지는 엘니뇨 시기에 동태평양 적도 부근 해역에서 연안 용승이 약해진다.

**오답 넘기**

ㄱ. 엘니뇨 시기에는 타히티에서의 해면 기압이 다윈에서의 해면 기압보다 더 낮으므로 남방 진동 지수가 음(-)의 값을 가진다.

---

## 1주 2일 필수 체크 전략 ②

Book 2 18~19쪽

1 ③        2 ⑤        3 ④        4 ①

## 1 태평양에서의 표층 순환

ㄱ. 무역풍대의 해류와 편서풍대의 해류로 이루어진 표층 순환은 아열대 순환이고, 적도 부근 해역에서 무역풍에 의한 적도 해류와 적도 반류로 이루어진 표층 순환은 열대 순환이다. 따라서 아열대 순환은 A이고, 열대 순환은 B이다.

ㄷ. 남반구는 남극 순환 해류를 막는 대륙이 없기 때문에 아한대 순환이 나타나지 않는다. 남극 순환 해류는 편서풍의 영향을 받아 서에서 동으로 흐르고 있다.

**오답 넘기**

ㄴ. 적도 반류는 북적도 해류와 남적도 해류 사이에서 흐르며, 바람이 아닌 해수면 경사에 의해 발생한다.

## 2 대서양에서의 심층 순환

A는 남극 중층수, B는 북대서양 심층수, C는 남극 저층수이다.

ㄱ. A는 남반구의 60°S 부근에서 형성되어 수심 1000 m 부근에서 북반구의 20°N까지 이동하는 남극 중층수이다.

ㄴ. 심층 순환을 형성하는 해수(수괴)는 수온과 염분이 거의 일정하게 유지되면서 흐른다. 그림에서 C 해수가 B 해수보다 더 깊은 수심을 따라 흐르므로 해수의 밀도는 B가 C보다 작다.

ㄷ. 심층 순환과 표층 순환은 연결되어 있으므로 심층 순환이 강해지면 표층 순환을 형성하는 해류도 강해져서 저위도에서 고위도로 열에너지의 수송량이 많아진다. 따라서 심층 순환이 강해지면 저위도와 고위도의 수온 차이가 작아지고, 이로 인해 저위도와 고위도의 기온 차이도 작아지게 된다.

## 3 동태평양 적도 부근 해역의 수온 편차

**자료 분석 ⊕** 태평양에서 엘니뇨와 라니냐의 발생 원인

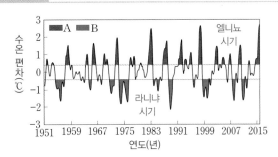

- 엘니뇨 발생 원인
  무역풍 약화 → 남적도 해류 약화 → 따뜻한 표층 해류가 서쪽에서 동쪽으로 이동 → 동태평양 적도 부근 해역에서의 용승 약화 → 동태평양 적도 부근 해역의 표층 수온 상승
- 라니냐 발생 원인
  무역풍 강화 → 남적도 해류 강화 → 따뜻한 표층 해류가 서쪽으로 이동 → 동태평양 적도 부근 해역에서의 용승 강화 → 동태평양 적도 부근 해역의 표층 수온 하강

ㄴ. 서태평양 적도 부근 해역에서의 해수면 높이는 무역풍의 세기가 약한 엘니뇨 시기보다 무역풍의 세기가 강한 라니냐 시기에 더 높다. 따라서 엘니뇨 시기(A)가 라니냐 시기(B)보다 서태평양 적도 부근 해수면 높이가 낮다.

ㄷ. 엘니뇨 시기(A)에는 라니냐 시기(B)보다 동태평양 적도 부근 해역에서의 표층 수온이 더 높으므로 해수면에서 대기로 수증기의 증발이 활발히 일어나서 구름의 양이 더 많이 생성된다.

**오답 넘기**

ㄱ. 엘니뇨는 동태평양의 적도 부근 해역의 표층 수온이 평년보다 약 0.5 ℃ 이상 높은 상태가 6개월 이상 지속되는 현상이고, 라니냐는 동태평양의 적도 부근 해역의 표층 수온이 평년보다 약 0.5 ℃ 이상 낮은 상태가 6개월 이상 지속되는 현상이다. 따라서 엘니뇨 시기는 A이고, 라니냐 시기는 B 이다.

## 4 태평양에서의 워커 순환

적도 부근 태평양에서는 동서 방향의 거대한 대기 순환이 형성되는데, 이 순환을 워커 순환이라고 한다. 평상시 워커 순환은 상승 기류가 서태평양에, 하강 기류는 동태평양에 나타난다.

ㄱ. 엘니뇨가 발생한 시기에는 평상시보다 동태평양 적도 부근 해역(B)에서 상승 기류가 우세하고, 서태평양 적도 부근 해역(A)에서 하강 기류가 우세하게 일어나므로 (가)는 엘니뇨 시기이고, (나)는 평상시의 모습이다.

**오답 넘기**

ㄴ. 동태평양 적도 부근 해역(B)에서의 해면 기압은 상승 기류가 나타나는 엘니뇨가 발생한 시기 (가)가 하강 기류가 나타나는 평상시 (나)보다 더 낮다.

ㄷ. 서태평양 적도 부근 해역(A)과 동태평양 적도 부근 해역(B)의 표층 수온 차는 용승 약화로 인해 엘니뇨 시기 (가)가 평상시 (나)보다 더 작다.

**1-1** ⑤      **2-1** ①      **3-1** ①      **4-1** ②

**1-1 고기후 연구 방법**

A. 온난하고 다습한 환경에서는 나무가 잘 성장하므로 나이테의 간격이 넓다. 반면에, 한랭하고 건조한 환경에서는 나무의 성장이 느리기 때문에 나이테의 간격이 좁다.

B. 빙하 속에는 빙하 형성 당시의 공기가 포함되어 있다. 따라서 빙하 속에 들어 있는 공기 방울을 분석하면 빙하가 생성될 당시의 대기 조성을 알 수 있으므로 온실 기체의 농도를 유추할 수 있다.

C. 퇴적물 속에 있는 꽃가루 화석을 연구하면 퇴적물이 생성될 당시의 식물의 종류를 파악할 수 있고, 이를 통해 당시의 기후 환경을 추정할 수 있다.

**2-1 세차 운동**

ㄱ. 지구의 자전축은 약 26000년을 주기로 회전하여 경사 방향이 변하는데, 이를 세차 운동이라고 한다.

**오답 넘기**

ㄴ. 세차 운동의 주기는 약 26000년이므로, 자전축의 경사 방향이 A에서 B로 되는 데 걸리는 시간은 약 13000년이다.

ㄷ. 자전축의 경사 방향이 현재와 반대일 때 공전 궤도 상에서 여름철과 겨울철이 나타나는 위치도 반대이다. 현재 우리나라는 원일점 부근에서 여름철, 근일점 부근에서 겨울철이다. B는 현재와 경사 방향이 반대였으므로 원일점 부근에서 겨울철, 근일점 부근에서는 여름철에 해당했을 것이다. 따라서, 우리나라에서 기온의 연교차는 B보다 현재가 작아진다.

**3-1 기후 변화의 지구 내적 요인**

ㄱ. 극지방의 빙하 면적이 변하게 되면 지표 상태가 달라진다. 이에 따라 지표면에서의 반사율과 흡수하는 태양 복사 에너지양이 변하므로 극지방의 빙하 면적 변화는 지표면의 상태 변화에 해당한다.

> 지표면의 상태에 따라서 지표면에서 태양 복사 에너지의 반사율이 증가하면 흡수하는 태양 복사 에너지양은 감소해.

**오답 넘기**

ㄴ. 수륙 분포의 변화로 인해서 초대륙이 형성되면 대륙 내에 건조한 대륙성 기후 지역을 발달시키고, 해양성 기후 지역은 적어진다.

ㄷ. 화산 활동으로 인해 대기 중으로 화산재가 분출되면 지구의 대기에서 태양 복사 에너지의 산란과 반사가 증가하여 태양 복사 에너지의 투과율은 감소하게 된다.

**4-1 지구 온난화의 원인**

ㄴ. 관측 기간 동안 연평균 기온 편차의 변화 폭은 북극 지역에

# 정답 과 해설

서 약 1.5 °C로 가장 크다. 연평균 기온 편차의 변화 폭이 큰 것은 연평균 기온의 변화 폭이 큰 것이므로 연평균 기온의 변화 폭도 북극 지역에서 가장 크다.

**오답 넘기**

ㄱ. 그림에서 열대 지역의 연평균 기온 편차 자료의 기울기를 살펴보면 열대 지역의 연평균 기온 편차가 증가하는 추세이므로, 연평균 기온도 증가하는 추세이다.

ㄷ. 북극 지역과 남극 지역에서의 연평균 기온 편차의 차는 1940년이 약 1 °C이고, 1980년이 약 0 °C이다. 따라서 연평균 기온 차는 1940년이 1980년보다 크다.

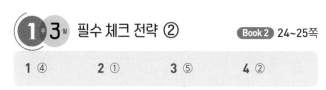

**1ᵉ 3ᵉ 필수 체크 전략 ②**  Book 2 24~25쪽

| 1 ④ | 2 ① | 3 ⑤ | 4 ② |

**1 해저 퇴적물의 해양 생물에서 측정한 산소 동위 원소비**

해저 퇴적물의 해양 생물에서 측정한 산소 동위 원소비는 온난한 기후일 때는 작고, 한랭한 기후일 때는 크다. 그리고 기온 편차가 크면서 양(＋)인 A 시기가 기온 편차가 작으면서 음(－)인 B 시기보다 평균 기온이 더 높았던 시기이다.

ㄴ. 대기 중 이산화 탄소의 농도는 평균 기온과 대체로 비례한다. 따라서 기온 편차가 큰 A 시기가 기온 편차가 작은 B 시기보다 대기 중 이산화 탄소의 농도는 더 높았다.

ㄷ. 그림에서 살펴보면 해양 생물에서 측정한 산소 동위 원소비가 A 시기보다 B 시기에 더 크므로 대기 중 산소 동위 원소비는 평균 기온이 높은 A 시기가 평균 기온이 낮은 B 시기보다 높았다.

빙하 속의 산소 동위 원소비와 해저 생물 속의 산소 동위 원소비는 서로 반비례 관계야.

**오답 넘기**

ㄱ. 대륙 빙하의 면적은 지구의 평균 기온이 높을수록 좁아지므로 평균 기온이 높은 A 시기가 평균 기온이 낮은 B 시기보다 대륙 빙하의 면적이 더 좁다.

**2 기후 변화의 지구 외적 요인**

ㄱ. 지구 공전 궤도 이심률의 변화 주기는 약 10만 년이고, 지구 자전축의 경사각 변화는 약 41000년을 주기로 나타난다. 따라서 변화 주기는 (가)가 (나)보다 더 길다.

**오답 넘기**

ㄴ. 현재보다 30만 년 전에는 지구 공전 궤도의 이심률이 더 컸으므로 근일점의 거리는 더 가까웠고, 원일점의 거리는 더 멀었다. 따라서 30만 년 전에

는 현재보다 원일점 거리와 근일점 거리의 차는 더 컸을 것이다.

ㄷ. 60만 년 전에는 40만 년 전보다 공전 궤도 이심률은 더 컸고, 지구 자전축의 경사각은 더 작았다. 공전 궤도 이심률이 작을수록, 지구 자전축의 경사각이 더 클수록 우리나라에 기온의 연교차는 더 커지므로 60만 년 전이 40만 년 전보다 우리나라에서 기온의 연교차는 더 작았을 것이다.

**자료 분석 ➕ 지구 공전 궤도 이심률과 자전축의 경사각 변화**

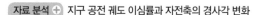

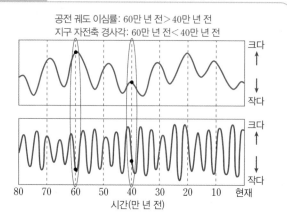

공전 궤도 이심률: 60만 년 전＞40만 년 전
지구 자전축 경사각: 60만 년 전＜40만 년 전

우리나라에서 기온의 연교차는 공전 궤도 이심률이 작을수록, 지구 자전축의 경사각이 클수록, 자전축의 경사 방향이 근일점에서 태양 쪽으로 향할수록 커진다.

**3 기후 변화의 지구 내적 요인**

ㄱ. 화산 분출과 빙하의 분포는 모두 기후 변화의 지구 내적 요인이다.

ㄴ. 화산이 분출할 때 대기 중으로 화산재, 먼지 등이 유입되면 지구 대기에서 태양 복사 에너지의 산란과 반사가 증가하고 투과율은 감소하게 된다.

ㄷ. 지구에서 빙하의 면적이 증가하면 지표에서의 반사율이 증가하게 되어서 지구로 흡수하는 태양 복사 에너지의 양은 감소하게 된다.

**4 지구 온난화의 영향**

ㄷ. 지구에서 인간 활동이 주로 이루어지는 위도대는 중위도이다. 중위도 지역에서 인간 활동으로 인해 화석 연료의 사용량이 증가하면, 대기 중으로 이산화 탄소와 같은 온실 기체를 방출하게 되어 전 지구적인 대기 환경에 영향을 미칠 수 있다.

**오답 넘기**

ㄱ. 지표면의 온도가 상승하게 되어 북극권에서 온난화가 지속하면 빙하의 면적은 감소하게 된다. 따라서 '감소'가 ㉠에 해당한다.

ㄴ. 메테인은 지구의 온실 효과를 일으키는 온실 기체이며, 온실 기체 중에서 지구의 온실 효과에 기여하는 정도는 수증기＞이산화 탄소＞메테인＞오존 순이다. 따라서 메테인은 지구의 온실 효과에 기여하는 정도가 가장 큰 온실 기체는 아니다.

| 1 ㄴ, ㄷ | 2 ㄷ | 3 ㄴ | 4 ㄱ, ㄷ |
|---|---|---|---|
| 5 ㄴ, ㄷ | 6 해설 참조 | 7 ㄱ, ㄴ | 8 ㄱ |
| 9 (1) A, D (2) 해설 참조 | | 10 ㄱ, ㄴ, ㄷ | 11 ㄴ, ㄷ |
| 12 ㄱ, ㄷ | 13 ㄱ, ㄷ | | |
| 14 (1) ④ (2) 해설 참조 (3) 해설 참조 | | | |

**1 대기 대순환**

A는 극순환, B는 페렐 순환, C는 해들리 순환이다.

ㄴ. 위도 30°N의 상공에는 하강 기류가 나타나고, 지표 부근에는 아열대 고압대가 형성된다.

ㄷ. 자전하는 지구에서는 전향력의 영향으로 3개의 순환 세포가 형성된다. 전향력은 자전하는 지구에서 운동하는 물체에 나타나는 가상의 힘으로 북반구에서는 운동 방향의 오른쪽 직각 방향으로, 남반구에서는 왼쪽 직각 방향으로 작용한다.

**오답 넘기**

ㄱ. 극순환(A)과 해들리 순환(C)은 가열된 공기가 상승하고 냉각된 공기가 하강하면서 열대류의 원리로 만들어진 열적 순환이다. 극순환(A)과 해들리 순환(C)은 직접 순환에 해당하고, 페렐 순환(B)은 극순환(A)과 해들리 순환(C) 사이에서 형성된 간접 순환이다.

**2 해양의 표층 순환**

ㄷ. 해류는 저위도의 에너지를 고위도로 수송하는 역할을 하며, 전 세계의 기후 환경 변화에 영향을 미친다.

**오답 넘기**

ㄱ. A 해역에 흐르는 표층 해류는 난류이고, B 해역에 흐르는 표층 해류는 한류이다. 난류는 한류보다 용존 산소량이 적으므로 A 해역에 흐르는 해류가 B 해역에 흐르는 해류보다 용존 산소량이 더 적다.

ㄴ. ㉠은 북반구의 아열대 순환이고, ㉡은 남반구의 아열대 순환이다. 북반구의 아열대 순환은 시계 방향으로 순환하고, 남반구의 아열대 순환은 시계 반대 방향으로 순환하므로 방향은 서로 반대이다.

**3 해수의 심층 순환**

해수의 심층 순환의 발생 원리를 알아보는 실험으로 밀도 차이에 따른 수괴의 이동을 관찰할 수 있다.

ㄴ. 실험 결과에서 소금물 B가 소금물 C보다 아래에 위치하므로 밀도는 소금물 B가 소금물 C보다 크다.

**오답 넘기**

ㄱ. 소금물 A는 소금물 B보다 밀도가 작고, 소금물 B는 소금물 C보다 밀도가 크므로 ㉠은 소금물 A이다.

ㄷ. 소금물의 농도가 모두 같다면 소금물의 밀도를 결정하는 요인은 수온이다. 수온이 낮을수록 밀도가 크므로 가장 아래층에 위치하는 소금물 D의 수온이 가장 낮다.

**4 용승과 침강**

자료 분석 ➕ 적도 용승

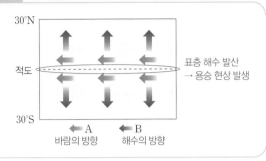

용승은 바람의 영향으로 해수가 수평 방향으로 이동하면, 이를 채우기 위하여 심해의 찬 해수가 연직 방향으로 올라오는 현상이다. 용승은 표층 해수의 발산이 일어날 때 발생한다.

ㄱ. 적도 부근 해역에서 위도와 나란하게 나타나는 A가 바람의 방향이고, B가 해수의 이동 방향이다.

ㄷ. 적도 해역에서는 풍속이 강할수록 수평으로 발산하는 표층 해수의 양이 많아져 용승 현상이 활발해진다. 따라서 풍속이 강할수록 적도 해역의 표층 수온이 낮아진다.

**오답 넘기**

ㄴ. 적도 부근에서 부는 바람(A)에 의해서 적도 해역에서는 심층에서 찬 해수가 올라오는 용승이 나타난다.

**5 워커 순환**

열대 태평양에서 표층 수온의 변화는 주변 기압 분포와 대기의 흐름을 변화시킨다. 워커 순환은 동태평양에서 찬 공기가 하강하고, 서태평양에서 따뜻한 공기가 상승하면서 형성되는 동·서 방향의 거대한 대기 순환이다.

ㄴ. 라니냐는 평상시보다 무역풍의 세기가 강하여 동태평양에서 표층 수온이 평년보다 낮은 상태로 지속되는 현상이다. 라니냐 시기에 용승 현상은 서태평양 적도 부근 해역(A)보다 동태평양 적도 부근 해역(B)에서 더 활발하다.

ㄷ. 라니냐 시기에는 태평양의 동쪽에서 서쪽으로 따뜻한 해수가 이동하므로 해수면의 높이는 서태평양 적도 부근 해역(A)이 동태평양 적도 부근 해역(B)보다 더 높다.

**오답 넘기**

ㄱ. A 해역에서는 상승 기류가 발달하고, B 해역에서는 하강 기류가 발달하므로 라니냐 시기의 워커 순환이다.

 라니냐 시기에 강수량은 상승 기류가 발달하는 서태평양 적도 부근 해역에서 더 많아.

**6 남방 진동**

남방 진동이란 열대 태평양에서 엘니뇨와 라니냐 시기에 동·서 기압이 시소처럼 반대로 나타나는 현상을 말한다.

엘니뇨, 평상시에 비해 엘니뇨(A) 시기에는 동태평양 적도 부근 해역에서는 기압이 낮아지고, 서태평양 적도 부근 해역에서는 기압이 높아진다.

| 채점 기준 | 배점(%) |
|---|---|
| A가 엘니뇨 시기인 것을 구별하고, 동·서태평양 적도 부근 해역의 기압 변화를 모두 옳게 서술한 경우 | 100 |
| A가 엘니뇨 시기인 것과 동·서태평양 적도 부근 해역의 기압 변화 중 한 가지만 옳게 서술한 경우 | 50 |

### 7 엘니뇨와 기후 변화

엘니뇨는 평상시보다 무역풍의 세기가 약하여 동태평양에서 표층 수온이 평년보다 높은 상태로 지속되는 현상이다. 엘니뇨가 발생하면 대기와 해양의 상호 작용으로 인해 전 지구적인 환경 변화를 초래한다.

ㄱ. 서태평양 적도 부근 해역에서는 이상 건조가 나타나고, 동태평양 적도 부근 해역에서는 이상 강우 현상이 나타나므로 엘니뇨 시기의 기후 변화이다.

ㄴ. 엘니뇨 시기에는 평상시보다 무역풍 약해져서 동태평양 적도 부근 해역에서는 용승 현상이 약해진다.

ㄷ. 엘니뇨 시기에는 태평양의 서쪽에서 이동해 오는 따뜻한 해수에 의해서 동태평양의 표층 수온이 평상시보다 높아진다.

### 8 고기후 연구

빙하 속에 포함된 공기 방울을 이용하여 과거 지구 대기에 포함된 기체의 농도 정보를 얻을 수 있다.

ㄱ. 지구 대기에 포함된 평균 농도는 이산화 탄소(ppmv)가 메테인(ppbv)보다 더 높다.

ㄴ. 지구의 평균 기온은 온실 기체인 이산화 탄소와 메테인의 농도가 높았던 시기에 높았다. 따라서 지구의 평균 기온은 A 시기가 B 시기보다 낮았다.

ㄷ. 온실 기체는 파장이 긴 적외선의 지구 복사 에너지를 흡수한다. 이에 따라 대기 중 온실 기체의 농도가 높을수록 적외선 복사의 흡수량도 증가하게 된다. 따라서 대기에서 적외선 복사의 흡수량은 A 시기가 B 시기보다 적었다.

### 9 기후 변화의 지구 외적 요인

(1) 태양 복사 에너지의 입사각이 높고, 태양이 북반구에 비추는 면적이 더 넓을 때의 계절이 여름철에 해당한다. 북반구는 A와 D에서 여름철이다.

(2) 현재와 미래는 자전축의 경사 방향이 반대이다. 미래에 북반구는 근일점에서 여름, 원일점에서 겨울이 되므로 현재보다 기온의 연교차가 더 커진다.

**우리나라에서 기온의 연교차는 현재보다 미래에 더 커진다.**

| 채점 기준 | 배점(%) |
|---|---|
| 현재와 미래를 비교하여 옳게 서술한 경우 | 100 |
| 현재와 미래 중 한 시기만 옳게 서술한 경우 | 50 |

### 10 태양 활동의 변화

태양의 활동이 활발한 시기에 태양 표면에 나타나는 흑점 수가 증가한다. 즉, 태양 활동의 활발한 정도를 흑점 수를 통해 알 수 있다.

ㄱ. 태양 표면의 흑점 수가 적었던 A 시기보다 흑점 수가 많았던 B 시기에 지구의 평균 기온이 더 높다.

ㄴ. 태양 활동이 달라지면 태양에서 방출하는 태양 복사 에너지의 양도 달라진다. 따라서 흑점 수가 적었던 A 시기보다 흑점 수가 많았던 B 시기에 태양에서의 에너지 방출량이 더 많다.

ㄷ. 태양의 표면에서 흑점 수가 많았던 시기에 태양의 활동이 더 활발하여 지구에서 흡수하는 태양 복사 에너지양이 더 많다. 따라서 A 시기보다 B 시기에 지구에서의 태양 복사 에너지의 흡수량이 더 많다.

### 11 기후 변화의 지구 내적 요인

ㄴ. 반사율은 지표의 상태가 녹지보다 사막 모래 환경에서 더 크므로 녹지에서 사막화가 진행되면 지표에서 반사율은 증가한다.

ㄷ. 지표의 반사율이 증가하면 지표에서 흡수하는 태양 복사 에너지양이 감소하므로 지구의 평균 기온은 하강한다.

ㄱ. 지표에서 반사율과 지표에서의 태양 복사 에너지의 흡수율은 대체로 반비례 관계이다. 따라서 지표에서 태양 에너지의 흡수율은 빙하에서 가장 작다.

### 12 지구의 위도별 에너지 불균형

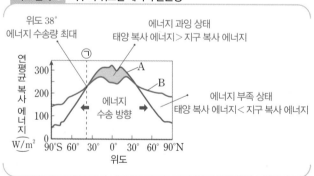

자료 분석 🞢 지구의 위도별 에너지 불균형

지구의 저위도에서는 에너지가 과잉 상태이고, 고위도에서는 에너지가 부족한 상태이다. 이러한 에너지의 불균형을 해소하기 위하여 대기와 해양의 순환을 통해 저위도의 남는 에너지가 고위도로 이동한다.

ㄱ. 저위도에서 복사 에너지의 양이 더 많은 A는 지구가 흡수하는 태양 복사 에너지이다. 고위도에서 복사 에너지의 양이 더 많은 B는 지구가 방출하는 지구 복사 에너지이다.

ㄷ. 지구 전체는 현재 복사 평형 상태이므로, 지구 전체가 흡수하는 태양 복사 에너지양과 방출하는 지구 복사 에너지양은 서로 같다.

**오답 넘기**

ㄴ. 저위도의 과잉된 에너지가 고위도로 수송된다. 위도 38°(㉠)에서는 흡수하는 태양 복사 에너지양과 방출하는 지구 복사 에너지양이 서로 같은 위도이며 위도 38°(㉠)에서 남북 간의 에너지 수송량이 최대이다.

## 13 지구의 열수지

ㄱ. 지표면에서 반사되는 에너지 A가 5이고, 대기에서 흡수하는 태양 복사 에너지 B는 25이다. 따라서 A는 B보다 작다.

ㄷ. 지구는 복사 평형 상태이므로 지구 전체, 대기, 지표면은 각각 흡수하는 에너지양과 방출하는 에너지양이 같은 열수지 평형 상태이다.

**오답 넘기**

ㄴ. C는 지구의 대기에서 흡수되는 지구(적외선) 복사 에너지이다. C가 증가하면 온실 효과가 강화되어 지구의 평균 기온도 높아진다.

## 14 지구 온난화

(1) 화석 연료의 사용량이 증가하면 대기 중 온실 기체의 양이 증가하여 지구 온난화를 유발하고, 대륙 빙하의 면적이 감소하면 지표면의 반사량은 감소한다. 또한, 해수면이 상승하게 되면 육지의 면적은 감소하게 된다.

(2) 온실 기체에는 수증기, 이산화 탄소, 메테인, 오존 등이 있는데, 특히 온실 기체 중 이산화 탄소는 화석 연료의 사용으로 증가한다. 인류가 온실 기체를 계속 배출한다면 지구 온난화는 계속 진행될 것이다.

**모범 답안**

**화석 연료 사용량의 증가에 따른 대기 중 온실 기체의 농도 증가 때문이다.**

| 채점 기준 | 배점(%) |
|---|---|
| 화석 연료의 사용과 대기 중 온실 기체의 농도에 관하여 모두 옳게 서술한 경우 | 100 |
| 화석 연료의 사용과 대기 중 온실 기체의 농도 중 한 가지만 옳게 서술한 경우 | 50 |

(3) 지구 온난화가 진행되면 기후 시스템에 변화가 생긴다. 기후 변화와 함께 환경, 사회, 경제 및 문화에 미치는 영향은 더욱 커질 것이며 다양해질 것이다.

**모범 답안**

**기상 이변 및 이상 기후 현상 증가, 육지 면적 감소, 식량 생산량 감소, 질병 증가 등이다.**

| 채점 기준 | 배점(%) |
|---|---|
| 현상 세 가지를 모두 옳게 제시한 경우 | 100 |
| 현상 두 가지만 옳게 제시한 경우 | 60 |

## 1주 4일 교과서 대표 전략 ②  Book 2 30~31쪽

| **1** ㄱ | **2** ㄱ, ㄴ | **3** ㄷ | **4** ㄱ, ㄴ |
|---|---|---|---|
| **5** ㄱ, ㄴ | **6** ㄴ | **7** ㄷ | **8** ㄱ |

### 1 우리나라 주변의 표층 해류

우리나라 주변을 흐르는 해류의 근원은 북태평양 아열대 순환을 구성하는 쿠로시오 해류(C)이다. 또한, 동해에는 쓰시마 난류가 북상하면서 갈라져 나온 동한 난류(B), 연해주 한류의 지류인 북한 한류(A)가 흐른다.

ㄱ. 한류는 일반적으로 수온이 낮은 고위도에서 수온이 높은 저위도로 이동한다. 따라서 한류는 북한 한류(A)이다.

**오답 넘기**

ㄴ. 난류는 해수의 온도가 높아서 증발량이 많고, 한류는 수온이 낮아서 증발량이 적으므로 난류는 한류에 비해 표층 염분이 높다. 따라서 한류인 북한 한류(A)가 난류인 동한 난류(B)보다 표층 염분이 더 낮다.

ㄷ. 우리나라의 동해에서 북한 한류(A)와 동한 난류(B)가 만나서 조경 수역을 형성한다.

### 2 북대서양에서의 심층 순환

A는 남극 저층수, B는 북대서양 심층수이다.

ㄱ. 남극 저층수(A)는 남극 주변에서 침강하여 수심 4000 m보다 깊은 곳에서 해저를 따라 북쪽으로 이동한다.

ㄴ. 북대서양 심층수(B)는 그린란드 주변 해역에서 침강하여 수심 약 1500~4000 m 사이에서 남쪽으로 이동한다.

**오답 넘기**

ㄷ. 남극 저층수는 전 해양에서 밀도가 가장 큰 해수이다. 해수의 평균 밀도는 북대서양 심층수(B)보다 더 아래쪽에서 이동하는 남극 저층수(A)에서 더 크다.

### 3 엘니뇨와 라니냐

**자료 분석 ⊕** 엘니뇨와 라니냐 시기의 연직 수온 분포

용승 현상 강화
→ 따뜻한 해수층 두께 얇음

용승 현상 약화
→ 따뜻한 해수층 두께 두꺼움

라니냐 시기 / 엘니뇨 시기

동태평양 해역

(가)는 라니냐 시기, (나)는 엘니뇨 시기의 태평양 적도 부근 해역의 연직 수온 분포이다.

ㄷ. 서태평양 적도 부근 해역의 해수면 부근에서의 기압은 상승 기류가 발달하는 라니냐 시기 (가)보다 하강 기류가 발달하는 엘니뇨 시기 (나)에 더 높다.

오답 넘기

ㄱ, ㄴ. 라니냐 시기에는 평상시보다 무역풍이 강해 태평양 적도 부근 해역의 동쪽에서 서쪽으로 따뜻한 해류가 이동한다. 반면에 엘니뇨 시기에는 평상시보다 무역풍이 약해 따뜻한 해류가 서쪽에서 동쪽으로 이동한다. 따라서 엘니뇨 시기 (나)보다 라니냐 시기 (가)에 서태평양 적도 부근 해역에서 평균 해수면의 높이는 더 높고, 따뜻한 해수층의 평균 두께는 더 두껍다.

### 4 엘니뇨 시기의 대기 순환

ㄱ. 서태평양 적도 부근 해역에 위치한 A 해역에서 하강 기류가 나타나므로 엘니뇨 시기의 대기 순환 모습이다.

ㄴ. 해면 기압은 하강 기류가 나타나는 A 해역이 상승 기류가 나타나는 B 해역보다 높다.

오답 넘기

ㄷ. 평균 강수량은 상승 기류에 의해서 저기압이 형성되는 B 해역이 하강 기류에 의해서 맑은 날씨가 A 해역보다 더 많다.

### 5 고기후 연구 방법

지질 시대의 기후를 알기 위해 학자들은 빙하 시추 코어, 산소 동위 원소비 등을 이용한다. 또한, 생물이 살았던 시기의 환경을 지시해 주는 시상 화석을 통해 과거의 기후를 추론할 수 있다.

ㄱ. 현재 산호는 대부분 온난한 기후의 얕은 바다 환경에서 서식하고 있으므로 산호 화석이 발견된 지층은 퇴적될 시기에 따뜻하고 얕은 바다였을 것이다.

ㄴ. 빙하 시추물의 공기 방울 속에는 빙하가 형성될 당시의 대기 구성 물질이 포함되어 있다. 이를 연구하면 당시의 대기 조성을 알 수 있다.

오답 넘기

ㄷ. 나무의 나이테 간격을 통해 과거의 기온과 강수량을 추정할 수 있다. 한랭하고 건조한 기후일수록 나무의 성장이 다른 시기보다 느리기 때문에 나무의 나이테 간격이 좁다.

### 6 공전 궤도 이심률과 지구 자전축 경사각 변화

ㄴ. 현재와 B일 때는 이심률은 서로 같지만, 현재보다 B일 때 자전축의 경사각이 더 작으므로 우리나라에서 기온의 연교차는 더 작아진다. 따라서 현재보다 B일 때 겨울철 평균 기온은 더 높다.

오답 넘기

ㄱ. A와 B일 때는 자전축의 경사각은 서로 같지만, A보다 B일 때 이심률이 더 작으므로 원에 가까운 공전 궤도를 나타낸다. 이심률이 작아지면 우리나라에서 기온의 연교차는 더 커진다. 따라서 A보다 B일 때 기온의 연교차는 더 커진다.

ㄷ. 우리나라에서 기온의 연교차는 이심률이 작을수록, 자전축의 경사각이 커질수록 더 커지므로 현재가 가장 크고, A일 때가 가장 작다. 따라서 우리나라의 기온 연교차가 클수록 여름철 평균 기온이 높으므로 여름철 평균 기온이 가장 높은 시기는 현재가 된다.

### 7 기후 변화의 지구 외적 요인

ㄷ. 지구 공전 궤도 이심률이 현재보다 작아지면(원에 더 가까워지면) 우리나라에서 기온의 연교차는 증가하므로 여름철의 평균 기온은 더 높아진다.

오답 넘기

ㄱ. 현재 우리나라는 A일 때 여름철이고, B일 때 겨울철이다. 따라서 우리나라의 평균 기온은 A일 때가 B일 때보다 높다.

ㄴ. 자전축의 경사 방향은 26000년을 주기로 변하므로 자전축의 경사 방향이 반대로 되는 데 걸리는 시간은 약 13000년이다.

자전축의 경사 방향이 현재와 반대로 변하면 북반구와 남반구에 입사하는 태양 에너지양이 변해. 그러면 북반구와 남반구의 계절이 반대로 바뀌게 돼.

### 8 북극 주변의 빙하 면적 변화

ㄱ. 그림에서 살펴보면 북극 주변의 빙하 면적은 감소하는 추세이다.

오답 넘기

ㄴ. 지구의 평균 기온이 높을수록 북극 주변의 빙하 면적은 감소한다. 따라서 지구의 평균 기온은 A일 때가 B보다 더 낮았다.

ㄷ. 지구의 빙하 면적이 넓을수록 지구의 반사율은 증가한다. 따라서 지구의 반사율은 A일 때가 B보다 더 컸다.

### 1주 누구나 합격 전략 Book 2 32~33쪽

| 1 ⑤ | 2 ③ | 3 ② | 4 ⑤ |
|------|------|------|------|
| 5 ④ | 6 ⑤ | 7 ⑤ | 8 ④ |

### 1 지구 자전 유무에 따른 대기 대순환 모형

ㄱ. (가)는 지구가 자전하는 경우의 대기 대순환 모형이고, (나)는 지구가 자전하지 않는 경우의 대기 대순환 모형이다.

ㄴ. 대기 순환 세포는 (가)의 북반구와 남반구에서 각각 3개이고, (나)의 북반구와 남반구에서 각각 1개이다. 따라서 대기 순환 세포는 (가)가 (나)보다 많다.

ㄷ. A 지역의 지상에는 (가)에서 북동 무역풍이 불고, (나)에서 북풍이 분다. 따라서 A 지역의 지상에는 (가)와 (나)에서 모두 북풍 계열의 바람이 분다.

### 2 해류

ㄱ. 해류는 저위도의 남는 에너지를 에너지가 부족한 고위도로

수송하여 전 지구적인 에너지 평형을 유지하는 역할을 한다.

ㄷ. 우리나라의 동해에서는 북한 한류와 동한 난류가 만나서 좋은 어장인 조경 수역이 형성된다.

**오답 넘기**

ㄴ. 쿠로시오 해류는 북태평양의 아열대 순환을 구성하는 표층 해류이다.

### 3 대서양에서의 심층 순환

대서양의 심층 해수는 수괴의 성질로 세 개의 심층수를 구분한다. A는 남극 중층수, B는 남극 저층수, C는 북대서양 심층수이다.

ㄴ. 평균 밀도가 가장 큰 수괴는 수심이 가장 깊은 곳에서 흐르는 남극 저층수(B)이다.

**오답 넘기**

ㄱ. 남극 중층수(A)와 남극 저층수(B)는 남반구에서 형성되고, 북대서양 심층수(C)는 북반구의 그린란드 해역 부근에서 형성된다.

ㄷ. 남극 중층수(A)와 남극 저층수(B)는 모두 남극 주변에서 형성된다. 밀도가 큰 남극 저층수(B)가 남극 중층수(A)보다 평균 수온이 더 낮다.

### 4 라니냐

ㄱ. 라니냐는 무역풍의 세기가 평상시보다 더 강할 때 나타나는 현상이다.

ㄴ. 라니냐 시기에는 동태평양 적도 부근 해역에는 하강 기류가 발달하여 평상시보다 기압이 높은 고기압이 형성된다.

ㄷ. 태평양의 동서 단면에서 해수면의 기울기는 라니냐 시기가 엘니뇨 시기보다 더 급하다.

라니냐가 발생한 시기에는 강한 무역풍으로 인해서 남적도 해류가 동쪽에서 서쪽으로 많이 이동하여 태평양 적도 부근 해역의 동서 단면에서 해수면의 기울기가 더 급하게 된다는 것을 기억해 두자.

### 5 지구 공전 궤도의 이심률 변화와 지구 자전축의 세차 운동

ㄴ. 북반구에 위치한 우리나라는 (나)보다 (가)에서 여름철일 때 태양과의 거리가 더 가깝고, 겨울철일 때 태양과의 거리가 더 멀다. 따라서 우리나라에서 기온의 연교차는 (가)가 (나)보다 더 크다.

ㄷ. 북반구에서 대륙 빙하의 면적이 가장 넓을 때의 위치는 북반구의 계절이 겨울철이면서 태양과의 거리가 먼 B일 때이다.

**오답 넘기**

ㄱ. 지구에서 태양 복사 에너지를 받는 면적이 넓은 반구의 계절이 여름철이므로 북반구에서 여름철은 A와 D이다.

### 6 기후 변화의 지구 내적 요인

ㄱ, ㄷ, ㄹ. 대기와 해양에서의 상호 작용, 전 지구적인 빙하의 면적 변화, 화산 분출로 인한 대기 중 화산재 증가는 지구 기후 변화의 지구 내적 요인에 해당한다.

**오답 넘기**

ㄴ. 계절에 따른 일사량의 변화는 지구 운동 변화에 의한 태양 복사 에너지양의 변화에 기인하므로 기후 변화의 지구 외적 요인에 해당한다.

### 7 지구의 열수지

**자료 분석 +** 지구의 열수지

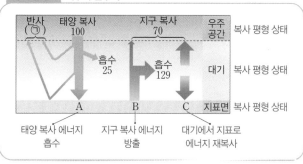

ㄱ. ㉠은 지표면에서 반사하는 에너지 5와 대기에서 반사하는 에너지 25가 합쳐진 값이므로 30이다.

ㄴ. 복사 평형 상태인 지구에서는 지표면에서도 복사 평형 상태가 된다. 단, 각 권역에서 흡수한 에너지양을 양(+)의 값, 방출하는 에너지양은 음(−)의 값이 되어 지표면에서 흡수한 A+C와 지표에서 방출한 −B의 값은 서로 같으므로 A+B+C=0이다.

ㄷ. 지구 온난화가 진행되는 동안에 지표면의 온도 상승으로 인해 지표면에서 방출하는 지구 복사 에너지(B)가 증가한다. 따라서 대기가 흡수하는 에너지도 증가하게 되고, 대기에서 지표로 재복사하는 에너지(C)도 증가하게 된다.

### 8 기후 변화의 위기

ㄴ. 지구의 대기 중 온실 기체의 농도 변화는 단일 국가 차원에서 처리할 수 있는 문제가 아니므로 기후 변화의 위기에 대응하기 위해서는 국제 협약을 보다 강화하여 국제적으로 해결해야 한다.

ㄷ. 인간 활동에 의한 화석 연료의 사용은 대기 중 이산화 탄소의 농도를 높일 수 있으므로 화석 연료를 대체할 수 있는 에너지의 개발이 필요하다.

**오답 넘기**

ㄱ. 메테인은 온실 효과를 유발하는 온실 기체이므로 메테인의 배출을 감소시키는 것이 기후 변화의 위기에 대응하는 방법이다.

## ① 주 창의·융합·코딩 전략   Book 2 34~37쪽

| 1 ④ | 2 ④ | 3 ① | 4 ⑤ |
| 5 ③ | 6 ① | 7 ⑤ | 8 ① |

### 1 대기 대순환

ㄴ. B는 열적 순환에 의한 직접 순환인 해들리 순환이고, C는

열적 순환들 사이에서 형성되는 간접 순환인 페렐 순환이다.

ㄷ. 지구는 둥글기 때문에 위도에 따라 흡수되는 태양 복사 에너지양의 차이가 생긴다. 이에 따라 저위도에는 에너지 과잉이, 고위도에는 에너지 부족 현상이 나타나는 에너지 불균형이 발생한다. 이를 해소하기 위해 저위도에서 남는 에너지가 고위도로 이동하는 대기 대순환(㉠)이 발생한다.

오답 넘기

ㄱ. A는 위도 30° 부근에서 형성되는 아열대 고압대이다.

### 2 북반구의 아열대 순환

• 학생 B: 북태평양 해류는 북태평양 아열대 순환 중 서쪽에서 동쪽으로 흐르는 해류이다.

• 학생 C: 쿠로시오 해류는 북태평양 아열대 순환 중 저위도에서 고위도로 이동하는 해류이다.

오답 넘기

• 학생 A: 적도 반류는 북위 5°~10° 해역에서 흐르는 해류로, 북반구에서는 북적도 해류와 열대 순환을 형성한다.

### 3 우리나라 주변의 해류

① 우리나라 주변의 해류 중에서 고위도에서 저위도로 이동하는 해류는 한류이므로 A는 북한 한류가 적절하고, 동해에서 북한 한류(A)와 만나서 좋은 어장을 형성하는 난류인 B에는 동한 난류가 적절하다. C에는 A, B에서 모두 해당되지 않은 우리나라의 서해안을 저위도에서 고위도로 이동하는 황해 난류이다.

### 4 해수의 순환

ㄱ. 얼음의 영향을 받아 수온이 낮아진 고밀도의 소금물은 수조 아래로 가라앉게 되므로, P 지점은 소금물의 침강이 일어난다.

ㄴ. 소금물의 수온과 염분 변화로 인한 밀도 차에 의해서 소금물이 가라앉고 차가운 소금물의 영향으로 수면에서 방습지가 이동하는 모습을 관찰하는 실험이다. 이는 해수의 심층 순환 과정을 알아보기 위한 실험이다.

ㄷ. 실험에서 방습지의 이동은 표층 해류의 이동에 해당한다. P 지점에서 가라앉은 차가운 소금물은 수조의 반대편으로 이동한 후 상승하고 수면에서는 얼음이 담긴 컵 쪽으로 순환하게 된다. 따라서 '방습지는 얼음이 담긴 컵 쪽으로 이동한다.'는 실험 결과 A로 적절하다.

### 5 기후 변화 요인

• 학생 A: 판이 이동하여 초대륙을 형성하면 지구의 수륙 분포가 변하므로 대륙과 해양의 비열 차이로 인해서 기후 변화가 나타날 수 있다.

• 학생 B: 사막화로 인해 사막의 면적이 증가하면 지표면의 반사율이 증가하여 지표에서 흡수하는 태양 복사 에너지양은 감소하게 된다.

오답 넘기

• 학생 C: 화산 분출로 대기 중 화산재가 증가하면 태양 복사 에너지를 산란 또는 반사시켜서 지구의 평균 기온이 하강할 수 있다.

### 6 기후 변화 요인

ㄱ. 지구 내적 요인과 지구 외적 요인은 기후 변화의 자연적 요인에 해당한다.

오답 넘기

ㄴ. 태양 활동 변화는 지구 평균 기온에 영향을 주며, 이는 인위적 요인의 B가 아니라 자연적 요인이므로 지구 외적 요인의 A로 적절하다.

ㄷ. 지구 외적 요인은 주로 태양과 지구의 운동에 의해서 나타나므로 오랜 시간 동안 천천히 진행되는 반면에, 인간의 활동에 의한 인위적 요인은 수십 년 정도의 상대적으로 짧은 시간 내에서도 지구의 기후 변화를 일으킬 수 있다. 따라서 기후 변화가 일어나는 속도는 A가 B보다 느리다.

### 7 기후 변화의 지구 외적 요인

자료 분석 ➕ 기후 변화의 지구 외적 요인

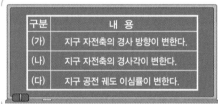

| 구분 | 내 용 | |
|---|---|---|
| (가) | 지구 자전축의 경사 방향이 변한다. | 변화 주기: 약 26000년 |
| (나) | 지구 자전축의 경사각이 변한다. | 변화 주기: 약 41000년 |
| (다) | 지구 공전 궤도 이심률이 변한다. | 변화 주기: 약 10만 년 |

ㄱ. 지구 자전축이 약 26000년 주기로 회전하여 자전축의 경사 방향이 변하는데, 이를 지구의 세차 운동이라고 한다.

ㄴ. (가), (나), (다)는 각각 거의 일정한 주기로 변하므로 모두 주기적으로 나타난다.

ㄷ. (나)에서 지구 자전축의 경사각은 약 41000년을 주기로 21.5°~24.5°로 변하는 것이므로 태양과 지구 사이의 거리 변화가 없는 지구 외적 요인이다.

### 8 지구 온난화의 영향

• 학생 A: 이산화 탄소는 온실 효과를 유발하는 온실 기체 중 하나이다.

오답 넘기

• 학생 B: 지구 온난화로 인해서 지구의 빙하 면적이 감소하게 된다. 빙하가 녹아 바다로 흘러가면서 해수면은 상승하게 된다.

• 학생 C: 지구에서 대기와 해양은 상호 작용하면서 지구 온난화와 관련된 여러 현상이 일어나게 한다.

### 2주 1일 개념 돌파 전략 ① Book 2 41, 43쪽

❶-2 ①　　❷-2 ⑤　　❸-2 ⑤　　❹-2 ④

#### ❶-2 별의 분광형과 스펙트럼

ㄱ. 최대 에너지를 방출하는 파장은 (가)는 0.4 $\mu m$, (나)는 0.8 $\mu m$이다.

**오답 넘기**

ㄴ. 최대 에너지를 방출하는 파장이 짧을수록 표면 온도가 높다.

ㄷ. 별의 표면 온도가 높을수록 색지수는 작다.

**색지수와 표면 온도**

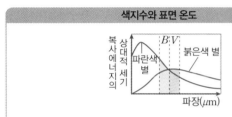

- B 필터로 관측한 등급과 V 필터로 관측한 겉보기 등급의 차이
- 분광형 A0의 색지수는 0이다.
- 색지수가 낮을수록 표면 온도가 높다.

| 파란색 별 | 붉은색 별 |
|---|---|
| 에너지 세기는 B 필터에 들어오는 양이 V 필터로 들어오는 양보다 많다. | 에너지 세기는 B 필터에 들어오는 양이 V 필터로 들어오는 양보다 적다. |
| → B 등급이 V 등급보다 작다. | → B 등급이 V 등급보다 크다. |
| → 색지수($B-V$) < 0 | → 색지수($B-V$) > 0 |

#### ❷-2 수소 핵융합 반응

수소 핵융합 반응은 4개의 수소 원자핵이 하나의 헬륨 원자핵으로 바뀌면서 결손된 질량만큼 에너지를 생성한다. 질량이 큰 별일수록 수소 원자핵에서 헬륨 원자핵으로 변환되는 속도가 빠르며, CNO 순환 반응이 우세하다.

| 양성자 · 양성자 반응 (P-P 반응) | 탄소 · 질소 · 산소 순환 반응 (CNO 순환 반응) |
|---|---|
| • 질량이 작은 별에서 주로 발생 | • 질량이 큰 별에서 주로 발생 |
| • 중심부의 온도 1800만 K 이하에서 우세하다. | • 중심부의 온도 1800만 K 이상에서 우세하다. |

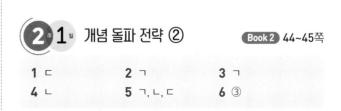

● 양성자　● 중성자　● 양전자　ν 중성미자　γ 감마선

p-p 반응　　　　CNO 순환 반응

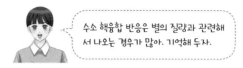

수소 핵융합 반응은 별의 질량과 관련해서 나오는 경우가 많아. 기억해 두자.

#### ❸-2 생명 가능 지대

**자료 분석 ➕ 생명 가능 지대**

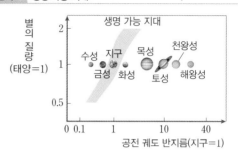

생명 가능 지대는 액체 상태의 물이 존재할 수 있는 거리의 범위이다. 중심별이 주계열성인 경우 중심별의 질량이 클수록 광도가 크므로 생명 가능 지대는 중심별에서 멀리 위치하고, 폭이 넓어진다.

ㄱ, ㄴ. 주계열성인 중심별의 질량이 클수록 생명 가능 지대는 중심별로부터 멀어지고, 폭은 넓어진다.

ㄷ. 태양계의 경우 생명 가능 지대는 금성과 화성 사이에 위치한다. 따라서 태양계에서 생명 가능 지대에 위치한 것은 지구뿐이다.

#### ❹-2 우주의 구성 성분

우주를 구성하는 성분은 암흑 물질, 암흑 에너지, 보통 물질이다. 이 중 현재 우주에서 차지하는 비율은 암흑 에너지 > 암흑 물질 > 보통 물질 순이다.

ㄴ. 우주를 가속 팽창시키는 것은 척력으로 작용하는 암흑 에너지이다.

ㄷ. 보통 물질은 빛으로 관측될 수 있다.

**오답 넘기**

ㄱ. A는 암흑 물질, B는 암흑 에너지, C는 보통 물질이다.

### 2주 1일 개념 돌파 전략 ② Book 2 44~45쪽

1 ㄷ　　　　2 ㄱ　　　　3 ㄱ
4 ㄴ　　　　5 ㄱ, ㄴ, ㄷ　　6 ③

#### 1 별의 분광형과 스펙트럼

흡수선의 세기는 별의 표면 온도에 따라 달라진다.

**오답 넘기**

ㄱ. 중성 수소 흡수선이 가장 센 별의 분광형은 A형이다.

ㄴ. He Ⅱ 흡수선이 가장 강한 별은 O5~B0 사이이다. 따라서 태양보다 표면 온도가 높다.

## 2 H-R도

그림에서 ㉠은 거성, ㉡은 주계열성, ㉢은 백색 왜성이다. 별의 광도가 클수록 절대 등급이 작다. ㉠은 ㉢보다 광도가 크므로 절대 등급이 작다.

**오답 넘기**

ㄴ. ㉡은 주계열성, ㉢은 백색 왜성이다. 백색 왜성은 주계열성보다 반지름은 작으나 평균 밀도는 크다.

ㄷ. 질량이 태양 정도인 별은 주계열성에서 적색 거성 단계를 거쳐 백색 왜성으로 진화한다.

## 3 별의 에너지원

수소 핵융합 반응에는 P-P 반응과 CNO 순환 반응이 있다. 그림에서는 탄소, 질소, 산소가 수소 핵융합 반응에 관여하므로 CNO 순환 반응이다.

**오답 넘기**

ㄴ. 4개의 수소가 1개의 헬륨으로 변환되는 과정이다. 이때 질소와 탄소는 촉매 역할을 한다.

ㄷ. CNO 순환 반응은 태양보다 질량이 큰 별에서 주로 나타난다.

## 4 외계 행성 탐사법

중심별과 행성이 공통 질량 중심을 같은 주기로 공전할 경우 중심별이 방출하는 파장이 미세하게 변하게 된다. 이 파장의 변화로부터 외계 행성을 탐사하는 방법이 도플러 효과를 이용한 방법이다.

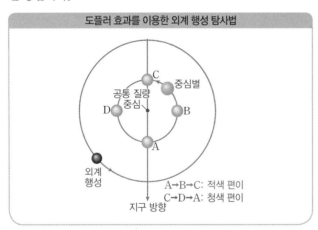

도플러 효과를 이용한 외계 행성 탐사법

A→B→C: 적색 편이
C→D→A: 청색 편이

ㄴ. 도플러 효과를 이용한 방법은 행성의 질량이 클수록, 중심별과의 거리가 가까울수록 행성의 존재를 확인하기 쉽다.

**오답 넘기**

ㄱ. 식 현상을 이용한 방법은 중심별의 밝기 변화를 관측한다.

ㄷ. 공전 궤도면과 시선 방향이 수직이면 도플러 효과가 관측되지 않는다.

## 5 생명 가능 지대

ㄱ. 그림에서 B는 생명 가능 지대보다 안쪽에 위치하고, A는 생명 가능 지대에 위치한다.

ㄴ. 중심별의 광도가 클수록 중심별에서 생명 가능 지대까지의 거리가 멀고, 생명 가능 지대의 폭이 넓다. 생명 가능 지대가 시작하는 거리가 (가)보다 (나)가 멀므로 $S_2$의 광도가 더 크다. 절대 등급이 작을수록 광도가 크므로 $S_2$의 절대 등급이 더 작다.

ㄷ. 중심별의 광도가 클수록 생명 가능 지대의 폭이 넓다. 따라서 생명 가능 지대의 폭은 (가)보다 (나)에서 넓다.

 생명 가능 지대가 시작되는 거리와 폭은 오로지 중심별의 광도에만 관계된다는 것을 꼭 기억해 두자.

## 6 우주의 구성 성분

우주를 구성하는 성분은 보통 물질과 암흑 물질, 암흑 에너지이다. 현재의 우주에서 암흑 에너지가 약 68 %, 암흑 물질이 약 27 %, 보통 물질이 약 5 %를 차지한다.

A. 우주를 구성하는 성분은 보통 물질, 암흑 물질, 암흑 에너지이다. 이 중 현재는 우주를 가속 팽창시키는 암흑 에너지가 가장 많고 암흑 물질, 보통 물질 순으로 그 양이 많다.

B. 암흑 물질은 전자기파로 관측되지 않아 우리 눈에 보이지 않기 때문에 중력을 이용한 방법으로 존재를 추정할 수 있는 물질이다.

**오답 넘기**

C. 우주 팽창을 가속시키는 역할을 하는 것은 척력으로 작용하는 암흑 에너지이다.

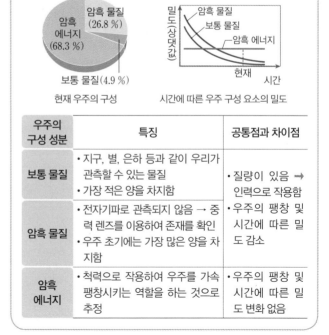

| 우주의 구성 성분 | 특징 | 공통점과 차이점 |
| --- | --- | --- |
| 보통 물질 | • 지구, 별, 은하 등과 같이 우리가 관측할 수 있는 물질<br>• 가장 적은 양을 차지함 | • 질량이 있음 → 인력으로 작용함 |
| 암흑 물질 | • 전자기파로 관측되지 않음 → 중력 렌즈를 이용하여 존재를 확인<br>• 우주 초기에는 가장 많은 양을 차지함 | • 우주의 팽창 및 시간에 따른 밀도 감소 |
| 암흑 에너지 | • 척력으로 작용하여 우주를 가속 팽창시키는 역할을 하는 것으로 추정 | • 우주의 팽창 및 시간에 따른 밀도 변화 없음 |

1-1 ㄱ, ㄴ, ㄷ  2-1 ㄱ, ㄴ, ㄷ  3-1 ㄱ, ㄷ  4-1 ㄷ

### 1-1 별의 물리량

ㄱ. 표면 온도 순서로 별의 분광형을 나열하면 O−B−A−F−G−K−M이다. 따라서 표면 온도는 G3인 B가 M4인 C보다 높다.

ㄴ. A와 C의 광도는 같다. 광도는 $L=4\pi R^2\sigma T^4$이므로 표면 온도가 작을수록 반지름이 크다. 표면 온도는 A1형인 A가 M4인 C보다 높으므로 반지름은 A가 C보다 작다.

ㄷ. 중성 수소 흡수선의 세기는 A형 별에서 가장 강하게 나타난다.

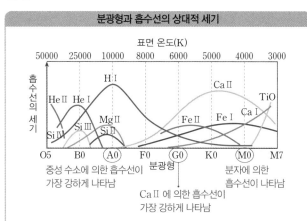

**분광형과 흡수선의 상대적 세기**

별의 대기에 존재하는 원소들은 별의 표면 온도에 따라 이온화되는 정도가 다르기 때문에 흡수 스펙트럼선의 종류와 세기가 달라진다. 따라서 분광형은 별의 표면 온도에 따라 O, B, A, F, G, K, M형의 7개로 분류한다. 표면 온도가 높은 O형, B형 별에서는 이온화된 헬륨(HeⅡ)이나 중성 헬륨(HeⅠ)에 의한 흡수선이, 표면 온도가 약 10000 K인 A형 별에서는 중성 수소(HⅠ)에 의한 흡수선이 강하게 나타나며, 표면 온도가 낮은 K형, M형 별에서는 금속 원소와 분자에 의한 흡수선이 나타난다.

### 2-1 H-R도

ㄱ. 그림에서 ㉠, ㉣은 주계열성, ㉡은 적색 거성, ㉢은 백색 왜성에 해당한다.

ㄴ. 별이 단위 시간당 방출하는 총 에너지는 광도이다. 광도는 절대 등급이 작을수록 크므로 ㉠이 ㉡보다 크다.

ㄷ. 주계열성(㉠, ㉣), 거성(㉡), 초거성, 백색 왜성(㉢) 중 밀도가 큰 순서대로 나열하면 백색 왜성 > 주계열성 > 거성 순이다. 따라서 백색 왜성인 ㉢의 밀도가 가장 크다.

### 3-1 별의 진화

ㄱ. 태양보다 무거운 별은 블랙홀 또는 중성자별로, 질량이 태양 정도인 별들은 행성상 성운을 거쳐 백색 왜성으로 진화한다.

ㄷ. 철은 태양보다 무거운 별이 진화하여 초신성 폭발이 이루어지기 바로 전 별의 내부에서 생성된다. 그 뒤 별이 폭발하는 초신성 폭발 과정에서 금, 은, 우라늄 등 철보다 무거운 원소가 생성된다.

**오답 넘기**

ㄴ. 별의 수명은 별의 질량이 클수록 짧다. (나)보다 (가)의 경로로 진화하는 별들의 질량이 더 크므로 수명이 짧다.

별의 수명은 별의 질량이 클수록 짧아!

태양보다 무거운 별의 최후는 블랙홀이나 중성자별이고, 질량이 태양 정도인 별은 백색 왜성으로 진화해.

### 4-1 수소 핵융합 반응

(가)는 핵융합 반응에 탄소, 질소, 산소가 촉매 역할을 하므로 CNO 순환 반응이고, (나)는 P-P 반응이다.

ㄷ. CNO 순환 반응은 내부 온도가 1800만 K 이상에서 우세하고, 1800만 K 이하에서는 P-P 반응이 우세하다. 태양 질량의 10배 이상인 별은 내부의 온도가 1800만 K을 넘어가므로 CNO 순환 반응인 (가)가 우세하다.

**오답 넘기**

ㄱ. (가)는 CNO 순환 반응이다.

ㄴ. 별의 내부 온도가 1억 K 이상에서 일어나는 반응은 헬륨 핵융합 반응이다. 내부 온도가 1000만 K 이상일 때는 수소 핵융합 반응이 일어난다.

1 ⑤  2 ③  3 ①  4 ③

### 1 별의 물리량

ㄱ. A와 B의 광도가 같으므로 두 별의 절대 등급은 같다.

ㄴ. 최대 에너지를 방출하는 파장이 A가 B보다 짧으므로 표면 온도는 A가 B보다 높다($\lambda_{max}=\dfrac{a}{T}$). 별 A, B의 광도가 같으므로 광도를 나타내는 식 $L=4\pi R^2\sigma T^4$에서 표면 온도($T$)가 높은 A의 반지름($R$)이 작다는 것을 알 수 있다.

ㄷ. 표면 온도가 약 10000 K인 A형 별은 중성 수소 흡수선의 세기가 가장 강하다.

## 2 H-R도

ㄱ. B는 H-R도에서 주계열성 오른쪽 위에 위치하므로 거성에 해당한다.

ㄷ. A, C는 주계열성이다. 주계열성은 중심부에서 수소 핵융합 반응이 일어난다.

**오답 넘기**

ㄴ. A와 B의 절대 등급이 10등급 차이가 나므로 광도는 10000배 차이가 난다.

| **광도와 절대 등급의 관계** | |
| --- | --- |

광도가 클수록 절대 등급은 작다. 이때 광도와 절대 등급은 포그슨의 공식이 성립한다. 포그슨의 공식은 다음과 같다.

$$M_A - M_B = 2.5 \log \frac{L_B}{L_A}$$

(단, $M_A$, $M_B$는 별 A, B의 절대 등급, $L_A$, $L_B$는 별 A, B의 광도) 따라서 이를 표로 나타내면 다음과 같다.

| 등급차 $(M_A - M_B)$ | 광도비 $\left(\frac{L_B}{L_A}\right)$ |
| --- | --- |
| 0 | 1 |
| 2.5 | 10 |
| 5 | 100 |
| 10 | 10000 |
| 15 | 1000000 |

## 3 별의 진화

(가)는 행성상 성운이고, (나)는 초신성 폭발의 잔해이다. 행성상 성운의 중심부에는 백색 왜성이 존재하고, 초신성 폭발의 내부에는 블랙홀 또는 중성자별이 존재한다.

**오답 넘기**

ㄴ. (가)보다 (나)를 생성한 별의 질량이 더 크므로 수명은 (나)를 생성한 별이 더 짧다.

ㄷ. 태양 정도의 질량을 갖는 별은 행성상 성운으로 진화하고 태양보다 훨씬 무거운 별은 초신성 폭발을 일으킨다. 따라서 (나)를 생성한 별의 질량이 더 크다.

## 4 별의 내부 구조

태양보다 무거운 별은 많은 핵융합 반응을 거쳐 중심부에 철이 생성되고, 질량이 태양 정도인 별은 중심부에 탄소와 산소로 구성된 핵이 만들어진다.

ㄱ. 별의 질량이 클수록 내부의 온도가 높다. 내부의 온도가 높을수록 핵융합 반응의 단계가 많아진다. 그러므로 (나)가 (가)보다 질량이 더 크다.

ㄷ. (나)는 철로 된 핵을, (가)는 주로 탄소와 산소로 이루어진 핵을 갖고 있으므로 핵융합 반응의 단계가 더 많았던 것은 (나)이다.

**오답 넘기**

ㄴ. 중심부의 온도가 높을수록 핵융합 반응의 단계를 더 많이 거친다.

| 1-1 ㄱ, ㄴ, ㄷ | 2-1 ㄴ | 3-1 ㄱ | 4-1 ㄱ, ㄴ, ㄷ |
| --- | --- | --- | --- |

### 1-1 외계 행성 탐사법

ㄱ. 식 현상에 의해 중심별의 밝기가 줄어들기 시작할 때부터 다음 번 줄어들기 시작할 때까지의 시간이 행성의 공전 주기에 해당한다.

ㄴ. 행성의 반지름이 클수록 가려지는 면적이 증가하므로 B는 크게 나타난다. B는 $\left(\frac{R_{행성}}{R_{중심별}}\right)^2$에 비례한다.

ㄷ. C일 때 중심별이 가려지기 시작하므로 이때는 행성이 지구로 다가오고 있다.

### 2-1 생명 가능 지대

생명 가능 지대는 중심별의 광도가 클수록 중심별로부터 멀고, 폭이 넓다.

ㄱ. 생명 가능 지대의 폭이 (나)가 (가)보다 넓으므로 광도는 (나)가 (가)보다 크다. 주계열성에서는 광도가 클수록 질량이 크다. 따라서 질량은 B가 A보다 크다.

ㄴ. 태양계의 생명 가능 지대는 지구 부근이므로 1 AU 근처이다. 따라서 태양의 질량은 A와 유사하다.

ㄷ. 주계열성의 질량이 작을수록 수명이 더 길다. 따라서 중심별의 수명은 A가 더 길다.

생명 가능 지대 문제에서, 주계열성이라는 조건이 붙는 경우가 많아. 주계열성은 질량이 클수록 광도가 크므로 질량이 클수록 생명 가능 지대도 넓고, 생명 가능 지대가 시작하는 거리도 멀어.

### 3-1 허블의 은하 분류

허블의 분류에 따르면 은하는 타원 은하, 나선 은하, 불규칙 은하로 분류할 수 있다. (가)는 은하핵과 나선팔로 구성되어 있고 중심부에 막대 구조가 보이지 않으므로 정상 나선 은하, (나)는 타원 은하에 해당한다.

ㄱ. 나선 은하에서 나선팔에는 성간 물질이 상대적으로 많아 별의 탄생이 활발하다. 반면 중심핵에는 성간 물질이 부족해 나선팔에 비해 상대적으로 붉은색을 나타낸다.

**오답 넘기**

ㄴ. (나)는 타원 은하에 해당한다.

ㄷ. 우리은하는 막대 나선 은하에 해당한다. 막대 나선 은하는 (가)처럼 은하핵과 나선팔로 이루어진 구조이지만, 중심부에 막대 구조를 갖고 있다.

**허블의 은하 분류**

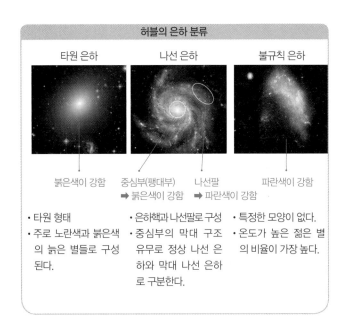

| 타원 은하 | 나선 은하 | 불규칙 은하 |
|---|---|---|
| 붉은색이 강함 | 중심부(팽대부) 나선팔 ➡ 붉은색이 강함 ➡ 파란색이 강함 | 파란색이 강함 |
| • 타원 형태<br>• 주로 노란색과 붉은색의 늙은 별들로 구성된다. | • 은하핵과 나선팔로 구성<br>• 중심부의 막대 구조 유무로 정상 나선 은하와 막대 나선 은하로 구분한다. | • 특정한 모양이 없다.<br>• 온도가 높은 젊은 별의 비율이 가장 높다. |

### 4-1 허블의 법칙

도플러 효과는 광원이 관측자로부터 멀어지거나 가까워짐에 따라 파장의 변화가 나타나는 것을 의미한다. 이때 도플러 효과를 수식으로 표현하면 $\dfrac{\Delta\lambda}{\lambda_0}=\dfrac{v}{c}$이다.

ㄱ. $\dfrac{\Delta\lambda}{\lambda_0}=\dfrac{v}{c}$, $v=c\times\dfrac{\Delta\lambda}{\lambda_0}=300000\times\dfrac{60}{600}$에서,

$v=3\times10^4$ km/s임을 알 수 있다.

ㄴ. $v=Hr$이므로 $3\times10^4=H\times200$에서 $H$는 150 km/s/Mpc임을 알 수 있다.

ㄷ. 관측된 적색 편이량이 감소하면 후퇴 속도($v$)가 감소하는 것이므로 허블 상수는 작아진다.

---

## 2주 3일 필수 체크 전략 ②

**Book 2** 56~57쪽

1 ①　　2 ⑤　　3 ③　　4 ④

### 1 외계 행성 탐사법

① 시선 속도의 최댓값~최댓값 사이의 시간이 공전 주기이다. 자료에서는 이 기간이 5일이므로 공전 주기도 5일이다.

**오답 넘기**

② 1일에는 시선 속도가 (+)이다. 따라서 적색 편이가 나타난다.

③ 외계 행성이 돌고 있는 중심별의 스펙트럼으로부터 얻은 결과이다. 외계 행성은 일반적으로 너무 어둡기 때문에 스펙트럼을 얻기 어렵다.

④ 시선 속도의 변화를 관측하였으므로 도플러 효과를 이용한 방법이다. 식 현상에 의한 탐사법은 중심별의 밝기 변화를 관측한다.

⑤ 행성의 공전 방향과 관측자의 시선 방향이 서로 수직일 때는 도플러 효과를 이용한 탐사법과 식 현상을 이용한 탐사법을 사용할 수 없다.

---

행성의 공전 방향과 관측자의 시선 방향이 서로 수직일 때는 도플러 효과를 이용한 탐사법과 식 현상을 이용한 탐사법은 사용할 수 없어.

### 2 생명 가능 지대

ㄱ. 생명 가능 지대의 폭은 중심별의 광도가 클수록 넓다. A에서 생명 가능 지대는 0.4 AU보다 가까운 거리에 위치한다. 따라서 태양보다 가까운 거리에 생명 가능 지대가 나타나므로 생명 가능 지대의 폭도 좁을 것이다.

ㄴ. 생명 가능 지대는 액체 상태의 물이 존재할 수 있는 영역이다. 생명 가능 지대에 위치한 것은 ㉠~㉢ 중 ㉡이므로 액체 상태의 물이 존재할 수 있는 것은 ㉡이다.

ㄷ. 단위 면적당 중심별로부터 받는 에너지양이 가장 많은 것은 중심별과 가장 가까운 ㉠이다.

### 3 특이 은하

(나)는 별처럼 보이므로 퀘이사, (가)가 세이퍼트은하이다. 세이퍼트은하는 허블의 은하 분류에 따르면 나선 은하와 같은 모양을 갖는 경우가 대부분이다.

ㄱ. 세이퍼트은하는 일반적인 나선 은하에 비해 중심부의 광도가 크다.

ㄴ. 세이퍼트은하, 퀘이사, 전파 은하 모두 중심부에 커다란 질량의 블랙홀이 있을 것으로 추정된다.

**오답 넘기**

ㄷ. (가)는 세이퍼트은하, (나)는 퀘이사이다.

**특이 은하**

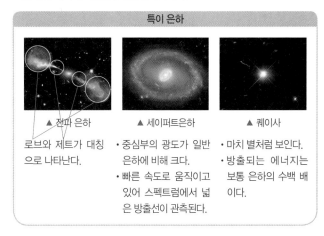

| ▲ 전파 은하 | ▲ 세이퍼트은하 | ▲ 퀘이사 |
|---|---|---|
| 로브와 제트가 대칭으로 나타난다. | • 중심부의 광도가 일반 은하에 비해 크다.<br>• 빠른 속도로 움직이고 있어 스펙트럼에서 넓은 방출선이 관측된다. | • 마치 별처럼 보인다.<br>• 방출되는 에너지는 보통 은하의 수백 배이다. |

### 4 허블 법칙

ㄴ. 파장 변화량이 클수록 후퇴 속도가 크다($v=c\times\dfrac{\Delta\lambda}{\lambda_0}$).

ㄷ. 허블 법칙에 따르면, 멀리 있는 은하일수록 후퇴 속도가 크다. 따라서 우리은하로부터의 거리는 (나)가 더 멀다.

**오답 넘기**

ㄱ. 우리은하로부터 멀어지고 있는 외부 은하는 적색 편이가 나타나므로 파장의 변화량은 0보다 크다.

## 2주 4일 교과서 대표 전략 ① Book 2 58~61쪽

| 1 ㄱ, ㄷ | 2 (1) A=B>C  (2) A>B>C | | |
|---|---|---|---|
| 3 ⑤ | 4 ㄴ, ㄷ | 5 ㄴ | 6 ④ |
| 7 ㄴ | 8 ㄱ | 9 ㄱ | 10 ㄱ, ㄴ |
| 11 ㄱ, ㄴ, ㄷ | 12 (1) 지구, A  (2) 해설 참고 | | 13 ㄴ |
| 14 ㄴ | 15 ㄱ, ㄴ, ㄷ | 16 ㄴ, ㄷ | |

### 1 별의 물리량과 스펙트럼

ㄱ. 별의 스펙트럼에서 흡수선의 세기는 별의 표면 온도에 따라 달라진다.

ㄷ. 그래프에서 중성 헬륨 흡수선의 세기는 A0형 별보다 B0형 별에서 강하다.

**오답 넘기**

ㄴ. 색지수 (B 필터로 관측한 별의 등급-V 필터로 관측한 별의 등급)가 작을수록 별의 표면 온도가 높다. 중성 수소 흡수선이 가장 강하게 나타나는 별의 분광형은 A0형으로 표면 온도는 약 10000 K, 태양(G2형)의 표면 온도는 약 5800 K로 태양보다 표면 온도가 높다. 따라서 색지수는 태양이 더 크다.

### 2 별의 물리량

(1) 단위 시간당 방출하는 에너지의 크기는 광도이며 광도가 클수록 절대 등급은 낮아진다. 따라서 단위 시간당 방출하는 에너지의 크기는 A=B>C이다.

(2) 단위 시간당 단위 면적에서 방출하는 에너지의 크기는 슈테판·볼츠만 법칙에 따라 표면 온도의 네제곱에 비례한다($E=\sigma T^4$). 표면 온도는 A>B>C이므로 단위 시간당 단위 면적에서 방출하는 에너지의 크기는 A>B>C이다.

### 3 H-R도

ㄱ. a와 b는 절대 등급이 같으므로 광도가 같다.

ㄴ. 주계열성에서는 표면 온도가 높을수록 반지름이 크다. 따라서 c가 d보다 반지름이 크다.

ㄷ. 질량이 태양 정도인 별은 원시별 → 주계열성 → 적색 거성 → 행성상 성운 → 백색 왜성으로 진화한다. 따라서 진화가 가장 많이 진행된 것은 백색 왜성인 e이다.

### 4 광도 계급

ㄴ. 태양은 주계열성으로 주계열성은 광도 계급이 V에 해당하므로 광도 계급이 III인 B보다 광도 계급이 크다.

ㄷ. 광도 계급이 I의 별들은 매우 밝은 초거성으로 광도 계급이 VII인 백색 왜성보다 반지름이 매우 크다.

**오답 넘기**

ㄱ. 광도 계급은 가장 밝은 별인 초거성을 I, 주계열성을 V, 어두운 백색 왜성을 VII로 하여 분류하고 있다. 같은 분광형일 경우 광도 계급이 작을수록 밝다.

### 5 별의 최후

A는 중성자로 이루어진 천체이므로 중성자별, B는 빛도 빠져나가지 못하는 천체이므로 블랙홀, C는 표면 온도는 높지만 작고 밀도가 큰 천체이므로 백색 왜성에 해당한다.

ㄴ. 태양은 주계열 → 적색 거성 → 행성상 성운 → 백색 왜성으로 진화한다.

**오답 넘기**

ㄱ. 세 별 모두 밀도와 중력이 매우 크지만 그중에서도 중력이 가장 큰 것은 빛조차 빠져나올 수 없는 블랙홀이다.

ㄷ. 블랙홀은 가시광선 영역에서 관측되지 않는다.

### 6 별의 진화

정역학 평형 상태란, 중력과 기체 압력 차이에 의한 힘이 평형을 이루는 상태이다. 별은 주계열성 단계에서 정역학 평형을 이룬다. 그림의 별은 외각부가 팽창하고 있으므로 주계열성 단계를 벗어나 적색 거성으로 진화하는 단계이다.

ㄴ. A는 수소 껍질 연소가 일어나는 부분이다. 따라서 수소 핵융합 반응이 일어난다.

ㄷ. 헬륨 핵융합 반응이 일어나기 전까지 반지름이 계속 증가하고 표면 온도는 감소한다. 하지만 반지름의 변화가 더 크므로 광도는 증가한다.

**오답 넘기**

ㄱ. 그림의 별은 외각부가 팽창하고 있으므로 주계열성 단계를 벗어나 적색 거성으로 진화하는 단계이다. 적색 거성은 정역학 평형이 깨져 별의 크기가 증가한다.

### 7 별의 에너지원

**자료 분석 +** 질량이 태양과 비슷한 별의 진화

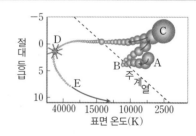

| 단계 | 별의 상태 | 에너지원 | 특징 |
|---|---|---|---|
| A | 원시별 | 중력 수축 에너지 | 질량이 클수록 중력 수축이 빠르게 일어나 주계열성에 빨리 도달한다. |
| B | 주계열성 | 수소 핵융합 반응 에너지 | 정역학 평형을 이룬다. |
| C | 적색 거성 | 수소 핵융합 반응 에너지, 중력 수축 에너지, 헬륨 핵융합 반응 에너지 | 정역학 평형이 깨지고 중심핵에 탄소만 남는다. |
| D | 행성상 성운 | — | 성운의 중심부에는 백색 왜성이 있고, 외각부는 우주로 날아가며 행성의 궤도와 같은 모습을 보인다. |
| E | 백색 왜성 | — | 시간이 지나며 점차 별의 온도가 감소한다. |

ㄴ. 주계열성에서 적색 거성으로 진화하면 중심핵은 수축하고, 중심핵 주변에서 수소 껍질 연소가 일어난다.

오답 넘기
ㄱ. A 과정은 원시별 단계로 중력 수축 에너지가 주된 에너지원이다.
ㄷ. 백색 왜성은 주계열성보다 밀도가 크다.

## 8 별의 내부 구조

그림 (나)의 내부 구조를 가진 별의 질량이 태양 질량의 3배이므로 내부에서는 CNO 순환 반응이 우세하고, 대류의 형태로 핵에서 생산한 에너지를 전달하는 대류핵이 나타난다.

ㄱ. (가)의 A는 P−P 반응, B는 CNO 순환 반응에서의 에너지 생성량을 나타낸 것이다. (나)의 내부 구조를 가진 별의 질량은 태양 질량의 3배이므로 주로 CNO 순환 반응으로 에너지를 생산한다.

오답 넘기
ㄴ. 중심부 온도는 (나) 구조를 가진 별이 태양보다 높다.
ㄷ. ㉠은 대류핵이다. 따라서 에너지의 전달은 주로 대류로 일어난다.

## 9 외계 행성 탐사법_도플러 효과

ㄱ. 중심별과 외계 행성은 공통 질량을 중심으로 같은 방향, 같은 주기로 공전한다. 따라서 행성의 공전 방향은 A이다.

오답 넘기
ㄴ. 중심별의 질량이 클수록 공통 질량 중심과 중심별 사이의 거리가 작아진다. 따라서 중심별의 공전 궤도가 작아지므로 중심별의 시선 속도 변화량은 작아진다.
ㄷ. 외계 행성의 공전 궤도면이 관측자의 시선 방향과 수직일 때는 시선 속도 변화가 관측되지 않는다.

## 10 외계 행성 탐사법_식 현상

ㄱ. 겉보기 밝기 변화를 관측하고 규칙적으로 밝기 변화가 나타나므로 식 현상을 이용한 탐사법에 해당한다.
ㄴ. 식 현상을 이용한 탐사법에서 행성의 반지름이 클수록 중심별을 가리는 면적이 넓어지므로 중심별의 겉보기 밝기 변화가 크다.

오답 넘기
ㄷ. 행성의 공전 주기는 밝기 감소가 반복되는 시간 차이인 $t_5 - t_1$이다.

## 11 외계 행성 탐사법_미세 중력 렌즈 현상

자료 분석 ➕ 외계 행성 탐사법-미세 중력 렌즈 현상

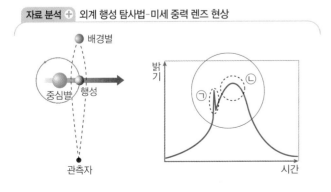

미세 중력 렌즈 현상을 이용한 탐사법은 배경별의 밝기 변화를 관측한다. 배경별의 밝기가 평상시에 비해 증가하는 붉은 동그라미 구간은 중심별에 의한 미세 중력 렌즈 효과이고, 이 중 ㉠처럼 불규칙적인 밝기 변화가 추가적으로 관측되면 행성에 의한 미세 중력 렌즈 현상이 발생하는 것이다. 만일 중심별에 의한 밝기가 최대인 ㉡보다 ㉠이 먼저 나타난다면 중심별보다 외계 행성이 시선 방향을 먼저 지나간 것이고, ㉠이 ㉡보다 늦게 나타난다면 중심별이 먼저 지나가고 외계 행성이 나중에 지나간 것이다.

ㄱ. 미세 중력 렌즈 현상을 이용한 외계 행성 탐사는 배경별의 불규칙한 밝기 변화를 이용하여 외계 행성의 존재를 파악한다.
ㄴ. ㉠은 외계 행성에 의한 배경별의 밝기 변화를, ㉡은 외계 행성의 중심별에 의한 배경별의 밝기 변화를 나타낸다.
ㄷ. 식 현상과 도플러 효과를 이용하는 방법과는 달리 외계 행성의 공전 궤도면과 관측자의 시선 방향이 수직이어도 관측 가능한 장점이 있다.

## 12 생명 가능 지대

(1) 외계 행성이 단위 시간당 단위 면적에서 받는 복사 에너지 양의 상댓값이 1에 위치한 행성들이 생명 가능 지대에 위치한 것이다. 이에 해당하는 것은 A와 지구이다.
(2) 주계열성인 A의 중심별은 표면 온도가 가장 낮으므로 광도가 가장 작다. 또한 단위 시간당 단위 면적에서 받는 에너지 양은 A와 지구가 같고, B는 작으므로 중심별로부터 가장 가까이 있는 행성은 A이다.

## 13 외부 은하

ㄴ. 그림에서 은하 중심부보다 나선팔이 파랗다. 이것은 나선팔에 성간 물질의 양이 더 많아 별의 탄생이 활발하기 때문이다.

오답 넘기
ㄱ. 그림의 외부 은하는 나선팔과 막대 구조가 존재하므로 막대 나선 은하이다. E는 타원 은하, S는 나선 은하, Irr는 불규칙 은하에 해당한다.
ㄷ. 매우 큰 적색 편이가 나타나는 것은 특이 은하 중 퀘이사의 특징이다. 퀘이사는 매우 멀리 있어 일반적인 별처럼 관측된다.

허블의 은하 분류에서 은하 내의 성간 물질, 색을 묻는 경우가 있으니 잘 기억해 두자.

## 14 허블 법칙

ㄴ. 우주가 팽창하는 것은 허블 법칙을 통해 알 수 있다. 이때 우주의 팽창 중심은 없으므로 동일한 거리에서 상대 은하를 보면 후퇴 속도가 서로 동일하다. 따라서 C에서 우리은하를 관측한다고 하였을때 후퇴 속도는 3500 km/s이다.

오답 넘기
ㄱ. 우리은하에서 A까지의 거리는 50 Mpc이고, A의 후퇴 속도는 3500 km/s이며 $v = H \cdot r$이므로

$$허블 \ 상수: H = \frac{v}{r} = \frac{3500}{50} = 70 \ km/s/Mpc이다.$$

# 정답과 해설

ㄷ. A에서 C까지의 거리는 100 Mpc이고, 우리은하에서 B까지의 거리는 20 Mpc이다. 허블 법칙에서 후퇴 속도는 은하까지의 거리에 비례한다. 우리은하에서 B까지의 거리와 A~C 사이의 거리 차이가 5배이므로 A에서 관측한 C의 후퇴 속도는 우리은하에서 관측한 B의 후퇴 속도보다 5배 빠르다.

## 15 가속 팽창 우주

ㄱ. 그림에서 현재 우주의 크기는 점차 빠르게 커지고 있다. 즉, 우주의 팽창 속도가 빨라지고 있으므로 가속 팽창 우주 모형에 해당한다.

ㄴ. [시간-우주의 크기] 그래프에서 기울기는 A보다 현재에서 더 크며 기울기가 우주의 팽창 속도이므로 우주의 팽창 속도는 현재가 A보다 더 크다.

ㄷ. 우주를 구성하는 요소는 보통 물질, 암흑 물질, 암흑 에너지이다. 우주가 팽창함에 따라 물질의 밀도는 감소하나 암흑 에너지의 밀도는 일정하게 유지된다. 따라서 암흑 에너지의 비율은 A보다 현재가 크다.

## 16 우주의 구성 성분

**자료 분석 ➕ 우주의 구성 성분**

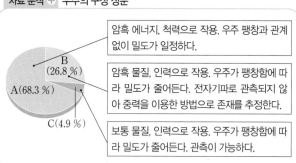

- 암흑 에너지, 척력으로 작용. 우주 팽창과 관계없이 밀도가 일정하다.
- 암흑 물질, 인력으로 작용. 우주가 팽창함에 따라 밀도가 줄어든다. 전자기파로 관측되지 않아 중력을 이용한 방법으로 존재를 추정한다.
- 보통 물질, 인력으로 작용. 우주가 팽창함에 따라 밀도가 줄어든다. 관측이 가능하다.

ㄴ. 우주의 구성 성분의 비율은 암흑 에너지(약 68.3 %), 암흑 물질(약 26.8 %), 보통 물질(약 4.9 %) 순이다. 따라서 B는 암흑 물질에 해당한다. 암흑 물질은 인력으로 작용한다.

ㄷ. 별은 보통 물질로 이루어진 천체이다.

**오답 넘기**

ㄱ. 은하의 외곽에 분포하는 별들의 회전 속도가 거리에 관계없이 일정한 것은 암흑 물질(B)의 분포로 설명할 수 있다.

---

**2주 4일 교과서 대표 전략 ②** | Book 2 62~63쪽

| 1 ㄱ, ㄷ | 2 해설 참조 | 3 ㄷ | 4 ㄱ, ㄴ, ㄷ |
| 5 ④ | 6 (1) 해설 참조 (2) 해설 참조 | 7 ㄴ |
| 8 ㄱ, ㄴ |

---

## 1 별의 물리량

ㄱ. 중성 수소 흡수선은 A0형 별에 가까운 분광형일수록 강하다. 표에서 A0에 가장 가까운 별은 (가)이다.

ㄷ. 색지수는 별의 표면 온도가 낮을수록 크다. 따라서 표면 온도가 가장 낮은 (나)의 색지수가 가장 크다.

**오답 넘기**

ㄴ. 단위 시간당 방출하는 에너지가 광도이다. 절대 등급이 5등급 작을 때 광도는 100배이다. 하지만 (가)는 (다)보다 절대 등급이 3등급 작으므로 방출하는 에너지양은 100배보다 작다.

## 2 별의 반지름

별의 광도는 $L=4\pi R^2\sigma T^4$이므로 다음이 성립한다.

$$\frac{L_{(가)}}{L_{(나)}}=\frac{1}{100}=\left(\frac{R_{(가)}}{R_{(나)}}\right)^2\times\left(\frac{T_{(가)}}{T_{(나)}}\right)^4$$

이때, $\left(\frac{T_{(가)}}{T_{(나)}}\right)^4=2^4=16$이므로 $\frac{R_{(가)}}{R_{(나)}}=\frac{1}{40}$이다.

## 3 H-R도

주계열성은 왼쪽 위에서 오른쪽 아래의 대각선에 분포한다. 따라서 주계열성에 해당하는 것은 A, D이다. B는 표면 온도가 낮고 절대 등급이 작으므로 적색 거성, C는 표면 온도가 높으나 절대 등급이 크므로 백색 왜성이다.

ㄷ. 광도 계급은 초거성 → 거성 → 주계열성 → 백색 왜성으로 갈수록 증가한다. 따라서 광도 계급이 가장 큰 것은 백색 왜성인 C이다.

**오답 넘기**

ㄱ. A, D는 주계열성, B는 적색 거성, C는 백색 왜성이다.

ㄴ. $\frac{질량}{부피}$ 은 밀도에 해당한다. A~D 중 밀도가 가장 큰 것은 C이다.

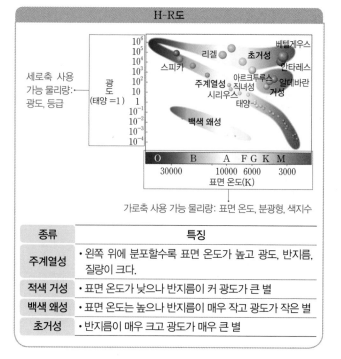

가로축 사용 가능 물리량: 표면 온도, 분광형, 색지수

| 종류 | 특징 |
|---|---|
| 주계열성 | • 왼쪽 위에 분포할수록 표면 온도가 높고 광도, 반지름, 질량이 크다. |
| 적색 거성 | • 표면 온도가 낮으나 반지름이 커 광도가 큰 별 |
| 백색 왜성 | • 표면 온도는 높으나 반지름이 매우 작고 광도가 작은 별 |
| 초거성 | • 반지름이 매우 크고 광도가 매우 큰 별 |

## 4 수소 핵융합 반응

ㄱ. 그림의 핵융합 반응은 CNO 순환 반응이다. CNO 순환 반응은 중심부 온도가 높은 별에서 우세하게 나타난다. A, B는 주계열성이므로 절대 등급이 작은 A의 내부 온도가 더 높다. 따라서 A의 내부에서 (가)가 더 우세하게 나타난다.

ㄴ, ㄷ. 수소 핵융합 반응에 의해 헬륨 원자핵으로 변화할 때 질량 감소가 나타난다.

## 5 외계 행성 탐사법

④ $\dfrac{\text{행성의 면적}}{\text{중심별의 면적}}$이 클수록 가려지는 중심별의 비율이 크다. 따라서 밝기 변화가 크게 나타난다. 또한 변화량으로부터 행성의 반지름을 추정해 볼 수 있다.

**오답 넘기**

①, ② 식 현상을 이용한 탐사법은 중심별의 주기적인 밝기 변화를 통해 외계 행성의 존재를 알아내는 것이다.

③ 식 현상이 일어날 때 행성 대기를 통과하는 별빛을 분석하여 행성의 대기 성분을 알 수 있다.

⑤ 행성의 공전 방향과 중심별의 공전 방향은 동일하다. 그림의 4~5는 행성이 지구로부터 멀어지는 구간이므로, 중심별은 다가오게 된다. 따라서 중심별의 청색 편이가 나타난다.

## 6 허블 법칙

(1) **모범 답안**

도플러 효과는 $\dfrac{v}{c}=\dfrac{\Delta\lambda}{\lambda_0}$로 표현할 수 있다. 그림에서 후퇴 속도 $v$는

$\dfrac{\Delta\lambda}{\lambda_0}\times c=\dfrac{56}{400}\times 3\times 10^5=42000$ (km/s)이다.

| 채점 기준 | 배점(%) |
|---|---|
| 후퇴 속도를 도플러 효과의 공식을 사용하여 바르게 서술하고, 답이 맞는 경우 | 100 |
| 후퇴 속도를 도플러 효과의 공식을 사용하여 서술하였으나 답이 틀린 경우 | 50 |

(2) **모범 답안**

허블 법칙이 $v=H\times r$이므로, $42000=H\times 600$, $H=70$ km/s/Mpc이다.

| 채점 기준 | 배점(%) |
|---|---|
| 허블 법칙을 사용하여 허블 상수를 바르게 구한 경우 | 100 |
| 허블 법칙을 사용하였으나 답이 틀린 경우 | 50 |

## 7 은하의 분류

ㄴ. 은하의 평균 색지수는 파란별이 상대적으로 많은 나선 은하가 타원 은하보다 더 작다.

**오답 넘기**

ㄱ. (가)는 막대 구조가 없으므로 정상 나선 은하에 해당한다. SBa는 막대 나선 은하 중 a형 은하이다.

---

ㄷ. 타원 은하에서 긴 반지름과 짧은 반지름의 차이가 클수록 ⓒ값(편평도)이 증가한다.

## 8 가속 팽창 우주

**자료 분석 ➕ 가속 팽창 우주**

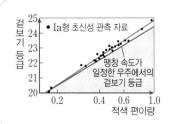

팽창 속도가 일정한 우주(텅빈 우주)에서의 겉보기 등급에 비해 위쪽 영역(흰색 영역)이 가속 팽창하는 우주, 아래쪽 영역(어두운 부분)은 감속 팽창하는 우주이다.

ㄱ. Ia형 초신성의 최대 광도는 일정하므로 겉보기 등급이 클수록 멀리 있는 것이다. 따라서 적색 편이량이 큰 초신성일수록 멀리 있다.

ㄴ. 그림에서 팽창 속도가 일정한 우주에서의 겉보기 등급보다 관측된 Ia형 초신성의 관측 결과가 더 멀리 있으므로 현재 우주는 가속 팽창하는 우주에 해당한다.

**오답 넘기**

ㄷ. 이 관측 결과에 영향을 미치는 가장 중요한 구성 물질은 암흑 에너지이다.

---

## (2주) 누구나 합격 전략   **Book 2** 64~65쪽

| | | | |
|---|---|---|---|
| 1 ② | 2 ㄷ | 3 ② | 4 ㄱ, ㄷ |
| 5 ④ | 6 ㄱ | 7 ㄱ, ㄴ, ㄷ | 8 ㄴ, ㄷ |

## 1 별의 물리량

ㄴ. 빈의 변위 법칙($\lambda_{max}=\dfrac{a}{T}$)으로부터 B별에서 $a=1\times 3000$이고, A별의 온도 $T_A=\dfrac{3000}{0.4}=7500$ (K)이다.

**오답 넘기**

ㄱ. 별의 표면 온도가 높을수록 색지수가 작다.

ㄷ. 반지름이 같은 두 별이므로 광도($L=4\pi R^2\sigma T^4$)는 표면 온도($T$)의 네제곱에 비례함을 알 수 있다. A와 B의 표면 온도 비가 1 : 2.5이므로 광도는 A가 B의 $2.5^4=39.0625$임을 알 수 있다.

## 2 H-R도

ㄷ. 초거성의 광도 계급은 Ⅰ, 주계열의 광도 계급은 Ⅴ이다. B는 초거성, C는 주계열성이므로 ⓐ보다 ⓑ이 더 크다.

**오답 넘기**

ㄱ. A는 절대 등급이 −2, 표면 온도가 4000 K이므로 그림에 표시하면 거성 영역에 포함된다.

ㄴ. 별의 수명은 별의 질량이 클수록 짧다. B는 초거성, A는 거성이므로 초거성이 더 크고 무겁다. 따라서 별의 수명은 B가 A보다 짧다.

**3. 별의 진화**

② B 단계는 헬륨 핵융합 반응이 진행되는 시기이다. 헬륨 핵융합 반응은 내부 온도가 1억 K 이상일 때 일어난다.

**오답 넘기**

① A는 주계열성을 벗어나 적색 거성으로 진화하는 단계이다. 이 단계에서의 에너지원은 수소 핵융합 반응(수소 껍질 연소)과 중력 수축 에너지이다.
③ D는 행성상 성운 단계이다. 행성상 성운의 중심부에는 주로 탄소로 이루어진 백색 왜성이 존재한다.
④ 별은 주계열성 이후로 계속해서 질량이 줄어든다(∵ 핵융합 반응 + 외부로 물질을 방출). 따라서 별의 질량은 A 단계보다 C 단계가 작다.
⑤ 별의 광도는 C 단계에서 가장 크다.

**4 별의 내부 구조**

ㄱ. ⊙은 주계열성 중 태양보다 질량과 광도가 매우 큰 별이다. 이러한 별에서는 중심부에서 CNO 순환 반응이 우세하게 나타난다.

ㄷ. (나)는 중심부에서 수소 핵융합 반응을 하는 별 중 중심핵-복사층-대류층의 구조를 갖는 별의 내부이다. 이에 해당하는 것은 주계열 중 질량이 작은 ⓒ이다.

**오답 넘기**

ㄴ. ⓒ은 주계열에서 벗어난 적색 거성이다. 거성은 정역학 평형이 무너져 별의 반지름이 변화한다.

**5 생명 가능 지대**

B. 액체 상태의 물은 비열이 높고, 다양한 물질을 녹일 수 있어 생명체가 존재하는 데 필수적인 요소이다.

C. 행성의 자기장은 중심별에서 방출하는 항성풍을 차단해 대기의 유지와 생명체의 지속에 큰 역할을 한다.

**오답 넘기**

A. 생명 가능 지대는 액체 상태의 물이 존재할 수 있는 영역으로 반드시 생명체가 존재하는 것은 아니다. 태양계에서 생명 가능 지대에는 지구, 달이 있는데 달에는 생명체가 없다.

**6 허블 법칙**

ㄱ. 외부 은하의 후퇴 속도는 스펙트럼을 분석하여 흡수선의 적색 편이량으로부터 알아내었다($v = \dfrac{\varDelta\lambda}{\lambda_0} \times c$). 이때 빛을 프리즘 등에 통과시켜 관측하는 것을 분광 관측이라고 한다.

**오답 넘기**

ㄴ. 허블이 측정한 허블 상수는 약 500 km/s/Mpc으로 현재의 허블 상수인 약 68 km/s/Mpc보다 크다.
ㄷ. 허블 법칙으로 구한 우주의 나이는 허블 상수가 클수록 작다. 허블 상수는 현재가 허블이 구한 값보다 작으므로 현재 알아낸 우주의 나이가 더 많다.

**7 특이 은하**

ㄱ. A는 로브로, 전파 은하에서 나타나는 모습이다.

ㄴ. 특이 은하 중 퀘이사는 매우 큰 적색 편이량을 나타내고, 전파 은하는 전파 영역에서 많은 에너지를 방출하는 은하이다.
ㄷ. 특이 은하의 중심에는 거대 질량 블랙홀이 있다.

**8 빅뱅 우주론과 정상 우주론**

**자료 분석 ⊕ 가속 팽창 우주**

빅뱅 우주론과 정상 우주론을 비교하면 다음과 같다.

| 분류 | 빅뱅 우주론 | 정상 우주론 |
|---|---|---|
| 모형 |  | |
| 특징 | • 팽창하는 우주<br>• 우주의 물질 밀도 감소<br>• 우주의 온도 감소 | • 팽창하는 우주<br>• 우주의 물질 밀도 일정<br>• 우주의 온도 일정 |
| 근거 | • 우주 배경 복사<br>• H : He = 3 : 1 | |

(가)는 은하의 수가 일정하므로 우주의 질량이 일정하다는 빅뱅 우주론을, (나)는 은하의 수가 계속해서 증가하므로 우주의 밀도가 일정한 정상 우주론을 나타낸 것이다.

ㄴ. (가)는 빅뱅 우주론, (나)는 정상 우주론이다.
ㄷ. 빅뱅 우주론은 우주 배경 복사를 예측했었다.

**오답 넘기**

ㄱ. 시간에 따른 우주의 온도가 일정한 우주론은 정상 우주론인 (나)이다.

**② 창의·융합·코딩 전략** `Book 2` 66~69쪽

| 1 ③ | 2 ④ | 3 해설 참조 | 4 ③ |
|---|---|---|---|
| 5 ③ | 6 ③ | 7 ③ | 8 ③ |

**1 별의 분광형과 스펙트럼**

A. 스펙트럼에는 연속, 흡수, 방출 스펙트럼이 있다. 별에서 관측되는 스펙트럼은 흡수 스펙트럼에 해당한다.

B. 별의 스펙트럼에서 관측되는 흡수선의 세기와 종류는 별의 표면 온도에 따라 달라진다.

**오답 넘기**

C. 수소 흡수선이 가장 강하게 관측되는 별은 표면 온도가 10000 K인 A형 별이다. 표면 온도가 6000 K인 별의 분광형은 G형이다.

## 2 별의 종류

ㄴ. 적색 거성은 정역학 평형 상태가 무너져 별의 반지름이 증가한다. 따라서 (가)의 물음에 적절하다.

ㄷ. 주계열성 이후로 핵융합 반응이 일어나므로 질량 결손에 의해 별의 질량은 별이 진화할수록 감소한다. 따라서 질량은 A가 B보다 크다.

**오답 넘기**

ㄱ. 주계열성 단계에서 별의 중심부는 주로 수소, 적색 거성 단계에서 별의 중심부는 주로 헬륨으로 구성되어 있다. 반면 백색 왜성 단계에서 별의 중심부는 주로 탄소와 소량의 산소로 구성되어 있다. 따라서 A는 적색 거성, B는 백색 왜성이 된다.

**적색 거성 단계인 별의 내부 구조**

거성 단계 이후 중심부는 계속 수축하고, 별의 바깥층은 정역학 평형 상태를 이루기 위해 수축과 팽창을 반복하여 반복하는 적색 거성 단계의 별의 내부 구조이다.

## 3 별의 에너지원

**모범 답안**

태양의 중력 수축 에너지의 크기는 $2 \times 10^{41}$ J이고 광도는 $4 \times 10^{26}$ J/s이다. 별의 수명은 $\dfrac{\text{별의 총 에너지양}}{\text{별의 광도}}$ 이므로 대입하면,

$\dfrac{2 \times 10^{41}}{4 \times 10^{26}} \times \dfrac{1}{3.2 \times 10^7} \approx 1500$만 년이다. 현재 태양의 나이가 50억 년이므로 현재의 광도로 1500만 년만 에너지를 유지할 수 있는 중력 수축 에너지는 태양의 주 에너지원이 될 수 없다.

| 채점 기준 | 배점(%) |
|---|---|
| 중력 수축 에너지와 태양의 광도로부터 중력 수축이 에너지원이면 수명이 1500만 년이 됨을 서술하고, 태양의 현재 나이와 비교하여 중력 수축 에너지가 태양의 주 에너지원이 될 수 없음을 설명한 경우 | 100 |
| 중력 수축 에너지와 태양의 광도로부터 중력 수축이 에너지원이면 수명이 1500만 년이 됨을 서술한 경우 | 50 |

## 4 별의 내부 구조와 에너지원

[학생 A]

• 중심부의 온도가 1000만 K인 주계열성에서는 P-P 반응이 CNO 순환 반응보다 우세하다. (○) ➜ 중심부 온도가 약 1800만 K보다 낮으면 P-P 반응, 높으면 CNO 순환 반응이 우세하다.

• 수소 원자핵 4개의 질량과 헬륨 원자핵 1개의 질량은 같다. (×) ➜ 4개의 수소 원자핵이 융합하여 1개의 헬륨 원자핵을 생성할 때 줄어든 질량만큼이 에너지($E = \Delta mc^2$)로 전환된다.

[학생 B]

• 질량이 태양 정도인 주계열성 내부는 중심으로부터 중심핵-대류층-복사층 순으로 구성되어 있다. (×) ➜ 태양 질량을 갖는 주계열성의 내부는 중심핵-복사층-대류층으로 구성되어 있다.

• 중심부 온도가 약 2500만 K인 주계열성에서 단위 시간당 에너지를 생산하는 양은 CNO 순환 반응이 P-P 반응보다 많다.(○)

## 5 외계 행성 탐사법_직접 촬영법

A. 외계 행성 탐사법에는 식 현상, 시선 속도 변화, 미세 중력 렌즈 현상을 이용한 탐사법 이외에 행성을 직접 촬영하는 직접 촬영법(Direct imaging)도 있다.

B. 직접 촬영법은 행성의 내기 성분을 분상 관측을 통해 가장 정확하게 알 수 있는 장점이 있다.

**오답 넘기**

C. 이 탐사법은 어두운 행성을 촬영하기 위해 중심별을 가리고 관측해야 하므로 중심별과 행성의 거리가 가까우면 관측하기 어렵다.

## 6 은하의 분류

ㄱ. 은하는 은하의 모양에 따라 타원 은하, 나선 은하, 불규칙 은하로 분류한다. 규칙적인 모양이 없는 은하를 불규칙 은하라고 한다. 따라서 B는 불규칙 은하, A는 나선 은하에 해당한다. 불규칙 은하는 타원 은하에 비해 성간 물질과 젊은 별들이 많이 분포한다.

ㄴ. 나선 은하는 은하핵과 나선팔로 구성되어 있고, 타원 은하는 성간 물질이 거의 없는 타원형 은하이다.

**오답 넘기**

ㄷ. 나선 은하가 시간이 지난다고 해서 타원 은하로 모양이 변하는 것은 아니다. 나선 은하와 타원 은하는 진화 단계상 큰 관련성이 없다.

## 7 급팽창 우주론

A. 급팽창 우주론은 우주 초기에 우주의 크기가 빛보다 빠르게 증가하였다는 이론이다.

C. 급팽창 이론은 기존의 빅뱅 우주론에서 해결하지 못한 우주의 편평성 문제, 지평선 문제, 자기 홀극 문제를 해결하였다.

**오답 넘기**

B. 급팽창 이론은 빅뱅 우주론을 보완해 주는 역할을 하므로 수정된 빅뱅 우주론에 해당한다.

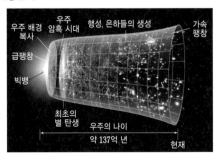

### 8 우주의 구성 성분

우주의 구성 성분 중 인력으로 작용하는 것은 암흑 물질, 보통 물질이며 척력으로 작용하는 것은 암흑 에너지이다. 만유 인력으로 작용하지 않는 것은 암흑 에너지이므로 A는 암흑 에너지이다. 암흑 물질과 보통 물질의 총량은 일정하다. 하지만 우주는 시간에 따라 계속적으로 팽창했으므로 우주에서 차지하는 비율은 계속해서 감소하였다. 따라서 B에 해당하는 것은 없고, C에 보통 물질과 암흑 물질이 해당한다.

ㄱ. 우주의 가속 팽창은 암흑 에너지로 인해 나타난다.

ㄷ. C는 보통 물질과 암흑 물질이다. 둘 다 질량이 있다.

**오답 넘기**

ㄴ. B에 해당하는 것은 없다.

## 신유형·신경향·서술형 전략    Book 2 72~75쪽

| | | | |
|---|---|---|---|
| **1** ② | **2** ⑤ | **3** ③ | **4** ① |
| **5** 해설 참조 | **6** 해설 참조 | **7** 해설 참조 | |
| **8** (1) $\frac{1}{100}$ (2) 해설 참조 | **9** 해설 참조 | **10** 해설 참조 | |

### 1 우리나라 주변의 해류

ㄴ. C는 대마 난류(쓰시마 난류)로 북태평양 아열대 순환을 구성하는 쿠로시오 해류의 지류이다.

**오답 넘기**

ㄱ. 동해에서 형성되는 조경 수역은 북한 한류(A)와 동한 난류(B)가 만나서 형성된다. 조경 수역의 위치는 겨울에는 울릉도와 주문진 먼바다에, 여름에는 함경남도 먼바다에 형성된다. 즉, 여름철에는 북상하고, 겨울철에는 남하하게 된다.

ㄷ. 연해주 한류가 연장되어 온 한류인 북한 한류(A)가 쓰시마 난류(C)보다 표층 수온이 더 낮다.

### 2 엘니뇨와 라니냐

A. 엘니뇨 시기에는 무역풍이 약해져서 동태평양 적도 부근 해역에서의 용승 현상이 약해지고, 따뜻한 해수가 동쪽으로 이동하여 동태평양 적도 부근 해역의 표층 수온은 평상시보다 높아진다.

B. 무역풍은 동쪽에서 서쪽으로 불고 있다. 남적도 해류는 적도 부근 해역에서 동쪽에서 서쪽으로 흐른다. 엘니뇨 시기보다 라니냐 시기에 무역풍의 세기가 더 강하므로 남적도 해류의 유속도 더 빨라진다.

C. 서태평양 적도 부근 해역의 강수량은 하강 기류가 발달하는 엘니뇨 시기보다 상승 기류가 발달하는 라니냐 시기에 더 많아진다.

### 3 H-R도

ㄱ. 태양의 절대 등급은 4.8, 분광형은 G2이다.

ㄴ. 집단 ㉠~㉣은 각각 주계열성, 적색 거성, 초거성, 백색 왜성에 해당한다. ㉣은 백색 왜성에 해당하는데, 제시된 그림에서 백색 왜성은 그래프의 왼쪽 하단에 위치한 2개의 별이 이에 해당된다. 따라서 ㉣의 개수는 2개이다.

**오답 넘기**

ㄷ. 제시된 별 중 가장 많은 수를 차지하는 것은 주계열에 속하는 ㉠이다. 이는 별의 일생 중 가장 오랜 시간을 주계열 단계에서 보내기 때문이다.

### 4 우주 배경 복사

**자료 분석 ⊕ 우주 배경 복사**

A, B는 우주의 반대편에 위치하므로 가장 멀리 있는 상태이다.

COBE, WMAP, PLANCK로 갈수록 더 선명한 영상이 나타나는 것을 볼 수 있다. 이는 기술이 발달하여 더 우수한 망원경 성능을 갖게 되었기 때문이다. 이때 파란색은 온도 편차가 미세하게 낮은 지역을, 붉은색은 온도 편차가 미세하게 높은 지역을 나타낸다. 하지만 두 지역의 온도 편차는 약 600 $\mu$m로 $\frac{1}{1000}$보다 작다.

우주 배경 복사는 우주 전역에 걸쳐 거의 같은 온도와 세기로 관측되는 전자기파이다. 이 우주 배경 복사는 빅뱅 우주론의 강력한 근거로 COBE, WMAP, PLANCK 망원경 등에 의해 계속적으로 관측과 연구가 이루어지고 있다.

ㄴ. A와 B는 우주의 양쪽 반대 방향에 위치하므로 현재 전자기파로 상호 작용이 불가능하다.

**오답 넘기**

ㄱ. 우주 배경 복사의 온도는 약 2.7 K로 약간 높은 곳이 낮은 곳이 있다. 하지만 이 편차는 약 $10^{-3}$ K 정도로 매우 작다.

ㄷ. COBE 망원경보다 WMAP이 나중에 관측한 것이다.

### 5 고기후 연구

$^{18}O$는 $^{16}O$보다 상대적으로 무거워서 증발이 잘 일어나지 않는다. 그런데 기온이 높아지면 $^{18}O$의 증발량도 증가하고 대기(구름) 중 $^{18}O$의 비율도 커진다. 따라서 기온이 높아지면 빙하의 산소 동위 원소비($^{18}O/^{16}O$)도 커지게 된다.

**모범 답안**

**평균 기온은 A 시기보다 B 시기에 더 낮으므로 B 시기에 형성된 빙하 속 산소 동위 원소비($^{18}O/^{16}O$)는 A 시기보다 B 시기에 더 작을 것이다.**

| 채점 기준 | 배점(%) |
|---|---|
| 평균 기온과 산소 동위 원소비를 모두 옳게 서술한 경우 | 100 |
| 평균 기온과 산소 동위 원소비 중 한 가지만 옳게 서술한 경우 | 50 |

## 6 기후 변화의 지구 외적 요인

북반구와 남반구의 계절은 태양이 비추는 면적이 더 작은 반구가 겨울철에 해당한다.

**모범 답안**

A보다 태양과의 거리가 더 가까운 B일 때 우리나라의 겨울철 평균 기온이 높아지므로 기온의 연교차는 A보다 B일 때 작아진다.

| 채점 기준 | 배점(%) |
|---|---|
| 태양과의 거리와 기온의 연교차를 모두 옳게 서술한 경우 | 100 |
| 태양과의 거리와 기온의 연교차 중 한 가지만 옳게 서술한 경우 | 50 |

## 7 지구 온난화

(1) 이산화 탄소 농도 변화의 추세를 살펴보면, 1960년 이전보다 1960년 이후 평균 기울기가 더 가파르다. 1960년 이전보다 인간 활동에서 소비된 화석 연료 등으로 인해 이산화 탄소 농도 증가율은 1960년 이후가 더 크다.

**모범 답안**

1960년 이전에 비해 1960년 이후에 대기 중 이산화 탄소의 농도가 급격하게 증가하는 추세이다.

| 채점 기준 | 배점(%) |
|---|---|
| 시간에 따른 대기 중 이산화 탄소의 농도 변화를 모범 답안과 같이 옳게 서술한 경우 | 100 |

(2) 온실 기체인 이산화 탄소의 농도가 높아지면 대기에서 파장이 긴 지구 복사 에너지를 많이 흡수하고, 지표로 다시 복사하여 온실 효과가 증가한다.

**모범 답안**

대기 중 이산화 탄소의 농도가 높아지면 온실 효과가 강화되어 지구의 평균 기온이 상승하게 된다.

| 채점 기준 | 배점(%) |
|---|---|
| 대기 중 이산화 탄소의 농도와 온실 효과를 모두 이용하여 옳게 서술한 경우 | 100 |
| 대기 중 이산화 탄소의 농도와 온실 효과 중 한 가지만 이용하여 옳게 서술한 경우 | 50 |

(3) 온실 효과가 강화되면서 지구 온난화로 인해 해수 온도가 상승한다. 따라서 극지방의 빙하는 녹게 되고 빙하 면적이 감소하게 된다.

**모범 답안**

대기 중 이산화 탄소의 농도가 높아져서 지구의 평균 기온이 상승하였으므로 극지방 빙하의 면적은 감소했을 것이다.

| 채점 기준 | 배점(%) |
|---|---|
| 지구의 평균 기온과 극지방 빙하 면적의 변화를 모두 옳게 서술한 경우 | 100 |
| 극지방 빙하 면적의 변화만 옳게 서술한 경우 | 50 |

## 8 별의 물리량

(1) 단위 시간당 방출하는 에너지양은 광도이다. 절대 등급이 A는 $-6$, B는 $-1$이므로 A가 B보다 100배 더 밝다. 따라서 단위 시간당 방출하는 에너지양은 B가 A의 $\dfrac{1}{100}$배이다.

(2) **모범 답안**

광도($L$)는 $L=4\pi R^2 \sigma T^4$이므로 A와 B의 표면 온도비는 다음과 같다.

$$\left(\frac{T_A}{T_B}\right)^4 = \frac{L_A}{L_B} \times \left(\frac{R_B}{R_A}\right)^2 = \frac{100}{160^2}, \quad \therefore \frac{T_A}{T_B} = \frac{1}{4}$$

그러므로 $T_B = 12000$ K이다.

| 채점 기준 | 배점(%) |
|---|---|
| 정답과 풀이 과정을 모두 옳게 서술한 경우 | 100 |
| 풀이 과정은 옳으나 정답이 틀린 경우 | 50 |
| 정답은 맞으나 풀이 과정이 잘못된 경우 | 30 |

## 9 별의 진화

이 단계는 주계열을 지나 적색 거성으로 진화하는 단계이다. 적색 거성으로 진화할 때는 중심핵이 수축하여 온도가 상승한다. 그리고 중심핵을 둘러싸고 있는 수소 껍질 연소로 인해 외각부는 팽창하므로 반지름은 증가하고 표면 온도는 낮아진다.

**모범 답안**

(1) 적색 거성, 중심핵의 온도는 이 단계에서가 주계열성일 때보다 높다.

| 채점 기준 | 배점(%) |
|---|---|
| 적색 거성 단계와 중심핵의 온도를 옳게 서술한 경우 | 100 |
| 적색 거성 단계와 중심핵의 온도 중 하나만 옳게 서술한 경우 | 50 |

(2) 표면 온도는 감소하고 반지름은 증가한다.

| 채점 기준 | 배점(%) |
|---|---|
| 표면 온도와 반지름의 변화를 모두 옳게 서술한 경우 | 100 |
| 표면 온도와 반지름의 변화 중 한 가지만 옳게 서술한 경우 | 50 |

## 10 외계 행성 탐사법

(1) **모범 답안**

식 현상을 이용한 탐사법, 도플러 효과(시선 속도 변화)를 이용한 탐사법

| 채점 기준 | 배점(%) |
|---|---|
| 식 현상을 이용한 탐사법과 시선 속도 변화를 이용한 탐사법을 모두 쓴 경우 | 100 |
| 식 현상을 이용한 탐사법과 시선 속도 변화를 이용한 탐사법 중 하나만 쓴 경우 | 50 |

(2) 식 현상을 이용한 탐사법은 중심별까지의 거리가 대부분 1AU보다 작다. 따라서 중심별까지의 거리가 가까운 행성을 주로 발견하였다.

**모범 답안**

행성의 질량과 상관없이 공전 궤도 반지름이 작은 행성이 주로 발견되었다.

| 채점 기준 | 배점(%) |
|---|---|
| 발견된 행성과 중심별까지의 거리가 가깝다는 내용이 포함된 서술인 경우 | 100 |

(3) 행성과 중심별 사이의 거리가 가까울수록 행성의 공전 주기는 짧아진다.

**모범 답안**

식 현상을 이용한 탐사법은 중심별의 밝기가 주기적으로 감소하는 것을 관측하여 행성을 탐사한다. 주기적으로 밝기가 감소하기 위해서는 행성의 공전 주기가 짧아야 한다. 이를 위해서는 행성과 중심별 사이의 거리가 가까워야 한다.

| 채점 기준 | 배점(%) |
|---|---|
| 주기적으로 관측이 되어야 하고 이를 위해서는 공전 주기가 짧다는 내용의 서술인 경우 | 100 |
| 주기적으로 관측되어야 한다는 내용만 언급한 경우 | 50 |

## 적중 예상 전략 1회

**Book 1** 76~79쪽

| | | | |
|---|---|---|---|
| 1 ① | 2 ③ | 3 ② | 4 ④ |
| 5 ③ | 6 ⑤ | 7 ① | 8 ③ |
| 9 ④ | 10 ④ | 11 ① | 12 ⑤ |

13 (1) 가뭄, 산불 (2) 해설 참조　14 해설 참조
15 (1) 해설 참조 (2) 해설 참조 (3) 해설 참조

### 1 북태평양의 표층 순환

북태평양에서 아열대 순환은 남쪽에서 북쪽으로 흐르는 쿠로시오 해류, 북쪽에서 남쪽으로 흐르는 캘리포니아 해류, 서에서 동으로 흐르는 북태평양 해류와 동에서 서로 흐르는 북적도 해류로 형성된다.

ㄱ. 해역 A는 위도 30°~60° 사이에 위치하므로 해역 A에 흐르는 해류는 편서풍의 영향에 의해 주로 형성된다.

**오답 넘기**

ㄴ. A, B, C는 북태평양 아열대 순환을 구성하는 해류가 흐르는 해역이고, 해역 D에 흐르는 해류는 열대 순환을 구성하는 적도 반류이다.

ㄷ. 같은 위도에 위치한 해역 B와 C 중에서 표층 수온은 난류가 흐르는 해역 B가 한류가 흐르는 해역 C보다 높다.

### 2 대서양의 심층 순환과 수괴

A는 남극 중층수, B는 북대서양 심층수, C는 남극 저층수이다.

ㄱ. 그래프의 Y축은 수온을 의미하므로 평균 수온은 남극 중층수(A)가 남극 저층수(C)보다 높다.

ㄷ. 수괴의 밀도는 수온과 염분에 의해 결정된다. 수온이 낮고, 염분이 높은 수괴가 밀도가 가장 크다. 대서양에 존재하는 서로 다른 수괴 중 평균 밀도가 가장 큰 것은 남극 저층수(C)이다.

**오답 넘기**

ㄴ. 그래프의 X축은 염분을 의미하므로 평균 염분은 A가 B보다 낮다.

### 3 용승과 침강

바람의 회전 방향에 따라 표층 해수의 발산 또는 수렴이 발생한다.

ㄴ. 북반구에서 고기압성 바람이 지속적으로 불고 있을 때는 에크만 수송에 의하여 해수는 바람 방향의 오른쪽 직각 방향으로 이동한다. 따라서 고기압 중심부로 표층 해수가 수렴한다.

**오답 넘기**

ㄱ. 북반구의 해역에 바람의 방향이 시계 방향으로 나타나므로 고기압성 바람이 불고 있다.

ㄷ. 고기압 중심부로 표층 해수가 수렴하면 중심부에서는 침강이 일어난다.

**자료 분석 ➕ 기압 배치에 따른 용승과 침강(북반구)**

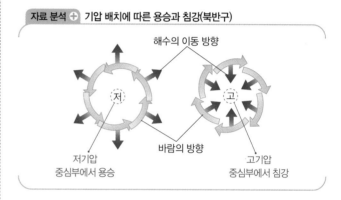

### 4 엘니뇨

ㄴ. 엘니뇨 시기에는 동태평양 적도 부근 해역의 상공에 구름이 발달하여 강수량이 증가하게 된다.

ㄷ. 엘니뇨 시기에는 태평양의 서쪽에서 동쪽으로 따뜻한 해수가 이동한다. 따라서 서태평양 적도 부근 해역의 해수면 높이는 평상시보다 낮아진다.

**오답 넘기**

ㄱ. 평상시보다 무역풍의 세기가 약해져서 엘니뇨가 발생한다.

### 5 동태평양 적도 부근 해역의 수온 편차

ㄱ. A는 동태평양 적도 부근 해역의 수온 편차가 약 0.5 °C 이상 높은 상태가 지속되는 기간이 주기적으로 보이므로 엘니뇨 시기이다. B는 동태평양 적도 부근 해역의 수온 편차가 약 0.5 °C 이상 낮은 상태가 지속되는 기간이 주기적으로 보이므로 라니냐 시기에 해당한다.

ㄷ. 동태평양 적도 부근 해역의 해면 기압은 라니냐 시기(B)가 엘니뇨 시기(A)보다 더 높다.

**오답 넘기**

ㄴ. 동태평양 적도 부근 해역에서 용승 현상은 라니냐 시기(B)가 엘니뇨 시기(A)보다 더 활발하다.

### 6 고기후 연구 방법

• 학생 A: 빙하 시추물의 공기 방울에는 빙하 생성 당시의 대

기 조성과 산소 동위 원소비를 포함하므로 당시의 대기 조성을 추정할 수 있다.

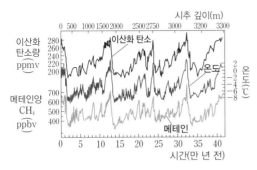

남극 빙하 표본으로 알아낸 이산화 탄소량,
메테인양, 상대적 온도 변화

- 학생 B: 해양 생물 화석 속의 산소 동위 원소비를 분석하면 화석이 생성될 당시의 기온을 추정할 수 있다.
- 학생 C: 나무의 나이테에서 나이테의 간격을 통해 당시의 기후 환경을 추정할 수 있다.

## 7 기후 변화의 지구 외적 요인

ㄱ. 지구의 세차 운동의 변화 주기는 약 26000년이다.

**오답 넘기**

ㄴ. 지구 자전축의 경사각은 약 41000년을 주기로 21.5°∼24.5° 사이에서 변한다.

ㄷ. 지구 공전 궤도 이심률의 변화만 고려할 때 지구 공전 궤도가 타원에서 원으로 변하면(이심률이 작아지면) 우리나라에서 기온의 연교차는 증가하여 겨울철 기온은 더 낮아진다.

## 8 지구 자전축의 경사각과 공전 궤도 이심률의 변화

공전 궤도 이심률 변화의 주기는 약 10만 년이고, 지구 자전축 경사각 변화의 주기는 약 41000년이다.

ㄱ. A는 지구 자전축의 경사각 변화이고, B는 지구 공전 궤도 이심률의 변화이다.

ㄴ. 지구 공전 궤도는 현재보다 이심률의 크기가 더 작은 ㉠ 시기가 원에 더 가깝다.

**오답 넘기**

ㄷ. 우리나라에서 기온의 연교차는 자전축의 경사각이 클수록, 공전 궤도 이심률이 작을수록 커진다. 따라서 현재보다 자전축의 경사각이 크고, 공전 궤도 이심률이 작은 ㉠ 시기에 우리나라에서 기온의 연교차는 더 크다.

## 9 기후 변화 요인

ㄴ. 식생의 변화로 지구의 반사율이 증가하면 지표면에 흡수되는 태양 복사 에너지의 양은 감소하게 된다.

ㄷ. 태양의 활동이 활발한 시기에 태양 표면의 흑점 수가 더 많다. 따라서 태양 표면의 흑점 수가 많을 때, 지구에 입사하는 태양 복사 에너지의 양도 증가한다.

**오답 넘기**

ㄱ. 화산 활동으로 인해 대기 중에 분출된 화산재는 태양 빛을 산란 또는 반

사시켜서 지표면 부근의 기온을 하강시킨다.

## 10 지구의 열수지

ㄴ. B는 지표에서 복사의 형태로 방출된 에너지 중 대기로 흡수된 에너지로 100이고, C는 지표에서 복사의 형태로 방출된 에너지로 104이다. 따라서 B<C이다.

ㄷ. 대기 중 온실 기체의 농도가 증가하면 B의 값이 증가하고, 이로 인해 대기에서 재방출되어 지표가 재흡수하는 양도 증가하게 된다. 따라서, 복사 평형을 맞추기 위해서 지표에서 대기로 방출하는 C도 증가하게 된다.

**오답 넘기**

ㄱ. A에는 지표에서 반사된 에너지가 5이고, 대기에서 반사된 에너지가 25이다. 따라서 A에는 대기보다 지표에서 이동한 값이 더 작다.

## 11 온실 효과

ㄱ. 수증기는 온실 효과를 유발하는 온실 기체이고, 온실 기체 중에서 $CO_2$의 온실 효과에 기여하는 정도가 가장 크다.

**오답 넘기**

ㄴ. 온실 효과는 긴 파장의 지구 복사 에너지를 대부분 흡수한 후 지표로 재복사하므로 지표면의 온도를 높이는 역할을 한다. 온실 효과가 강화되면 지구의 평균 기온이 상승한다.

ㄷ. 지구의 대기는 파장이 짧은 태양 복사 에너지는 잘 투과시키고, 파장이 긴 지구 복사 에너지는 잘 흡수한다.

## 12 미래의 기후 변화

ㄱ. 기온 편차의 변화 폭이 큰 A가 화석 연료를 계속 사용한 경우이고, 변화 폭이 작은 B가 친환경 에너지 기술을 적용한 경우이다.

ㄴ. A와 B 모두에서 기온 편차는 양(+)의 값으로 증가하는 경향을 나타내므로 지구의 평균 기온이 상승하여 지구의 평균 해수면 높이는 계속 증가할 것이다.

ㄷ. 화석 연료의 사용이 증가하면 대기 중 이산화 탄소의 농도가 상승한다. 대기 중 온실 기체의 농도는 화석 연료를 사용한 경우(A)가 친환경 에너지 기술을 적용한 경우(B)보다 더 높을 것이다.

## 13 엘니뇨와 기후 변화

(1) 엘니뇨가 발생한 시기에는 동쪽으로 흐르는 적도 반류가 강해져 A 지역의 대기는 건조해진다. 따라서 가뭄이나 산불 등과 같은 자연재해가 나타날 수 있다.

**모범 답안**

가뭄, 산불

| 채점 기준 | 배점(%) |
|---|---|
| 모범 답안 중에서 하나 이상 옳게 서술한 경우 | 100 |

(2) 엘니뇨 시기에는 무역풍이 약해져 서쪽으로 이동하던 따뜻한 해수의 흐름이 약해지면서 따뜻한 해수가 중앙 태평양 부근까지 분포하게 된다. 이로 인해 서태평양에서는 워커 순환의 하강 기류가 나타나고 동태평양에서는 워커 순환의 상승 기류가 나타난다.

모범 답안

엘니뇨가 발생하면 서태평양 적도 부근 해역에서는 하강 기류가 우세하게 일어나서 지표 부근에 고기압이 형성되고, 찬 공기가 하강하여 건조해진다.

| 채점 기준 | 배점(%) |
|---|---|
| 기압 변화와 공기의 흐름을 모두 옳게 서술한 경우 | 100 |
| 기압 변화와 공기의 흐름 중 한 가지만 옳게 서술한 경우 | 50 |

### 14 우리나라의 기후 변화

모범 답안

우리나라의 기후는 점차 고온 다습한 아열대 기후로 변해가고 있다.

| 채점 기준 | 배점(%) |
|---|---|
| 평균 기온과 평균 강수량의 변화를 모두 옳게 서술한 경우 | 100 |
| 평균 기온과 평균 강수량의 변화 중 한 가지만 옳게 서술한 경우 | 50 |

### 15 지구의 열수지

(1) 지구 전체가 태양으로부터 받는 에너지양과 방출하는 에너지양은 같다. 즉, 그래프에서 에너지 과잉 면적과 에너지 부족 면적은 같다.

모범 답안

지구는 복사 평형 상태이므로 저위도의 남는 에너지양(㉠)과 고위도의 부족한 에너지양(㉡)은 서로 같다.

| 채점 기준 | 배점(%) |
|---|---|
| 복사 평형 상태인 지구에 대한 언급과 저위도의 남는 에너지양(㉠), 고위도의 부족한 에너지양(㉡)의 크기 비교를 모두 옳게 서술한 경우 | 100 |
| 복사 평형 상태인 지구에 대한 언급과 저위도의 남는 에너지양(㉠), 고위도의 부족한 에너지양(㉡)의 크기 비교 중 한 가지만을 옳게 서술한 경우 | 50 |

(2) 대기는 해양보다 저위도에서 고위도로 수송하는 에너지양이 많다. 특히, 저위도나 고위도에 비해 중위도에서 에너지 수송량이 많다. 대기의 에너지 수송량은 북반구보다 남반구에서 많고 해양의 에너지 수송량은 남반구보다 북반구에서 많다. 따라서, A는 대기의 에너지 수송량, B는 해양의 에너지 수송량으로 적절하다.

모범 답안

A : 대기의 에너지 수송량, B : 해양의 에너지 수송량
대기에 의한 에너지 수송량(A)이 해양에 의한 에너지 수송량(B)보다 많다.

| 채점 기준 | 배점(%) |
|---|---|
| A와 B에 해당하는 적절한 용어와 A와 B의 크기 비교를 모두 옳게 서술한 경우 | 100 |
| 두 가지 중 한 가지만을 옳게 서술한 경우 | 50 |

자료 분석 ➕ 대기와 해양의 에너지 수송

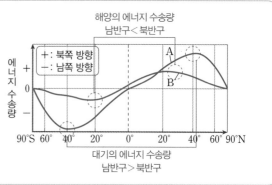

(3) 지구가 흡수하는 에너지와 방출하는 에너지는 지구가 둥글기 때문에 위도, 계절 등 다양한 요인으로 불균형이 발생한다. 이러한 불균형으로 대기와 해양의 순환이 발생하고, 지구는 전체적으로 복사 평형 상태에 도달한다.

모범 답안

지구는 전체적으로 복사 평형 상태이지만 위도에 따른 에너지 불균형에 의해 대기와 해양의 순환이 일어나면서 저위도의 남는 에너지가 고위도로 이동한다.

| 채점 기준 | 배점(%) |
|---|---|
| 위도에 따른 에너지 불균형과 대기와 해양의 순환을 모두 옳게 서술한 경우 | 100 |
| 두 가지 중 한 가지만 옳게 서술한 경우 | 50 |

## 적중 예상 전략 2회

Book 2 80~83쪽

| 1 ④ | 2 ⑤ | 3 ㄱ, ㄴ | 4 ③ |
| 5 ② | 6 ⑤ | 7 ② | 8 ② |
| 9 ⑤ | 10 ⑤ | 11 ④ | 12 ⑤ |

13 (1) 급팽창 우주론(인플레이션 이론) (2) 해설 참조
14 (1) 16 : 1 (2) 1 : 4        15 해설 참조

### 1 별의 스펙트럼과 분광형

④ 흡수선의 세기와 종류가 다른 까닭은 기체가 온도에 따라 이온화되는 정도가 다르기 때문이다.

오답 넘기

① O5별에서 가장 강한 흡수선은 He II이다. He II는 헬륨이 +1가로 이온화된 상태이다.

② 태양에서는 Ca II에 의한 흡수선의 세기가 가장 강하다. Ca II는 +1가로 이온화된 칼슘이다.

③ 표면 온도가 낮은 별에서는 TiO에 의한 흡수선의 세기가 강하다. 따라서 분자에 의한 흡수선의 세기가 강하다.
⑤ 그림에서 Ca II가 가장 강한 별의 분광형은 G~M까지 가능하다.

## 2 별의 물리량

ㄱ, ㄴ. A와 B는 절대 등급이 15만큼 차이 나므로 광도는 $10^6$ 배 차이가 난다. 광도($L$)는 $L=4\pi R^2\sigma T^4$이므로 A와 B의 반지름의 비는 다음과 같다.

$$\frac{R_A}{R_B}=\sqrt{\frac{L_A}{L_B}\times\left(\frac{T_B}{T_A}\right)^4}=\sqrt{\frac{1000000}{4^4}}=62.5, \therefore \frac{R_A}{R_B}=62.5$$이다.

ㄷ. C는 표면 온도가 6000 K임에도 불구하고 절대 등급이 0으로 밝다. 광도 계급이 V인 태양은 표면 온도가 5800 K, 절대 등급이 약 4.8이다. 따라서 ⊙은 V보다 작은 거성일 것이다.

## 3 별의 물리량

ㄱ. 최대 에너지를 방출하는 파장($\lambda_{max}$)은 별의 표면 온도가 높을수록 짧다. 그림에서 별 B가 파란색이므로 별 B가 A보다 표면 온도가 높다. 그러므로 최대 에너지를 방출하는 파장($\lambda_{max}$)은 B가 더 짧다.

ㄴ. 지구로부터의 거리가 동일하므로 밝게 보이는 별이 광도가 크다. 그림에서 A가 B보다 밝게 보이므로 광도가 큰 것은 A이다.

**오답 넘기**
ㄷ. 붉은색 별이 파란색 주계열성과 같거나 더 밝은 밝기를 갖기 위해서는 적색 거성이나 초거성이어야 한다.

## 4 H-R도

**자료 분석 ⊕ H-R도**

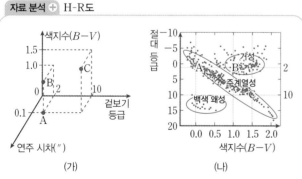

(가)　(나)

그림 (가)의 A, B, C를 (나)에 표현하면 위 오른쪽 그림과 같다. H-R도에서는 가로축에는 표면 온도, 색지수, 분광형을, 세로축에는 절대 등급, 광도를 사용한다.

연주 시차가 0.1″일 때의 거리를 10 pc이라고 하며 10 pc에서의 겉보기 등급을 절대 등급이라고 한다. 따라서 A, B, C의 겉보기 등급 = 절대 등급이다. A, B, C의 색지수와 절대 등급을 그림 (나)에 표시하면 주계열에 위치한 별은 A, C이고 B는 거성에 해당한다.

ㄱ. 주계열성인 A, C는 중심부에서 수소 핵융합 반응을 한다.

ㄷ. A와 B는 절대 등급이 같으므로 단위 시간에 방출하는 총 에너지양인 광도가 같다.

**오답 넘기**
ㄴ. B는 거성이다.

## 5 별의 진화

ㄷ. (다)는 아직 주계열에 도달하지 못한 원시별이다. 따라서 주계열에 도달할 때까지 반지름은 감소하고 표면 온도는 증가한다.

**오답 넘기**
ㄱ. (가)는 주계열을 벗어나 초거성으로 진화하는 별이다. 따라서 중력 수축과 수소 껍질 연소가 주된 에너지원이다.
ㄴ. (나)는 주계열성으로 수소 핵융합 반응에 의해 발생한 에너지가 주된 에너지원이다.

## 6 별의 최후

A. (가)는 초신성 폭발의 흔적이다. 행성상 성운의 경우 백색 왜성을 중심으로 행성의 궤도처럼 원형의 모습을 나타낸다.
B. 초신성 폭발이 일어나면 별을 구성하는 물질이 방출되면서 금, 은 등의 무거운 원소가 생성된다.
C. 초신성 폭발은 중심부에 남아 있는 천체의 질량에 따라 블랙홀이나 중성자별이 생성된다. 이때 남아 있는 천체의 질량이 태양 질량의 3배가 넘어가면 블랙홀이 형성된다.

## 7 별의 내부 구조

그림의 A, B, C는 각각 100억 년이 지난 경우, 50억 년이 지난 경우, 주계열에 도달한 시기의 내부 구조를 나타낸 것이다. 주계열성은 기체 압력 차이에 의한 힘과 중력이 평형을 이뤄 반지름이 일정하게 유지된다.

ㄷ. A에서 중심부의 헬륨이 높아진 이유는 수소 핵융합의 결과 헬륨 원자핵이 생성되었기 때문이다.

**오답 넘기**
ㄱ. 별의 중심부에서 수소 핵융합 반응이 종료되면 헬륨으로 구성된 중심부가 남게 되고 적색 거성으로 진화하게 된다. A는 수소 핵융합 반응이 종료되었다. 따라서 적색 거성으로 진화하며 광도는 증가한다.
ㄴ. 태양의 수명은 약 100억 년이다. B는 주계열성에 도달한지 50억 년 정도 된 시기이므로 아직 주계열 단계이다. 따라서 정역학 평형이 이루어져 있다. 따라서 $\frac{\text{기체 압력 차이에 의한 힘}}{\text{중력}}=1$이다.

## 8 외계 행성 탐사법

② 미세 중력 렌즈 현상을 이용한 탐사법은 상대적으로 질량이 작은 행성을 발견할 때 유리하지만, 주기적인 관측이 불가능한 단점을 갖고 있다.

**오답 넘기**
① 그림 (나)에서 불규칙적인 밝기 변화가 나타나고 있다. 이는 행성에 의한 미세 중력 렌즈 현상이다. 따라서 별 B는 행성을 갖고 있다.

③ 미세 중력 렌즈를 이용한 탐사법에서는 공전 궤도면이 수직이어도 관측할 수 있다.

④ 관측되는 A의 밝기는 관측자와 B, A가 일직선이 될 때 최대이다.

⑤ 미세 중력 렌즈 현상은 다른 관측법에 비해 질량이 작은 행성 발견에 유리하다.

## 9 외계 행성 탐사법

ㄱ. 식 현상에 의한 밝기 감소는 외계 행성의 표면적에 비례한다. 따라서 행성 반지름이 2배가 되면 A는 4배가 된다.

ㄴ. 스펙트럼의 최대 편이량은 중심별의 질량이 작을수록, 행성의 공전 궤도 반지름이 작을수록 크게 나타난다. 따라서 중심별과 행성 사이의 거리가 가까울수록 $\varDelta\lambda_{max}$는 증가하게 된다.

ㄷ. 그림에서 $t_2$, $t_6$일 때 밝기가 감소하므로 식 현상이 나타난다. 따라서 이 시기 중심별은 아래 그림의 C의 위치에 해당한다. 그러므로 $t_2 \sim t_4$시기에는 별이 관측자에게 다가오므로 청색 편이가 나타난다.

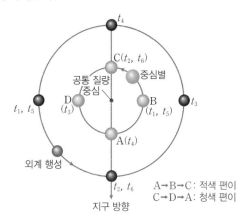

A→B→C: 적색 편이
C→D→A: 청색 편이

## 10 우주론

A, B, C는 각각 열린 우주, 닫힌 우주, 평탄한 우주에 해당한다.

ㄱ. 현재 우리 우주는 평탄한 가속 팽창 우주이다.

ㄴ. 열린 우주(A)는 곡률이 0보다 작다.

ㄷ. 우주의 평균 밀도가 임계 밀도보다 큰 우주는 닫힌 우주(B)이다.

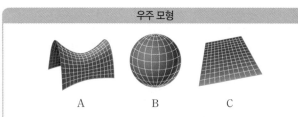

**우주 모형**

A     B     C

우주는 우주의 밀도와 임계 밀도의 비로 닫힌 우주, 열린 우주, 평탄한 우주로 분류할 수 있다.

| | $\dfrac{\text{우주의 밀도}}{\text{우주의 임계 밀도}}$ | 곡률 | 삼각형 내각의 합 |
|---|---|---|---|
| 열린 우주 | $<1$ | $<0$ | $<180°$ |
| 닫힌 우주 | $>1$ | $>0$ | $>180°$ |
| 평탄한 우주 | $=1$ | $=0$ | $=180°$ |

## 11 생명 가능 지대

ㄴ. a는 $t_1$일 때, c는 $t_0$일 때 생명 가능 지대에 위치하지 않는다. 반면 b는 $t_0$, $t_1$일 때 모두 생명 가능 지대에 위치하므로 b가 생명 가능 지대에 가장 오래 머문다.

ㄷ. a는 $t_0$일 때 생명 가능 지대의 가장 앞쪽에, c는 $t_1$일 때 생명 가능 지대의 가장 뒤쪽에 위치하므로 받는 에너지양은 a가 c보다 많다.

**오답 넘기**

ㄱ. 생명 가능 지대는 중심별의 광도가 증가하면 그 폭도 넓어진다. 따라서 $R_1 \sim R_3$ 사이의 거리는 $R_2 \sim R_4$ 사이의 거리보다 작다.

## 12 가속 팽창 우주

ㄱ. 우주의 팽창 속도는 ㉠ 시기 이후로 계속 증가하고 있다. 따라서 현재 우주는 가속 팽창하고 있다. 가속 팽창하는 이유는 척력으로 작용하는 암흑 에너지의 비율이 과거에 비해 커졌기 때문이다.

ㄴ. (나)는 가속 팽창하는 우주로 A, B 중 가속 팽창 우주는 A이다.

ㄷ. 우주가 가속 팽창한다는 사실은 Ia형 초신성 관측을 통해 알아냈다. Ia형 초신성은 최대로 밝아졌을 때의 절대 등급이 일정해 멀리 있는 외부 은하의 거리 측정에 이용되며, 거리에 따른 겉보기 등급을 분석하여 과거 우주의 팽창 속도를 알아낼 수 있다.

## 13 급팽창 우주론

(1) 구스는 우주가 초기에 빛보다 빠르게 팽창하였다는 급팽창 이론을 제시하여 빅뱅 이론의 3가지 문제(지평선 문제, 자기 홀극 문제, 편평성 문제)를 설명할 수 있었다.

(2) **모범 답안**

**우주의 지평선 문제, 대폭발 후 $10^{-36}$초까지 우주의 크기는 우주의 지평선보다 작았다가 $10^{-36} \sim 10^{-34}$초 사이에 광속보다 빠르게 커졌기 때문이다.**

초기 우주의 크기가 광속보다 빠르게 커지는 시기가 있었다. 따라서 초기 우주는 우주의 지평선보다 작아 서로 간의 상호 작용이 가능했고 $10^{-36} \sim 10^{-34}$초 사이에 광속보다 빠르게 팽창하여 현재 우주의 지평선이 되어 우주 배경 복사가 균일할 수 있었다.

| 채점 기준 | 배점(%) |
|---|---|
| ① 초기 우주가 우주의 지평선보다 작았다는 내용과 ② 우주가 광속보다 빠르게 팽창하였다는 내용이 포함된 경우 | 100 |
| ①과 ② 중 한 가지만 옳게 서술한 경우 | 50 |

## 14 별의 물리량

**(1) 16 : 1**

플랑크 곡선과 X축 사이의 단위 시간당 단위 면적에서 방출하는 총 에너지양은 $\sigma T^4$이다. 최대 에너지를 방출하는 파장이 A가 B의 $\frac{1}{2}$이므로 표면 온도는 2 : 1이다. 따라서 $S_1 : S_2 = 16 : 1$이다.

| 채점 기준 | 배점(%) |
| --- | --- |
| 풀이 과정과 답을 모두 옳게 서술한 경우 | 100 |
| 풀이 과정과 답 중 한 가지만 옳게 서술한 경우 | 50 |

**(2) 1 : 4**

절대 등급이 서로 같으므로 광도는 같다. 이때 A와 B의 표면 온도가 2 : 1이므로 반지름은 1 : 4가 된다.

| 채점 기준 | 배점(%) |
| --- | --- |
| 풀이 과정과 답을 옳게 서술한 경우 | 100 |
| 풀이 과정과 답 중 한 가지만 옳게 서술한 경우 | 50 |

---

### 별의 물리량

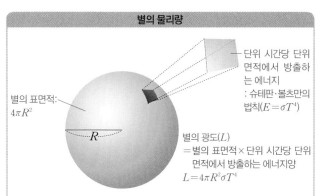

- 별의 표면적: $4\pi R^2$
- $R$
- 단위 시간당 단위 면적에서 방출하는 에너지 : 슈테판·볼츠만의 법칙($E = \sigma T^4$)
- 별의 광도($L$) = 별의 표면적 × 단위 시간당 단위 면적에서 방출하는 에너지양 $L = 4\pi R^2 \sigma T^4$

단위 시간당 단위 면적에서 방출하는 에너지양($E$)은 표면 온도($T$)의 4제곱에 비례($E = \sigma T^4$)하고, 별이 단위 시간 동안 방출하는 에너지의 양을 광도($L$)라고 한다. 반지름이 $R$인 별의 광도는 별의 표면적($4\pi R^2$)과 별이 단위 시간 동안 단위 면적에서 내보내는 에너지양을 곱하여 얻을 수 있다($L = 4\pi R^2 \sigma T^4$). 또한 별의 스펙트럼을 분석하여 표면 온도($T$)를 알아내고, 별의 절대 등급을 이용하여 별의 광도($L$)를 알아내면 별의 반지름($R$)을 구할 수 있다($R \propto \sqrt{\frac{L}{T^4}}$).

---

## 15 우주의 구성 성분

**(1) 모범 답안**

**암흑 물질이 우리은하의 은하 원반과 헤일로에 분포하기 때문이다.**

우리은하에는 전자기파로 관측되지 않는 암흑 물질이 은하 원반과 헤일로에 분포한다. 따라서 빛을 방출하는 보통 물질로만 예측했던 속도 값과는 달리 중심으로부터의 거리와 관계없이 관측되는 속도가 일정하게 나타나게 된다.

| 채점 기준 | 배점(%) |
| --- | --- |
| 암흑 물질이 우리은하의 헤일로와 원반에 분포한다는 내용의 서술인 경우 | 100 |
| 암흑 물질이 분포하는 위치에 대한 언급 없이 단순히 존재한다는 서술인 경우 | 50 |

**(2) 모범 답안**

암흑 물질은 질량은 있으나 전자기파로 관측되지 않아 우리 눈에 보이지 않기 때문에 중력을 이용한 방법으로 존재를 추정할 수 있는 물질이다.

| 채점 기준 | 배점(%) |
| --- | --- |
| 세 단어(전자기파, 중력, 질량)를 모두 포함하여 전자기파로 관측되지 않아 중력을 이용한 방법을 이용한다는 내용을 바르게 서술한 경우 | 100 |
| 세 단어(전자기파, 중력, 질량) 중 두 단어만 포함하여 전자기파로 관측되지 않아 중력을 이용한 방법을 이용한다는 내용을 바르게 서술한 경우 | 50 |

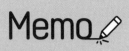

Memo

시험에 잘 나오는
**개념BOOK 2**

시험적중
# 내신전략
고등 **지구과학Ⅰ**

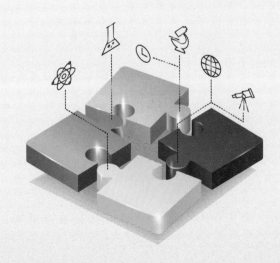

# 개념 BOOK 하나면
## 과학 공부 끝!

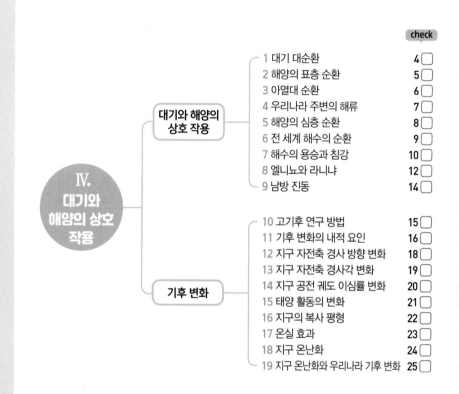

차례

## 1 대기 대순환

### 💡 지구의 자전 여부에 따른 대기 대순환 모형 비교

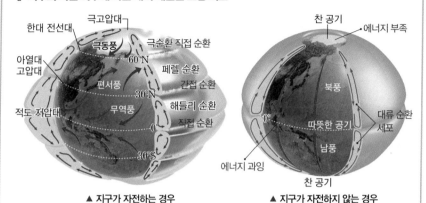

▲ 지구가 자전하는 경우　　　　　　▲ 지구가 자전하지 않는 경우

### 💡 대기 대순환 모형

| 3세포<br>순환 모형 | 해들리 순환 | 위도 0°~30°에서 무역풍 형성, 직접 순환(열적 순환) |
|---|---|---|
| | 페렐 순환 | 위도 30°~60°에서 편서풍 형성, 간접 순환 |
| | 극순환 | 위도 60°~90°에서 극동풍 형성, 직접 순환(열적 순환) |
| 단일 세포<br>순환 모형 | | • 북반구와 남반구에 각각 1개의 대류 순환 세포 형성<br>• 북반구의 지상에서는 북풍, 남반구의 지상에서는 남풍이 형성 |

### 기개 Quiz

**1.** 3세포 순환 모형에서 대류권 계면의 평균 높이가 가장 낮은 순환 세포는 [ ❶ ] 순환이다.

**2.** 페렐 순환의 지상에서는 [ ❷ ] 풍이 분다.

**3.** 위도 60°N의 지표 부근에는 [ ❸ ] 대가 형성된다.

**4.** 해들리 순환, 페렐 순환, 극순환은 지구 자전에 의한 [ ❹ ] 의 영향으로 형성된다.

**5.** 위도 30°N의 상공에는 ❺ (상승 ↑, 하강 ↓) 기류가 나타난다.

답 | ❶극 ❷편서 ❸저압 ❹전향력 ❺하강

# 2 해양의 표층 순환

## 💡 대기 대순환과 해수의 표층 순환

적도 부근을 경계로 북반구와 남반구가 거의 대칭적으로 분포

남반구의 편서풍 지대에서는 해류를 막는 대륙이 없어 아한대 순환은 나타나지 않고, 남극 대륙을 감싸며 도는 남극 순환 해류가 흐르게 된다.

## 💡 해수의 표층 순환

| 아한대 순환 | 편서풍 지대에서 동쪽으로 흐르는 해류와 극동풍 지대에서 서쪽으로 흐르는 해류가 이어져 형성된 순환 |
|---|---|
| 아열대 순환 | 무역풍 지대에서 서쪽으로 흐르는 해류와 편서풍 지대에서 동쪽으로 흐르는 해류가 이어져 형성된 순환 |
| 열대 순환 | 무역풍의 영향으로 형성된 북적도 해류와 남적도 해류가 두 해류 사이에서 흐르는 적도 반류와 이어져 형성된 순환 |

### 기개 Quiz

**1.** 북태평양 해류는 [ ❶ ] 풍의 영향을 받아서 형성된다.

**2.** 남극 대륙 주위를 순환하는 해류는 [ ❷ ] 해류이다.

**3.** 북반구와 남반구에서 해수의 표층 순환은 [ ❸ ] 를 기준으로 대체로 대칭적으로 분포한다.

**4.** 해수의 표층 순환은 [ ❹ ] 대순환의 영향으로 발생한다.

**5.** 북적도 해류와 남적도 해류는 모두 ❺ (동 → 서 ⟵, 서 → 동 ⟶)으로 흐른다.

답 | ❶편서 ❷남극 순환 ❸적도 ❹대기 ❺동→서

## 3 아열대 순환

### 💡 태평양의 아열대 순환

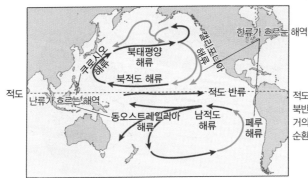

| 북반구<br>아열대 순환 | 북적도 해류 → 쿠로시오 해류(A) → 북태평양 해류 → 캘리포니아 해류(B) |
|---|---|
| | 난류 ——————— 한류 |
| 남반구<br>아열대 순환 | 남적도 해류 → 동오스트레일리아 해류(C) → 남극 순환 해류 → 페루 해류(D) |
| | 난류 ——————— 한류 |

### 💡 난류와 한류

| 구분 | 수온 | 표층 염분 | 용존 산소량 | 영양 염류 | 유속 |
|---|---|---|---|---|---|
| 난류 | 높음 | 높음 | 적음 | 적음 | 빠름 |
| 한류 | 낮음 | 낮음 | 많음 | 많음 | 느림 |

### 기개 Quiz

1. 북태평양 아열대 순환에서 해수의 이동 속도는 쿠로시오 해류가 캘리포니아 해류보다 ❶[      ]다.

2. 남태평양에서 동오스트레일리아 해류가 페루 해류보다 해수의 표층 염분과 수온이 ❷[      ]다.

3. 남반구의 아열대 순환은 ❸(시계 ⤴, 시계 반대 ⤵) 방향으로 순환한다.

답 | ❶빠르 ❷높 ❸시계 반대

# 4 우리나라 주변의 해류

## 💡 우리나라 주변 해류와 조경 수역 형성

쿠로시오 해류의
지류에서 형성

동한 난류와
북한 한류가 만나서
조경 수역 형성

## 💡 우리나라 주변 해류

| | |
|---|---|
| 동해 | • 동한 난류와 북한 한류가 만나서 좋은 어장인 조경 수역 형성<br>• 동한 난류: 쿠로시오 해류에서 갈라져 나와 동해안을 따라 북상하는 해류<br>• 북한 한류: 연해주 한류에서 연장되어 동해안을 따라 남하하는 해류 |
| 남해 | • 연중 난류의 영향을 받아서 계절에 따른 해류 변화가 거의 없음<br>• 대마 난류(쓰시마 난류): 쿠로시오 해류로부터 분리되어 남해를 거쳐 대한 해협을 통과한 후 동해로 흘러가는 해류 |
| 황해 | • 서해안을 따라서는 서한 연안류가, 중국으로는 중국 연안류가 흐름<br>• 황해 난류: 쿠로시오 해류의 지류가 북상하다가 제주도 부근 해역에서 갈라져 황해의 중앙부 쪽으로 북상하는 해류 |

### 기개 Quiz

**1.** 평균 용존 산소량은 동한 난류가 북한 한류보다 ❶[          ]다.

**2.** 우리나라 주변 해역의 난류는 ❷[          ] 해류에서 유입된다.

**3.** 겨울철에 동해는 동한 난류보다 북한 한류의 세력이 강해져서 조경 수역의 위치가

❸(남하 ↓, 북상 ↑)한다.

답 | ❶적 ❷쿠로시오 ❸남하

# 5  해양의 심층 순환

## 💡 대서양의 심층 순환

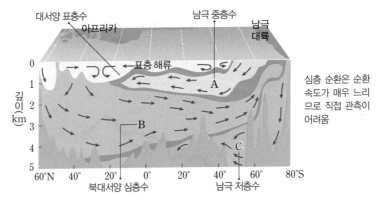

심층 순환은 순환 속도가 매우 느리므로 직접 관측이 어려움

*밀도 분포: 대서양 표층수 < 남극 중층수 < 북대서양 심층수 < 남극 저층수

## 💡 대서양의 심층 순환 분포

| 남극 중층수 (A) | • 남대서양의 수심 약 1000 m 중층에서 북쪽으로 흐름<br>• 남극 대륙 주변 바다에서 표층 해수가 침강하여 형성 |
|---|---|
| 북대서양 심층수 (B) | • 북대서양의 중층과 심층에서 남대서양까지 흐름<br>• 북대서양의 그린란드 해역에서 냉각된 표층 해수가 침강하여 형성 |
| 남극 저층수 (C) | • 전 해양에서 밀도가 가장 높은 해수<br>• 남극 대륙 주변의 웨델해에서 주로 겨울철 해수의 결빙으로 표층 해수의 염분이 증가하고 밀도가 커져 침강하며 형성 |

### 기개 Quiz

1. 심층 순환은 수온과 염분 변화로 인해 발생하는 ❶ [      ] 차이에 의해 나타난다.

2. 북대서양 표층수가 침강하여 심해에 ❷ [      ] 를 공급한다.

3. 대서양에서 북대서양 심층수와 남극 저층수의 평균 이동 방향은 서로 ❸ (같다 ⇒, 다르다 ⇄ ).

답 | ❶ 밀도  ❷ 산소  ❸ 다르다

## 6 전 세계 해수의 순환

### 💡 대양에서 해수의 표층 순환과 심층 순환

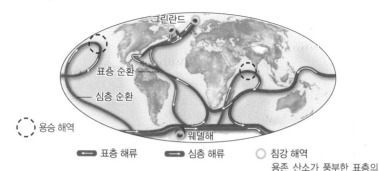

그린란드

표층 순환

심층 순환

용승 해역

웨델해

⬅️ 표층 해류   ➡️ 심층 해류   ⭕ 침강 해역
용존 산소가 풍부한 표층의
해수를 심해로 운반하는 해역

### 💡 표층 순환과 심층 순환의 관계

- 심층 순환은 표층 순환과 연결되어 전 지구 해양을 흐르는 거대한 하나의 순환을 형성
- 심층 해수: 대서양, 인도양, 태평양으로 이동하며 용승하여 표층 순환과 연결
- 표층 해수: 순환하다가 다시 침강 해역에 이르면 심층 순환으로 이어짐

### 💡 심층 순환의 역할

- 거의 전 수심에 걸쳐 발생하면서 지구 전체의 해수를 순환시킴
- 표층 순환과 연결되어 저위도의 남는 에너지를 에너지가 부족한 고위도로 수송하여 위도 간의 열수지 불균형을 해소함
- 용존 산소가 풍부한 표층 해수를 심해로 운반하여 심해층에 산소를 공급함

### 기개 Quiz

**1.** 해수의 심층 순환이 강해지면, 표층 순환은 [ ❶ ]진다.

**2.** 지구 온난화가 심해지면 심층 해수의 침강 해역에서 침강이 [ ❷ ]진다.

**3.** 남반구에서 저위도 해역으로 이동하는 심층 해류는 수온이 상승하고,

표층 해수의 발산에 의한 영향으로 서서히 ❸ (용승 ⬆️⬆️, 침강 ⬇️⬇️)한다.

답 | ❶ 강해 ❷ 약해 ❸ 용승

# 7 해수의 용승과 침강

## 🔆 북반구 동해안의 연안 용승과 침강

└ 북반구의 경우, 에크만 수송으로 인해 표층 해수는 평균적으로 바람이 부는 방향의 오른쪽 90°로 흐른다.

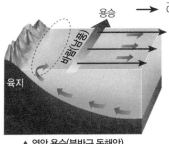

▲ 연안 용승(북반구 동해안)    ▲ 연안 침강(북반구 동해안)

## 🔆 연안 용승과 침강

| 연안 용승 | 대륙의 연안과 나란하게 지속적으로 바람이 붐 ➡ 에크만 수송이 일어나서 표층 해수가 먼 바다 쪽으로 이동 ➡ 표층으로 심층에서 찬 해수가 올라오는 현상 |
|---|---|
| 연안 침강 | 대륙의 연안과 나란하게 연안 용승을 일으키는 바람의 방향과 반대 방향으로 지속적인 바람이 붐 ➡ 에크만 수송이 일어나서 표층 해수가 대륙의 연안 쪽으로 이동 ➡ 표층의 해수가 심층으로 내려가는 현상 |

## 🔆 적도 용승

북동 무역풍이 불어서 에크만 수송이 일어나면 적도 부근의 표층 해수가 북서쪽으로 이동함

남동 무역풍이 불어서 에크만 수송이 일어나면 적도 부근의 표층 해수가 남서쪽으로 이동함

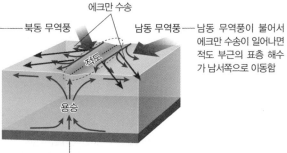

적도 부근의 표층 해수는 고위도 방향으로 이동하여 발산
➡ 이를 채우기 위해서 심층의 차가운 해수가 표층으로 이동
➡ 용승이 나타남

## 💡 기압 변화에 따른 용승과 침강(북반구)

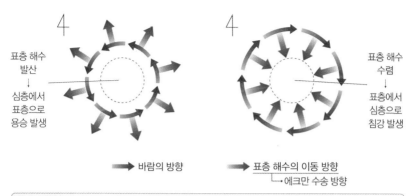

➡ 바람의 방향　　➡ 표층 해수의 이동 방향
└→ 에크만 수송 방향

| 저기압<br>(용승) | 북반구에 저기압 형성 ➡ 시계 반대 방향으로 부는 바람에 의해서 표층 해수는 에크만 수송으로 저기압의 중심부에서 멀어지는 방향으로 이동 ➡ 저기압 중심부에서 해수의 발산 ➡ 심층에서 표층으로 해수가 이동(용승) |
|---|---|
| 고기압<br>(침강) | 북반구에 고기압 형성 ➡ 시계 방향으로 부는 바람에 의해서 표층 해수는 에크만 수송으로 고기압의 중심부 방향으로 이동 ➡ 고기압 중심부에서 해수의 수렴 ➡ 표층에서 심층으로 해수가 이동(침강) |

### 개념 Quiz

**1.** 표층의 해수가 수렴 또는 냉각에 의해 심층으로 내려가는 현상은 ❶[　　　]이고, 심층의 차가운 해수가 표층으로 올라오는 현상은 ❷[　　　]이다.

**2.** 북반구의 서해안에 남풍이 지속적으로 불면 연안 ❸[　　　]이 나타나고, 북풍이 지속적으로 불면 연안 ❹[　　　]이 일어날 수 있다.

**3.** 적도 부근 해역에서는 적도 용승에 의해서 수온 약층이 시작하는 깊이가 ❺[　　　]진다.

**4.** 남반구에서 지속적으로 부는 고기압성 바람에 의해 고기압 중심부의 표층 해수는 ❻[　　　]한다.

**5.** 북반구에서 고기압성 바람에 의해 표층 해수가 이동하는 모습은

❼ (㉠  ➡ 바람의 방향<br>➡ 표층 해수의 이동 방향, ㉡  ➡ 바람의 방향<br>➡ 표층 해수의 이동 방향 )이다.

답 | ❶침강 ❷용승 ❸침강 ❹용승 ❺얕아 ❻침강 ❼㉡

## 💡 엘니뇨와 라니냐

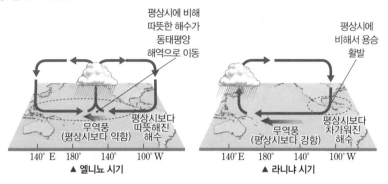

▲ 엘니뇨 시기　　　　　▲ 라니냐 시기

| 구분 | 서태평양 적도 부근 해역 | 동태평양 적도 부근 해역 |
|---|---|---|
| 엘니뇨 시기 | 표층 수온 하강으로 강수량이 감소하고 가뭄, 산불이 발생 | • 용승 약화로 표층 영양 염류가 감소하고, 어획량도 감소<br>• 표층 수온 상승으로 대기의 하층 기온이 상승하고 상승 기류가 형성되면서 강수량이 증가 |
| 라니냐 시기 | 표층 수온 상승으로 강수량이 증가하고 폭우, 홍수가 발생 | • 용승 강화로 수온이 크게 하강하고 어장에서 냉해가 발생<br>• 표층 수온 하강으로 대기의 하층 기온이 하강하고 하강 기류가 형성되면서 가뭄이 발생 |

## 💡 엘니뇨와 라니냐의 발생 과정

| 엘니뇨 | 무역풍 약화 → 남적도 해류 약화 및 적도 반류 강화 → 따뜻한 표층 해수가 동쪽으로 이동 → 동태평양 표층 해수 발산 약화 → 동태평양 용승 약화 → 동태평양 표층 수온 상승 |
|---|---|
| 라니냐 | 무역풍 강화 → 남적도 해류 강화 → 따뜻한 표층 해수가 더 서쪽으로 이동 → 동태평양 표층 해수 발산 강화 → 동태평양 용승 강화 → 동태평양 표층 수온 하강 |

💡 **엘니뇨와 라니냐 시기 적도 부근 해역의 연직 수온 분포**

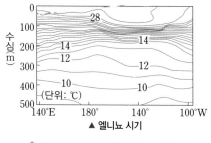

▲ 엘니뇨 시기

동태평양 적도 부근 해역 용승 약화
➡ 따뜻한 해수층 두께가 평상시보다 두꺼움

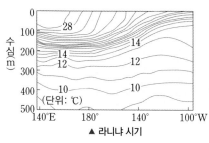

▲ 라니냐 시기

동태평양 적도 부근 해역 용승 활발
➡ 따뜻한 해수층 두께가 평상시보다 얇음

| 엘니뇨 시기 | • 동태평양 적도 부근 해역의 해수면이 평상시보다 높음<br>• 태평양 적도 부근 해역의 동·서 표층 수온 차가 평상시보다 작음<br>• 동태평양 적도 부근 해역의 수온 약층은 평상시보다 수심이 깊은 곳에서 나타남 |
|---|---|
| 라니냐 시기 | • 태평양 적도 부근 해역의 동·서 해수면 높이 차와 표층 수온 차가 평상시보다 큼<br>• 태평양 적도 부근의 (동태평양 해면 기압 − 서태평양 해면 기압) 값이 평상시보다 큼 |

**기개 Quiz**

**1.** 엘니뇨 시기에는 동태평양 적도 부근 해역의 해면 기압이 평상시보다 [❶        ]아 진다.

**2.** 서태평양 적도 부근 해역의 강수량은 엘니뇨 시기가 라니냐 시기보다 [❷        ]다.

**3.** 라니냐는 태평양 적도 부근 해역에서 부는 [❸        ]풍이 강해지면서 발생한다.

**4.** 평상시에는 열대 태평양을 따라 동쪽에서 서쪽으로 부는 무역풍으로 인해 동태평양 적도 부근 해역에서는 연안 용승이 활발해서 표층 수온은 [❹        ]태평양 적도 부근 해역보다 [❺        ]태평양 적도 부근 해역에서 낮다.

**5.** 엘니뇨 시기에 서태평양 적도 부근 해역에는 ❻ (상승 ↑↑, 하강 ↓↓) 기류가 나타난다.

답 | ❶낮 ❷적 ❸무역 ❹서 ❺동 ❻하강

## 9 남방 진동

### 💡 남방 진동

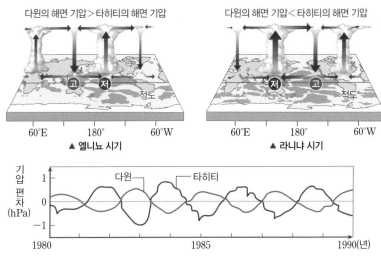

다윈의 해면 기압 > 타히티의 해면 기압

▲ 엘니뇨 시기

다윈의 해면 기압 < 타히티의 해면 기압

▲ 라니냐 시기

서태평양의 기압이 평상시보다 낮아지면 동태평양의 기압은 평상시보다 높아지는 기압 분포의 시소 현상이 나타남

### 💡 엘니뇨 남방 진동(ENSO)

| 엘니뇨 시기 | 동태평양 적도 부근 해역의 수온 상승 → 대기의 하층 기온 상승 → 기층 불안정화 → 상승 기류 발생 → 저기압 형성 → 강수량 증가 |
|---|---|
| 라니냐 시기 | 동태평양 적도 부근 해역의 수온 하강 → 대기의 하층 기온 하강 → 기층 안정화 → 하강 기류 발생 → 고기압 형성 → 건조한 기후 발생 |

#### 기개 Quiz

**1.** 다윈(서태평양)과 타히티(동태평양)의 기압 변화 경향은 서로 [ ❶ ]이다.

**2.** 엘니뇨 시기는 다윈(서태평양)의 해면 기압이 타히티(동태평양)의 해면 기압보다 [ ❷ ] 때 나타난다.

**3.** 라니냐 시기에는 (타히티의 해면 기압 − 다윈의 해면 기압)이 ❸[양 (+), 음 (−)]의 값이다.

답 | ❶반대 ❷클 ❸양

# 10 고기후 연구 방법

## 💡 화석과 나무의 나이테를 이용한 고기후 연구 방법

화석이 형성될 당시의 기후와 환경을 생물이 서식하는 영역의 특징으로 유추함

▲ 화석

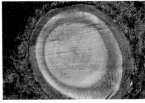

나무의 나이테는 높은 기온과 다습한 환경에서 성장하였을 때 간격이 더 넓어짐

▲ 나무의 나이테

## 💡 빙하 코어를 이용한 고기후 연구 방법

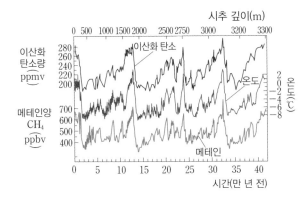

• 빙하를 구성하는 산소의 동위 원소 비율을 분석하여 과거 기온을 추정함
• 빙하 속 공기 방울로 과거 지구 대기 성분을 추정함

• 과거 40만 년 동안 평균 기온은 증가와 감소를 반복하며 나타남
• 이산화 탄소와 메테인의 변화 경향이 온도의 변화 경향과 거의 동일하게 나타남
• 대기 중 이산화 탄소 농도와 메테인 농도를 관측하면 미래의 지구 기온 예측이 가능함

### 기개 Quiz

1. 나무의 나이테 간격은 기온이 [❶        ]고 다습한 환경에서 넓어진다.
2. 대기 중 이산화 탄소의 농도가 낮을 때, 지구의 평균 기온은 [❷        ]다.
3. 현재로부터 5만 년 전이 13만 년 전보다 대기 중 이산화 탄소의 농도가 더 높았다면,
   지구의 평균 기온은 ❸(높↑, 낮↓)았다.

답 | ❶높 ❷낮 ❸높

## 11 기후 변화의 내적 요인

### 💡 수륙 분포의 변화

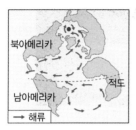

대륙 충돌 후에 북극해로 흘러가는 따뜻한 해수의 양이 감소함 ➡ 북극해의 빙하의 면적 증가

- 대륙과 해양의 비열 차로 수륙 분포의 변화 → 기압 배치의 변화 → 강수량과 증발량의 변화
- 초대륙이 형성되면 대륙 내에 건조하고 연교차가 큰 대륙성 기후가 발달함
- 초대륙이 분리되면 해양의 영향을 받는 기후를 나타내는 지역이 증가하고, 생물계의 종의 수가 증가함

### 💡 지표면의 상태에 따른 반사율 변화

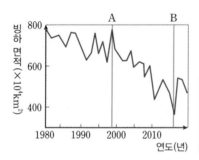

1980년 이후 북극 주변의 빙하 면적은 감소하는 추세임

- 지구의 평균 기온은 A 시기가 B 시기보다 낮음
- 지구의 반사율은 A 시기가 B 시기보다 높음

| 구분 | 반사율(%) |
|------|-----------|
| 아스팔트 | 4~12 |
| 침엽수림 | 8~15 |
| 녹색 잔디 | 25 |
| 사막 모래 | 40 |
| 빙하 | 50~70 |

- 빙하에서 반사율이 가장 크고, 아스팔트가 가장 작음
- 반사율이 증가할수록 지표면이 흡수하는 태양 복사 에너지의 양은 감소함
  ➡ 지구의 평균 기온 하강

- 빙하 면적 감소 → 지표면의 반사율 감소 → 지구의 평균 기온 증가
- 사막 면적 증가 → 지표면의 반사율 증가 → 지구의 평균 기온 감소

## 💡 대기의 투과율 변화

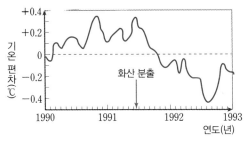

- 화산 분출 이후 기온 편차가 낮아짐
  ➡ 지구의 평균 기온이 하강함
- 지구의 평균 기온은 1991년이 1992년 보다 높음

- 대기 중 구름의 양이 변하면 기후 변화를 초래할 수 있음
- 화산 폭발 → 대기 중 화산재 분출 → 태양 복사 에너지의 산란 및 반사 증가 → 대기의 태양 복사 에너지의 투과율 감소 → 지표 부근 기온의 하강

## 💡 대기와 해양의 상호 작용에 의한 변화

- 대기 대순환과 해수의 순환으로 나타나는 현상은 지구 기후 변화를 초래할 수 있음
- 대기와 해양의 상호 작용으로 인해 발생하는 엘니뇨와 라니냐 등은 전 지구적인 기후 변화를 일으킬 수 있음

### 기개 Quiz

1. 수륙 분포의 변화는 기후 변화의 지구 ❶[          ] 요인에 해당한다.
2. 삼림은 사막보다 태양 복사 에너지에 대한 반사율이 더 ❷[          ]다.
3. 전 지구의 빙하 면적이 ❸[          ]하면 지표면에서 흡수하는 태양 복사 에너지의 양은 감소한다.
4. 화산재와 먼지가 대기에 유입되면 지구의 대기에서 태양 복사 에너지의 투과율은 ❹[          ]한다.
5. 해양성 기후가 나타나는 지역의 범위가 넓은 것은

❺(㉠)  , (㉡ ᵖᵃⁿᵍᵉᵃ판게아 ) )이다.

답 | ❶내적 ❷낮 ❸증가 ❹감소 ❺㉠

# 12 지구 자전축 경사 방향 변화

## 💡 세차 운동

: 약 26000년 주기의 지구 자전축 경사 방향 변화

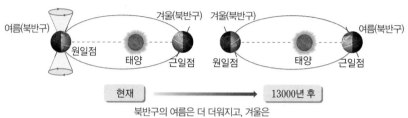

| 현재 | ➡️ | 13000년 후 |

북반구의 여름은 더 더워지고, 겨울은
더 추워짐 → 연교차 증가

## 💡 지구 자전축 경사 방향 변화에 따른 기후 변화

| 구분 | | 위치 변화 | 지구-태양 거리 | 평균 기온 변화 | 기온의 연교차 |
|---|---|---|---|---|---|
| 북반구 | 여름철 | 원일점 → 근일점 | 감소 | 상승 | 증가 |
| | 겨울철 | 근일점 → 원일점 | 증가 | 하강 | |
| 남반구 | 여름철 | 근일점 → 원일점 | 증가 | 하강 | 감소 |
| | 겨울철 | 원일점 → 근일점 | 감소 | 상승 | |

### 기개 Quiz

**1.** 세차 운동의 주기는 약 [❶        ]년이다.

**2.** 현재보다 약 13000년 후, 남반구 기온의 연교차는 [❷        ]한다.

**3.** 지구가 근일점에 위치할 때 우리나라의 계절이 여름철인 경우는

❸(㉠                 , ㉡                 )이다.

답 | ❶ 26000  ❷ 감소  ❸ ㉡

## 13 지구 자전축 경사각 변화

### 💡 지구 자전축 경사각 변화

: 약 41000년을 주기로 지구 자전축의 경사각이 21.5°~24.5° 사이에서 변화함

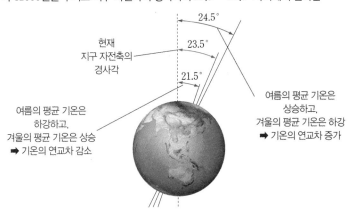

현재
지구 자전축의
경사각

24.5°
23.5°
21.5°

여름의 평균 기온은
하강하고,
겨울의 평균 기온은 상승
➡ 기온의 연교차 감소

여름의 평균 기온은
상승하고,
겨울의 평균 기온은 하강
➡ 기온의 연교차 증가

### 💡 지구 자전축 경사각 변화에 따른 기후 변화

| 자전축 경사각 변화 | 계절 | 태양의 남중 고도 변화 | 평균 기온 변화 | 기온의 연교차 |
|---|---|---|---|---|
| 증가 (23.5° → 24.5°) | 여름철 | 증가 | 상승 | 증가 |
| | 겨울철 | 감소 | 하강 | |
| 감소 (23.5° → 21.5°) | 여름철 | 감소 | 하강 | 감소 |
| | 겨울철 | 증가 | 상승 | |

### 기개 Quiz

1. 지구 자전축 경사각의 변화 주기는 약 [❶ ] 년이다.

2. 현재보다 자전축의 경사각이 커지면 남반구 중위도에서 기온의 연교차는 [❷ ] 한다.

3. 우리나라에서 기온의 연교차가 증가하는 경우는

❸ (㉠ 24.5°, ㉡ 21.5°)이다.

## 14 지구 공전 궤도 이심률 변화

### 💡 지구 공전 궤도 이심률 변화

└─ 약 10만 년을 주기로 지구 공전 궤도가 타원 궤도와 원 궤도 사이에서 변화

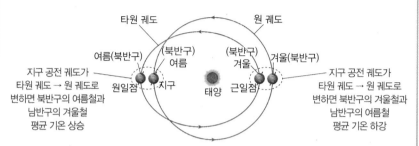

지구 공전 궤도가 타원 궤도 → 원 궤도로 변하면 북반구의 여름철과 남반구의 겨울철 평균 기온 상승

지구 공전 궤도가 타원 궤도 → 원 궤도로 변하면 북반구의 겨울철과 남반구의 여름철 평균 기온 하강

### 💡 지구 공전 궤도 이심률 변화

| 이심률 변화 | 위치 | 계절 | 지구 - 태양 거리 | 평균 기온 변화 | 기온의 연교차 |
|---|---|---|---|---|---|
| 증가 (원 궤도 → 타원 궤도) | 북반부 | 여름철 | 증가 | 하강 | 감소 |
| | | 겨울철 | 감소 | 상승 | |
| | 남반구 | 여름철 | 감소 | 상승 | 증가 |
| | | 겨울철 | 증가 | 하강 | |
| 감소 (타원 궤도 → 원 궤도) | 북반구 | 여름철 | 감소 | 상승 | 증가 |
| | | 겨울철 | 증가 | 하강 | |
| | 남반구 | 여름철 | 증가 | 하강 | 감소 |
| | | 겨울철 | 감소 | 상승 | |

### 기개 Quiz

**1.** 지구 공전 궤도 이심률의 변화 주기는 약 [ ❶ ]년이다.

**2.** 현재보다 지구 공전 궤도 이심률이 작아지면 남반구에서 기온의 연교차는 [ ❷ ]한다.

**3.** 우리나라에서 기온의 연교차가 증가하는 경우는

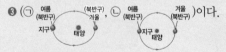

❸ (㉠, ㉡)이다.

답 | ❶ 10만 년 ❷ 감소 ❸ ㉡

# 15 태양 활동의 변화

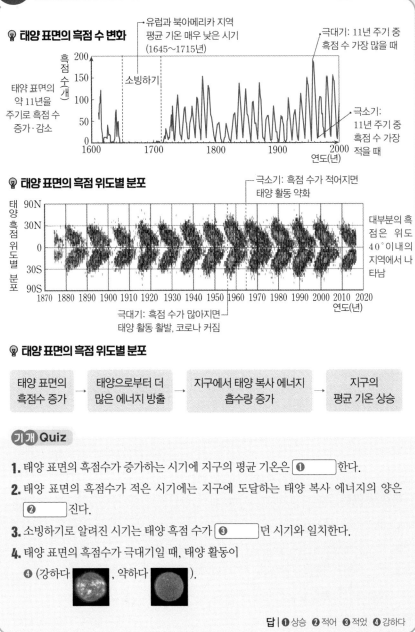

💡 **태양 표면의 흑점 수 변화**

태양 표면의 약 11년을 주기로 흑점 수 증가·감소

유럽과 북아메리카 지역 평균 기온 매우 낮은 시기 (1645~1715년)

소빙하기

극대기: 11년 주기 중 흑점 수 가장 많을 때

극소기: 11년 주기 중 흑점 수 가장 적을 때

흑점 수(개)

연도(년)

💡 **태양 표면의 흑점 위도별 분포**

극소기: 흑점 수가 적어지면 태양 활동 약화

태양 흑점 위도별 분포

대부분의 흑점은 위도 40°이내의 지역에서 나타남

극대기: 흑점 수가 많아지면 태양 활동 활발, 코로나 커짐

연도(년)

💡 **태양 표면의 흑점 위도별 분포**

| 태양 표면의 흑점수 증가 | → | 태양으로부터 더 많은 에너지 방출 | → | 지구에서 태양 복사 에너지 흡수량 증가 | → | 지구의 평균 기온 상승 |

**기개 Quiz**

1. 태양 표면의 흑점수가 증가하는 시기에 지구의 평균 기온은 ❶[　　　]한다.

2. 태양 표면의 흑점수가 적은 시기에는 지구에 도달하는 태양 복사 에너지의 양은 ❷[　　　]진다.

3. 소빙하기로 알려진 시기는 태양 흑점 수가 ❸[　　　]던 시기와 일치한다.

4. 태양 표면의 흑점수가 극대기일 때, 태양 활동이 ❹ (강하다 　　, 약하다 　　).

답 | ❶상승 ❷적어 ❸적었 ❹강하다

# 16 지구의 복사 평형

## 💡 지구의 열수지

지구의 각 영역(지구 전체, 대기, 지표)은 에너지 흡수량과 방출량이 같은 평형 상태 ➡ 복사 평형

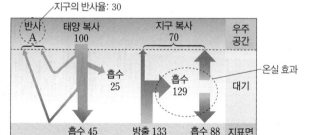

지구의 반사율: 30

반사 A / 태양 복사 100 / 지구 복사 70 / 우주 공간

흡수 25 / 흡수 129 / 온실 효과 / 대기

흡수 45 / 방출 133 / 흡수 88 / 지표면

| 구분 | 지구 전체(70) | 대기(154) | 지표면(133) |
|------|--------------|-----------|-------------|
| 흡수량 | 태양 복사(100) − 지구 반사(30) | 태양 복사(25)+ 지표 복사(129) | 태양 복사(45)+ 대기 복사(88) |
| 방출량 | 지표로 복사(4)+ 대기로 복사(66) | 우주로 방출(66)+ 지표로 재복사(88) | 대기로 방출(129)+ 우주로 방출(4) |

## 💡 지구의 복사 평형

└ 흡수하는 만큼의 에너지를 방출하여 평균 온도가 일정하게 유지되는 상태

- 지구가 흡수하는 복사 에너지양과 방출하는 복사 에너지양이 서로 같음
  ➡ 지구의 연평균 기온이 거의 일정하게 유지됨
- 대기 중 온실 기체가 증가 ➡ 대기에서 흡수하는 지표 복사 에너지와 대기에서 지표로 재복사되는 에너지가 증가 ➡ 지표의 온도 상승

### 기개 Quiz

**1.** 지구 전체의 반사율은 약 [❶          ]%이다.

**2.** 전 지구의 빙하 면적이 넓어지면 지구 전체의 반사율은 [❷          ]한다.

**3.** 대기 중 이산화 탄소의 농도가 증가하면 대기에서 지표로 재복사되는 열수지는

❸(증가 ↑↑, 감소 ↓↓)한다.

답 | ❶ 30  ❷ 증가  ❸ 증가

## 17 온실 효과

### 💡 온실 기체
└ 온실 효과를 일으키는 기체로, 태양 복사 에너지는 통과시키고 지구 복사 에너지는 잘 흡수함

- 지구 복사 에너지(적외선)를 잘 흡수하는 기체
- 온실 기체의 온실 효과 기여도 : 오존 < 메테인 < 이산화 탄소 < 수증기

### 💡 온실 효과
└ 지표가 방출하는 에너지 중 일부를 대기가 흡수하고 지표로 다시 복사하여 지표의 온도가 높아지는 현상

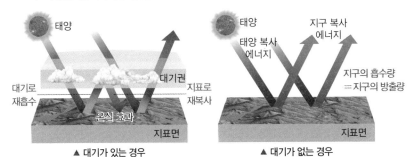

▲ 대기가 있는 경우　　　　▲ 대기가 없는 경우

대기 중 온실 기체의 농도 증가 → 대기의 온실 효과 강화 →
지구의 평균 기온 상승 → 지구 온난화 진행

### 기개 Quiz

1. 지구의 온실 기체 중 수증기가 이산화 탄소보다 온실 효과의 기여도가 더 [ ❶ ] 다.

2. 파장이 짧은 태양 복사 에너지는 지구 대기에 잘 [ ❷ ] 된다.

3. 지구에서 온실 효과가 나타날 수 있는 모식도는 ❸ (㉠  , ㉡ ) 이다.

답 | ❶크 ❷투과 ❸㉠

## 18 지구 온난화

### 💡 지구 온난화

└→ 지구 평균 기온이 상승하는 현상

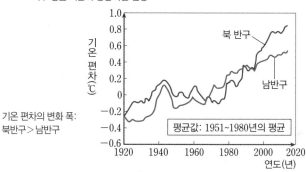

기온 편차의 변화 폭:
북반구 > 남반구

관측 기간 동안 지구의 평균 기온은 대체로 증가하는 추세

- 산업 혁명 이후 화석 연료의 사용 증가, 산림 벌채, 교통량 증가 등으로 대기 중 온실 기체 농도가 증가함
- 대기 중 온실 기체 농도의 지속적인 상승 → 온실 효과 강화 → 지구 온난화 발생

### 💡 지구 온난화로 인한 대기와 해양의 변화

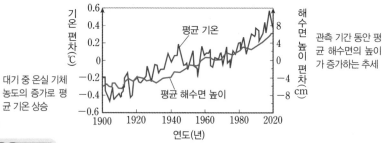

대기 중 온실 기체 농도의 증가로 평균 기온 상승

관측 기간 동안 평균 해수면의 높이가 증가하는 추세

### 기개 Quiz

1. 1960년 이후 극지방에서의 반사율은 대체로 [ ❶ ]하였을 것이다.

2. 대기 중 이산화 탄소의 농도가 증가하면 평균 해수면의 높이는 [ ❷ ]할 것이다.

3. 1900년부터 2000년까지 북극 지방 빙하 면적의 변화 경향은

❸ (㉠ 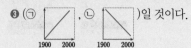 , ㉡ )일 것이다.

답 | ❶감소 ❷증가 ❸㉡

## 💡 지구 온난화의 영향

지구 온난화 연쇄 작용

지구 온난화 → 해수 온도 상승 → 해수 용존 이산화 탄소 용해도 감소 → 해수에서 대기로 이산화 탄소 방출량 증가 → 대기 중 이산화 탄소 농도 증가 → 지구 온난화 가속

지구 온난화 → 극지방 빙하 융해 → 극지방 해수 염분 감소 → 극지방 해수 밀도 감소 → 심층 해수 생성 약화 → 심층 순환 약화 → 위도별 에너지 불균형 심화

고위도 평균 기온 하강,
저위도 평균 기온 상승

## 💡 지구 온난화의 대책

- 대기 중 온실 기체 배출량 감축 및 온실 기체 흡수 장치 설치
- 기후 변화에 적응하는 농법을 개발 및 재배 작물을 변화시키고, 기상 재난에 대한 대책 강구
- 전 지구적인 환경 협약 체결 및 환경 보호에 대한 국가별 의무와 노력이 필요함

## 💡 우리나라의 기후 변화

아열대 기후 지역의 확장은 대체로 내륙 지역보다 해안 지역에서 뚜렷함

우리나라 아열대 기후 지역 경계
2100년
2000년

아열대 기후에서 자라는 작물의 재배지가 북상하고, 바다의 주요 어종에도 다양한 변화가 일어남

### 기개 Quiz

1. 지구 온난화가 지속되면 육지의 면적은 [ ❶ ]한다.
2. 해양의 평균 수온이 증가하면 지구 온난화가 [ ❷ ]될 것이다.
3. 화석 연료의 사용량이 증가하게 되면 북극 빙하 면적은
   ❸ (증가  , 감소 )될 것이다.

답 | ❶ 감소  ❷ 강화(가속화)  ❸ 감소

## 기출 개념

### 20 별의 물리량

💡 **별의 광도**

: 단위 시간당 단위 면적에서 방출하는 별의 총 에너지 (J/s), $L = 4\pi R^2 \sigma T^4$

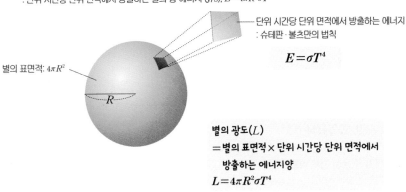

별의 표면적: $4\pi R^2$

단위 시간당 단위 면적에서 방출하는 에너지
: 슈테판·볼츠만의 법칙

$$E = \sigma T^4$$

별의 광도($L$)
＝별의 표면적 × 단위 시간당 단위 면적에서
방출하는 에너지양
$L = 4\pi R^2 \sigma T^4$

💡 **별의 반지름과 별의 등급**

| 별의 반지름 | 별의 등급 | |
|---|---|---|
| 별의 광도와 표면 온도로부터 알아냄  스펙트럼으로부터 알아낸다. | 광도 비 $\left(\dfrac{L_A}{L_B}\right)$ | 등급 차 $(m_B - m_A)$ |
| $R \propto \sqrt{\dfrac{L}{T^4}}$ | 1 | 0 |
| | 100 | 5 |
| | 10000 | 10 |
| | 1000000 | 15 |

별의 등급이 5등급 크면 광도는 100배 작다.

---

**기개 Quiz**

1. 표면 온도가 $T$인 별이 단위 시간당 단위 면적에서 방출하는 에너지의 크기 $E$는 [ ❶ ]이다.

2. 광도는 표면 온도의 [ ❷ ]에, 반지름의 [ ❸ ]에 비례한다.

3. 별 A의 등급이 별 B의 등급보다 10 크면 B의 광도는 A보다 [ ❹ ]배 크다.

답┃❶$\sigma T^4$  ❷네제곱  ❸제곱  ❹10000

# 별의 분광형과 표면 온도

## 💡 별의 분광형과 흡수선의 상대적 세기

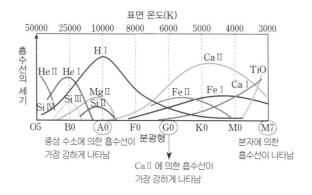

중성 수소에 의한 흡수선이
가장 강하게 나타남

CaⅡ에 의한 흡수선이
가장 강하게 나타남

분자에 의한
흡수선이 나타남

## 💡 별의 분광형과 표면 온도

➤ 별을 표면 온도에 따라 스펙트럼형을 분류하여 나타낸 것
높은 순서: O → B → A → F → G → K → M
각 분광형은 표면 온도 순서대로 0~9로 세분함

| 분광형 | 스펙트럼 모습 | 표면 온도(K) | 색 |
|---|---|---|---|
| O | | >30000 | 파란색 |
| B | | 10000~30000 | 청백색 |
| A | 수소 흡수선 | 7500~10000 | 흰색 |
| F | | 6000~7500 | 황백색 |
| G | | 5000~6000 | 노란색 |
| K | | 3500~5000 | 주황색 |
| M | | <3500 | 붉은색 |

높다 ↑  낮다 ↓

최대
에너지를
방출하는
파장이
길어짐

### 기개 Quiz

**1.** 별의 표면 온도가 높은 것부터 분광형을 순서대로 나열하면 O → [❶      ] →
M이다.

**2.** 중성 수소 흡수선의 세기가 가장 강한 별의 분광형은 [❷      ]형이다.

**3.** ㉠~㉢ 중 표면 온도가 가장 높은 별은 ❸( ㉠ ●, ㉡ ○, ㉢ ● )이다.

답 | ❶ B → A → F → G → K  ❷ A  ❸ ㉢

## 22 별의 색지수와 표면 온도

### 💡 플랑크 곡선

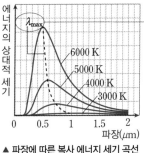

▲ 파장에 따른 복사 에너지 세기 곡선

빈의 변위 법칙: 최대 복사 에너지를 방출하는 파장($\lambda_{max}$)에 관한 법칙

$$\lambda_{max} = \frac{a}{T} \ (a: 상수, \ T: 표면 온도)$$

### 💡 색지수($B$-$V$)

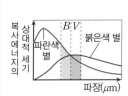

▲ 별의 색과 B, V 필터의 파장에 따른 빛의 투과 영역

– B 필터로 관측한 등급과 V 필터로 관측한 겉보기 등급의 차이
– 분광형이 A0인 별의 색지수는 0이다.
– 색지수가 낮을수록 표면 온도가 높다.

**파란색 별**
B 필터에 들어오는 에너지의 양이 V 필터로 들어오는 에너지의 양보다 많다. → $B$ 등급이 $V$ 등급보다 작다.
→ 색지수($B-V$) < 0

**붉은색 별**
B 필터에 들어오는 에너지의 양이 V 필터로 들어오는 에너지의 양보다 적다. → $B$ 등급이 $V$ 등급보다 크다.
→ 색지수($B-V$) > 0

### 기개 Quiz

**1.** 별의 표면 온도와 최대 복사 에너지를 방출하는 파장에 관한 식을 [ ❶ ]이라고 한다.

**2.** 태양(G2)의 색지수($B-V$)는 0보다 [ ❷ ].

**3.** ㉠, ㉡ 중 표면 온도가 높은 별은 ❸ (㉠ [그래프], ㉡ [그래프])이다.

답 | ❶ 빈의 변위 법칙 ❷ 크다 ❸ ㉠

### 💡 H-R도

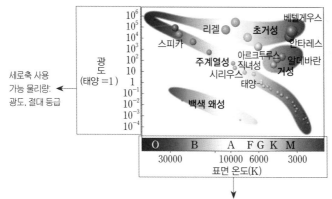

세로축 사용
가능 물리량:
광도, 절대 등급

가로축 사용 가능 물리량: 표면 온도, 분광형, 색지수

### 💡 별의 종류

| 종류 | 특징 |
|---|---|
| 주계열성 | • 전체 별의 약 80~90 %를 차지한다.<br>• 왼쪽 위에서 오른쪽 아래로 대각선을 따라 분포한다.<br>• 왼쪽 위에 분포할수록 표면 온도가 높고 광도, 반지름, 질량이 크다. |
| 적색 거성 | • 표면 온도가 낮으나 반지름이 커 광도가 크다.<br>• 주계열을 벗어난 단계의 천체이다. |
| 백색 왜성 | • 표면 온도는 높으나 반지름이 매우 작고 광도가 작다.<br>• 평균 밀도는 태양의 100만 배 정도로 매우 크다.<br>• 질량이 태양과 비슷한 별의 진화 최종 단계의 천체이다. |
| 초거성 | • 반지름이 매우 크고 광도가 매우 크다.<br>• 질량이 큰 별들이 진화하여 도달한다. |

### 기개 Quiz

**1.** H-R도의 왼쪽 위에서 오른쪽 아래에 가장 많은 별들이 ⟦❶⟧으로 존재한다.

**2.** H-R도에서 반지름과 광도가 가장 큰 천체들을 ⟦❷⟧이라고 한다.

**3.** 백색 왜성은 H-R도에서 ❸ (㉠⟦광도·표면 온도⟧, ㉡⟦광도·표면 온도⟧)에 위치한다.

답 | ❶ 주계열성 ❷ 초거성 ❸ ㉡

# 24 광도 계급과 별의 분류

## 💡 광도 계급

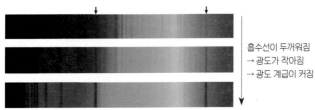

흡수선이 두꺼워짐
→ 광도가 작아짐
→ 광도 계급이 커짐

▲ 흡수선의 종류와 선폭을 비교하여 별을 광도에 따라 분류

분광형이
같을때
광도 계급이
커질수록
어두워짐

| 광도 계급 | 별의 종류 |
|---|---|
| I | 초거성 |
| II | 밝은 거성 |
| III | 거성 |
| IV | 준거성 |
| V | 주계열성 |
| VI | 준왜성 |
| VII | 백색 왜성 |

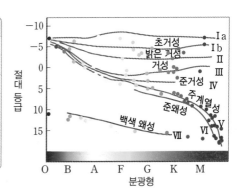

## 기개 Quiz

**1.** 표면 온도는 높으나 광도가 매우 작은 [❶          ]은 초거성보다 광도 계급이 크다.

**2.** 같은 분광형의 별이라도 광도에 따라 [❷          ]의 선폭이 다르다.

**3.** 주계열성의 광도 계급은 [❸          ]이다.

**4.** ㉠, ㉡ 중 별의 광도가 더 큰 것은 ❹ (㉠  )이다.

㉡

# 25 별의 진화

## 💡 별의 진화

태양과 질량이 비슷한 별 : 원시별 → 주계열성 → 적색 거성 → 행성상 성운 → 백색 왜성
태양보다 질량이 매우 큰 별 : 원시별 → 주계열성 → 초거성 → 초신성 폭발 → 중성자별 또는 블랙홀

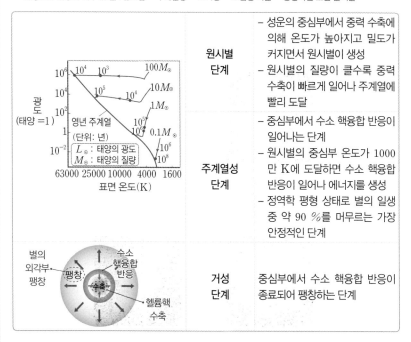

| | | |
|---|---|---|
| | 원시별 단계 | – 성운의 중심부에서 중력 수축에 의해 온도가 높아지고 밀도가 커지면서 원시별이 생성<br>– 원시별의 질량이 클수록 중력 수축이 빠르게 일어나 주계열에 빨리 도달 |
| | 주계열성 단계 | – 중심부에서 수소 핵융합 반응이 일어나는 단계<br>– 원시별의 중심부 온도가 1000만 K에 도달하면 수소 핵융합 반응이 일어나 에너지를 생성<br>– 정역학 평형 상태로 별의 일생 중 약 90 %를 머무르는 가장 안정적인 단계 |
| | 거성 단계 | 중심부에서 수소 핵융합 반응이 종료되어 팽창하는 단계 |

## 기개 Quiz

**1.** 질량이 태양 정도인 별의 진화 경로는 원시별 → 주계열성 → ❶ [        ] → 행성상 성운 → 백색 왜성이다.

**2.** 원시별의 내부 온도가 ❷ [        ] K에 이르면 중심부에서 수소 핵융합 반응을 하기 시작한다.

**3.** ㉠과 ㉡ 중 주계열성으로 진화하는 데 걸리는 시간이 짧은 것은

❸ (㉠ 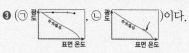 , ㉡ )이다.

**답 | ❶** 적색 거성 **❷** 1000만 **❸** ㉠

## 26 별의 최후

💡 **별의 최후**

| 태양과 질량이 비슷한 별 | 행성상 성운 → 백색 왜성 |
|---|---|
| 태양보다 질량이 매우 큰 별 | 초신성 폭발 → 중성자별 또는 블랙홀 |

💡 **질량이 태양과 비슷한 별**

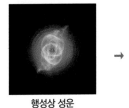

**행성상 성운** → **백색 왜성**

중심부에는 백색 왜성이 존재함

💡 **질량이 태양보다 매우 큰 별**

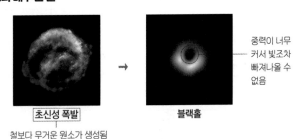

**초신성 폭발** → **블랙홀**

철보다 무거운 원소가 생성됨

중력이 너무 커서 빛조차 빠져나올 수 없음

---

**기개 Quiz**

**1.** 태양은 진화하여 최종적으로 ❶ [          ] 이 된다.

**2.** 태양보다 질량이 매우 큰 별은 진화하여 최종적으로 중성자별 또는 ❷ [          ] 이 된다.

**3.** ㉠과 ㉡ 중 철보다 무거운 원소가 생성되는 진화 단계는

❸ (㉠  , ㉡ )이다.

답 | ❶ 백색 왜성 ❷ 블랙홀 ❸ ㉠

# 27 별의 에너지원

## 💡 중력 수축 에너지

중력 수축 에너지 발생 과정

-- 별이 수축하며 줄어든 위치 에너지
-- $R_0$였던 별이 $R$로 줄어들면 위치 에너지의 감소로 생성되는 에너지
-- 원시별과 거성 단계에서 사용됨

## 💡 수소 핵융합 에너지와 헬륨 핵융합 에너지

| 수소 핵융합 에너지 | 헬륨 핵융합 에너지 |
| --- | --- |
| – 4개의 수소 원자핵이 1개의 헬륨 원자핵보다 질량이 크므로 핵융합이 일어날 때 질량 결손에 의해 발생한 에너지<br>– 주계열성의 주요 에너지<br>– P-P 반응과 CNO 순환 반응으로 나뉜다. | – 중심부의 온도가 약 1억 K 이상 되어야 반응<br>– 3개의 헬륨 원자핵이 융합하여 1개의 탄소 원자핵을 만들며 에너지를 발생한다.<br>– 적색 거성과 초거성의 에너지원 |
|  | 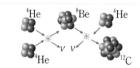 |

## 기개 Quiz

**1.** 중력 수축 에너지는 별의 진화 과정 중 [❶        ]과 거성 단계에서 에너지원으로 사용된다.

**2.** 수소 핵융합 반응이 발생하면 1개의 [❷        ]과 줄어든 질량만큼 [❸        ]가 발생한다.

**3.** ㉠과 ㉡ 중 적색 거성의 중심부 온도가 1억 K이 넘으면

[❹ (㉠ 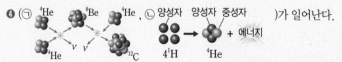 , ㉡ 양성자 양성자 중성자 )가 일어난다.

답 | ❶ 원시별 ❷ 헬륨 ❸ 에너지 ❹ ㉠

# 28 수소 핵융합 반응

## 💡 수소 핵융합 반응

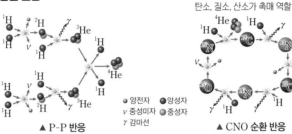

탄소, 질소, 산소가 촉매 역할

● 양전자  ● 양성자
ν 중성미자  ● 중성자
γ 감마선

▲ P-P 반응
질량이 작은 별에서 우세하게 나타남

▲ CNO 순환 반응
질량이 큰 별에서 우세하게 나타남

| 수소 핵융합 반응 | P-P 반응 | CNO 순환 반응 |
|---|---|---|
| 공통점 | 주계열성 내부에서 일어나는 수소 핵융합 반응 | |
| 단위 시간당 에너지 생산량 | 적다 | 많다 |
| 특징 | 중심부 온도가 약 1800만 K를 기준으로 우세한 반응이 달라진다.<br><br>▲ 핵의 온도에 따른 P-P 반응과 CNO 순환 반응의 효율 | |

상대적인 효율: 10⁴, 10², 1, 10⁻²
CNO 순환 반응
P-P 반응  태양
핵의 온도(×10⁶ K): 5 10 15 20 25 30

### 개 Quiz

1. 수소 핵융합 반응에는 수소끼리 충돌하며 에너지를 발생시키는 [❶    ]과 [❷    ], 질소, 산소가 필요한 CNO 순환 반응이 있다.

2. 중심부 온도가 약 2000만 K인 별 내부에서는 수소 핵융합 반응 중 [❸    ]이 우세하게 일어난다.

3. ㉠과 ㉡ 중 태양 질량의 2배인 주계열성의 중심부에서는

❹ (㉠ ____, ㉡ ____)이 우세하게 일어난다.

CNO 순환 반응        p-p 반응

**답 | ❶** P-P 반응 **❷** 탄소 **❸** CNO 순환 반응 **❹** ㉠

## 💡 질량에 따른 주계열성의 내부 구조

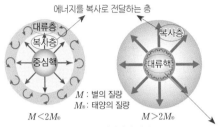

▲ 질량에 따른 주계열성의 내부 구조

| 주계열성의 질량 | $M < 2M_\odot$ | $M > 2M_\odot$ |
|---|---|---|
| 차이점 | 중심핵 – 복사층 – 대류층 | 대류핵 – 복사층 |

## 💡 중심부에서 핵융합 반응이 끝난 별들의 내부 구조

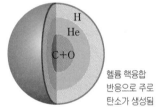

헬륨 핵융합 반응으로 주로 탄소가 생성됨

▲ 질량이 태양 정도인 별의 내부 구조

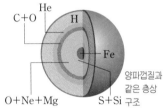

양파껍질과 같은 층상 구조

▲ 질량이 매우 큰 별의 내부 구조

### 기개 Quiz

1. 태양 질량의 2배 이상인 별의 내부 구조에서 가장 외곽은 [❶　　　　]이다.

2. 질량이 매우 큰 별이 중심부에서 핵융합 반응이 끝났을 때 중심부에는 [❷　　　]로 된 핵이 있다.

3. ㉠과 ㉡ 중 질량이 태양 질량의 3배인 별의 내부 구조는

❸ (㉠ 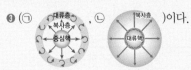 , ㉡　　　　)이다.

답 | ❶복사층 ❷철 ❸㉡

# 30 외계 행성 탐사법

## 💡 식 현상을 이용하는 방법

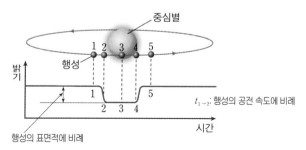

중심별

행성

밝기

$t_{1 \to 2}$: 행성의 공전 속도에 비례

1 2 3 4 5

시간

행성의 표면적에 비례

## 💡 도플러 효과를 이용하는 방법

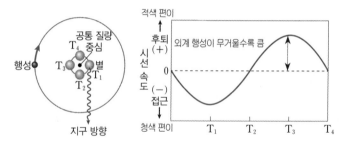

공통 질량 중심

$T_4$

$T_3$ 별 $T_1$

행성

$T_2$

지구 방향

적색 편이

후퇴 (+)

시선 속도

외계 행성이 무거울수록 큼

0

접근 (−)

청색 편이

$T_1$ $T_2$ $T_3$ $T_4$

## 💡 미세 중력 렌즈 현상을 이용하는 방법

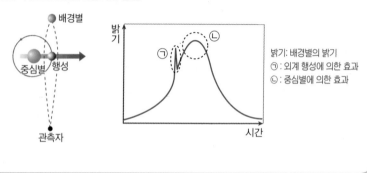

배경별

중심별 행성

관측자

밝기

㉠

㉡

시간

밝기: 배경별의 밝기
㉠: 외계 행성에 의한 효과
㉡: 중심별에 의한 효과

| 탐사법 | 특징 |
|---|---|
| 식 현상을 이용한 방법 | – 행성이 관측자와 별 사이를 지나갈 때 감소하는 밝기의 변화를 관측한다.<br>– 이 방법으로 발견한 행성은 대부분 공전 궤도 반지름이 작다. |
| 도플러 효과를 이용한 방법 | – 외계 행성의 공전에 의한 중심별의 이동으로부터 외계 행성을 탐사한다.<br>– 중심별이 다가올 때는 청색 편이, 멀어질 때는 적색 편이가 나타난다.<br>– 이 방법으로 발견한 행성은 대부분 질량이 크다. |
| 미세 중력 렌즈 현상을 이용한 방법 | – 외계 행성의 중력에 의한 효과로 배경별의 밝기가 변한다.<br>– 질량이 작은 행성을 찾는 데 상대적으로 유리하다.<br>– 이 방법으로 발견한 행성은 대부분 공전 궤도 반지름이 크다. |

## 💡 탐사법의 장점 & 단점

| 탐사법 | 장점 | 단점 |
|---|---|---|
| 식 현상을 이용한 방법 | 현상이 주기적으로 나타나므로 추가적인 정보를 얻기 용이하다. | 관측자의 시선 방향과 외계 행성의 공전 궤도면이 수직인 경우 관측이 불가능하다. |
| 도플러 효과를 이용한 방법 | | |
| 미세 중력 렌즈 현상을 이용한 방법 | 식 현상, 도플러 효과와는 달리 관측자의 시선 방향의 제한이 없다. | 한 외계 행성계에 대해 두 번 나타나기 매우 힘들고, 지속적인 관측이 불가능하다. |

### 기개 Quiz

**1.** 외계 행성에 의한 중심별의 스펙트럼 변화를 분석하는 외계 행성 탐사법은 ⓪ 를 이용하는 방법이다.

**2.** 식 현상을 이용한 탐사법에서 외계 행성의 반지름이 클수록 감소하는 중심별의 밝기 변화는 ❷ .

**3.** 질량이 작고 중심별로부터 멀리 있는 외계 행성을 탐사하기 위해서는 (식 현상, 도플러 효과, 미세 중력 렌즈 현상)을 이용한 탐사법이 가장 유리하다.

**4.** ㉠과 ㉡ 중 식 현상을 이용한 탐사법에서 얻을 수 있는 밝기 그래프는

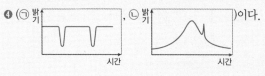

❹ (㉠ , ㉡ )이다.

답 | ❶ 도플러 효과 ❷ 크다 ❸ 미세 중력 렌즈 현상 ❹ ㉠

## 31 생명 가능 지대

### 💡 생명 가능 지대

: 액체 상태의 물이 존재할 수 있는 영역

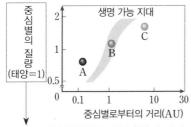

중심별의 질량이 클수록
① 생명 가능 지대의 폭이 증가
② 생명 가능 지대가 시작하는 거리가 증가

A, B, C 중 생명 가능 지대에 있는 행성: B
(=액체 상태의 물이 존재할 수 있는 행성)
B와 유사한 행성 → 지구!!!

중심별의 질량이 클수록 광도가 증가: 생명 가능 지대는 중심별의 광도에 따라 달라짐

### 💡 중심별의 표면 온도와 생명 가능 지대

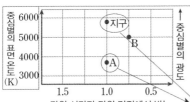

중심별이 주계열성인 경우 표면 온도가 높을수록 광도가 증가함. 따라서 생명 가능 지대는 중심별에서 멀어짐

지구와 단위 시간당 단위 면적에서 받는 복사 에너지양이 같은 경우 생명 가능 지대에 속해 있게 됨

---

### 기개 Quiz

**1.** 액체 상태의 물이 존재하는 영역을 [❶        ]라고 한다.

**2.** 생명 가능 지대는 중심별의 광도가 클수록 폭이 [❷        ].

**3.** ㉠과 ㉡ 중 행성의 표면 온도가 높은 것은

**❸** (㉠                      , ㉡                      )이다.

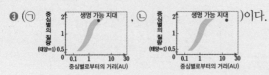

답 | ❶ 생명 가능 지대  ❷ 넓다  ❸ ㉠

# 32 외계 생명체가 존재하기 위한 조건

## 💡 생명체가 존재하기 위한 조건

| 액체 상태의 물 | • 행성이 생명 가능 지대에 있어야 한다.<br>• 물은 다양한 물질을 녹일 수 있는 좋은 용매이다.<br>• 물은 열용량이 크므로 오랜 시간 열을 보존할 수 있다. |
| --- | --- |
| 적절한 두께의 대기 | • 외부에서 유입되는 자외선 등을 차단한다.<br>• 적절한 온실 효과를 제공한다. |
| 행성의 자기장 | • 우주에서 날아오는 고에너지 입자를 차단한다.<br>• 항성에서 날아오는 항성풍을 차단한다. |
| 모항성의 긴 수명 | • 중심별의 질량이 적당해야 한다.<br>• 생명체가 탄생하고 진화하기 위해서는 오랜 시간이 걸린다. |

## 💡 주계열성인 중심별의 질량과 생명체 존재 조건

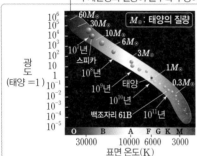

→ 주계열성의 질량이 클수록 수명이 짧다.

**중심별의 질량이 작은 경우의 장단점**

• 장점: 중심별의 수명이 길어진다. → 중심별의 질량이 작은 경우 생명체의 탄생과 진화의 시간을 제공하므로 유리하다.

• 단점: 생명 가능 지대의 폭이 좁고, 중심별과 가까워지면 행성의 자전 주기와 공전 주기가 같아질 가능성이 높아진다. 이 경우 행성은 항상 같은 면이 별 쪽을 향하게 되므로 생명체 탄생 확률이 줄어든다.

### 기개 Quiz

**1.** 생명체가 존재하기 위해서 가장 필수적인 조건은 ❶[          ]의 존재이다.

**2.** 외부에서 들어오는 고에너지 입자를 차단하는 것은 행성의 ❷[          ]이다.

**3.** 중심별의 수명이 상대적으로 더 길어 생명체 탄생과 진화에 필요한 시간을 더 길게

제공해 줄 수 있는 별은 ❸ (㉠  , ㉡                    )이다.

답 | ❶ 액체 상태의 물 ❷ 자기장 ❸ ㉠

## 🖉 허블의 은하 분류

| 타원 은하 | 나선 은하 | 불규칙 은하 |
|---|---|---|
|  | |  |

타원 은하 → 붉은색이 강함

나선 은하 → 중심부(팽대부) → 붉은색이 강함 / 나선팔 → 푸른색이 강함

불규칙 은하 → 푸른색이 강함

| 분류 | 특징 |
|---|---|
| 타원 은하 | • 타원 형태이다.<br>• 납작한 정도에 따라 E0~E7로 세분한다.<br>• 주로 노란색과 붉은색의 늙은 별들로 구성된다.<br>• 성간 물질이 부족하다. → 별의 생성이 거의 없다. |
| 나선 은하 | • 은하핵과 나선팔로 구성된다.<br>• 중심부의 막대 구조 유무로 정상 나선 은하와 막대 나선 은하로 구분한다.<br>• 중심핵의 크기와 나선팔의 감긴 정도로 a~c로 세분한다. |
| 불규칙 은하 | • 특정한 모양이 없다.<br>• 표면 온도가 높은 젊은 별의 비율이 가장 높다.<br>• 성간 물질이 많다. → 별의 생성이 활발하다. |

### 기개 Quiz

**1.** 타원 은하는 불규칙 은하에 비해 [ ❶ ]색이 강하다.

**2.** 나선 은하 중 중심부에 막대 구조가 있는 것을 [ ❷ ]라고 한다.

**3.** ㉠~㉢ 중 성간 물질의 비율이 가장 높은 은하는

❸ (㉠ , ㉡ , ㉢ )이다.

답 | ❶붉은 ❷막대 나선 은하 ❸㉢

# 34 특이 은하

## 💡 특이 은하의 종류

| 종류 | 모습 | 특징 | 공통점 |
|------|------|------|--------|
| 퀘이사 | | – 별처럼 보인다.<br>– 큰 적색 편이값<br>　➡ 후퇴 속도가 빠르다.<br>　➡ 매우 먼 거리에 위치<br>　　한다. | 중심부에 거대 질량 블랙홀이 있을 것으로 추정된다. |
| 세이퍼트<br>은하 | | – 나선 은하의 형태<br>– 넓은 방출선이 관측된다.<br>　➡ 은하의 회전 속도가<br>　　빠르다. | |
| 전파<br>은하 | | – 강한 전파를 방출한다.<br>– 제트와 로브가 관측된다. | |

### 기개 Quiz

**1.** 퀘이사는 별처럼 보이고 큰 [❶        ]값을 갖는데, 그 이유는 퀘이사까지의 거리가 매우 [❷        ] 때문이다.

**2.** 세이퍼트은하는 형태학적으로는 나선 은하로 보이지만 일반적인 나선 은하와 달리 넓은 [❸        ]이 관측된다.

**3.** 전파 은하에서는 중심부에서 물질과 에너지가 방출되는 흐름인 [❹        ]가 관측된다.

**4.** ㉠과 ㉡의 특이 은하 중 매우 큰 적색 편이가 관측되는 것은

❺ (㉠ [이미지], ㉡ [이미지])이다.

답 | ❶ 후퇴 속도(적색 편이)  ❷ 멀기  ❸ 방출선  ❹ 제트  ❺ ㉠

# 35 허블의 법칙

## 💡 우주 팽창

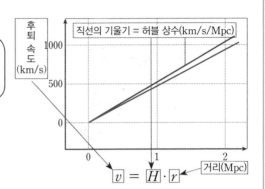

멀리 있는 은하들의 후퇴 속도와 거리 관계를 그래프로 그리면 우주가 팽창한다는 것을 알 수 있어!

허블

직선의 기울기 = 허블 상수(km/s/Mpc)

$$v = H \cdot r$$

| 허블 법칙 | • 은하의 후퇴 속도는 그 은하까지의 거리에 비례한다($v = H \cdot r$). |
|---|---|
| |  |
| | 300 nm → 기준 파장: 선택하는 파장에 따라 값이 달라질 수 있음. |
| | $\Delta\lambda$ → 파장의 변화량: 후퇴 속도($v$)를 알 수 있음($\frac{v}{c} = \frac{\Delta\lambda}{\lambda_0}$). |
| 허블 상수 | • 허블 법칙에서 직선의 기울기에 해당하며 우주의 나이와 크기를 알려준다. |
| | • 우주의 나이: $t = \frac{1}{H}$, 우주의 크기: $R = \frac{c}{H}$ |

## 기개 Quiz

1. 허블 법칙을 식으로 나타내면 [❶ ]로 우주가 [❷ ]한다는 것을 의미한다.

2. 은하의 후퇴 속도는 은하의 스펙트럼에서 흡수선의 [❸ ]으로 알아낸다.

3. 파장의 적색 편이량으로부터 은하 A, B 중 더 멀리 있는 것은

❹ ( 원래 파장 ▮▮▮▮ ▮▮▮▮ )임을 알 수 있다.

은하 A ▮▮ ▮ ▮

은하 B ▮▮ ▮ ▮

답 | ❶ $v = H \cdot r$ ❷ 팽창 ❸ 파장 변화량 ❹ 은하 B

# 36 빅뱅 우주론과 정상 우주론

## 💡 빅뱅 우주론 vs 정상 우주론 비교

빅뱅 우주론

현재 우주를 이루고 있는 기본적인 원소들은 빅뱅 직후에 만들어졌기 때문에 우주가 팽창하면서 우주의 밀도는 감소해.

우주가 팽창하면서 생기는 빈 공간에서 새로운 물질이 계속 만들어지기 때문에 우주의 밀도는 …

정상 우주론

 조지 가모프

 프레드 호일

| | 조지 가모프 | 프레드 호일 |
|---|---|---|
| 우주의 질량: | 변화 없음 | 증가 |
| 우주의 밀도: | 감소 | 일정 |

## 💡 빅뱅 우주론의 증거

| 우주 배경 복사 | 수소와 헬륨의 질량비＝3 : 1 |
|---|---|
| - 우주의 나이가 약 38만 년, 우주의 온도가 약 3000 K일 때 방출된 빛이다.<br>- 현재는 우주의 모든 방향에서 동일한 세기로 약 2.7 K의 복사가 관측된다. | - 빅뱅 이후 처음 약 3분이 되었을 때 헬륨 원자핵이 생성된다.<br>- 관측 결과 수소와 헬륨의 질량비가 약 3:1임이 확인된다. |

12개의 수소

1개의 헬륨

### 기개 Quiz

**1.** 빅뱅 우주론의 결정적 증거로는 [ ❶ ]와 [ ❷ ]이 있다.

**2.** 우주 배경 복사는 우주의 온도가 약 [ ❸ ]K일 때 방출되었다.

**3.** ㉠과 ㉡ 중 시간에 따라 밀도가 변하는 우주론은

❹ (㉠ ⬤⬤⬤, ㉡ ⬤⬤⬤)이다.

답 | ❶우주 배경 복사  ❷수소와 헬륨 질량비 3:1  ❸3000  ❹㉠

## 기출개념

# 37 빅뱅 우주론의 한계와 급팽창 우주론

### 💡 급팽창 이론

급팽창 이론: 빅뱅 초기에 우주가 빛보다 빠르게 팽창하였다는 이론

급팽창 전에는 우주의 크기가 → 우주의 지평선보다 작았다.

급팽창 후에는 우주의 크기가 ← 우주의 지평선보다 크다. (대폭발 우주론)

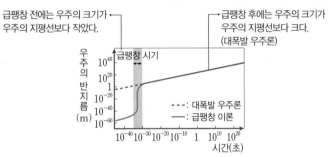

▲ 시간에 따른 우주의 크기 변화

### 💡 급팽창 이론은 빅뱅 우주론의 문제를 어떻게 해결하였나?

| 빅뱅 우주론의 한계 | 급팽창 이론으로 설명 |
|---|---|
| 우주의 지평선 문제 | 우주가 급팽창하였으므로 현재의 지평선은 과거 우주의 지평선보다 훨씬 가까이 있었을 것이다. 즉, 빛이 뒤섞일 수 있는 충분한 크기였다. |
| 우주의 편평성 문제 | 우주가 급팽창하였으므로 우주의 크기는 매우 크다. 마치 지구는 둥글지만 지구 위의 사람이 지구가 편평하다고 느끼는 것과 같다. |
| 우주의 자기 홀극 문제 | 우주에는 자기 홀극이 있지만 급팽창한 우주의 크기가 너무 커 잘 관측되지 않는다. |

### 기개 Quiz

1. 빅뱅 우주론의 세 가지 문제점은 우주의 지평선, 편평성, **❶**〔　　　〕 문제가 있다.

2. 급팽창 우주론은 빅뱅 초기에 우주의 크기가 **❷**〔　　　〕보다 빠르게 팽창하였다는 것이다.

3. ㉠과 ㉡ 중 급팽창 우주론에 해당하는 것은

**❸** (㉠  ㉡ )이다.

답 | ❶ 자기 홀극 ❷ 빛 ❸ ㉡

# 38 우주의 구성

## 💡 우주를 구성하는 물질

▲ 현재 우주의 구성

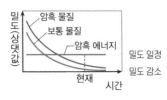

▲ 시간에 따른 우주 구성 성분의 밀도

| 우주의 구성 성분 | 특징 | 공통점과 차이점 |
|---|---|---|
| 보통 물질 | – 지구, 별, 은하 등과 같이 우리가 관측할 수 있는 물질이다.<br>– 가장 적은 양을 차지한다. | – 질량이 있다. ➡ 인력으로 작용한다.<br>– 우주의 팽창 및 시간에 따라 밀도가 감소한다. |
| 암흑 물질 | – 전자기파로 관측되지 않는다. ➡ 최근 중력 렌즈 등의 방법을 이용하여 존재를 확인하였다.<br>– 우주 초기에는 가장 많은 양을 차지한다. | |
| 암흑 에너지 | – 척력으로 작용하여 우주를 가속 팽창시키는 역할을 하는 것으로 추정된다. | – 우주의 팽창 및 시간에 따른 밀도 변화가 없다. |

### 기개 Quiz

1. 우주의 구성 성분 중 가장 많은 양을 차지하는 것은 ❶ [　　　]로 ❷ ( 인 / 척 )력으로 작용한다.

2. 우주의 구성 성분 A ~ C 중 현재 전자기파로 관측할 수 있는 것은 ❸ 이다.

<br>

답 | ❶암흑 에너지 ❷척 ❸C

## 39 우주의 미래

### 💡 암흑 에너지가 없을 때의 우주 우주의 밀도와 임계 밀도의 크기만을 고려함

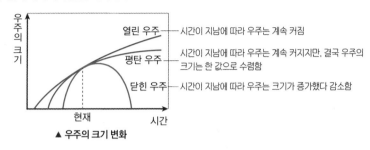

- 열린 우주 ── 시간이 지남에 따라 우주는 계속 커짐
- 평탄 우주 ── 시간이 지남에 따라 우주는 계속 커지지만, 결국 우주의 크기는 한 값으로 수렴함
- 닫힌 우주 ── 시간이 지남에 따라 우주는 크기가 증가했다 감소함

▲ 우주의 크기 변화

| 우주 모형 | 특징 |
|---|---|
| 열린 우주<br><br>삼각형 내각의 합$<180°$ | – 우주의 평균 밀도가 임계 밀도보다 작다.<br>– 곡률이 0보다 작다. |
| 평탄 우주<br><br>삼각형 내각의 합$=180°$ | – 우주의 밀도와 임계 밀도가 같다.<br>– 곡률이 0이다. |
| 닫힌 우주<br><br>삼각형 내각의 합$>180°$ | – 우주의 평균 밀도가 임계 밀도보다 크다.<br>– 곡률이 0보다 크다. |

## 💡 암흑 에너지를 고려했을 때의 우주

| 현재까지 알아낸 우주 | 특징 | 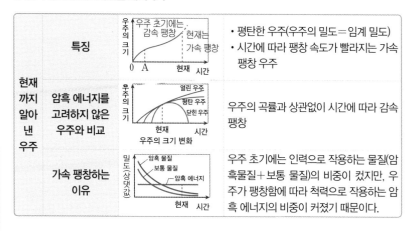 | • 평탄한 우주(우주의 밀도＝임계 밀도)<br>• 시간에 따라 팽창 속도가 빨라지는 가속 팽창 우주 |
| --- | --- | --- | --- |
| | 암흑 에너지를 고려하지 않은 우주와 비교 | | 우주의 곡률과 상관없이 시간에 따라 감속 팽창 |
| | 가속 팽창하는 이유 | | 우주 초기에는 인력으로 작용하는 물질(암흑물질＋보통 물질)의 비중이 컸지만, 우주가 팽창함에 따라 척력으로 작용하는 암흑 에너지의 비중이 커졌기 때문이다. |

## 💡 가속 팽창 우주와 Ia형 초신성

가속 팽창 우주는 최대 광도가 일정한 Ia형 초신성의 관측 결과로부터 알아냄

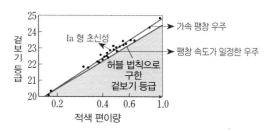

## 기개 Quiz

1. 현재 우주는 ❶ ( 평탄 / 닫힌 / 열린 ) 우주이지만 ❷ [＿＿＿] 팽창하고 있다.
2. 평탄한 우주는 우주의 밀도와 임계 밀도의 크기가 ❸ [＿＿＿].
3. 가속 팽창 우주는 광도가 일정한 ❹ [＿＿＿]의 관측 결과로부터 알아내었다.
4. 현재 우주의 곡률은 ❺ [＿＿＿]이며, 이에 해당하는 우주 모형은
   ❻ (㉠ , ㉡ ＿＿＿, ㉢ ＿＿＿)이다.

답 | ❶ 평탄 ❷ 가속 ❸ 같다 ❹ Ia형 초신성 ❺ 0 ❻ ㉡

# Memo

시험적중

# 내신전략

고등 지구과학 I

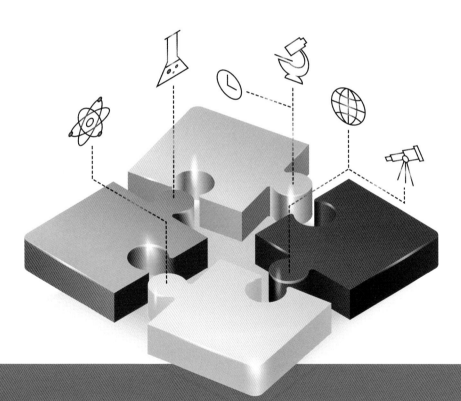

시험에 잘 나오는
## 개념BOOK 1

천재교육

시험적중
# 내신전략

고등 **지구과학**I

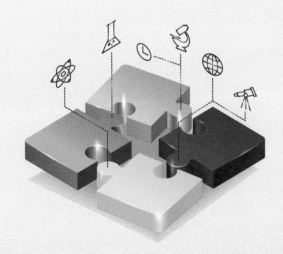

# 개념 BOOK 하나면
# 과학 공부 끝!

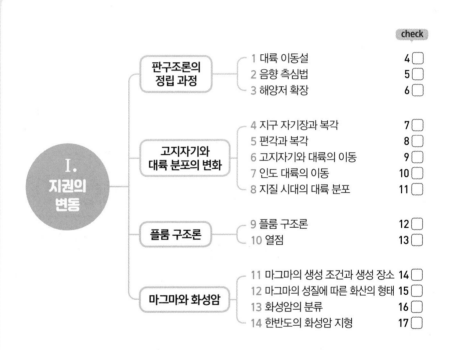

# 1 대륙 이동설

## 💡 대륙 이동설의 증거

북아메리카의 애팔래치아산맥과 유럽의 칼레도니아산맥이 이어진다.

애팔래치아산맥

칼레도니아산맥

해안선의 모양이 유사하다.

빙하가 존재하기 어려운 인도, 오스트레일리아 등 열대나 온대 지역에서 빙하의 흔적이 발견된다.

고생대 육상 파충류인 메소사우루스 화석이 바다를 헤엄쳐 건널 수 없음에도 바다를 사이에 두고 멀리 떨어진 대륙에서 발견된다.

■ 고생대 말 습곡 산맥  ⤊ 고생대 말 빙하 이동 흔적
□ 고생대 말 빙하 퇴적층  ■ 메소사우루스 화석

## 💡 대륙 이동설의 증거와 한계점

| 증거 | 해안선 모양의 유사성 | 남아메리카 대륙 동해안과 아프리카 대륙 서해안의 해안선의 모양이 유사하다. |
|---|---|---|
| | 고생물 화석 분포의 연속성 | 현재 멀리 떨어져 있는 대륙에서 같은 종의 고생물 화석이 발견된다. |
| | 지질 구조의 연속성 | 현재 멀리 떨어져 있는 대륙의 산맥과 습곡대가 이어진다. |
| | 과거 빙하의 흔적 분포 | 여러 대륙에 남아 있는 빙하의 흔적과 이동 방향이 남극점을 중심으로 멀어져간 모습이다. |
| 한계점 | | 대륙 이동의 원동력을 설득력 있게 설명하지 못하였다. |

### 기개 Quiz

1. A, B 대륙의 해안선 모양의 유사성은 [ ❶ ]의 증거이다.

2. 북아메리카 대륙에 있는 [ ❷ ]산맥과 유럽 대륙에 있는 칼레도니아산맥의 지질 구조가 연속적이다.

3. 여러 대륙에 남아 있는 빙하의 흔적과 이동 방향으로 고생대 말 빙하의 분포를 추정해 보면 빙하는 [ ❸ ]점을 중심으로 모인다.

4. 베게너에 의하면 고생대 말~중생대 초의 대륙 분포는

❹(㉠  , ㉡ )였다.

답 | ❶ 대륙 이동설 ❷ 애팔래치아 ❸ 남극 ❹ ㉡

# 2 음향 측심법

## 💡 해저 지형의 탐사

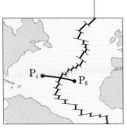

대서양 중앙 해령

| 지점 | $P_1$로부터의 거리(km) | 시간(초) | 수심(m) |
|---|---|---|---|
| $P_1$ | 0 | 7.70 | 5775 |
| $P_2$ | 420 | 7.36 | 5520 |
| $P_3$ | 840 | 6.14 | 4605 |
| $P_4$ | 1260 | 3.95 | 2960 |
| $P_5$ | 1680 | 6.55 | 4912 |
| $P_6$ | 2100 | 6.97 | 5227 |

$P_4$ 지점의 수심은 약 2960 m로 주변보다 얕고, 이를 경계로 양쪽으로 멀어질수록 수심이 점차 깊어진다. 따라서 $P_4$ 지점 부근에 주변보다 수심이 얕은 해저 산맥인 해령이 존재한다.

## 💡 해저 지형 탐사와 음향 측심법

| 해저 지형 탐사 배경 | • 20세기 중반, 음파를 이용한 수심 측정 기술이 발달하여 해저 지형의 정밀한 탐사가 이루어지면서 해령, 열곡 등의 존재를 알게 되었다.<br>• 음향 측심법으로 알아낸 해저 지형의 특징은 해양저 확장설이 등장하는 데 영향을 주었다. |
|---|---|
| 음향 측심법 | 해양 탐사선에서 발사한 음파가 해저면에 반사되어 되돌아오는 데 걸리는 시간을 측정하여 수심을 측정하는 방법 |
| 수심 구하는 공식 | 초음파가 해저면에서 반사되어 되돌아오기까지 걸리는 시간을 $t$, 수중 음파의 속도(1500 m/s)를 $v$라고 하면, 수심 $d = \dfrac{1}{2}vt$이다. |

### 기개 Quiz

**1.** 수면에서 발사한 초음파의 왕복 시간이 길수록 수심이 [ ❶　　 ]다.

**2.** $P_3$와 $P_5$ 사이에 발산형 경계인 [ ❷　　 ]이 존재한다.

**3.** 해양 지각의 나이는 $P_4$에서 $P_6$으로 갈수록 [ ❸　　 ].

**4.** $P_4$를 중심으로 [ ❹　　 ]가 대칭을 이룬다.

답 | ❶ 깊 ❷ 해령 ❸ 많아진다 ❹ 고지자기 줄무늬

# ③ 해양저 확장

## 💡 고지자기 줄무늬와 해양저 확장

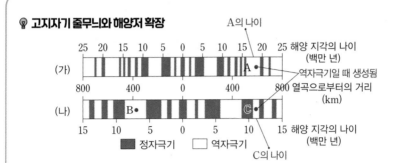

## 💡 고지자기(잔류 자기)

| 고지자기<br>(잔류 자기) | 의미 | 암석 속에 보존되어 있는 과거의 지구 자기 흔적 |
|---|---|---|
| | 생성 원리 | 마그마가 식어 암석이 생성될 때 자성을 띤 광물은 지구 자기장의 방향을 따라 배열되며, 이후 지구 자기장이 변해도 자성을 띠는 광물의 배열은 생성 당시 그대로 남아 있다. |
| 고지자기<br>분석 | 분석 원리 | 지구 자기장은 자북극과 자남극이 바뀌는 역전 현상이 반복되어 왔으며, 암석의 잔류 자기를 분석하면 과거 지구 자기장의 역전 현상을 알 수 있다. |
| | 정자극기 | 생성 당시 지구 자기장의 방향이 현재와 같은 시기 |
| | 역자극기 | 생성 당시 지구 자기장의 방향이 현재와 반대 방향인 시기 |
| 고지자기<br>줄무늬 | 특징 | 해령에서 생성된 새로운 해양 지각이 양쪽으로 이동하여 지구 자기의 줄무늬가 해령을 축으로 대칭적으로 나타난다. |
| | 의의 | 해양저 확장설의 증거가 된다. |

### 기개 Quiz

**1.** 나이가 0인 곳은 **❶**[　　　]이다.

**2.** 해령을 축으로 고지자기 줄무늬는 **❷**[　　　]이다.

**3.** 해양 지각의 나이는 B가 C보다 **❸**( 많, 적 )다.

**4.** 해양 지각의 확장 속도는 (가)가 (나)보다 **❹**( 빠르다, 느리다 ).

**5.** A, B, C는 **❺**( ㉠ ■ 정자극기, ㉡ □ 역자극기 )에 해당하므로 고지자기 방향은 남쪽을 가리킨다.

답| **❶** 해령 **❷** 대칭 **❸** 적 **❹** 느리다 **❺** ㉡

# 4 지구 자기장과 복각

## 💡 위도에 따른 자기력선 분포 모습과 복각

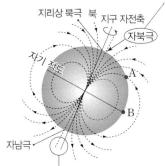

자북극에서는 자침의 N극이 수평면에 대해 수직 방향으로 아래로 향하므로 복각이 90°이다.

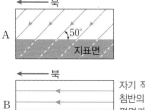

자기 적도에서 나침반의 자침은 수평면과 평행하므로 복각이 0°이다.

자북극과 자남극을 연결한 지구 자기의 축은 지구 자전축에 대해 약 11.5° 기울어져 있다.

## 💡 지구 자기장과 복각

| | | |
|---|---|---|
| 지구 자기장 | 자기장 | 지구 자기력이 미치는 공간 |
| | 자기력선 | 자기 남극에서 나와 자기 북극으로 들어간다. |
| | 나침반 | 나침반의 자침은 자기력선에 나란하게 배열된다. |
| 복각의 의미 | 나침반의 자침이 수평면과 이루는 각 | |

| 자북극 | 자기 적도 | 자남극 |
|---|---|---|
| +90° | 0° | 90° |

| | | |
|---|---|---|
| 위도별 복각의 특징 | 자침의 기울어짐 | 북반구에서는 나침반의 N극이, 남반구에서는 나침반의 S극이 지표 쪽으로 기울어진다. |
| | 크기 | 복각의 크기는 고위도로 갈수록 절댓값이 커진다. |
| | 부호의 의미 | 정자극기에 고지자기 복각이 (+)이면 북반구, (−)이면 남반구이다. 역자극기에 고지자기 복각이 (+)이면 남반구, (−)면 북반구이다. |

## 기개 Quiz

1. 복각의 크기는 자기 적도에서 자북극으로 갈수록 [❶    ].

2. 암석에 기록된 고지자기의 복각으로 암석이 생성될 당시의 [❷    ]를 알 수 있다.

3. A는 복각이 +50°이고, B는 복각이 0°로 [❸    ] 지역이다.

4. 복각이 30°S인 지역에서의 자기력선 모습은 ❹( ㉠ [그림], ㉡ [그림] )이다.

답 | ❶ 커진다 ❷ 위도 ❸ 자기 적도 ❹ ㉡

## 5 편각과 복각

### 🔎 편각과 복각

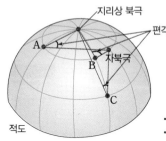

편각은 지구 표면의 한 지점의 수평면 위에서 진북과 자북이 이루는 각이므로 A에서보다 B에서 더 크다.

복각은 나침반의 자침과 수평면이 이루는 각으로 위도가 높을수록 크다. 따라서 C보다 고위도에 위치한 B에서 복각이 더 크다.

- 복각: A＝B＞C
- 편각: B＞A＞C

### 🔎 진북, 자북, 편각, 복각 개념

| 지리상 북극 | 지구의 자전축과 북반구의 지표면이 만나는 지점 | 진북과 자북은 방향을 의미하고 지리상 북극과 자북극은 위치를 의미한다. |
|---|---|---|
| 지자기 북극 (자북극) | 막대자석의 S극 방향의 축과 지표가 만나는 지점 | |
| 진북 | 지구 자전축과 북반구의 지표면이 만나는 지리상의 북극 방향 | |
| 자북 | 나침반 자침의 N극이 가리키는 방향 | |
| 편각 | 지구 표면의 한 지점의 수평면 위에서 진북과 자북이 이루는 각 ➡ 암석에 기록된 고지자기 편각을 측정하면 암석이 생성될 당시의 지자기 북극 방향과 위치를 알 수 있다. | |
| 복각 | 나침반의 자침이 수평면과 이루는 각 ➡ 암석에 기록된 고지자기 복각을 측정하면 암석이 생성될 당시의 위도를 알 수 있다. | |

### 기개 Quiz

1. 지리상 북극과 지자기 북극은 ❶( 일치한다. 일치하지 않는다 ).

2. 복각은 A보다 C에서 ❷( 크, 작 )다.

3. 편각은 B보다 C에서 ❸( 크, 작 )다.

4. 고지자기 편각과 복각을 이용하면 지질 시대의 ❹ [        ] 분포를 복원할 수 있다.

5. 복각은 나침반의 자침과 수평면이 이루는 각이므로 자북극에서 복각은

❺( ㉠  , ㉡ )이다.

# 6 고지자기와 대륙의 이동

## 💡 지자기 북극(자북극)의 이동 경로와 대륙의 이동

현재 유럽 대륙과 북아메리카가 대륙에서 측정한 자북극의 겉보기 이동 경로가 일치하지 않음

같은 시기에 자북극은 한 개만 존재하도록 했을 때, 유라시아 대륙과 북아메리카 대륙이 하나로 합쳐짐

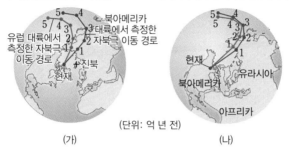

(가)  (단위: 억 년 전)  (나)

오랜 기간 평균한 자북극은 지리상 북극과 거의 일치하므로 고지자기 연구에서 자북극은 곧 지리상 북극으로 가정할 수 있다. 이것이 자북극 방향으로 지리상 북극 방향을 추정하는 것이 가능한 이유이다.

## 💡 북극 이동의 의미

| 자북극의 이동 경로와 대륙의 이동 | 유럽 대륙과 북아메리카 대륙의 암석에서 측정한 자북극의 겉보기 이동 경로가 두 갈래로 나타난다. → 같은 시기에 자북극이 두 개 있을 수는 없으므로 본래 하나의 대륙으로 붙어 있었던 북아메리카 대륙과 유럽 대륙이 갈라져 서로 다른 방향으로 이동한 것으로 해석할 수 있다. |
|---|---|
| 과거의 대륙 분포 추정 | 자북극의 이동 경로를 일치시켜 보면 대륙이 모여 있게 된다. → 과거에 대륙이 붙어 있었음을 알 수 있다. |
| 의의 | 대륙 이동설의 강력한 증거가 된다. |

### 기개 Quiz

**1.** 지질 시대 동안 지자기 북극은 [❶　　　] 개가 존재하였다.

**2.** 자북극의 이동 경로가 두 갈래로 나타난 것은 ❷( 자북극, 대륙 )이 이동했기 때문이다.

**3.** 약 3억 년 전 북아메리카 대륙과 유럽 대륙은 서로 ❸( 붙어, 떨어져 ) 있었다.

**4.** 약 3억 년 전 이후로 북아메리카 대륙과 유럽 대륙 사이에는 ❹( ㉠　　　, ㉡　　　 ) 경계가 존재하였다.

답 | ❶ 한  ❷ 대륙  ❸ 붙어  ❹ ㉠

# 7  인도 대륙의 이동

## 💡 복각과 인도 대륙의 이동 복원

남반구에서는 인도 대륙이 북쪽으로 이동하면서 복각의 절댓값이 점점 작아진다.

북반구에서는 북쪽으로 이동하면서 복각의 크기가 점점 커진다.

| 시기<br>(만 년 전) | 복각 |
|---|---|
| 7100 | −49° |
| 5500 | −21° |
| 3800 | 6° |
| 1000 | 30° |
| 현재 | 36° |

(가)

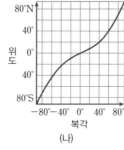

(나)

(다)

## 💡 위도 변화 해석 방법과 인도 대륙의 이동

| 위도<br>변화<br>해석법 | ① 각 시기별 복각을 측정한다.<br>② 고지자기 복각에 따른 위도 그래프에서 각 시기별 복각일 때 위도를 찾는다.<br>③ 지도에 각 시기별 인도 대륙의 위치를 나타낸다. | 시기(만 년 전) | 복각 | 위도 |
|---|---|---|---|---|
| | | 7100 | −49° | 30°S |
| | | 5500 | −21° | 11°S |
| | | 3800 | 6° | 3°N |
| | | 1000 | 30° | 16°N |
| | | 현재 | 36° | 20°N |
| 인도<br>대륙의<br>이동 | • 인도 대륙은 약 7100만 년 전에는 남반구에 있었다.<br>• 인도 대륙은 지질 시대 동안 대체로 북쪽 방향으로 이동하였다.<br>• 인도 대륙은 7100만 년 동안 30°S에서 20°N까지 위도 50°를 이동하였다. | | | |

### 기개 Quiz

**1.** 암석의 연령과 고지자기 ❶〔　　　〕 자료를 통해 대륙의 이동 경로를 복원할 수 있다.

**2.** 약 7100만 년 전에 인도 대륙은 ❷〔　　　〕에 있었다.

**3.** 지질 시대 동안 인도 대륙의 고지자기 복각의 절댓값은 ❸〔　　　〕하다가 증가하였다.

**4.** 인도 대륙과 유라시아 대륙과 충돌하여 ❹〔　　　〕이 형성되었다.

답│❶복각 ❷남반구 ❸감소 ❹히말라야산맥

## 8 지질 시대의 대륙 분포

### 💡 지질 시대 대륙 분포의 변화

지질 시대에는 여러 번의 초대륙이 있었다.

지구의 대륙들은 모여서 초대륙을 형성하고 다시 분리되었다가 모이는 과정을 되풀이한다.

로디니아

12억 년 전

로라시아
판게아
판탈라사
테티스해
곤드와나

2억 4천만 년 전

판게아는 테티스해를 사이에 두고 북반구에는 로라시아 대륙, 남반구에는 곤드와나 대륙이 분포하였다.

판게아가 분리되면서 대서양이 형성되고, 이후 대서양이 확장되면서 애팔래치아산맥과 칼레도니아산맥이 분리되었다.

로라시아
테티스해
판탈라사
곤드와나

1억 5천만 년 전

현재

현재에도 대륙은 느리지만 끊임없이 이동하고 있다.

### 💡 지질 시대 대륙 분포의 변화

| 로디니아에서 판게아 형성까지 | • 약 12억 년 전 로디니아라는 초대륙이 존재하였다가 이후 몇 개의 대륙으로 분리되었다.<br>• 분리된 대륙들이 약 2억 4천만 년 전(고생대 말)에 다시 모여 판게아라는 초대륙을 형성하였다. |
|---|---|
| 판게아 이후부터 현재까지 | • 약 2억 년 전(중생대 초)에 판게아가 분리되기 시작하여 로라시아 대륙이 북아메리카 대륙과 유라시아 대륙으로 분리되었다.<br>• 약 1억 5천만 년 전에 대서양이 부분적으로 열리면서 남아메리카 대륙과 아프리카 대륙이 분리되기 시작하였다.<br>• 중생대 말기~신생대 초기에 남극 대륙, 인도 대륙, 오스트레일리아 대륙이 분리되었다.<br>• 신생대 초기~중기에 인도 대륙이 북상하여 유라시아 대륙과 충돌하여 히말라야산맥을 형성하여 현재에 이르고 있다. |

### 기개 Quiz

**1.** 약 12억 년 전에는 [ ❶     ]라는 초대륙이 존재하였다.

**2.** 고생대 말에는 [ ❷     ]라는 초대륙이 존재하였다.

**3.** 판게아가 형성되면서 ❸(㉠ [판/연약권] , ㉡ [판/연약권] )경계가

발달하여 습곡 산맥(애팔래치아산맥)이 형성되었다.

답 | ❶ 로디니아 ❷ 판게아 ❸ ㉡

# 9 플룸 구조론

## 💡 플룸의 구조

해구에서 침강한 해양 지각이 용융되어 형성된 물질이 맨틀과 외핵의 경계부로 가라앉으면서 차가운 플룸이 형성된다.

맨틀과 외핵의 경계에서 형성된 물질이 상승하여 뜨거운 플룸이 형성된다.

아시아  일본  하와이  타히티

아시아의 차가운 플룸(하강류)

내핵  2900 km  깊이  670 km  외핵

남태평양 대형 플룸 (상승류)

아프리카의 대형 플룸(상승류)  하부 맨틀  상부 맨틀

아프리카  대서양 중앙 해령

## 💡 플룸 구조론

| 플룸 구조론 | | 맨틀 내부에서 온도 차이로 인한 밀도 변화 때문에 맨틀 물질이 기둥 모양으로 상승 또는 하강하는 플룸이 발생하여 지구 내부의 변동을 일으킨다는 이론 |
| --- | --- | --- |
| 종류 | 차가운 플룸 | 수렴형 경계에서 섭입된 판의 물질이 부분 용융되어 상부 맨틀과 하부 맨틀의 경계부에 쌓여 있다가 밀도가 커지면 가라앉아 맨틀과 외핵의 경계부까지 도달하는 차가운 플룸 하강류가 형성된다. |
| | 뜨거운 플룸 | 차가운 플룸이 가라앉아 맨틀 최하부에 도달하면 그 영향으로 온도 교란과 물질을 밀어 올리는 작용이 일어나면서 뜨거운 플룸 상승류가 형성된다. |
| 조사 방법 | | 지진파 속도 분포를 이용한 지진파 단층 촬영으로 맨틀의 온도 분포를 분석하여 플룸 구조를 알아낸다. |

### 기개 Quiz

1. 지각에서 맨틀과 외핵의 경계부로 하강하거나 맨틀과 외핵의 경계에서 지각으로 상승하는 물질과 에너지의 흐름을 ❶          이라고 한다.

2. 지구 내부의 변동이 플룸 운동에 지배받고 있다는 이론을 ❷          이라고 한다.

3. 플룸 상승류가 있는 곳은 주변 맨틀보다 온도가 높으므로 지진파의 속도가 ❸          .

4. 플룸 구조론은 판 구조론으로 설명이 어려웠던 판 내부에서 일어나는 ❹          을 설명할 수 있다.

답 | ❶ 플룸 ❷ 플룸 구조론 ❸ 느리다 ❹ 화산 활동

# ⑩ 열점

## 💡 하와이 열도와 화산암체의 연령

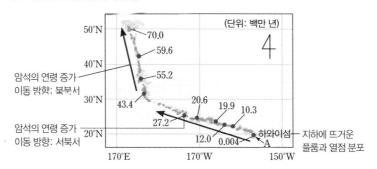

암석의 연령 증가
이동 방향: 북북서

암석의 연령 증가
이동 방향: 서북서

70.0
59.6
55.2
43.4
27.2
20.6
19.9
10.3
12.0
0.004

(단위: 백만 년)

하와이섬
A

지하에 뜨거운
플룸과 열점 분포

## 💡 지질 시대 대륙 분포의 변화

| | | |
|---|---|---|
| **열점의 의미** | | 플룸 상승류가 지표면과 만나는 지점 아래 마그마가 생성되는 곳 |
| **열점의 위치** | | 열점을 형성하는 뜨거운 플룸은 맨틀 하부에서 올라오기 때문에 판이 이동하여도 계속 같은 위치에서 마그마가 분출되어 새로운 화산섬을 만든다. |
| **열점과 판의 이동** | **이동 방향** | 나이가 적은 화산섬에서 나이가 많은 화산섬 방향으로 이동한다. |
| | **이동 속도** | 화산섬의 생성 시기와 열점으로부터의 거리로 이동 속도를 추정한다. |
| **하와이섬의 형성** | | • 하와이섬 아래에 열점이 위치하며, 하와이섬의 나이가 하와이 열도에서 가장 적다.<br>• 북서쪽으로 갈수록 화산을 구성하는 암석의 나이가 많아지므로 하와이 열도가 형성되는 동안 태평양판은 북서쪽으로 이동하였다. |

### 기개 Quiz

**1.** 판이 움직여도 열점의 [ ❶ ]는 고정되어 있어 움직이지 않는다.

**2.** 태평양판은 약 7천만 년에서 4천 3백만 년 전까지는 열점에 대하여 북북서 방향으로 이동했고, 이후에는 [ ❷ ] 방향으로 이동했다.

**3.** 새로 생성되는 섬은 하와이섬의 [ ❸ ]에 위치할 것이다.

**4.** 하와이섬은 ❹( ㉠ 해령, ㉡ B 열점 ) 과정으로 현무암질 마그마가 분출하여 생성되었다.

답 | ❶ 위치 ❷ 서북서 ❸ 남동쪽 ❹ ㉡

# 11 마그마의 생성 조건과 생성 장소

## 💡 마그마의 생성 조건과 장소

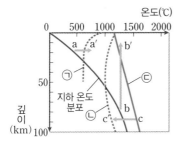

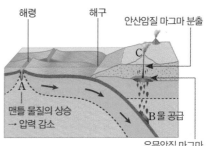

## 💡 마그마가 생성될 수 있는 조건과 생성 장소

| | |
|---|---|
| 마그마<br>생성 조건 | • 온도 상승(a → a′): 대륙 지각 하부에서 온도가 상승하여 물이 포함된 화강암의 용융점에 도달하면 부분 용융이 일어남<br>• 압력 감소(b → b′): 맨틀 물질이 상승하여 압력이 감소하면 맨틀의 용융점이 낮아져 부분 용융이 일어남<br>• 물 공급(c → c′): 맨틀에 물이 공급되면 맨틀의 용융점이 낮아져 부분 용융이 일어남 |
| 마그마<br>생성 장소 | • 해령(A): 해령 하부에서 고온의 맨틀 물질이 상승하면 압력 감소로 맨틀 물질이 부분 용융되어 현무암질 마그마가 생성됨<br>• 섭입대(B): 해양 지각과 해저 퇴적물이 섭입할 때 함수 광물에서 방출된 물에 의해 맨틀의 용융점이 낮아져 현무암질 마그마가 생성됨<br>• 섭입대 부근(C): 섭입대에서 생성된 현무암질 마그마가 상승하여 대륙 지각의 하부를 부분 용융하여 유문암질 마그마가 생성되며, 현무암질 마그마와 유문암질 마그마가 혼합되어 안산암질 마그마가 생성됨 |

### 기개 Quiz

**1.** ㉠은 물을 포함한 [ ❶ ]의 용융 곡선이다.

**2.** ㉡은 [ ❷ ]이 포함된 맨틀의 용융 곡선이다.

**3.** ㉢은 물이 포함되지 않은 [ ❸ ]의 용융 곡선이다.

**4.** 열점에서 마그마는 [ ❹ ]의 과정으로 생성된다.

**5.** B에서 현무암질 마그마는 [ ❺ ]의 과정으로 생성된다.

답 | ❶ 화강암 ❷ 물 ❸ 맨틀 ❹ b → b′ ❺ c → c′

# 12 마그마의 성질에 따른 화산의 형태

## 💡 화산의 형태

SiO₂ 함량이 적고 온도가 높은 마그마(용암)로 생성된 순상 화산
➡ 온도가 높고 점성이 작아 경사가 완만하다.

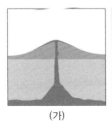

(가)

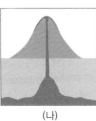

(나)

SiO₂ 함량이 많고 온도가 낮은 마그마(용암)로 생성된 종상 화산
➡ 폭발적인 분출과 화산체의 경사가 급하다.

## 💡 마그마의 종류와 특성

| 구분 | 현무암질 마그마 | 안산암질 마그마 | 유문암질 마그마 |
|---|---|---|---|
| SiO₂ 함량 | 52 % 이하 | 52~63 % | 63 % 이상 |
| 온도 | 높다 ◀————————————————▶ 낮다 | | |
| 점성 | 작다 ◀————————————————▶ 크다 | | |
| 유동성 | 크다 ◀————————————————▶ 작다 | | |
| 화산체 경사 | 완만하다 ◀————————————————▶ 급하다 | | |
| 화산의 형태 | 용암 대지, 순상 화산 | 성층 화산 | 종상 화산 |

### 기개 Quiz

1. 화산의 분출 형태와 화산체의 모양은 ❶ [         ] 의 성질에 따라 다르게 나타난다.

2. (가)는 ❷ [     ] 화산, (나)는 ❸ [     ] 화산이다.

3. 화산체를 이룬 용암의 SiO₂ 함량은 (가)가 (나)보다 ❹( 많, 적 )다.

4. 화산체를 이룬 용암의 점성은 (가)가 (나)보다 ❺( 크, 작 )다.

5. 화산체를 이룬 용암의 유동성은 (가)가 (나)보다 ❻( 크, 작 )다.

6. 화산 활동의 폭발성은 (가)가 (나)보다 ❼( 크, 작 )다.

7. 제주도의 한라산은 화산체 모양으로로 보아

❽( ㉠ 순상 화산 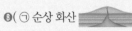 , 종상 화산  )에 해당한다.

답 | ❶마그마 ❷순상 ❸종상 ❹적 ❺작 ❻크 ❼작 ❽㉠

## 13 화성암의 분류

### 💡 화성암의 분류 기준

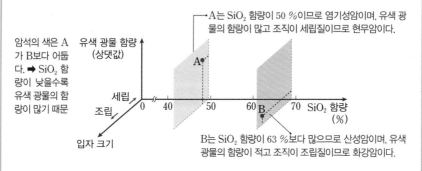

암석의 색은 A가 B보다 어둡다. ➡ $SiO_2$ 함량이 낮을수록 유색 광물의 함량이 많기 때문

A는 $SiO_2$ 함량이 50 %이므로 염기성암이며, 유색 광물의 함량이 많고 조직이 세립질이므로 현무암이다.

B는 $SiO_2$ 함량이 63 %보다 많으므로 산성암이며, 유색 광물의 함량이 적고 조직이 조립질이므로 화강암이다.

### 💡 화학 조성($SiO_2$ 함량)과 조직(마그마의 냉각 속도)에 따른 화성암의 분류

| 화학 조성에 따른 분류 | | | 염기성암 | 중성암 | 산성암 |
|---|---|---|---|---|---|
| 조직에 따른 분류 | 특징 | $SiO_2$ 함량 | 적다 ←—— 52 % —————— 63 % ——→ 많다 | | |
| | | 색 | 어둡다 ←—————————————→ | | 밝다 |
| | 냉각 속도<br>조직 | 밀도 | 크다 ←—————————————→ | | 작다 |
| 화산암 | 세립질 | 빠르다 | 현무암 | 안산암 | 유문암 |
| 심성암 | 조립질 | 느리다 | 반려암 | 섬록암 | 화강암 |

### 기개 Quiz

**1.** 화성암은 **❶**〔 〕에 따라 염기성암, 중성암, 산성암으로 구분하고, **❷**〔 〕에 따라 화산암과 심성암으로 구분한다.

**2.** 현무암과 반려암은 $SiO_2$ 함량이 52 %보다 낮은 염기성암에, 유문암과 화강암은 $SiO_2$ 함량이 63 %보다 높은 **❸**〔 〕에 해당한다.

**3.** $SiO_2$ 함량이 낮을수록 유색 광물의 함량이 많아 암석의 색이 **❹**( 밝다, 어둡다 ).

**4.** A는 염기성암이면서 화산암인 현무암이고, B는 산성암이면서 심성암인 **❺**( ㉠ 반려암 , ㉡ 화강암 )이다.

답 | **❶** $SiO_2$함량 **❷** 조직 **❸** 산성암 **❹** 어둡다 **❺** ㉡

## 14 한반도의 화성암 지형

### 💡 한반도의 화성암 지형

신생대 현무암질 마그마가 분출된 현무암으로 이루어져 있다.

| (가) 제주도 용두암 | (나) 북한산 인수봉 |
|---|---|
|  |  |
| • 기공과 주상 절리가 관찰된다.<br>• 감람석과 휘석이 많이 포함되어 있다. | • 판상 절리가 관찰된다.<br>• 암석의 색깔이 밝다. |

중생대 유문암질 마그마가 관입하여 형성된 화강암으로 이루어져 있다.

### 💡 한반도 화성암 지형의 분포

| | 화산암 지형 | | 심성암 지형 |
|---|---|---|---|
| 현무암 | • 형성 시기: 대부분 신생대에 현무암질 마그마가 분출하여 형성된 현무암으로 이루어짐<br>• 분포 지역: 백두산, 제주도, 울릉도, 독도, 한탄강 일대<br>• 주상 절리가 발달 | 화강암 | • 대부분 중생대에 유문암질 마그마가 관입하여 형성된 화강암으로 이루어져 있음<br>• 분포 지역: 설악산, 북한산 등 우리나라 전역에 걸쳐 넓게 분포<br>• 판상 절리가 발달 |

### 기개 Quiz

**1.** 우리나라에 가장 많이 분포하고 있는 화성암은 [❶ ]이다.

**2.** (가)는 [❷ ]암, (나)는 [❸ ]암으로 이루어져 있다.

**3.** (가)는 (나)보다 생성 깊이가 ❹( 깊다, 얕다 ).

**4.** (가)를 이루는 암석은 (나)를 이루는 암석보다 ❺( 조립질, 세립질 )이다.

**5.** 제주도 용두암과 북한산 인수봉 중 먼저 형성된 것은 ❻(㉠  , ㉡  )

이다.

답 | ❶화강암 ❷현무 ❸화강 ❹얕다 ❺세립질 ❻㉡

# 15 퇴적암의 분류

## 🔅 퇴적암의 분류

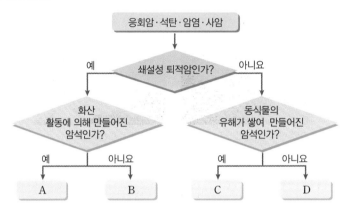

응회암·석탄·암염·사암

→ 쇄설성 퇴적암인가?

예 → 화산 활동에 의해 만들어진 암석인가?
- 예 → A
- 아니요 → B

아니요 → 동식물의 유해가 쌓여 만들어진 암석인가?
- 예 → C
- 아니요 → D

## 🔅 퇴적암의 종류와 특징

| 구분 | 생성 과정 | 퇴적물 | 퇴적암 |
|------|-----------|--------|--------|
| 쇄설성 퇴적암 | 암석이 풍화·침식 작용을 받아 생긴 쇄설성 퇴적물이나 화산 쇄설물이 쌓여 생성됨 | 자갈, 모래, 점토 | 역암 |
| | | 모래, 점토 | 사암 |
| | | 점토 | 셰일 |
| | | 화산재 | 응회암 |
| 화학적 퇴적암 | 호수나 바다 등에서 물에 녹아 있던 물질이 화학적으로 침전되거나 물이 증발하고 남은 잔여물이 퇴적되어 생성됨 | 탄산 칼슘 | 석회암 |
| | | 규질 | 처트 |
| | | 염화 나트륨 | 암염 |
| 유기적 퇴적암 | 동식물이나 미생물의 유해가 쌓여 생성됨 | 식물체 | 석탄 |
| | | 석회질 생물체 | 석회암 |
| | | 규질 생물체 | 처트 |

### 기개 Quiz

**1.** 화산 쇄설물이 쌓여서 형성된 퇴적암은 ❶[        ] 퇴적암이다.

**2.** A는 ❷[        ], B는 ❸[        ], C는 ❹[        ], D는 ❺[        ]이다.

**3.** 산호와 같은 생물체가 쌓여 만들어진 암석은 ❻(㉠ 석회암 [이미지], ㉡ 석탄 [이미지])이다.

**답 | ❶** 쇄설성 **❷** 응회암 **❸** 사암 **❹** 석탄 **❺** 암염 **❻** ㉠

## 16 퇴적 구조

### 💡 퇴적 구조의 모습과 모식도

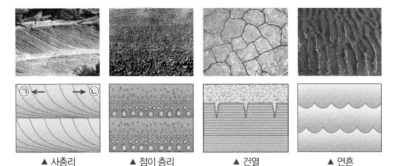

▲ 사층리　　　　▲ 점이 층리　　　　▲ 건열　　　　▲ 연흔

### 💡 퇴적 구조

| | |
|---|---|
| 사층리 | • 지층이 경사진 상태로 쌓인 구조<br>• 물이 흐른 방향이나 바람이 불었던 방향을 알 수 있음<br>• 원인: 흐르는 물, 바람 / 환경: 하천이나 사막 |
| 점이<br>층리 | • 한 지층 내에서 위로 갈수록 입자의 크기가 점점 작아지는 구조<br>• 수심이 깊은 퇴적 환경에서 다양한 크기의 퇴적물이 한꺼번에 쌓일 때 형성됨<br>• 원인: 빠른 흐름, 저탁류 / 환경: 대륙대, 심해저, 깊은 호수 |
| 건열 | • 건조한 환경에서 점토와 같이 입자가 작은 퇴적물 표면이 갈라져 틈이 생긴 구조<br>• 형성 과정 중 수면 밖으로 노출된 적이 있음<br>• 원인: 건조한 환경 / 환경: 건조 기후 지역 |
| 연흔 | • 수심이 얕은 물 밑에서 물결의 작용으로 퇴적물의 표면에 생긴 물결 자국<br>• 원인: 잔물결, 파도 / 환경: 수심이 얕은 곳 |

### 개념 Quiz

**1.** 점이 층리는 수심이 **❶**　　　　 퇴적 환경에서 잘 형성된다.

**2.** 생성 당시 건조한 기후였음을 알려주는 퇴적 구조는 **❷**　　　　이다.

**3.** 사층리를 이용하면 바람이 불거나 물이 흐른 **❸**　　　　을 추정할 수 있다.

**4.** 그림에서 사층리가 형성될 당시 퇴적물이 공급된 방향은 **❹**(㉠ ⬅, ㉡ ➡)이다.

답 | **❶** 깊은　**❷** 건열　**❸** 방향　**❹** ㉡

# 17 퇴적암의 생성

## 💡 퇴적암의 생성 과정

└ 퇴적물이 쌓이고 다져져 굳어진 암석

교결 물질

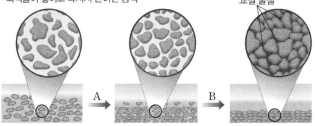

모든 퇴적암은 속성 작용(압축 작용, 교결 작용)을 거쳐 생성된다.

## 💡 퇴적암의 생성

| 퇴적암의<br>생성 과정 | 지표의 암석 → 풍화·침식·운반 작용 → 퇴적물 → 퇴적 작용 → 속성 작용<br>→ 퇴적암 |
|---|---|
| 속성 작용 | 퇴적물이 쌓인 후 퇴적암이 되기까지의 모든 과정으로, 다짐 작용과 교결 작용<br>이 있음 |
| 다짐 작용<br>(압축 작용) | 퇴적물이 쌓이면서 퇴적물의 무게로 아랫부분의 퇴적물이 압력을 받아 퇴적<br>물 사이 간격이 좁아지는 과정 ➡ 밀도 증가, 공극률 감소 |
| 교결 작용 | 퇴적물 내 공극 속에 녹아 있는 교결 물질(석회 물질, 규질, 산화 철 등)이 침전<br>하면서 입자들을 단단히 붙여주는 과정 |

### 기개 Quiz

**1.** 퇴적물이 퇴적암이 되는 데 거치는 전 과정을 [ ❶ ] 작용이라고 한다.

**2.** A 과정은 [ ❷ ] 작용이다.

**3.** B 과정은 [ ❸ ] 작용이다.

**4.** A 과정에서 퇴적물 입자 사이의 [ ❹ ]은 감소한다.

**5.** 모든 ❺(㉠ 퇴적암  , ㉡ 화성암  )은 속성 작용을 거쳐 생성된다.

답 | ❶속성 ❷다짐 ❸교결 ❹공극 ❺㉠

# ⑱ 퇴적 환경

## ⚲ 퇴적 환경

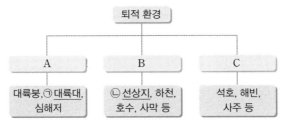

퇴적 환경

| A | B | C |
|---|---|---|
| 대륙붕, ㉠대륙대, 심해저 | ㉡선상지, 하천, 호수, 사막 등 | 석호, 해빈, 사주 등 |

## ⚲ 다양한 퇴적 환경

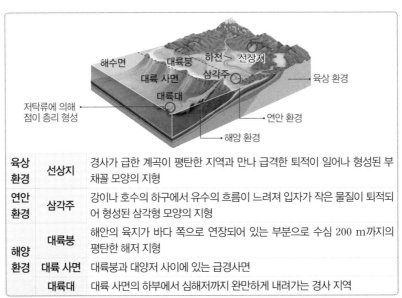

| 육상<br>환경 | 선상지 | 경사가 급한 계곡이 평탄한 지역과 만나 급격한 퇴적이 일어나 형성된 부채꼴 모양의 지형 |
|---|---|---|
| 연안<br>환경 | 삼각주 | 강이나 호수의 하구에서 유수의 흐름이 느려져 입자가 작은 물질이 퇴적되어 형성된 삼각형 모양의 지형 |
| 해양<br>환경 | 대륙붕 | 해안의 육지가 바다 쪽으로 연장되어 있는 부분으로 수심 200 m까지의 평탄한 해저 지형 |
| | 대륙 사면 | 대륙붕과 대양저 사이에 있는 급경사면 |
| | 대륙대 | 대륙 사면의 하부에서 심해저까지 완만하게 내려가는 경사 지역 |

### 개념 Quiz

1. A는 ❶〔  〕환경, B는 ❷〔  〕환경, C는 ❸〔  〕환경이다.
2. 대륙붕의 얕은 물밑에서는 퇴적 구조 중 ❹〔  〕이 잘 형성된다.
3. 대륙대에서는 퇴적 구조 중 ❺(㉠ , ㉡ )가 잘 발달한다.

답 | ❶해양 ❷육상 ❸연안 ❹연흔 ❺㉡

# 한반도의 퇴적암 지형

## 💡 한반도에서 퇴적암을 볼 수 있는 지역

▲ 제주 수월봉

신생대 화산 활동으로 분출된 화산재가 두껍게 쌓인 응회암으로 이루어져 있음

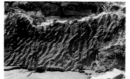

▲ 태백 구문소

주로 고생대 바다에서 퇴적된 석회암으로 이루어져 있고, 삼엽충 화석과 연흔 등이 발견됨

▲ 부안 채석강

주로 중생대 말기 호수에서 퇴적된 역암, 사암 등으로 이루어져 있으며, 퇴적 구조로 연흔, 지질 구조로 단층, 습곡이 발견됨

## 💡 한반도 퇴적암 지형의 특징

| 지역 | 제주도 한경면 수월봉 | 강원도 태백시 구문소 | 전라북도 부안군 채석강 |
|---|---|---|---|
| 형성 시대 | 신생대 후기 | 고생대 전기 | 중생대 후기 |
| 퇴적 환경 | 화산 활동 | 바다 | 호수 |
| 주요 퇴적암 | 응회암 | 석회암, 셰일 | 역암, 사암 |
| 특징 및 발견 화석 | 층리 | 연흔, 건열, 삼엽충 | 연흔, 층리, 단층, 습곡, 해식 동굴 |

### 기개 Quiz

**1.** 전라북도 부안군 채석강은 중생대 호수 환경에서 형성된 퇴적암 지형으로 물결 모양의 흔적인 ❶[ ]이 발견된다.

**2.** 제주도 수월봉은 화산재가 쌓여 형성된 ❷[ ]으로 이루어져 있다.

**3.** 세 지역의 주요 구성 암석의 나이 순서는 ❸[ ]이다.

**4.** 강원도 태백 구문소는 석회암이 분포하며, ❹(㉠ , ㉡ [이미지] ) 화석이 발견되는 것으로 보아 고생대 바다에서 퇴적되었다.

답 | ❶ 연흔 ❷ 응회암 ❸ 구문소 > 채석강 > 수월봉 ❹ ㉠

## 20 습곡과 단층

### 💡 습곡 vs 정단층 vs 역단층

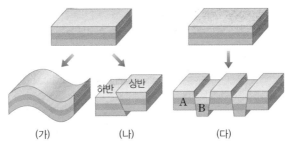

(가)     (나)     (다)

단층면을 기준으로 위쪽에 있는 부분을 상반, 아래쪽에 있는 부분을 하반이라고 한다.

### 💡 습곡과 단층

| 습곡 | 의미 | 지층이 양쪽에서 미는 횡압력을 받아 휘어진 지질 구조 |
|---|---|---|
| | 형성 | 비교적 온도가 높은 지하 깊은 곳에서 힘을 받는 지층은 끊어지기보다 휘어지기가 쉬워 습곡이 형성됨 |
| | 종류 | 정습곡, 경사 습곡, 횡와 습곡(역전된 지층이 만들어짐) |
| 단층 | 의미 | 지층이 힘을 받아 끊어지면서 단층면을 따라 양쪽의 지층이 상대적으로 이동하여 서로 어긋난 지질 구조 |
| | 형성 | 주로 온도가 낮은 지표 근처에서 형성됨 |
| | 정단층 | 장력이 작용하여 상대적으로 상반이 아래로 이동한 단층 |
| | 역단층 | 횡압력이 작용하여 상대적으로 상반이 위로 이동한 단층 |
| | 주향 이동 단층 | 수평 방향으로 힘이 작용하여 지층이 수평으로 이동한 단층 |

### 기개 Quiz

**1.** (가)와 (나)는 [ ❶ ]을 받아서 형성되었다.

**2.** (다)에서 B는 ❷( 상반, 하반 )이다.

**3.** (다)는 [ ❸ ]을 받아서 형성되었다.

**4.** (다)는 [ ❹ ]이 단층면을 따라 아래로 내려간 단층이다.

**5.** 지층에 횡압력이 작용하면 ❺( ㉠ , ㉡ )이 형성된다.

답 | ❶횡압력 ❷상반 ❸장력 ❹상반 ❺㉡

## 21 지질 구조와 판의 경계

### 💡 지질 구조

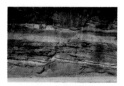

(가) 정단층

(나) 역단층

(다) 횡와 습곡

(라) 부정합

### 💡 판의 경계에 발달한 지질 구조

| 판의 경계 | 수렴형 경계 | 횡압력 | 역단층, 습곡 | 히말라야산맥, 알프스산맥 |
|---|---|---|---|---|
| | 발산형 경계 | 장력 | 정단층 | 동아프리카 열곡대, 대서양 중앙 해령 |
| | 보존형 경계 | 비트는 힘 | 습곡, 주향 이동 단층 | 산안드레아스 단층 |

### 기개 Quiz

**1.** (가)~(라) 중 장력을 받아 형성된 지질 구조는 [ ❶ ]이다.

**2.** (가)는 판의 [ ❷ ]형 경계 부근에서 나타날 수 있는 지질 구조이다.

**3.** (가)는 열곡대, (나)와 (다)는 [ ❸ ]에서 잘 발견된다.

**4.** (다)는 [ ❹ ] 습곡으로 먼저 퇴적된 지층이 나중에 퇴적된 지층보다 위에 놓이게 되는 부분이 나타난다.

**5.** (라)와 같은 지질 구조가 형성되기 위해서는 지층의 [ ❺ ]로 인해 풍화·침식 작용을 받은 후 침강이 일어나야 한다.

**6.** 횡압력에 의한 지질 구조는 ❻( ㉠ [이미지] , ㉡ [이미지] )이다.

답 | ❶(가) ❷발산 ❸습곡 산맥 ❹횡와 ❺융기 ❻㉡

## 22 관입과 분출

### 💡 관입과 분출

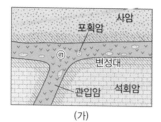

(가)

생성 순서: 석회암 → 사암 → 관입암

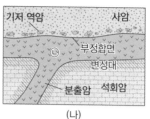

(나)

생성 순서: 석회암 → 분출암 → 사암

### 💡 관입 vs 분출

| 구분 | 관입 | 분출 |
|---|---|---|
| 상부 지층 | 화성암 위쪽에 있는 지층은 화성암이 관입하기 이전에 존재하였다. | 마그마가 지표로 분출하여 화성암층을 형성한 후 지층이 퇴적되었다. |
| 변성대 | 마그마의 관입이 일어났을 때 상하 지층 모두에서 마그마 접촉부를 따라 변성 작용이 일어난다. | 화성암 아래쪽에 있는 지층에서만 변성 작용이 나타나고 위쪽 지층에서는 변성 작용이 나타나지 않는다. |
| 특징 | 관입한 마그마 주변 암석 일부가 떨어져 나와 화성암 속 포획암으로 발견된다. | 화성암과 화성암 위의 지층은 부정합 관계이므로 위쪽 지층에서 기저 역암이 나타난다. |

### 기개 Quiz

**1.** (가) 지층에서 마그마는 사암층과 석회암층 사이를 [ ❶ ]하였다.

**2.** (가) 지층에서 화성암 ㉠은 사암층보다 ❷( 먼저, 나중에 ) 생성되었다.

**3.** (나) 지층에서 화성암 ㉡은 사암층보다 ❸( 먼저, 나중에 ) 생성되었다.

**4.** (가)의 포획암은 ❹(석회암 ⬚⬚⬚, 화성암 ⌵⌵⌵)이고,

　　(나)의 사암층과 부정합 관계인 것은 ❺(석회암층 ⬚⬚⬚, 화성암층 ⌵⌵⌵)이다.

답 | ❶ 관입 ❷ 나중에 ❸ 먼저 ❹ 석회암 ❺ 화성암

# 23 지사학의 법칙

## 💡 지층의 생성 순서

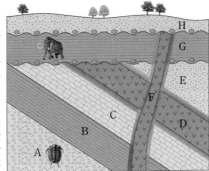

- **수평 퇴적의 법칙**
  지층 A, B, C, E는 층리가 기울어져 있는 경사층이다. 따라서 지층이 수평으로 퇴적된 후 지각 변동을 받았다.

- **지층 누중의 법칙**
  이 지역에서는 지층의 역전이 일어나지 않았으므로 아래에 위치한 지층부터 A, B, C, E 순으로 퇴적되었다.

- **동물군 천이의 법칙**
  지층 A에서 삼엽충 화석이 발견되고, 지층 G에서 매머드 화석이 발견된다. 지층 A는 고생대에 형성된 지층이고, 지층 G는 신생대에 형성된 지층이다.

- **관입의 법칙**
  화성암 D는 지층 C와 E 사이를 관입하며 형성되었으므로 지층 E가 퇴적된 이후에 관입하였다. 화성암 F는 지층 B, C, E, G, 화성암 D를 관입하며 형성되었으므로 지층 G가 퇴적된 이후에 관입하였다.

- **부정합의 법칙**
  지층 H와 지층 G, 화성암 F 및 지층 G와 지층 A, B, C, E, 화성암 D는 부정합 관계에 있다. 따라서 F 관입과 H 퇴적, D 관입과 G 퇴적 사이에는 긴 시간 간격이 있다.

## 💡 지사학의 법칙

| 수평 퇴적의 법칙 | 지층은 수평으로 퇴적된다. |
| --- | --- |
| 지층 누중의 법칙 | 아래의 지층이 위의 지층보다 먼저 퇴적되었다. |
| 동물군 천이의 법칙 | 새로운 지층일수록 진화된 화석이 산출된다. |
| 관입의 법칙 | 관입당한 암석은 관입한 암석보다 먼저 생성되었다. |
| 부정합의 법칙 | 부정합면을 경계로 상하 두 지층 사이에는 큰 시간적 간격이 있다. |

### 기개 Quiz

1. 이 지역의 지층의 생성 순서는 A → B → C → ❶ [           ] → H이다.

2. 이 지층에서는 부정합면이 두 개 나타나는 것으로 보아 최소 ❷ [        ]회의 융기 과정이 있었다.

3. 지층 A에서는 🐛 화석이 발견되고, 지층 G에서 🐘 화석이 발견되므로 지층 A는 ❸ [        ]에 형성된 지층이고, 지층 G는 ❹ [        ]에 형성된 지층이다.

답 | ❶ E → D → G → F  ❷ 3  ❸ 고생대  ❹ 신생대

**24 지층의 대비**

### 💡 지층의 대비

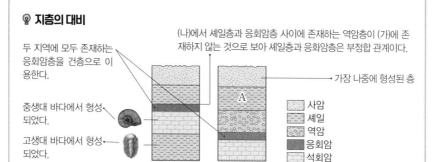

두 지역에 모두 존재하는 응회암층을 건층으로 이용한다.

(나)에서 셰일층과 응회암층 사이에 존재하는 역암층이 (가)에 존재하지 않는 것으로 보아 셰일층과 응회암층은 부정합 관계이다.

가장 나중에 형성된 층

중생대 바다에서 형성되었다.

고생대 바다에서 형성되었다.

A

☐ 사암
☐ 셰일
☐ 역암
■ 응회암
☐ 석회암

(가)  (나)

### 💡 암상에 의한 지층 대비 vs 화석에 의한 지층 대비 비교

| 암상에 의한 지층 대비 | 화석에 의한 지층 대비 |
|---|---|
| • 비교적 가까운 거리에 있는 지층의 대비에 이용된다.<br>• 건층(열쇠층): 석탄층, 응회암층과 같이 비교적 짧은 시간 동안 넓은 지역에서 동시에 퇴적되어 뚜렷한 특징을 지닌 지층으로, 지층 대비의 기준이 된다. | • 가까운 거리뿐만 아니라 멀리 떨어져 있는 지층의 대비에도 이용된다.<br>• 동물군 천이의 법칙과 표준 화석을 이용한다. |

### 기개 Quiz

**1.** 지층의 특징이나 화석을 이용하여 여러 지역에 분포하는 지층들의 시간적인 선후 관계를 밝히는 것을 ❶[        ]라고 한다.

**2.** 비교적 짧은 시기 동안 퇴적되었으면서도 넓은 지역에 걸쳐 분포하는 ❷[        ]층이나 석탄층이 주로 건층(열쇠층)으로 이용된다.

**3.** 화석에 의한 대비를 할 때에는 동물군 천이의 법칙과 ❸[        ]을 이용한다.

**4.** 비교적 가까운 거리에 있는 지층을 비교할 때는 주로

❹( ㉠ 암상에 의한 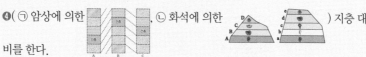 , ㉡ 화석에 의한 ) 지층 대비를 한다.

답 | ❶지층의 대비 ❷응회암 ❸표준 화석 ❹㉠

# 25 방사성 동위 원소의 붕괴 곡선

## 💡 방사성 동위 원소의 붕괴 곡선

방사성 동위 원소의 반감기를 알고 광물에 포함된 모원소와 자원소의 비율을 조사하면 해당 광물이나 암석의 절대 연령을 알 수 있다.

동위 원소 중 자연 상태에서 불안정하기 때문에 스스로 붕괴하여 방사선을 방출하면서 안정한 원소로 변하는 원소이다.

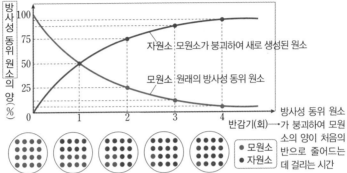

자원소 모원소가 붕괴하여 새로 생성된 원소

모원소 원래의 방사성 동위 원소

방사성 동위 원소→가 붕괴하여 모원소의 양이 처음의 반으로 줄어드는 데 걸리는 시간

## 💡 시간에 따른 암석에 남아 있는 모원소와 자원소의 함량

| 반감기 경과 횟수 | 0회 | 1회 | 2회 | 3회 | 4회 |
|---|---|---|---|---|---|
| 남은 모원소의 양 | 1 | $\frac{1}{2}$ | $\frac{1}{4}$ | $\frac{1}{8}$ | $\frac{1}{16}$ |
| 모원소 : 자원소 비율 | 1 : 0 | 1 : 1 | 1 : 3 | 1 : 7 | 1 : 15 |

### 기개 Quiz

1. 외부의 온도나 압력 조건에 관계없이 항상 일정한 비율로 붕괴하여 안정한 상태로 변하는 원소를 ❶〔          〕라고 한다.

2. 방사성 동위 원소가 붕괴하여 모원소의 양이 처음 양의 절반으로 줄어드는 데 걸리는 시간을 방사성 동위 원소의 ❷〔          〕라고 한다.

3. 반감기가 한 번 지나면 모원소와 자원소의 비율은 ❸〔          〕이다.

4. 모원소의 처음 양이 ⬤⬤⬤⬤ 〔모원소/자원소〕일 때 반감기가 두 번 지난 후의 모원소와 자원소의

   비율은 ❹(㉠ ⬤⬤⬤⬤ , ㉡ ⬤⬤⬤⬤ )이다.

답 | ❶방사성 동위 원소 ❷반감기 ❸1 : 1 ❹㉡

## 💡 지층(암석)의 상대 연령과 절대 연령 측정

2억 년 전~1억 년 전 사이에 생성 → 중생대층

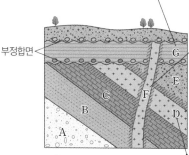

절대 연령: 반감기 1회×1억 년=1억 년

| 화성암 | 방사성 원소 X : 자원소 |
|--------|---------------------|
| D | 1 : 3 |
| F | 1 : 1 |

(X의 반감기: 1억 년)

부정합면

| ⋅⋅ 역암 | 사암 |
|---------|------|
| 셰일 | 석회암 |
| 화성암 | 변성된 부분 |

지층의 상대 연령
A→B→C→E→D→G→F→H

절대 연령: 반감기 2회×1억 년=2억 년

## 💡 상대 연령 vs 절대 연령 비교

| 구분 | 상대 연령 | 절대 연령 |
|------|----------|----------|
| 정의 | 지층이나 암석의 생성 시기 및 지질학적 사건을 상대적인 선후 관계로 나타낸 것 | 지층이나 암석의 생성 시기 및 지질학적 사건의 발생 시기를 수치로 나타낸 것 |
| 방법 | 지사학 법칙이나 지층의 대비를 이용하여 판단한다. | 방사성 동위 원소의 반감기를 이용하여 측정한다. |

### 기개 Quiz

**1.** 지층이나 암석의 생성 시기 및 지질학적 사건을 상대적인 선후 관계로 나타낸 것을 ❶[          ]이라고 한다.

**2.** 지층이나 암석의 상대 연령을 측정할 때는 ❷[          ]이나 지층의 대비를 이용한다.

**3.** 지층이나 암석의 절대 연령을 측정할 때는 방사성 동위 원소의 ❸[          ]를 이용한다.

**4.** 반감기가 1억 년인 방사성 동위 원소의 반감기가 3회 지났을 때 암석의 절대 연령은 ❹[          ]년이다.

**5.** 위의 지층 G에서는 ❺(㉠ , ㉡ [이미지]) 화석이 발견될 수 있다.

답 | ❶ 상대 연령(연대) ❷ 지사학의 법칙 ❸ 반감기 ❹ 3억 ❺ ㉡

# 27 지질 시대 구분

## 💡 지질 시대의 상대적 길이 비교

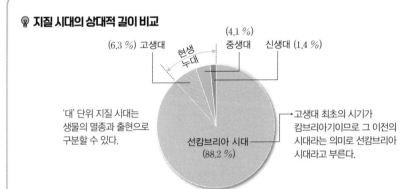

(6.3 %) 고생대 　(4.1 %) 중생대 　신생대 (1.4 %)

현생 누대

'대' 단위 지질 시대는 생물의 멸종과 출현으로 구분할 수 있다.

선캄브리아 시대 (88.2 %)

고생대 최초의 시기가 캄브리아기이므로 그 이전의 시대라는 의미로 선캄브리아 시대라고 부른다.

## 💡 지질 시대의 구분

| 지질 시대 | 지구가 탄생한 약 46억 년 전 ~ 현재 | | | | | | | | | | | | | |
|---|---|---|---|---|---|---|---|---|---|---|---|---|---|---|
| 지질 시대의 구분 기준 | 고생물의 출현과 멸종, 지각 변동, 기후 변화 등 | | | | | | | | | | | | | |
| 지질 시대의 구분 단위 | 누대(累代, Eon) → 대(代, Era) → 기(紀, Period) | | | | | | | | | | | | | |

지질 시대의 구분

| 시생 누대 | 원생 누대 | 현생 누대 | | | | | | | | | | | |
|---|---|---|---|---|---|---|---|---|---|---|---|---|---|
| | | 고생대 | | | | | | 중생대 | | | 신생대 | | |
| 선캄브리아 시대 | | 캄브리아기 | 오르도비스기 | 실루리아기 | 데본기 | 석탄기 | 페름기 | 트라이아스기 | 쥐라기 | 백악기 | 팔레오기 | 네오기 | 제4기 |

▲46억 년 전　▲5.41억 년 전　　　　　　　　▲2.52억 년 전　　▲6600만 년 전

## 기개 Quiz

1. 지질 시대를 구분하는 가장 큰 단위는 ❶( 누대, 대, 기 )이다.

2. 지질 시대의 길이는 현재와 가까운 지질 시대일수록 ❷( 길어, 짧아 )진다.

3. 지질 시대를 상대적 길이 순서에 따라 〔그림〕로 나타낼 때 화석이 거의 발견되지 않는 시대는 〔❸　　　〕이다.

답 | ❶누대　❷짧아　❸A

# 28 표준 화석과 시상 화석

## 💡 표준 화석과 시상 화석의 조건

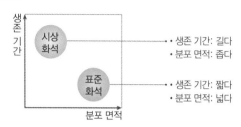

- 생존 기간: 길다
- 분포 면적: 좁다

- 생존 기간: 짧다
- 분포 면적: 넓다

## 💡 표준 화석 vs 시상 화석

| 구분 | 표준 화석 | 시상 화석 |
|------|-----------|-----------|
| 정의 | 특정 시기에 출현하여 일정 기간 번성하다가 멸종된 생물의 화석 | 환경 변화에 민감하여 특정한 환경에서만 번성하는 생물의 화석 |
| 조건 | 지리적으로 넓게 분포해야 하며, 개체 수가 많고 생존 기간이 짧아야 한다. | 지리적으로 좁은, 특정한 환경에서만 분포하며 생존 기간이 길어야 한다. |
| 이용 | 지층이 생성된 시기를 판단하는 근거로 이용되거나 지층의 대비에 이용된다. | 생물이 살던 당시의 기후나 자연 환경을 추정하는 데 이용된다. |
| 예 | • 고생대: 삼엽충, 완족류, 방추충<br>• 중생대: 암모나이트, 공룡<br>• 신생대: 화폐석, 매머드 | • 산호: 수심이 얕은 따뜻한 바다<br>• 고사리: 따뜻하고 습한 육지 |

### 기개 Quiz

1. 지층이 생성된 시기를 알려주는 화석은 [❶    ]화석이다.
2. 시상 화석으로는 따뜻하고 수심이 얕은 바다에서 살았던 [❷    ]화석, 따뜻하고 습한 육지에서 살았던 [❸    ]화석 등이 있다.
3. 완족류는 [❹    ], 공룡은 [❺    ], 매머드는 [❻    ]의 표준 화석이다.
4. 표준 화석은 생존 기간이 ❼( 길고, 짧고 ), 분포 면적이 ❽( 좁아야, 넓어야 )한다.
5. ㉠ 암모나이트 , ㉡ 산호 , ㉢ 화폐석 중 지층이 퇴적된 당시
의 환경을 판단하는 데 이용되는 화석은 [❾    ]이다.

답 | ❶표준 ❷산호 ❸고사리 ❹고생대 ❺중생대 ❻신생대 ❼짧고 ❽넓어야 ❾㉡

## 29 지질 시대의 기후

### 💡 현생 누대의 평균 강수량과 기온 분포

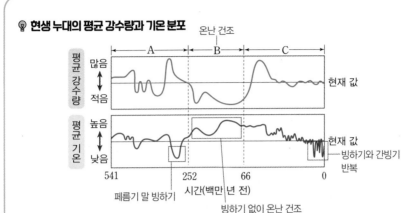

### 💡 지질 시대의 기후

| 지질 시대 | 기후 변화 |
|---|---|
| 선캄브리아 시대 | 전반적으로 온난하였으나 중기와 말기에 걸쳐 빙하기가 있었을 것으로 추정된다. |
| 고생대 | 대체로 온난하다가 말기에 빙하기가 있었다. 고생대 말기의 빙하기는 베게너의 대륙 이동설의 증거이자 생물 대멸종의 원인이다. |
| 중생대 | 빙하기 없는 온난, 건조한 기후가 지속되었다. |
| 신생대 | 팔레오기와 네오기는 대체로 온난했으나 제4기부터 빙하기와 간빙기가 반복되었다. |

### 기개 Quiz

**1.** 빙하기가 없이 온난한 기후가 지속되었던 지질 시대는 [ ❶ ]이다.

**2.** [ ❷ ] 말기에는 있었던 빙하기는 대륙 이동설의 증거이다.

**3.** [ ❸ ] 말기에는 빙하기와 간빙기가 반복되었다.

**4.** B 시대는 현재보다 ❹( 온난, 한랭 )하였다.

**5.** C 시대에 말에는 ❺🦣 와 같은 대형 포유류가 멸종하였다.

답 | ❶중생대 ❷고생대 ❸신생대 ❹온난 ❺매머드

# ③⓪ 고기후 연구 방법

## 💡 지질 시대의 기후 연구

▲ 빙하 코어
└→ 빙하에 구멍을 뚫어 채취한 원통 모양의 얼음 기둥

▲ 나무의 나이테

▲ 산호 화석

## 💡 고기후 연구 방법

| | |
|---|---|
| 빙하 코어 | • 물 분자의 산소 동위 원소비($\frac{^{18}O}{^{16}O}$)를 측정한다. → 기온이 높을 때는 대기 중의 수증기 및 빙하의 산소 동위 원소비가 높아지는 반면, 해양 생물의 산소 동위 원소비는 낮아진다. |
| 꽃가루 화석 | • 기온에 따라 서식하는 식물이 달라지므로 지층에 퇴적되는 꽃가루의 종류도 달라진다.<br>• 기온이 높아지면 침엽수보다 활엽수의 꽃가루가 많아진다. |
| 나무의 나이테 | • 나무의 생장률은 기온과 강수량에 따라 달라진다.<br>• 생장률에 따라 나이테의 간격이 달라진다. |
| 산호의 성장률 | • 수온이 높을수록 산호의 성장 속도가 빠르므로 과거의 수온을 알 수 있다. |

### 기개 Quiz

**1.** 꽃가루 화석을 통해 당시 서식했던 ❶( 식물, 동물 )을 알 수 있다.

**2.** 나무의 생장이 활발할수록 나이테의 간격이 ❷( 넓어, 좁아 )지므로 이를 통해 기온과 강수량을 알 수 있다.

**3.** 수온이 높을수록 산호의 성장 속도가 빠르므로 과거의 [ ❸ ]을 알 수 있다.

**4.** 과거 대기의 성분을 직접적으로 알아낼 수 있는 방법은

　　❹(㉠ 나무의 나이테 , ㉡ 빙하 코어 )이다.

답 | ❶식물 ❷넓어 ❸수온 ❹㉡

# 31 지질 시대의 수륙 분포

## 💡 현생 누대 동안 대륙 이동과 수륙 분포

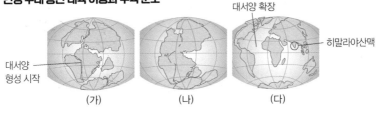

(가)        (나)        (다)

## 💡 지질 시대의 수륙 분포

| | |
|---|---|
| 고생대 | • 초기에는 대륙들이 적도 부근에 여러 개로 흩어져 있었고, 말기에 대륙들이 하나로 합쳐져 초대륙인 판게아가 형성되었다.<br>• 판게아가 형성되는 과정에서 북아메리카 대륙이 아프리카 대륙 및 유럽 대륙과 충돌하면서 애팔래치아산맥과 칼레도니아산맥이 형성되었다. |
| 중생대 | • 트라이아스기에 초대륙 판게아가 분리되면서 대서양과 인도양이 형성되기 시작하였다.<br>• 해양판이 섭입하면서 로키산맥과 안데스산맥이 형성되었다. |
| 신생대 | • 신생대 초기~중기에 인도 대륙과 아프리카 대륙이 유라시아 대륙과 충돌하여 히말라야산맥과 알프스산맥이 형성되었고, 태평양이 좁아지면서 오늘날과 비슷한 수륙 분포를 이루었다. |

### 기개 Quiz

**1.** 고생대 말기에 여러 대륙들이 하나로 모여 초대륙 ❶[　　　]를 형성하였다

**2.** 고생대 말 여러 대륙들이 합쳐지면서 ❷[　　　]산맥과 칼레도니아산맥이 형성되었다.

**3.** 중생대 트라이아스기에 초대륙 판게아가 분리되면서 ❸[　　　]과 인도양이 형성되기 시작하였다.

**4.** 신생대 초기~중기에 아프리카 대륙이 유라시아 대륙과 충돌하면서 ❹( 안데스, 알프스 )산맥이 형성되었다.

**5.** 위 그림에서 수륙 분포는 ❺[　　　] 순으로 변하였다.

**6.** 히말라야 산맥이 형성된 시대의 수륙 분포는 ❻( ㉠  , ㉡ 　　　 )이다.

답 | ❶ 판게아  ❷ 애팔래치아  ❸ 대서양  ❹ 알프스  ❺ (나) → (가) → (다)  ❻ ㉡

# 32 지질 시대 생물계의 변화

## 💡 지질 시대 생물의 대멸종

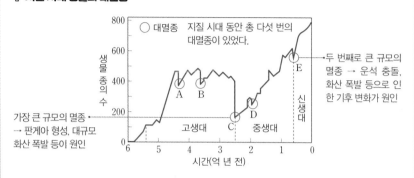

○ 대멸종  지질 시대 동안 총 다섯 번의 대멸종이 있었다.

가장 큰 규모의 멸종 → 판게아 형성, 대규모 화산 폭발 등이 원인

두 번째로 큰 규모의 멸종 → 운석 충돌, 화산 폭발 등으로 인한 기후 변화가 원인

## 💡 지질 시대에 따른 생물계의 변화

| 지질 시대 | | 생물계의 변화 |
|---|---|---|
| 선캄브리아 시대 | 시생 누대 | • 자외선이 도달하지 않는 물속에서 최초의 해양 생물 출현<br>• 남세균의 광합성으로 대기 중 산소 농도 증가 |
| | 원생 누대 | • 다세포 생물 출현(에디아카라 동물군 화석) |
| 고생대 | | • 오존층 형성으로 육상 생물 등장<br>• 삼엽충, 완족류 등의 해양 무척추동물 번성<br>• 양치식물이 번성하여 석탄층 형성<br>• 말기에 판게아, 빙하기 형성, 가장 큰 생물의 대규모 멸종 |
| 중생대 | | • 암모나이트, 파충류(공룡), 겉씨식물 번성<br>• 말기에 두 번째로 큰 생물의 대규모 멸종 |
| 신생대 | | • 포유류, 화폐석, 매머드, 속씨식물 번성<br>• 인류의 조상 출현 |

### 기개 Quiz

1. 고생대에는 양서류, 중생대에는 파충류, 신생대에는 ❶ [      ]가 번성하였다.

2. 고생대에는 양치식물, 중생대에는 겉씨식물, 신생대에는 ❷ [      ]식물이 번성하였다.

3. 지질 시대 중 가장 큰 규모의 생물 대멸종이 있었던 시기는 판게아와 빙하기가 형성되었던 ❸ [      ]페름기 말이다.

답 | ❶ 포유류 ❷ 속씨 ❸ 고생대

# 33 한랭 전선과 온난 전선

## 💡 한랭 전선과 온난 전선

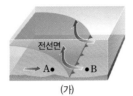

(가)

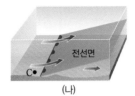

(나)

## 💡 한랭 전선 vs 온난 전선

| 구분 | 한랭 전선 | 온난 전선 |
|------|-----------|-----------|
| 전선면의 기울기 | 급함 | 완만함 |
| 생성 구름 | 적운형 구름 | 층운형 구름 |
| 강수 형태 | 전선 후면의 좁은 지역에 소나기 | 전선 전면의 넓은 지역에 이슬비 |
| 이동 속도 | 빠름 | 느림 |
| 전선 통과 후 | 기압 상승, 기온 하강 | 기압 하강, 기온 상승 |

## 💡 정체 전선, 폐색 전선

| 정체 전선 | 세력이 비슷한 찬 공기와 따뜻한 공기가 한곳에 오랫동안 머물러 형성되는 전선 ➡ 대표적인 예로는 초여름에 우리나라에서 형성되는 장마 전선이 있다. |
|-----------|------|
| 폐색 전선 | 이동 속도가 빠른 뒤쪽의 한랭 전선이 이동 속도가 느린 앞쪽의 온난 전선을 쫓아가 만나 겹쳐져서 형성되는 전선 |

### 기개 Quiz

**1.** 온난 전선과 한랭 전선이 겹쳐지면 ❶ [　　] 전선이 형성된다.

**2.** 우리나라 초여름에 형성되는 장마 전선은 ❷ [　　] 전선이다.

**3.** 찬 공기가 따뜻한 공기의 아래쪽으로 파고들면서 형성된 전선은 ❸ [　　]이다.

**4.** A는 ❹( 찬, 따뜻한 ) 공기, B와 C는 ❺( 찬, 따뜻한 ) 공기이다.

**5.** 전선의 뒤쪽에서 소나기가 내리는 전선은 ❻(㉠ , ㉡  )이다.

답 | ❶ 폐색 ❷ 정체 ❸ 한랭 전선 ❹ 찬 ❺ 따뜻한 ❻ ㉠

**34** 온대 저기압 주변의 날씨

## 💡 온대 저기압의 구조

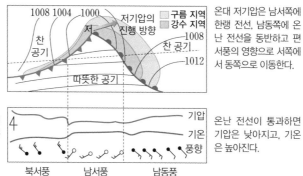

한랭 전선이 통과하면 기압은 높아지고, 기온은 낮아진다.

온대 저기압은 남서쪽에 한랭 전선, 남동쪽에 온난 전선을 동반하고 편서풍의 영향으로 서쪽에서 동쪽으로 이동한다.

온난 전선이 통과하면 기압은 낮아지고, 기온은 높아진다.

## 💡 온대 저기압 주변의 날씨

| 기온 분포 | 전선의 남쪽에는 따뜻한 기단, 북쪽에는 찬 기단이 있다. |
| --- | --- |
| 구름 분포 | 한랭 전선의 뒤쪽 좁은 영역에 적운형 구름이 분포하고, 온난 전선의 앞쪽 넓은 영역에 층운형 구름이 분포한다. |
| 강수 형태 | 한랭 전선의 뒤에서 소나기성 비가 내리고, 온난 전선의 앞에서 약한 비가 내린다. |
| 바람 분포 | 온난 전선의 앞쪽은 남동풍, 두 전선 사이는 남서풍, 한랭 전선의 뒤쪽은 북서풍이 분다. |
| 기압 분포 | 한랭 전선과 온난 전선이 만나고 있는 저기압 중심에서 가장 기압이 낮고, 중심에서 멀어질수록 기압이 높아진다. |

### 기개 Quiz

1. 온대 저기압은 남서쪽에 한랭 전선, 남동쪽에 온난 전선을 동반하고, [❶    ]의 영향으로 서쪽에서 동쪽으로 이동한다.

2. 온대 저기압 중심이 관측자의 북쪽 지역을 지나갈 경우 온난 전선과 한랭 전선이 차례로 통과하게 되면서 풍향은 ❷( 시계, 시계 반대 ) 방향으로 변한다.

3. 온난 전선이 통과하면 기온이 ❸( 상승, 하강 )하며, 기압이 ❹( 상승, 하강 )하고, 풍향이 남동풍에서 ❺(㉠ 북서풍 🍢, 남서풍 🍢)으로 변한다.

답 | ❶ 편서풍 ❷ 시계 ❸ 상승 ❹ 하강 ❺ 남서풍

## 35 온대 저기압의 이동

### 💡 온대 저기압의 이동

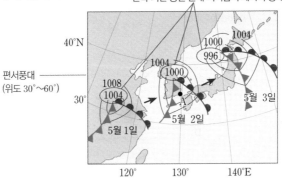

관측 기간 동안 온대 저기압의 세력이 강해짐

편서풍대
(위도 30°~60°)

온대 저기압은
편서풍의 영향으로
동쪽으로 이동

40°N

1004
1000
996

1004
1000

1008
1004

5월 3일
5월 2일
5월 1일

120°    130°    140°E

### 💡 온대 저기압의 이동과 통과 시 풍향 변화

| 온대 저기압의 이동 | 온대 저기압은 편서풍의 영향으로 서쪽에서 동쪽으로 이동한다. |
|---|---|
| 온대 저기압 통과 시 풍향 변화 |   <br>ⓐ 온난 전선 통과 전　ⓑ 온난 전선 통과 후　ⓒ 한랭 전선 통과 후<br>• 온대 저기압의 중심이 관측자의 북쪽 지역을 지나갈 경우, 온난 전선과 한랭 전선이 차례로 통과하게 된다. → 풍향은 남동풍(↖), 남서풍(↗), 북서풍(↘)으로 변하므로 시계 방향으로 변화한다.<br>• 온대 저기압 중심이 관측자의 남쪽 지역을 지나갈 경우 → 풍향은 시계 반대 방향으로 변화한다. |

### 기개 Quiz

**1.** 온대 저기압은 [❶　　　]의 영향으로 대체로 동쪽으로 이동하였다.

**2.** 관측 기간 동안 온대 저기압의 세력은 점점 ❷(강, 약)해졌다.

**3.** 관측 기간 동안 A 지역의 풍향은 ❸(ⓐ 시계 방향 ↙↖, ⓑ 시계 반대 방향 ↘↗)으로 변화하였다.

답 | ❶ 편서풍　❷ 강　❸ 시계 방향

# 36 기상 위성 영상 해석

## 💡 가시 영상 vs 적외 영상

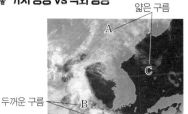

(가) 가시 영상

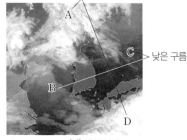

(나) 적외 영상

## 💡 기상 위성 영상 해석

| 가시 영상 | • 구름과 지표면에서 반사된 태양빛의 반사 강도를 나타낸다. → 반사도가 큰 부분은 밝게, 반사도가 작은 부분은 흐리게 나타난다.<br>• 구름이 두꺼울수록 햇빛을 많이 반사하므로 밝게 보인다.<br>• 야간에는 태양빛이 없으므로 이용할 수 없다. |
| --- | --- |
| 적외 영상 | • 물체가 온도에 따라 방출하는 적외선 에너지양의 차이를 이용한다.<br>• 온도가 낮을수록 더 밝게 나타낸다. ➡ 고도가 높은 구름은 밝게, 고도가 낮은 구름은 흐리게 나타난다.<br>• 태양빛이 없는 야간에도 관측이 가능하다. |
| 레이더 영상 | • 강수 입자에 부딪혀 되돌아오는 반사파를 분석하여 영상으로 나타낸다.<br>• 강수 지역의 위치와 이동 경향, 강수량을 파악할 수 있다. |

### 기개 Quiz

**1.** A: 가시 영상에서 흐리게, 적외 영상에서 밝게 표시된다. → 얇고 ❶(낮, 높)은 구름

**2.** B: 가시 영상에서 밝게, 적외 영상에서 흐리게 표시된다. → 두껍고 ❷(낮, 높)은 구름

**3.** C: 가시 영상과 적외 영상에서 모두 흐리게 표시된다. → ❸(얇, 두껍)고 낮은 구름

**4.** D: 가시 영상과 적외 영상에서 모두 밝게 표시된다. → ❹(두껍게, 얇게) 발달한 구름

**5.** 오른쪽 가시 영상 에서 구름의 두께가 가장 얇은 것은 ❺( A, B, C )이다.

답|❶높 ❷낮 ❸얇 ❹높 ❺A

## 37 태풍의 발생, 이동, 소멸

### 💡 태풍의 이동과 소멸

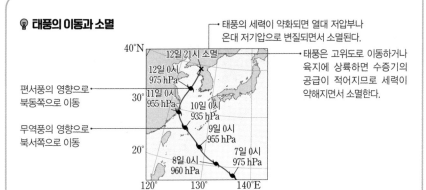

→ 태풍의 세력이 약화되면 열대 저압부나 온대 저기압으로 변질되면서 소멸된다.

→ 태풍은 고위도로 이동하거나 육지에 상륙하면 수증기의 공급이 적어지므로 세력이 약해지면서 소멸한다.

편서풍의 영향으로 북동쪽으로 이동

무역풍의 영향으로 북서쪽으로 이동

### 💡 태풍의 발생, 이동, 소멸

| 태풍 | 중심 부근의 최대 풍속이 17 m/s 이상인 열대 저기압 |
| --- | --- |
| 열대 저기압 발생 장소 | 위도 5°~25° 사이의 수온이 27 °C 이상인 열대 해상 |
| 태풍의 에너지원 | 수증기가 대기 중에서 응결하며 방출하는 숨은열(잠열) |
| 태풍의 이동 | 저위도에서는 무역풍의 영향을 받아 북서쪽으로 이동하다가 북위 25°~30° 부근에서는 편서풍의 영향을 받아 북동쪽으로 이동한다. |
| 태풍의 소멸 | • 태풍이 고위도로 이동하면 주변 해역 수온이 낮아져 수증기의 공급이 적어진다.<br>• 태풍이 육지에 상륙하면 수증기의 공급이 적어지고, 지면과의 마찰이 일어난다. |

### 기개 Quiz

1. 태풍은 중심 부근의 최대 풍속이 17 m/s 이상인 수온이 27 °C 이상인 [ ❶ ]이다.

2. 태풍의 에너지원은 수증기가 응결할 때 방출되는 [ ❷ ](잠열)이다.

3. 태풍은 저위도에서는 [ ❸ ]의 영향을 받아 북동쪽으로 이동하고, 중위도에서는 [ ❹ ]의 영향을 받아 북동쪽으로 이동한다.

4. 위 그림에서 12일 0시 이후 태풍의 중심 기압은 ❺( 높, 낮 )아졌을 것이다.

5. 우리나라를 통과한 태풍의 이동 경로를 나타낸 것은

❻ ( ㉠  , ㉡ )이다.

답 | ❶ 열대 저기압 ❷ 숨은열 ❸ 무역풍 ❹ 편서풍 ❺ 높 ❻ ㉠

## 38 태풍의 구조

### 🔆 태풍의 구조

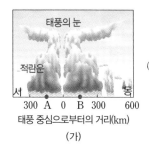

태풍의 눈
적란운
서   동
300 A 0 B 300 600
태풍 중심으로부터의 거리(km)
(가)

기압: 태풍의 눈에 가까워질수록 낮아지며
태풍의 눈에서 가장 낮다.

풍속 (m/s) 60 40 20 0   기압 (hPa) 1010 990 970 950

서   동
300 0 300 600
태풍 중심으로부터의 거리(km)
(나)

풍속: 태풍의 눈벽에서 가장 빠르게 나타나며, 태풍의 눈에서 급격하게 느려진다.

### 🔆 태풍의 구조와 풍속 및 기압 분포

| 구조 | 기압과 풍속 |
|---|---|
| • 반지름이 약 500 km에 이르고, 두꺼운 적란운이 발달한다.<br>• 태풍의 눈: 태풍의 중심으로 하강 기류가 나타나며, 날씨가 맑고 바람이 약하다. | • 기압: 태풍의 중심부로 갈수록 계속 낮아진다.<br>• 풍속(바람): 태풍의 중심부로 갈수록 강해져 태풍의 눈벽에서 최대가 되었다가 태풍의 눈에서 급격히 약해진다. |

### 기개 Quiz

**1.** 태풍은 ❶( 저, 고 )기압이므로 중심부로 갈수록 기압이 ❷( 낮, 높 )아진다.

**2.** 태풍의 가장자리에서 중심부로 갈수록 풍속은 ❸( 약, 강 )해지다가 태풍의 눈에서 급격하게 ❹( 약, 강 )해진다.

**3.** 위 그림에서 X는 ❺[　　　], Y는 ❻[　　　]이다.

**4.** 오른쪽 그림  에서 기압이 가장 낮은 곳은 ❼( A, B, C )이다.

서   동
A B C

**답 | ❶**저 **❷**낮 **❸**강 **❹**약 **❺**기압 **❻**풍속 **❼**B

## 39 태풍의 위험 반원, 안전 반원

### 💡 태풍의 이동 경로 상의 위험 반원과 안전 반원

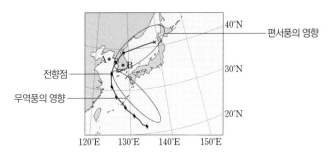

- 편서풍의 영향
- 전향점
- 무역풍의 영향

### 💡 위험 반원 vs 안전 반원 및 태풍이 이동할 때의 풍향 변화

| 위험 반원 | 안전 반원 |
| --- | --- |
| • 태풍이 이동하는 방향을 기준으로 오른쪽 영역이다. → 저기압성 바람의 방향과 태풍의 이동 방향이 같기 때문에 풍속이 강하다.<br>• 풍향이 시계 방향으로 변한다. | • 태풍이 이동하는 방향을 기준으로 왼쪽 영역이다. → 저기압성 바람의 방향과 태풍의 이동 방향이 반대이기 때문에 풍속이 상대적으로 약하다.<br>• 풍향이 시계 반대 방향으로 변한다. |

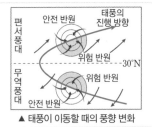

▲ 태풍이 이동할 때의 풍향 변화

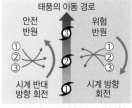

▲ 태풍의 위험 반원과 안전 반원

---

### 기개 Quiz

**1.** A, B 중 태풍의 피해가 더 큰 곳은 ❶ [          ] 이다.

**2.** A, B 중 태풍 내 풍향과 태풍의 이동 방향이 일치하는 곳은 ❷ [          ] 이다.

**3.** 태풍이 이동하는 동안 A 지역에서의 풍향 변화는
❸ (㉠ , ㉡  ')이다.

답 | ❶ B  ❷ B  ❸ ㉡

## 40 우리나라의 주요 악기상

### 💡 우리나라의 주요 악기상 구분

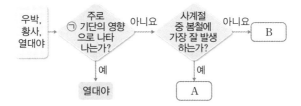

### 💡 주요 악기상의 특징

| 뇌우 | • 천둥과 번개를 동반한 폭풍우로, 강한 상승 기류가 나타나는 곳에서 발생<br>• 발달 단계: 적운 단계 → 성숙 단계(천둥, 번개, 소나기, 우박 동반) → 소멸 단계 |
|---|---|
| 집중 호우 | • 짧은 시간 동안 많은 비가 내리는 현상<br>• 주로 여름철 강한 뇌우, 장마 전선에서 발생 |
| 우박 | • 지상으로 얼음 덩어리가 떨어지는 강수 현상<br>• 주로 성숙 단계의 뇌우에서 발생 |
| 폭설 | • 짧은 시간 동안 많은 눈이 내리는 현상<br>• 기단의 변질(서해안 폭설), 지형적 원인(영동 지방 폭설)으로 발생 |
| 황사 | • 중국의 황토 고원 지대, 몽골의 고비 사막 등에서 상승 기류를 타고 올라간 모래 먼지가 편서풍을 타고 우리나라 쪽으로 이동해 오는 현상<br>• 주로 양쯔강 기단의 세력이 강해지는 3월과 5월 사이에 발생 |

### 기개 Quiz

**1.** 황사는 중국 내륙이나 몽골의 사막 지역에서 상공으로 올라간 모래 먼지가
　❶　을 타고 우리나라 쪽으로 이동하여 낙하하는 현상이다.

**2.** 서해안 폭설은 기단의 변질, ❷　폭설은 지형적 원인에 의한 것이다.

**3.** 위 그림에서 ㉠은 ❸　기단, A는 ❹　, B는 ❺　이다.

**4.** 뇌우의 발달 단계 중 천둥, 번개, 소나기, 우박 등은 주로
❻(㉠  , ㉡ ) 단계에서 나타난다.

답 | ❶ 편서풍 ❷ 영동 지방 ❸ 북태평양 ❹ 황사 ❺ 우박 ❻ ㉠

# 41 해수의 수온

## 위도별 해수의 층상 구조와 연직 수온 분포

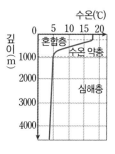

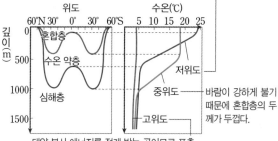

• 바람이 약하게 불기 때문에 혼합층의 두께가 얇다.
• 태양 복사 에너지양이 많은 곳이므로 표층 수온이 높고 수온 약층이 뚜렷하다.

바람이 강하게 불기 때문에 혼합층의 두께가 두껍다.

태양 복사 에너지를 적게 받는 곳이므로 표층 수온이 낮고 심층까지 수온 변화가 거의 없다.

## 해수의 수온 분포

| 표층 수온 분포 | | • 주로 태양 복사 에너지의 영향을 받아 등수온선이 대체로 위도와 나란하다.<br>• 대양의 동쪽 가장자리는 한류의 영향으로 동일한 위도인 다른 해역보다 수온이 낮다.<br>• 대양의 서쪽 가장자리는 난류의 영향으로 동일한 위도인 다른 해역보다 수온이 높다. |
|---|---|---|
| 연직 수온 분포 | 혼합층 | • 바람에 의한 혼합 작용으로 수심에 관계없이 수온이 일정한 층<br>• 바람이 강한 지역이나 계절에 두꺼워진다. |
| | 수온 약층 | • 수심이 깊어질수록 수온이 급격하게 낮아지는 층<br>• 아래쪽에 찬 해수, 위쪽에 따뜻한 해수가 있어 매우 안정한 상태이므로 연직 혼합이 일어나지 않아 혼합층과 심해층 사이의 물질과 열교환을 억제한다. |
| | 심해층 | • 수온이 낮고 수심에 따른 수온 변화가 거의 없는 층<br>• 수심이 깊기 때문에 태양 복사의 영향을 거의 받지 않는다.<br>• 위도나 계절에 관계없이 수온이 거의 일정하다. |

### 기개 Quiz

1. 표층 해수의 온도 분포에 가장 큰 영향을 미치는 요인은 ❶[　　　　]이다.

2. 대양의 서쪽 가장자리는 ❷( 난류, 한류 )의 영향으로 수온이 ❸( 높다, 낮다 ).

3. 해수의 연직 수온 분포에서 깊이에 따라 수온이 급격히 낮아지는 층은 ❹[　　　　]이다.

4. 혼합층의 두께는 저위도 지방보다 중위도 지방에서 ❺( 얇다. 두껍다 ).

5. 중위도 지방의 해수의 연직 수온 분포는 ❻ (㉠ [중위도 해역 그래프], ㉡ [고위도 해역 그래프] )이다.

답 | ❶태양 복사 에너지 ❷난류 ❸높다 ❹수온 약층 ❺두껍다 ❻㉠

## 42 해수의 염분

### 💡 표층 염분 분포

해수의 염분은 위도 30° 부근에서 가장 높다.

연안 해역은 대륙에서 하천수가 유입
되어 대양의 중심부보다 염분이 낮다.

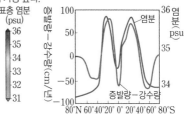

표층 염분 분포는 (증발량－강수량)
값과 대체로 일치한다.

### 💡 (증발량-강수량)과 표층 염분 분포

| | |
|---|---|
| 강수량 | 적도에서 많고, 위도 30° 부근은 고압대가 형성되어 강수량이 적다. |
| 증발량 | 저위도로 갈수록 대체로 높게 나타나지만 적도 부근은 위도 30° 부근보다 증발량이 적다. ➡ 적도의 경우 태양 복사 에너지양은 적도에서 가장 큰 값을 갖지만 비가 자주 오고 습한 날씨 때문에 대기가 건조하지 못하여 중위도보다 증발량이 적다. 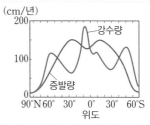 |
| 염분 | 위도 30° 부근에서 가장 높고 적도에서 낮다. |

### 기개 Quiz

1. 표층 염분에 가장 큰 영향을 주는 요인은 증발량과 **❶ [＿＿＿＿＿]** 이다.

2. 표층 염분은 강수량이 **❷**( 많, 적 )을수록, 증발량이 **❸**( 많, 적 )을수록 높다.

3. 표층 염분 분포는 **❹ [＿＿＿＿＿]** 값과 대체로 일치한다.

4. 하천수가 흘러들어오는 연안 해역은 대양의 중심부보다 표층 염분이 **❺**( 높, 낮 )다.

5. 적도 해역은 증발량이 강수량보다 적어서 표층 염분이 **❻**( 높, 낮 )게 나타난다.

6. 오른쪽 그림 ＿＿＿ 에서 표층 염분이 높은 위도는 **❼**( A, B )이다.

**답** | ❶강수량 ❷적 ❸많 ❹(증발량－강수량) ❺낮 ❻낮 ❼A

# 43 해수의 밀도와 용존 기체

## 💡 수온-염분도(T-S도)

수온 – 염분도(T-S도)는 수온과 염분을 각각 가로축과 세로축으로 하는 그래프에 등밀도선을 나타낸 것으로, 수온과 염분을 통해 밀도를 알아낼 수 있다.

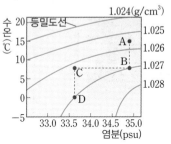

- 수온: A>B=C>D
- 염분: A=B>C=D
- 밀도: B=D>C>A

## 💡 해수의 밀도 분포

| 해수의 밀도 | • 해수의 밀도는 수온이 낮을수록, 염분이 높을수록 크다. |
|---|---|
| 해수의 밀도 분포 | • 열대나 아열대 해역은 수심에 따른 수온의 변화가 크므로 밀도 분포가 염분보다 수온의 영향을 더 크게 받는다.<br>• 대체로 고위도에서 저위도로 갈수록 낮다.<br>• 수심에 따른 수온 분포와 밀도 분포는 대칭을 이룬다. |

## 💡 해수의 용존 기체

| 용존 산소량 | • 식물성 플랑크톤 및 조류 등의 광합성과 대기로부터의 산소 공급으로 인해 해수 표층에서 가장 높게 나타난다.<br>• 심해에서는 극지방에서 침강한 찬 해수로 인해 약간 높게 나타난다. |
|---|---|
| 용존 이산화 탄소량 | • 표층에서는 광합성 때문에 낮지만 수심이 깊어질수록 증가한다. |

### 기개 Quiz

**1.** 해수의 밀도는 수온이 ❶[　　] 을수록, 염분이 ❷[　　] 을수록 커진다.

**2.** 용존 산소량은 광합성이 많이 일어나는 표층에서 가장 ❸( 낮, 높 )다.

**3.** A~D 중 밀도가 가장 작은 해수는 ❹[　　] 이다.

**4.** A~C 중 해수 D와 가장 잘 혼합되는 해수는 ❺[　　] 이다.

**5.** 깊이에 따른 용존 산소량 변화를 나타낸 그래프는 ❻(㉠[　] ㉡[　] )이다.

답| ❶낮 ❷높 ❸높 ❹A ❺B ❻㉠

# 44 우리나라 주변 해역의 특징

## 💡 우리나라 주변 해수의 표층 수온과 염분

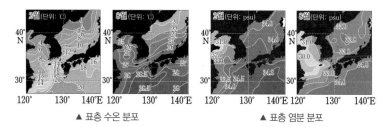

▲ 표층 수온 분포 　　　　　　　 ▲ 표층 염분 분포

## 💡 우리나라 주변 해역의 특징

| 구분 | 특징 |
|---|---|
| 표층 수온 | • 황해: 수온의 연교차가 크다 ➡ 수심이 얕고 해수의 양이 적기 때문<br>• 남해: 쿠로시오 해류의 영향으로 연중 수온이 가장 높다. |
| 표층 염분 | • 여름은 겨울보다 표층 염분이 낮다. ➡ 여름철 강수량이 많기 때문<br>• 동해, 남해보다 황해의 표층 염분이 낮다. ➡ 중국과 우리나라의 하천수가 황해로 유입되기 때문 |
| 표층 밀도 | • 수온이 높고 염분이 낮은 여름에 표층 밀도가 낮다.<br>• 수온이 낮고 염분이 높은 겨울에 표층 밀도가 높다. |
| 표층 용존 산소량 | • 용존 산소량이 낮은 쿠로시오 해류의 영향을 많이 받는 저위도와 여름에 낮게 나타난다. |

### 기개 Quiz

**1.** 겨울철 동해안의 수온이 같은 위도의 서해안의 수온보다 ❶( 높, 낮 )다.

**2.** 우리나라 주변 해역의 표층 염분은 여름이 겨울보다 ❷( 높, 낮 )다.

**3.** 우리나라와 중국에서 유입되는 하천수의 영향을 받는 황해는 동해나 남해에 비해서 염분이 ❸( 높, 낮 )게 나타난다.

**4.** 우리나라 주변 해역의 표층 밀도는 여름이 겨울보다 ❹( 낮, 높 )다.

답 | ❶높 ❷낮 ❸낮 ❹낮

# 내신전략 | 고등 지구과학 I

시험에 잘 나오는
개념BOOK 1